“十二五”国家重点出版物出版规划项目
铁路科技图书出版基金资助出版

列车运行控制方法与技术丛书

列车运行控制系统安全评估方法

唐 涛 燕 飞 牛 儒 刘 超 吕继东 编著

中国铁道出版社有限公司

2019年·北 京

内容简介

本书为《列车运行控制方法与技术丛书》之一，主要内容包括：列控系统的安全特征、列控系统的安全目标和安全需求、列控系统安全性论证、列控系统开发的生命周期安全活动、列控系统的独立第三方安全测试、列控系统安全评估项目实施、列控系统安全评估案例分析等。为便于查找，书末附有缩略语、中英文术语对照、标准对照。

本书可作为高等院校轨道交通信号及控制、自动化等专业教材，也可作为在职专业人员的继续教育教材或相关工程技术人员的参考用书。

图书在版编目(CIP)数据

列车运行控制系统安全评估方法/唐涛等编著. —北京：中国铁道出版社有限公司，2019.8
(列车运行控制方法与技术丛书)
ISBN 978-7-113-25365-3

Ⅰ.①列… Ⅱ.①唐… Ⅲ.①列车-运行-控制系统-安全评价-研究 Ⅳ.①U284.48

中国版本图书馆 CIP 数据核字(2018)第 294265 号

书　　名：列车运行控制方法与技术丛书
　　　　　列车运行控制系统安全评估方法
作　　者：唐　涛　燕　飞　牛　儒　刘　超　吕继东

策　　划：崔忠文
责任编辑：亢嘉豪　　**编辑部电话**：010-51873134　　**电子邮箱**：dianwu@vip.sina.com
封面设计：崔　欣
责任校对：苗　丹
责任印制：高春晓

出版发行：中国铁道出版社有限公司(100054，北京市西城区右安门西街 8 号)
网　　址：http://www.tdpress.com
印　　刷：中国铁道出版社印刷厂
版　　次：2019 年 8 月第 1 版　2019 年 8 月第 1 次印刷
开　　本：787 mm×1 092 mm　1/16　印张：17　字数：417 千
书　　号：ISBN 978-7-113-25365-3
定　　价：68.00 元

《列车运行控制方法与技术丛书》
编审委员会

崔忠文　中国铁道出版社有限公司
黄卫中　中国铁路通信信号股份有限公司
程荫杭　北京交通大学
董海荣　北京交通大学
蔡伯根　北京交通大学

序

截至2018年底，我国高速铁路运营里程达到2.9万公里，成为世界高速铁路运营里程最多的国家。高速铁路把环渤海经济圈、中原城市群、关中城市群、武汉城市圈、长株潭城市群、长三角经济圈、珠三角经济圈等经济区紧密联系在一起，大幅缩短城市间的时空距离，有效减低出行时间成本，对促进区域经济协调发展发挥巨大作用。我国在35个城市开通运营城市轨道交通，总通车里程达5 000多公里，北京、上海的城市轨道交通日运量已达1 000万人以上。高速铁路、城市轨道交通已成为我国公共交通骨干，在国民经济、社会发展中发挥着重要作用。

铁道信号系统是用于控制和防护列车运行的一类特殊设备，旨在保证轨道交通安全、高效运行。计算机、通信及控制等现代信息技术的应用，使铁道信号技术向系统化、网络化、智能化发展，构成了无缝覆盖铁路车、线、站，实时控制列车运行全过程的复杂自动控制系统——列车运行控制系统。伴随着高速铁路、城市轨道交通发展起来的列车运行控制技术和装备，是保证列车安全、高效运行的核心，是高速铁路、城市轨道交通技术先进性的体现。

过去十年，伴随着高速铁路和城市轨道交通的发展，国家高度重视列车运行控制技术和装备的发展，先后在北京交通大学建立了轨道交通控制与安全国家重点实验室、轨道交通运行控制工程研究中心及北京实验室等国家和省部级研究平台，设立了一系列国家自然基金、863计划、国家科技支撑计划及省部级研究项目，围绕高速铁路、轨道交通迫切需要列车运行控制技术和装备，开展相关的应用基础、前沿技术和装备研究。经过潜心研究、努力攻关和拼搏实践，我国已攻克了列车运行控制核心技术，掌握了列车运行控制原理和方法，形成了需求提取、系统集成和联调联试、运用维护等涵盖列车运行控制系统全寿命周期的方法和技术，取得了一系列重大成果，使我国列车运行控制装备技术水平居世界前列。在借鉴欧洲列车控制系统(ETCS)技术规范基础上，我国提出了中国列车运行控制系统(CTCS)技术体系，制订了CTCS技术规范和标准。在引进国外核心技术基础上，自主研发了CTCS-2级列车运行控制系统和基于GSM-R的CTCS-3级列车运行控制系统的成套技术装备，实现了互联互通，保证了列车在高速铁路网中长距离、跨线安全、高效运行。经过多年努力，在攻克核心技术基础上，我国自主研制了适于城市轨道交通的基于通信的列车控制(CBTC)系统。2010年底,北京亦庄线CBTC示范工程顺利开通运营,使我国成为第四个掌握CBTC技术的国家,解决了多年困扰城市轨道交通发展的技术难题。2010年至今,带动CBTC信号系统每公里造价下降达30%以上,降低了城市轨道交通全寿命周期成本,有效支撑了城市轨道交通快速发展和安全运营。

《列车运行控制方法与技术丛书》在系统总结近年来我国列车运行控制核心技术攻关、关键装备研制、工程建造与运用维护等方面所取得的丰富成果基础上,全面介绍了列车运行控制系统的基本原理和关键技术,系统设计、测试验证、安全保证及运营维护等方法。本丛书由轨道交通控制与安全国家重点实验室、轨道交通运行控制国家工程研究中心组织编写,荣幸地入选"十二五"国家重点出版物出版规划项目,并得到铁路科技图书出版基金、轨道交通控制与安全国家重点实验室的支持与资助。

《列车运行控制方法与技术丛书》对于列车运行控制系统领域具有较高的学术价值和实用意义,可为从事列车运行控制的科学研究、关键技术装备研发和运营维护人员提供参考。

编审委员会

2019年7月

前　言

安全是轨道交通的生命线，一旦发生行车事故，将直接导致少则几十多则上百的人身伤亡和巨大经济损失。作为轨道交通的“大脑与神经”，列车运行控制系统是以计算机技术、通信技术和控制技术为核心，是确保列车安全和高效运行的关键装备，其安全性至关重要。对列车运行控制系统这样的软件密集型复杂安全苛求系统来说，仅依靠测试根本无法充分验证、证明其安全性，简单的专家审查会、鉴定会也根本无法评价其安全性，为此，欧洲铁路信号安全标准和相关技术规范明确指出信号系统中关键子系统，如列车运行控制、计算机联锁等，安全完整度应达到 4 级（SIL4 级），并要求进行独立安全评估。2011 年发生的“7·23”涌温线特别重大铁路交通事故暴露出单纯依靠传统铁路信号技术评价和设备准入方法的问题。国务院“7·23”事故调查报告已明确要求“积极开展高速铁路技术设备专业测试和第三方认证、评估工作，依法建立第三方认证和评估机构并规范管理，尽快形成高速铁路安全专业检测、第三方检测检验与评估机制、设计质量问责纠错机制和问题产品召回机制”。

20 世纪 70 年代，英国提出了一种强制性、易于理解和合理有效的论证系统安全性方法——安全例证（Safety Case），根据“谁主张，谁举证”的原则通过提交安全论证活动的输出结果——安全例证文件来展示满足安全目标的各类证据。根据铁路安全标准，安全例证是评估方获知被评估方安全信心的主要方式，安全评估的主要工作是结合安全例证审核安全证据并进行逻辑论证。被评估方通过安全例证阐述、论证、辩护评估对象的安全性水平，评估方依据安全例证获知、分析、评价评估对象的安全性水平。国际铁路安全标准 IEC 62425 将评估定义为“获得对产品适用性基于证据的评价所进行的调查工作”，独立安全评估（Independent Safety Assessment，ISA）是指独立于系统设计、开发与运营人员的安全评估，主要评价安全需求对于系统应用是否充足合理，系统是否满足安全需求。

近年来，我国已初步完成了 IEC 铁路安全标准转化为国家标准的工作，伴随着高速铁路 CTCS-3 级列车运行控制系统、城市轨道交通基于通信的列车运行控制（简称 CBTC）系统核心技术和装备的自主创新，国外知名的独立第三方安全评估机构相继进入中国，多个高速铁路、城市轨道交通信号装备通过了安全评估并获得 SIL4 安全认证证书，有力地促进了我国铁路信号装备研发单位安全技术水平、安全保障能力的提高，对保证自主研制的高速铁路、城市轨道交通列车运行控制系统安全性，增强对列控技术自主创新的信心发挥了重要作用。

然而，由于我国高速铁路、城市轨道交通列控系统安全评估刚刚起步，尚在依据标准符合、跟随阶段，对独立安全评估的地位、作用认识有待进一步提高，独立安全评估机制不够完善，缺乏统一规范的科学方法、技术和工具。在近几年信号系统安全保障和安全评估过程中出现了“安全评估走过场”“证书到手万事大吉”，评估证书成了“一劳永逸”的“金字”招牌等许多问题，其根本问题是对高速铁路、城市轨道交通信号系统事故致因、安全特征缺乏深入系统性的研究，缺少适合我国轨道交通行业的保证独立安全评估有效性和可信性的方法和关键技术。通过本书的撰写工作，对规范我国轨道交通列车运行控制系统安全评估和独立第三方安全认证工作，提高和保证其有效性和可信性，进一步提高我国轨道交通系统整体安全水平，保证高速列车安全高效运行具有重要的基础性和战略性意义。

全书共分为八章。第一章介绍了轨道交通列车控制系统安全技术的发展更新和安全评估方法从无到有、不断深入的过程，指出列车运行控制系统安全评估方法的发展方向，由唐涛、牛儒撰写；第二章阐述了计算机时代的列车运行控制系统的特征和安全保障方法，由唐涛、牛儒撰写；第三章论述了基于风险分析如何制定列车运行控制系统的安全目标和安全需求的方法，由牛儒撰写；第四章阐述了开展安全论证的理论和方法，由刘超撰写；第五章介绍了列车运行控制系统安全管理活动，从供货商角度说明如何开展产品的安全保障活动，由燕飞撰写；第六章介绍了列车运行控制系统第三方安全测试方法，重点指出了开展第三方安全测试活动的意义、方法，并且以 CTCS-3 级列车运行控制系统为例进行说明，由吕继东撰写；第七章阐述了开展列车运行控制系统安全评估的技术方法，为开展安全评估活动奠定了基础，由刘超撰写；第八章以自主 CBTC 列车运行控制系统为例，介绍了如何开展列控产品安全评估活动，并且结合北京轨道交通亦庄线示范工程介绍了工程项目中开展安全评估工作的全过程，对于开展列车运行控制系统工程安全评估工作具有一定的指导意义，由燕飞撰写。

本书的撰写获得国家自然科学基金高铁联合基金项目“高速铁路信号系统安全评估基础理论与方法研究”（项目编号：U1434209）支持。

作　者

2019 年 7 月于北京

目　　录

第一章　概　　述

作为轨道交通的"大脑与神经中枢"，列车运行控制系统（以下简称列控系统）是集现代计算机、通信及控制技术与传统信号技术为一体，确保列车安全和高效运行的复杂安全控制系统。对列控系统这样的软件密集型复杂安全苛求系统来说，简单的专家审查会、鉴定会难以评价其安全性。为此，国际轨道交通信号安全标准明确指出列车运行控制关键系统安全完整度应达到 4 级（SIL4 级）[1]，并要求进行独立安全评估（以下简称安全评估）[2]。

近年来，安全评估也逐渐在我国信号领域推广应用，有力地促进了我国轨道交通信号装备研发单位安全技术水平、安全保障能力的提高，对保证自主研发的高速铁路、城市轨道交通信号系统安全性，增强对信号技术自主创新的信心发挥了重要作用。

本章介绍了伴随着机械、继电、计算机及网络等四代信号系统的发展，铁道信号安全理念的演变过程，系统地总结了基于计算机的信号系统安全特征，以及自动化程度不断提高带来的变化。另外，本章还介绍了安全评估技术的产生和发展趋势，进而提出了集安全管理[1]、安全论证与独立安全评估三位一体的列车运行控制系统安全评估总体架构。

第一节　信号系统安全理念的形成和发展

铁路是以钢轨为导向运送乘客和货物的陆路运输方式[3]。钢轨减少运动车体与地面摩擦、增大列车速度和运载能力的同时，也带来了制动力不足、制动距离过长的问题。因此，早在 1825 年英国建成世界上第一条铁路——英国的托克顿－达林顿（Stockton-Darlington）铁路投入运营时，就在车站窗口以蜡烛烛光为指挥信号[4]，首次出现了信号的概念。

随着科学技术日新月异，不断有新技术进入轨道交通信号领域，发展出了种类繁多的信号系统。按照技术特征的不同，信号系统可分为最初的机械式信号、基于继电逻辑的电气信号、基于电子技术的自动化信号，乃至工业 4.0 时代兴起的基于通信、人工智能的智能化信号，如图 1-1 所示。

先进技术的应用提高了信号系统的性能，同时拓展了信号系统的功能边界。轨道电路、计轴等设备提高了信号系统的进路占用检查能力，基本的站间闭塞提高为区间固定闭塞；列车自主定位和车—地通信技术的发展进一步将闭塞方式提升为移动闭塞，从而不断缩短列车追踪间隔、提高运输效率。同时，为了减少人工操作失误给运输安全带来的风险，轨道交通行业从主观上需要信号系统减少人工工作压力和强度。而技术水平的提高使信号系统可以具有更快的处理能力和更高自动化程度，为这一需求创造了客观条件，因此越来越多的行车控制功能被

1　安全管理此处是指设备供应商在安全产品开发过程中使用的风险管理、安全需求追溯、配置管理、供应商管理等安全管理工作。IEC 62425：2003（GB/T 28809：2012）规定安全管理应作为安全例证的组成部分。

划入信号系统功能范畴。信号系统的功能从最基本的设置安全进路、授权列车移动，逐渐演化为主动监督和/或强制列车停车，目前已经实现全过程的速度监督和运行控制。

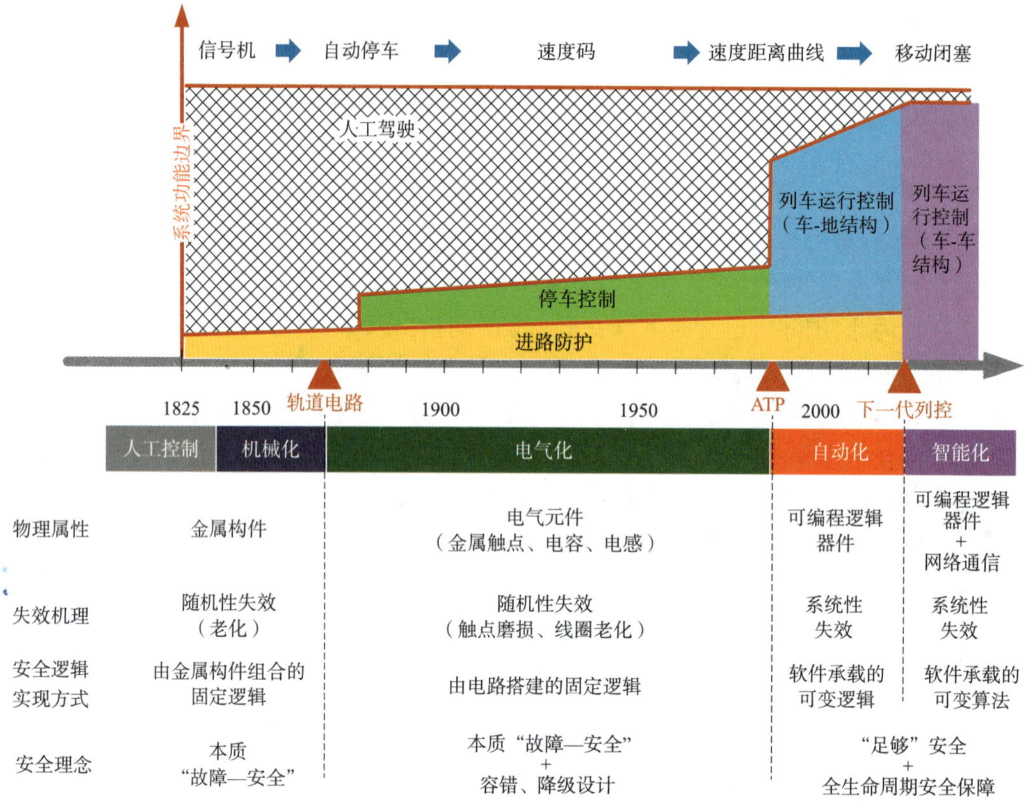

图 1-1　轨道交通信号技术发展

技术特征的变化使信号系统的实现方式出现了巨大的改变。新技术的使用不仅限于每个时期的新增功能，考虑到系统性能的提升、系统集成以及产品维护的需要，一些传统功能也会出现大量的升级、替代产品。同时，技术特征的变化还会使信号功能的失效机理发生变化，失效检测及安全处置方式也必然随之变化。机械构件的磨损老化是可见的渐进过程，分立电器元件的老化过程伴有典型的电气参数变化，便于在运行过程中进行检测，并且可以通过机械构建或安全继电器的物理属性实现安全状态的切换，因此在计算机技术应用之前的信号系统是“本质”故障—安全的[1]。可编程逻辑器件、工控机的使用增大了系统性失效的可能和影响，电子器件的故障难以发现前兆，高集成特征使得硬件故障难以定位，无法实现本质故障—安全。因此，信号系统的安全理念也随之逐渐变化，从“绝对”安全转变为“足够”安全。

1　在安全科学领域，有固有安全和本质安全两个非常近似的概念。固有安全（Inherent Safety）是指不论是否发生失效安全风险都非常低，其策略是从根本上避免危险而不是控制危险的风险[5]。例如，化学工业中减少危险物质的使用量。本质安全（Intrinsic Safety）是指在通过某种保护技术限制动能、电能、热能的传导或释放，从而保证系统在危险情况下的安全运行[6]。本书中“本质”故障—安全一词源于 GB/T 28809：2012，与本质安全的概念保持一致。

一、机械式信号及本质故障—安全

19世纪铁路刚刚出现时，由警察作为信号员（Signalman）通过手势或旗帜给司机提供信号，例如：双手上举表示“停车”，单手举起表示“注意”等，显然这只适于列车少且速度低的铁路初期阶段。1841年戈雷格里（Gregory）发明了易于被司机辨认的臂板信号机，铁路信号由手信号转为机械式信号。这种信号机白天利用臂板的位置、形状来显示信号，它模仿人们举手发出信号的动作，并约定以举起臂板作为停车信号[7]。夜间用灯光的颜色和数目来表示信号，这种设备由长明油灯与带色镜片组成，通过机械设备更换不同颜色的镜片来改变灯光的颜色。虽然最初所使用的颜色及其含义与现在由一定差别（白色是允许信号，绿色是警示信号），但已形成了现代色灯信号的雏形[8]。这种通过牵引线和杠杆构成的简单机械装置，允许操作人员可以在稍远距离进行信号控制，一定程度上减轻了人工劳动强度和危险性，可以称为信号1.0时代。

这个时期的信号设备功能相对单一并独立，仅用于指示下一区间是否可以进入，即进路防护。安全保障措施主要包括两个方面：对于显而易见的危险，设计简单的装置予以避免；更多的危险在测试阶段甚至产品投入使用造成事故后才会暴露出来，人们根据事故分析结论对系统本身和系统操作方式进行改进。例如，臂板信号机初始设计时，模拟人的手势以“引线拉紧、臂板升起”作为禁止信号。但由于引线折断、臂板折断的问题，导致应该发出停车信号时不能发出停车信号，使列车冒进而造成伤亡事故。通过事故后的调查分析，人们才意识到这些危险，并更换了禁止信号的表示形式。这种依赖事故暴露危险的安全保障方式被称为“试错法”（Try-and-error methodolgy）。这种方法在航空领域广泛使用，指飞机研制中后通过反复试飞发现问题、解决问题，因此也被称为“Fly-fix-fly”方法[9]。该方法在系统相对简单并且人们对系统技术特性认识比较匮乏的阶段是有效的，但是往往是以“血的代价”，需要较长的时间、花费巨大成本。

铁路信号行业一开始就把“列车静止”作为绝对的安全状态。出现危险时信号系统需采取措施“使列车停车”为结果的处置措施，即“故障导向安全”，简称故障—安全。例如，臂板信号机将“臂板落下”定义为“停车信号”，引线折断、臂板损坏等故障都会向司机发出“停车信号”，即导向安全侧。从此，故障导向安全成为轨道交通信号领域必须贯彻的原则，信号安全技术以故障—安全为核心逐步发展起来。

由于技术落后，无法及时发现并修复沿线路分布的信号设备，故障—安全功能通常借助机械构建本身所具有的物理属性自然完成，例如臂板信号机在引线折断后是借助重力自动转到安全侧。这种利用物理或结构特性，使系统在异常情况（包括系统自身的故障或系统环境的异常）出现时自然导致安全状态（信号领域一般指停车）的设计方式，被称为本质故障—安全（Intrinsic fail-safe）。但设计需要非常精巧的构思，设备大多较为笨重，很难实现较为复杂的逻辑功能，而且一旦设计完成无法轻易改变其运行逻辑。

二、电气化信号系统和基于部件失效的安全理念

1869年美国人William Robinson发明了轨道电路[4]。这可谓是铁路信号史上的革命性事件，利用钢轨构成的闭环电路可以成功实现轨道占用自动检查。早期的轨道电路都是直流的，主要用于检测列车的存在，不能用来传输车地信息。如果某段轨道电路有车占用，则控制

该段轨道电路入口信号灯显示禁止信号，提高了进路防护的自动化程度。自此，与第二次工业革命同步，信号系统进入以电气化为标志的信号 2.0 时代。

轨道电路技术的引入促使人们发明自动信号，实现了轨道占用的自动检测，促进了自动闭塞技术的发展。司机可以根据信号确定前方进路的占用，但列车仍由司机全权操控，经常发生冒进禁止信号的安全事故。1855 年英国提出在机车冒进禁止信号时采取技术措施迫使列车自动停车的设想。1878 年法国研制成功了世界上第一套列车自动停车装置，英国、美国、德国等相继大量安装列车自动停车装置。时至今日，列车自动停车装置仍是很多国家铁路行车系统中必不可少的保证行车安全的技术设备[10]。自此，信号设备开始从安全角度干预列车的停车控制。

由于安装条件及成本等限制，初期的点式机械接触式自动停车设备一般只安装在车站、尽头线等个别关键位置。后来这种笨重的机械设备逐渐被电气设备代替，出现了点式磁感应式自动停车装置，根据轨道电路状态向机车发送信息，通过机车制动系统完成停车控制。工频、音频轨道电路发明之后，可以利用钢轨的交变电磁场传输较为复杂的车地信息，很快代替了这种点式信息传递。机车信号代替自动停车装置，实现连续式停车控制，同时显示轨道电路的速度码信息，给司机驾驶提供更多辅助。

电气化信号设备的设计仍然是以具有本质故障—安全特征的器件(如安全型继电器)为基础。与机械信号系统不同，故障—安全不是基于机械构件的物理属性，而是利用设备故障时出现的不对称电气参数特性进行设计的。例如，轨道电路就利用电路在短路或断路情况下接收端电流显著降低的特性，设计接收端有较大电流表示允许通过、电流显著降低表示禁止通行(安全侧)，从而保证在钢轨断裂、连接线断线等故障情况下均给出安全侧指示。电气联锁设备的防短线、混线电路的精巧设计也保证设备故障能够以确定的电流/电压变化展现出来，从而实现本质故障—安全设计。另外，这一时期还出现了安全型继电器，在普通继电器的基础上增加了重力片，从而保证衔铁的可靠吸起和落下，减少误动。这种具有不对称可靠输出的设备被作为搭建安全逻辑的基础组件，广泛应用于轨道电路和电气联锁产品中，其改进产品在当今的计算机列控和计算机联锁产品中仍然不可或缺。

这一时期，由于元器件生产工艺水平有限，器件故障是当时导致事故发生的主要致因，自然成为预防事故发生的主要关注点。由于系统结构相对简单、功能相对单一，人们主要采用“还原论”思想进行系统分解和分析，将系统看作多个部件机械装配而成的整体[11]。事故是由某个或多个部件故障(Failure)导致的，原因分析通常以找出安全关键部件和危险故障模式组合为目的，采用避错、容错、检错等提高组件可靠性的方法降低事故的发生概率。收集整理本行业或跨行业的典型设计方案或典型电路，推出了以技术指标、设计方案为主要内容的第一代工业标准。因此，这一时期铁路信号领域的安全理念仍然以预防失效为核心，借用可靠性方法来避免事故的发生。

然而，这一时期航空和军工领域已经逐渐形成了系统安全的概念。随着系统功能的扩展，其复杂程度显著提高，甚至超出了人类的理解水平。由于需求模糊、设计错误、操作失误等原因导致的系统性失效使既有安全措施的效果大打折扣。学者提出“事故”虽然是系统安全属性的最直接、最自然的表现形式，但是不能说系统安全漏洞一定会导致事故发生，反之不发生事故并不能证明系统没有安全漏洞，因此“事故”并不能直接作为安全设计的出发点。安全工程师的关注焦点从研究、处理那些已经发生和必然发生的“事故”转向还没有发生但有可能发生的“事故先兆”，尤其是可以通过设计手段避免或控制的“事故先兆”。自此，人们开始用系统安全的视角分析和设计安全相关系统。

1962年4月美国公布了第一个有关系统安全的说明书《空军弹道导弹系统安全工程》，以此作为民兵式导弹计划有关的承包商的系统安全要求，这是系统安全工程的首次实际应用[12]。1969年美国国防部批准颁布了最具有代表性的系统安全军事标准《系统安全大纲要点》(MIL-STD-882)，对完成系统在安全方面的目标、计划和手段，包括设计、措施和评价，提出了涵盖系统整个生命周期的安全要求和程序、目标[13]。此项标准于1977年修订为MIL-STD-882A，后又衍生出MIL-STD-882B、MIL-STD-882C、MIL-STD-882D、MIL-STD-882E，对世界安全工程领域产生了巨大影响[14]。MIL-STD-882C将系统安全定义为“应用工程和管理原则、标准和技术，在系统生命周期的所有阶段，在操作效率、适应性、时间和成本等的约束下，优化安全的各个方面”[15]。系统安全工程则是基于专业的专业知识和技能，应用科学和工程原理、标准和技术来识别危险，进而消除危险，或当危险不能消除时减少相关风险的一门工程学科。

与此同时，出现了各种各样的因果关系分析技术用于描述系统危险状态到元器件失效的关联，如故障树分析(FTA)[16][17]、事件树分析(ETA)[18][19]、失效模式影响分析(FMECA)[20]等，可以方便地进行危险原因分析和危险发生概率预计。19世纪80年代，这些标准和方法陆续推广到世界各国的航空、航天、核工业、石油、化工等领域，并不断发展、完善，形成了系统安全工程理论和方法体系[21]。

由于技术发展的滞后，新的系统安全工程理念在20世纪90年代之前都未应用于轨道交通行业。尽管为了避免系统设计开发阶段的人为错误信号领域强调独立校核(如“双人双面”,“专人验证”等制度)，但是未将过程控制理念贯穿信号系统的设计、开发、使用所有阶段。

三、自动化信号系统和系统安全方法的引入

20世纪中期，计算机技术诞生并快速发展，人类社会进入计算机为标志的第三次工业革命时期。20世纪80年代，可编程逻辑器件、大规模集成电路等电子产品开始应用到信号系统中，通过可编程方式实现复杂的安全控制逻辑，设备的处理能力得到了进一步提高[22]，进入信号3.0时代。出现了具有机车信号显示、速度防护功能的车载设备，速度防护控制的方式也从阶梯控制(即监督和控制列车在区间出口或入口的速度)提升为速度-距离模式曲线控制，实现连续不间断的列车速度安全监督和控制。对于轨道交通系统来说，信号已经不仅仅是显示“运行许可”(Moving Authority，城市轨道交通中习惯译为“移动授权”)，更成为列车运行过程中的实时安全速度监控，自此相关核心设备称为列车运行控制系统，简称列控系统。

2000年以后，无线通信技术快速发展促使列控系统颠覆性向基于通信的列车运行控制(CBTC)方向发展[23]。所谓CBTC就是使用独立于轨道电路的高精度列车定位，连续、大容量双向的车—地数据通信，以及能够执行安全功能的车载和轨旁处理器的连续的列车运行控制系统。近年来，在CBTC基础上，全自动运行(FAO)技术在城市轨道交通中快速发展。FAO将列控系统的控制范围由正线延伸到车辆段，实现了无人驾驶和列车运行全过程的自动化。国际上75%的城市轨道交通新线，40%既有线改造将采用FAO，今后10年将会以10倍速度快速增长。

计算机在轨道交通中的应用极大地推动了列控技术的发展，功能、性能不断增强、完善，由给司机指示信号发展基于移动闭塞的连续速度防护控制，进而完全替代司机全过程、全场景控制列车运行，使轨道交通的安全和效率大大提高。由于计算机硬件结构复杂，不具有故障不对称性的物理特点（或特点不明显），无法实现本质故障—安全[24]。但是，计算机处理速度快、精度高，可以采用组合式故障安全和反应式故障安全代替了传统的本质故障安全，通过冗余结构、容错处理、故障监测诊断以及输入输出控制等技术实现故障安全[26]。例如，列控系统的车载和地面子系统都采用通常采用二取二冗余结构安全计算机平台（如图 1-2 所示），即在两个独立的处理器同时完成计算，通过比较二者的结果来判断其安全与否。如果不一致则导向安全侧，常用无输出或固定输出表示安全侧。在信号产品中，为了兼顾产品的可用性，在二取二的基础上增加一套热备组成二乘二取二架构。

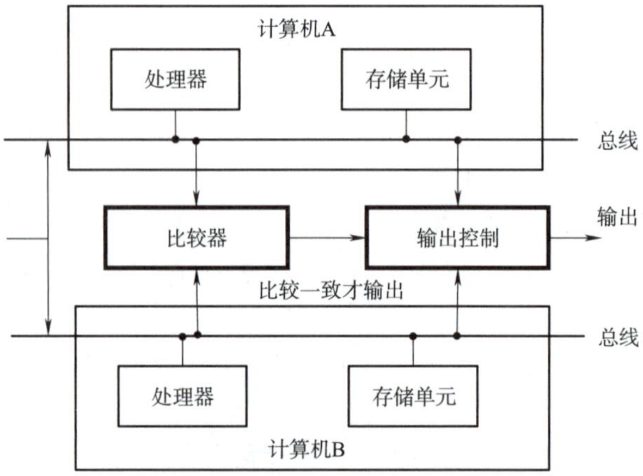

图 1-2　二取二安全计算机架构示例

计算机信号软件不仅包括完成信号系统功能的软件（也称为应用软件）和操作系统，还包括安全计算机平台的软件（简称平台软件）。很多安全计算机平台的诊断、比较功能是由平台软件来实现的，而软件执行的正确性仍然需要另外的比较或死循环判断软/硬件诊断监督[26]。这些软件之间通过中断、调用等方式相互交织，呈现出非常复杂的时序逻辑特性。

计算机系统较机械、电气等最大的不同之处在于计算机是在通用设备的基础上直接以软件形式“书写”设计思想，而不需要每次都针对特定应用需求从零开始通过一个个机械或电气组件逐步搭建。软件是“无形”的，不存在外在物理表征，也不存在自然老化问题。但软件易实现、易修改和逻辑复杂、规模庞大，由于人为错误引起系统性失效（Systematic failures）是引发系统危险的重要致因。与随机故障不同，系统性失效是由于始终存在的人为错误引起的，而不是随机发生的，简单地增加备份系统难以发现或规避系统性失效。系统性失效的根源也不在于失效本身，早期系统安全分析技术往往以危险故障模式作为目标，很难对系统性失效提出有效措施。而且，计算机系统状态空间过于庞大，传统的测试手段不可能穷举所有软件路径，研发后期测试很难发现所有系统性失效。

由于计算机事故致因机理及信号系统复杂性提高，轨道交通行业的安全理念也发生转变，

“危险(hazard)[1]”取代“故障”成为系统安全理论的核心。很多国际标准都给出了危险的定义,其中 MIL-STD-882E 中给出的定义更为完整。危险被定义为系统运行过程中“真实存在或可能出现的条件(Condition),这种条件下可能引发某个或一系列意外事件,导致人员伤亡、设备/财产损失、环境破坏,职业疾病的恶劣后果”[27]。首先,危险并不是系统的静态状态,而是系统行为与运行环境的耦合作用,即系统在某种环境或前因后果下的特定输出或无输出。描述危险就不能仅包括系统行为,还应当明确对应的运行环境。其次,这种不安全的条件可能是系统设计错误(即所谓的“真实存在”),也可能是未预料到的系统运行条件或运行条件的改变使原有设计不再安全(即所谓的“可能出现”)。列控设备的安全与否与设备工作环境、子系统间接口、线路参数等息息相关。正确理解危险的概念,对设备运用维护、安全管理也具有很强的指导意义。

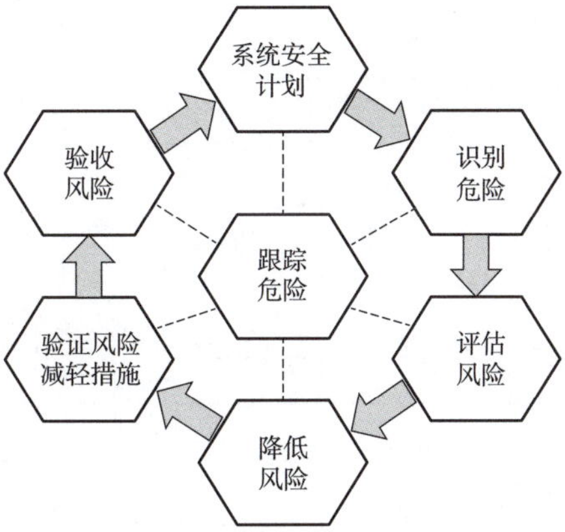

图 1-3 系统安全保障核心过程[28]

系统安全保障的主线就是在全生命周期对系统危险进行跟踪、控制[28],如图 1-3 所示。为了表现系统的“相对安全”特性,引入风险(Risk)的概念以度量危险的大小。安全风险(简称风险)定义为危险发生概率(Likelihood of hazard occuring)与危险严重程度(Hazard severity)的结合,体现了危险(Hazard)的两方面属性。找出可能导致事故的危险,并把这种危险发生的可能性具体化为一个数量指标,计算由其导致的事故发生的概率和严重程度,划分风险等级,制定安全标准和对策措施,并对其进行综合比较和评估,从中选择最佳的方案,预防事故的发生。也就是说,安全不再是一个“是”与“否”的问题,需要根据评估员的个人经验和主观判断决定。

四、智能化信号系统和安全评估的挑战

2013 年德国政府在汉诺威工业博览会上提出了以传感技术、物联网、人工智能、数据分析等为核心的工业 4.0 战略。2014 年,欧盟铁路管理局(European Railway Agency,ERA)启动了 Shift2Rail 项目,旨在充分利用工业 4.0 时代涌现出的新技术,进一步发挥铁路节能环保的优势,重新振兴欧洲铁路[29][30]。计划应用新技术开展自动障碍物探测系统、储能、节能技术、

---

1 作者认为“Hazard”一词很难找到准确的中文词汇与之对应。本书中依据《可靠性维修性保障性术语集》将其称为危险。

复杂监控系统、智慧铁路等研究，以减少延误、提升乘客体验，提高铁路的可持续发展能力。随后，英国 Network Rail 公司面向所有轨道交通相关行业启动了数字铁路(Digital Railway)项目，以推进英国铁路现代化[31]。该项目强调铁路信息的数据化以及数据的应用，铁路系统的智能维护也是该项目的主要研究方向之一。

在新技术和铁路振兴项目的推动下，列控系统也将迎来有一次革新[33]。物联网技术的应用，打破了列控系统传统的以地面为中心、辅以车—地简单信息传输的集中控制结构，车载系统将会被赋予越来越多的功能，形成新的以车为核心控制结构，如图 1-4 所示。列车通过与地面基础设备的直接通信，自主控制道岔转换；通过与其他列车和社会车辆的直接信息传输获取障碍物信息，并实现主动停车避撞。从而简化信号系统结构、减轻调度中心控制压力，同时也能减少碰撞风险[34]。

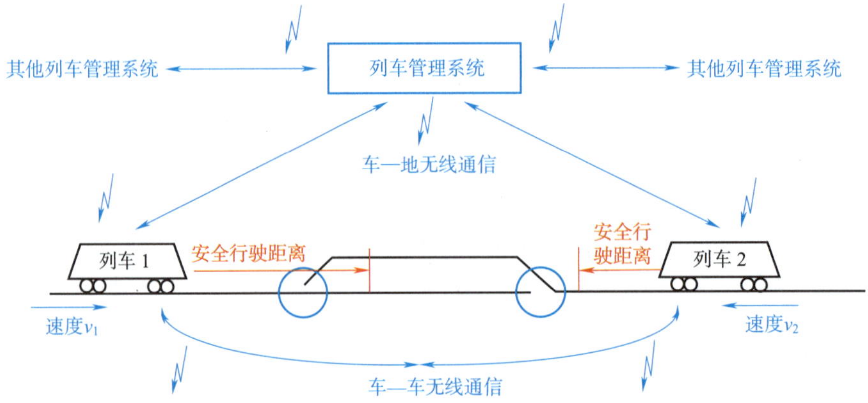

图 1-4　下一代列控系统[34]

下一代列控系统的提出给系统安全评估提出了极大的挑战。首先，信息安全将成为系统安全的重要影响因素。安全功能的实现依赖高效的信息传输，对信息的实时性、准确性、完整性有非常高的要求。信息安全技术必将与系统安全深度融合，成为下一代列控的关键技术[35]。另一方面，机器学习、数据驱动思想的应用，使得列控系统的算法随所使用数据的不同、当前或不久之前环境的不同而发生变化。安全工程师将很难预见系统在各种运行情况下的行为，也就无法用传统的分析方法对其进行评估。

第二节　铁路信号系统安全性评价方法演进

安全评价的目的是判定系统是否足够安全。“足够安全”虽然可以以事故的统计指标的形式出现，但随着系统性能提高，安全事故发生的几率越来越小，统计所需的时间远远大于系统寿命，因此这些指标既无法作为安全评估的依据，也不能为系统设计和开发提供足够的指导。因此，人们不断尝试用可观察、可测量、可测试或可计算的底层指征作为安全评价的依据。随着人类对事故致因机理的理解以及致因类型的认识的转变，安全评价的指标依据也被多次调整，与之对应的安全评价的工作范畴，以及安全评价所使用的方法也随之改变。

一、早期的安全评价方法

工业革命之后，蒸汽机在制造业中得到了广泛应用，与之俱来的是层出不穷的各种事故。政府为了规范蒸汽机的设计和应用，将设计者的经验教训进行的收集整理，推出了以技术指标、设计方案为主要内容的第一代工业标准。核对系统设计是否符合标准，测试系统是否达到技术指标是当时安全评价的主要工作。在机械控制和电气化信号系统时代，信号设备的失效机理相对简单、失效模式可穷举，基于技术指标的安全评价方法得到了广泛的认可。例如，我国铁路行业就对轨道电路、道岔转辙机等专用设备制定了详细地技术条件标准[33-35]，并规范这些指标测试方法。相应的，这些专用设备的安全评价主要检查设备的技术参数，以及参数测试方法、过程是否满足国家标准要求。由于几乎所有安全相关验收项都可给出类似“对”“错”“是”“否”等的确定答案，而且系统安全被认为等同于验收项达标。自此之后的两百多年中，世界上都使用着这种以技术条款为基础的安全验收模式。

然而，随着电子时代的到来，新技术层出不穷，产品的设计开发周期明显缩短，产品的更新换代也日趋频繁。技术更新不仅发生在产品的使用过程中，甚至产品投入使用前其技术就已经过时了。标准修订往往要严重滞后于技术更新，第一，新技术可能没有足够的统计数据来形成指标；第二，新技术越来越复杂，特别是计算机这种通用设备的出现，使得测试结果已经无法全面表证其安全性。因此，指标驱动的安全评价的应用范围受到了限制。

20 世纪中后期，Windscale 核电站失火、Flixborough 化工厂泄露爆炸、Clapham 列车追尾等事故引发了对于传统工业系统安全评价方法的反思。人们发现以具体技术指标为基础的安全评价方式忽略了影响系统安全的人为因素，无法覆盖以计算机等新技术为主导的先进技术系统的所有安全属性。据此，英国政府 1974 年颁布了 HSWA 法案（又称为 Robens 法案）提出采用以安全目标为核心的安全认证制度，即安全认证由规定具体测量指标转为制定安全目标[39]。该制度的三个基本原则是[40][41]：

（1）风险制造者必须负责控制风险。风险控制不再是政府的责任，而是更合理地由风险的制造者承担[6]。产品供应方和运营方直接负责产品的设计、制造和操作，更加熟悉危害致因，也能更加便利地控制风险。他们需要对系统安全直接负责，有义务提供安全证据并说明系统的安全性。

（2）以安全目标为基础的安全管理模式。安全控制以设置安全目标进而实现安全目标的方式进行，而不是仅仅遵照具体的指标数据。

（3）所有风险必须降低到并保持在可接受的范围。这是目前世界范围内各个工业领域所公认的基本安全原则，也是最根本的安全目标。

这三个基本原则明确了设备供应方和运营方有责任提供安全设备并使设备达到要求的事故率或死亡率，同时有责任提供相关证据说明其安全性，仍然是当今安全评估体系的基础。

HSWA 法案促使设备供应方和运营方更加主动地提升并验证安全性。信号系统进入自动化时代后，由于计算机技术的应用使得系统输出从具有连续特性的模拟量变为离散的数字量，无法再通过有限次测试结果推知系统所有行为；同时，计算机强大的处理能力和软件的灵活性也使得系统复杂性显著提高，也不可能仅通过原理证明、系统分析评价系统安全性。为了解决自动化信号系统的安全评价，人们逐步在产品测试的基础上增加证明、分析、记录等多类型证据，专家综合各方面证据给出个人对系统安全性的判断，“安全评估”（Risk Assessment）[42]的概念逐步形成。

二、独立安全评估的提出

20 世纪八九十年代，随着计算机越来越多地应用到包括轨道交通行业在内的工业生产中，人们逐渐认识到系统性失效是产品开发过程中的人为错误所致。英国制定了《工程安全管理手册》[43]，以产品开发过程为主线详细规定了每个阶段安全相关活动的目的、内容和方法，开创了沿用至今的过程驱动安全评估。

20 世纪末至 21 世纪初，欧洲电工标准化委员会（简称 CENELEC）制订了首套轨道交通信号系统安全标准 EN 5012x 系列，国际标准化组织（IEC）于 2012 年前后将其采标为国际标准，澳大利亚、加拿大、中国等越来越多的非欧盟国家开始使用这套标准。该标准至今仍是轨道交通行业安全评估的基本依据，并且在不断修改完善中。IEC 62425：2003（GB/T 28809：2012）中将安全评估定义为：“对系统、工程以及生产经营是否达到安全目标，且满足所规定的安全需求进行评估的活动”[44]。IEC 62278：2002（GB/T 21562：2008）中将安全评估定义为“获得对产品适用性基于证据的评估所进行的调查活动”[2]。

综合上述标准可以看出，安全评估是针对运行过程可能引发重大安全事故的系统所进行的全方面、系统性的安全风险调查研究和分析，评判系统是否满足指定用途安全要求的过程，包括：

（1）主要事故和危险的特性分析；

（2）危险导致主要事故的概率和事故的严重程度；

（3）可供选择的风险控制措施；

（4）所采用的风险控制措施的效果。

该系列安全标准制定了详细的安全活动过程规定，同时也对系统开发过程，尤其是软件开发过程、需要完成的工作、记录、人员组织和适用方法都进行了详细的规定。其中，IEC 62278：2002（GB/T 21562：2008）还详细规定了安全评估和认证的分类、各方职责和依据文件等。

在安全评估工作的执行方式上，安全标准对评估人员的独立性提出了明确的要求。在 IEC 62278 标准中，人的独立性被描述为“不属于同一专业、商业或管理实体”。为了保证安全评估结论的客观、公平、公正，越来越多国家的轨道交通行业选用独立安全评估（Independent Safety Assess，ISA），即独立于系统设计、开发与运营人员的安全评估，主要评价安全需求对于系统应用是否充足合理，系统本身是否满足安全需求，系统风险是否已经被降低到可接受的水平，提供必要的应对措施。英国轨道交通工业的黄页则建议 ISA 更广泛地包括独立安全评估和独立安全稽查。其中，独立安全稽查用于检查安全管理计划是否被履行，而独立安全评估用于检查安全需求是否被满足。

独立安全评估的作用是系统用户通过寻找第三方获得系统足够安全的担保，包括审核与所计划的安排的一致性和复核项目文档等。独立安全评估所关注的不仅仅是系统的安全特性，还应该包括开发系统的过程，包括评估与分析等辅助过程。所寻求的安全证据包括合理的安全管理系统，合理的质量管理系统，合理的技术安全论据，与维护人员和使用者的信息沟通以便安全地运营与维护设备。但独立安全评估没有仲裁权，只能建议各方对标准和类似经验给予充分重视，克服可能的利益冲突和由单一机构引起的忽视问题，增加了安全评估的客观性。

三、目标驱动的安全评估

轨道交通安全系列标准以及核能、化工等同期其他安全相关工业安全标准的突出特点是对系统开发过程作了详细明确的规定，即规定开发过程中哪些工作必须或推荐完成的哪些事情是禁止的，被称为基于过程的标准。但是，由于过程难以客观评价，而且缺乏过程与安全目标之间的必然联系，以此为依据的安全评估只能“隔靴搔痒”，很容易流于形式。另一方面，太过详细的规定开发过程也不利于新技术的使用，例如新的开发模式、编程语言、分析工具等，容易过多地关注过程，而忽略产品本身。

英国国防部 2004 年发布第一个基于目标的军工产品安全标准 DS 00-56[45-46]后，基于目标驱动的安全评估进入人们的视野。目标驱动的安全评估不再拘泥于具体实现安全目标的过程以及在该过程中所使用的方法和记录，而是转向规定安全目标并检查安全目标是否都被满足了。所谓安全目标，主要是指产品所服务的行业期望达到的安全相关目标(如死亡率)，以及具体分配到不同系统的安全需求[48]。目标驱动的安全评估并不关注产品自身具体的技术指标，与指标驱动的安全评估有本质上的区别。

对于复杂工业系统来说，尽管所采用的技术措施、实现方式日新月异，但其安全需求相对固定，演变较慢。例如，轨道交通的信号系统的安全需求主要是避免撞车(包括迎面相撞、侧冲、追尾、与解体车体相撞)和掉线，不论是轨道电路还是计算机控制系统，核心安全需求基本不变。另一方面，即便发生变化，既往的安全需求也必然得到继承。例如 FAO 系统显著提高了列车运行的自动化程度，系统安全需求随之扩展，但仍然包括信号的上述安全需求。

目标驱动的安全评估涵盖了上述两类安全评估的内容。在目标驱动的安全评估中，安全需求的符合程度是评价的直接对象，产品的开发过程和产品的指标参数都可以作为安全性的证据。这种评估模式进一步释放了产品设计方案和研发过程的自由度，兼顾了产品和过程，是目前很多安全相关领域安全评估的发展趋势。

综上所述，经过近三十年的发展，英、法、德等发达国家已经建立了完善的安全评估体系。安全评估是对系统未来引发事故的概率的预测[49]。不论是现在的以过程为主导的安全评估还是未来以目标为主导的安全评估，都需要跟随系统生命周期的各个阶段，评估人员综合分析、计算、仿真、测试等多种证据[50]给出残余风险是否可以接受的主观判断。如果将列控系统看作是列车运行的一层“保险”，那么安全评估就是通过管理手段施加于列控系统的一个“信心”。安全评估工作本身必然要耗费一定的人力、物力、财力，其价值就在于减少系统中潜藏的安全隐患，降低系统风险[51]。用成本分析安全评估的必要性只能引发毫无意义的争论，2010 年发生的美国墨西哥湾钻井平台事故正式在这样的争论声中发生的，令人追悔莫及。安全评估中无法避免的主观因素使其独立性对其至关重要。独立性保证安全评估的结果尽可能少地收到安全文化、外来压力和思维定式地干扰，增强用户对系统的信心[52]，因此 ISA 成为当今最为广泛接受的安全评估方式。

第三节 应用于列控系统的安全评估框架

现代列车运行控制系统是以计算机平台为基础、控制软件为核心的复杂系统，其安全评估是一个涉及行业安全监管制度、安全技术标准、计算机系统设计技术、安全管理等诸多方面的系统性问题，为此根据我国轨道交通列控系统研制的一般工程做法，提出安全目标驱动的列控系统安全评估框架，如图 1-5 所示。

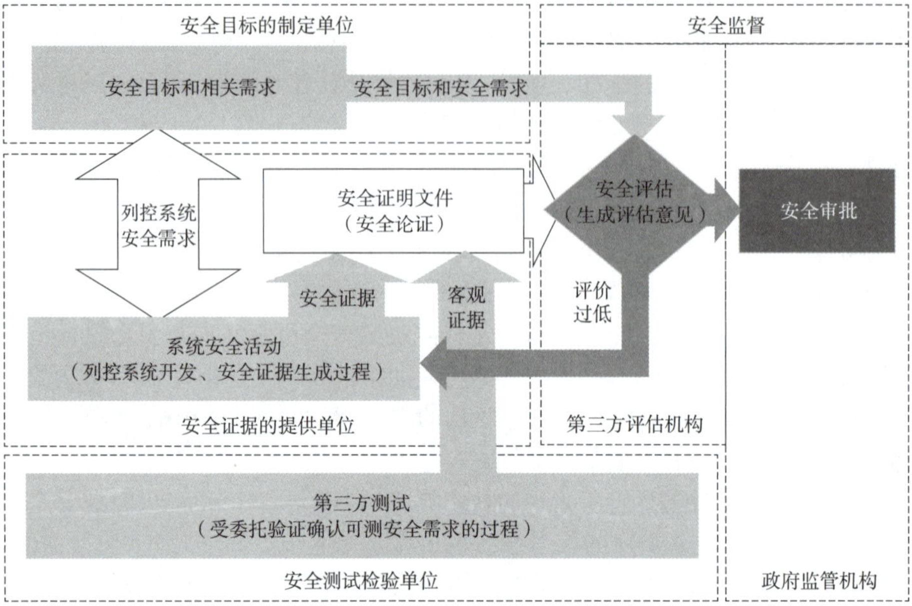

图 1-5　目标驱动的列控系统安全评估框架

在提出的安全评估框架中，列控系统的安全评估活动至少需要三方参与：安全系统的需方、供方和安全监督，由运营安全目标相互关联、相互推动。在轨道交通工程项目中，所谓需方一般指轨道交通运营单位，即铁路局及其下属的车站、电务段等。他们是列控系统的使用者和维护者，应根据实际运营需要和统计数据提出列控系统的安全目标及其他相关需求。供方是指列控设备的供应商和集成商，职责包括设备的研发、生产、安装和调试。在安全评估框架中，供方通过一系列的安全活动来保证设计确实能够满足安全目标，并且有责任说明、展示所提供系统的安全性。所有安全相关的成果(记录、分析、计算、测试、审查等)都作为安全证据，并在安全例证(safety case)中对证据进行分析、说明，通过论证的方式展示所有安全需求是如何被满足的。最终，安全监督机构在安全例证的基础上审查系统是否满足了需方的需求、指标及合同其他安全相关要求。

由于列控系统是一个涉及多学科的轨道交通专用设备，国家监管机构很难对其进行全面的专业化审核。目前国际通用做法是聘用具有相当专业资质的第三方评估机构对系统进行安全评估，并将评估意见和安全例证一起提交给国家管理机构进行安全审批。

除此之外，本框架还建议设立第三方测试机构作为第三种安全监督机构，以提供专业、独立、公正的测试证据。第三方测试机构一方面帮助国际监管机构更加深入地了解系统，增加对系统安全性的信心；另一方面也为供方提供特殊专业的检测和技术支持，增强供方的技术力量。

需要注意的是目前我国轨道交通列控系统一般由多个厂商的子系统设备集成而成的，如图 1-6 所示。轨道交通运营单位进行列控系统的采购是普遍意义上的需方。列控系统的承包商可以将工程分包给不同厂商，自己作为系统集成商。这样系统集成商既是运营单位的供方，也是各个子系统的需方。这样就需要完成两个层面的安全评估:各个子系统的安全评估和集成系统的安全评估,这两个层面都可以采用本框架。子系统的安全论证是列控系统安全论证的一部分,并且按照与安全需求的对应关系和需求分解的层次融入列控系统安全论证。一般情况下,国家监管机构只对最终系统进行安全审查。

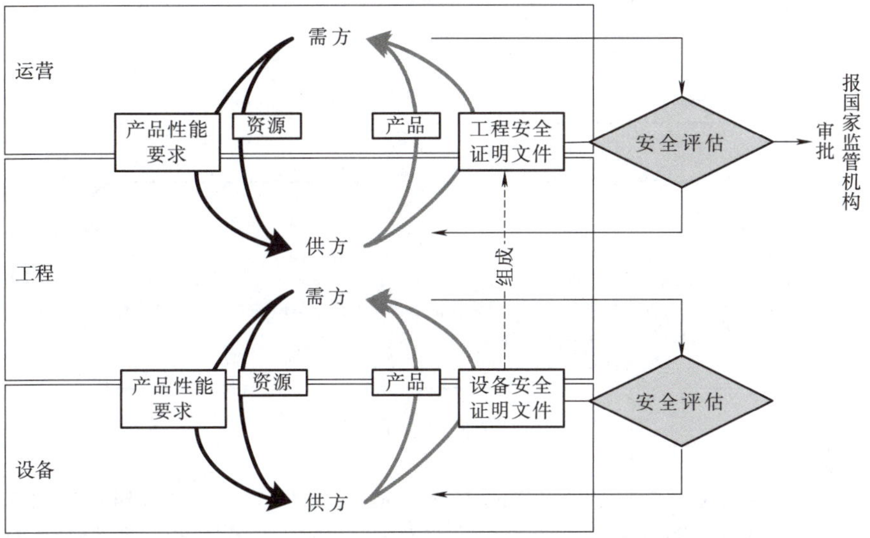

图 1-6 安全评估框架中供方与需方的关系

1. 目标驱动的安全需求分解

明确运营安全目标和安全需求是系统安全评估工作的起点和基础。对于任何一个安全苛求系统来说,最基本的安全目标就是"获得一个足够安全的系统"。在轨道交通行业,"足够安全"的评判标准也称为风险接受原则(risk acceptable principle)或安全原则(safety principle)[2]。目前,国际上比较通用的是英国制定的 ALARP 原则,要求不存在不可接受的残余风险,并且在合理可操作前提下尽可能低[47]。

实际操作中,需方以使每个相关人员所承受的风险最小为目标,设置安全余量(safety margins)。根据已知危险列表(历史积累与分析结果的结合)将系统残留风险转化为每个危险的可容忍发生率(Tolerable Hazard Rate,THR),并对应到 SIL 指标。危险列表及其 SIL 指标组成顶层安全需求。供方要在项目初期分析顶层安全需求的可实施性,并与需方协商。最终确定的顶层安全需求将作为工程验收的依据。

在设计开发阶段初期供方就要开始安全论证工作[48][53],对顶层安全需求进行分解得到安全性能需求、安全相关工程需求、安全相关流程需求,并以此为基础规划全生命周期的安全活动,形成《系统安全计划》。通过安全论证的方式,建立了安全活动与每一条安全需求的关联关系,这样使得安全活动的目的更加明确,避免流于形式。第二章着重介绍安全目标的确定以及安全需求分解的具体方法。

2. 安全论证辅助的安全活动组织

安全论证与系统开发同时开始,并行操作,并且与安全活动相辅相成。安全论证过程将安全目标和需求逐步分解为对于安全技术、质量管理、安全管理方面的要求,从而随着开发过程的推进帮助《系统安全计划》逐步细化和完善[54][55]。安全技术的设计、实施和测试都是安全论

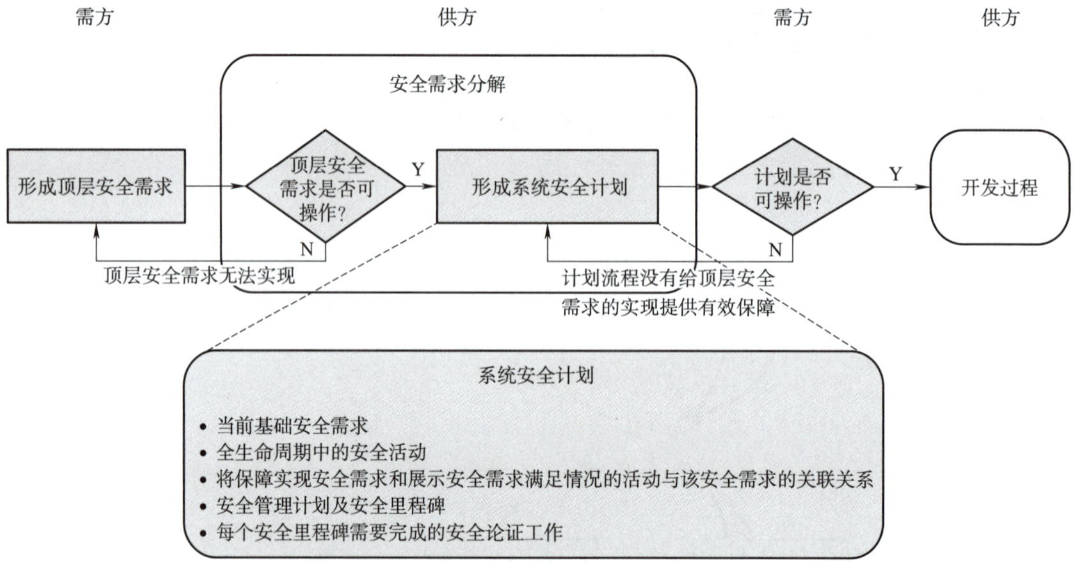

图 1-7　安全评估框架中安全需求分析过程

证模型的证据元素，而将这些证据纳入模型中的过程完成了阶段性成果和安全要求的对照过程(即安全验证)，同时证据对于安全论证的支持作用分析完成了成果与基本安全目标的比对(即安全确认)。与传统的静态、平面的危害列表相互配合，补充必要的层次结构、逻辑关系信息。如图 1-8 所示，系统定义、设计、实现和集成是轨道交通信号产品的主要生命周期阶段，每个阶段的安全论证都包含目标的分解和论据的分析整理过程。目标分解引导该阶段计划的制定，论据整理是对系统安全评估工作的验证和确认。具体的安全活动内容及相应的方法技术将在第三章进行详细介绍。

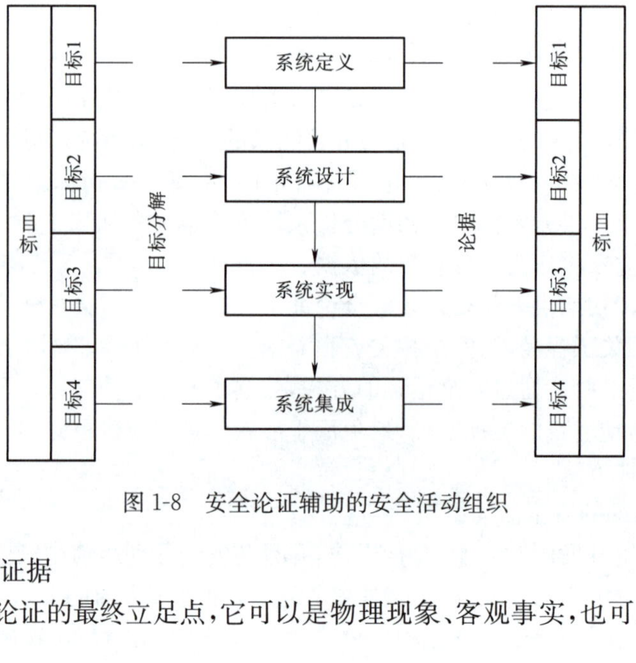

图 1-8　安全论证辅助的安全活动组织

3. 多元化安全证据

安全证据安全论证的最终立足点，它可以是物理现象、客观事实，也可以是在给定实验条件下的试验结果，或科学推理、分析、计算结果。证据学根据证据与待证事实之间的关系，可将证据分为能够单独直接证明契约前言的直接证据与需要和其他证据结合才能证明契约前言的间接证据。对于安全苛求计算机系统来说，顶层目标（系统足够安全）无法通过直接证论证[1]，甚至某些充分分解后的子目标也没有直接证据，例如安全需求的完整性论证。因此，安全论证会用到大量的间接证据，证据类型呈现多元化，包括安全计划、具体安全活动的操作规范等过程证据，也包括安全分析报告、测试报告等产品证据，以及组织架构、人员资质等管理证据，记录、见证等确认性证据。这些证据对安全性结论的支撑关系一定是不同的，如何确定不同间接证据之间的权重是安全论证的难点。本书认为证据的客观性是需要着重考虑的因素，客观性强的证据更便于公正评价。第六章详细介绍独立安全测试这一种特殊的证据获取方式，第七章介绍安全证据的属性，以及如何评判不同类型安全证据的可信性。

4. 基于安全论证的安全评估

目前，在轨道交通行业，国际上普遍将安全例证[2]作为产品设备的主要安全交付物。轨道交通安全系列标准将安全例证定义为"说明和论证产品满足安全需求的过程，该过程需要以文档的形式进行记录"。可见，安全例证并不是安全证据的简单罗列和索引，其核心是将这些证据的有机组合，是一个非形式化推理过程。安全论证技术提供了一种安全推理和安全证据组合的标准形式，给安全监督机构和被审查机构建立了清晰的交互平台，便于供方系统地描述安全评估过程，同时也便于安全监督机构进行安全审查。第五章详细介绍了基于GSN技术的安全论证方法；第六章更加全面地介绍安全评估的代表性体系和主要工作，并以北京地铁亦庄线的安全评估作为案例展示安全评估过程。

参考文献

[1] 1474. 1-2004-IEEE Standard for Communications-Based Train Control (CBTC) Performance and Functional Requirements[S]. IEEE, 2004.

[2] IEC:62278-Railway applications-Specification and demonstration of reliability, availability, maintainability and safety (RAMS)[S]. International Electrotechnical Commission, 2002.

[3] Givoni M. Development and Impact of the Modern High - speed Train: A Review[J]. Transport reviews, 2006, 26(5): 593-611.

[4] Robert Colburn. A History of Railroad Signals [R]. Institute of Electrical and Electronics Engineers, 2013.

[5] Heikkilä A M. Inherent safety in process plant design: an index-based approach[M]. VTT Technical Research Centre of Finland, 1999.

[6] Redding, R J, Intrinsic Safety: Safe Use of Electronics in Hazardous Locations[M]. McGraw-Hill European technical and industrial programme. 1971.

[7] 燕飞，唐涛. 轨道交通信号系统安全技术的发展和国外的研究现状[J]. 中国安全科学学报，2005，6(15)：94-99.

---

1 目前学术界已经提出了定理证明技术，可以构建简单系统的完整数学模型并就给定性质进行证明。但是对于工业系统来说，其规模和复杂性限制了该技术的应用。另外，不论何种模型、方法都无法全面检验系统需求的完备性和正确性。而且，安全本身就是一个相对概念（如ALARP原则），无法仅通过推理或计算来检验。因此，"系统足够安全"无法通过直接证据证明。

2 "安全例证"的名称在国际上不完全统一，美国等国家将其称为"安全评估文件(safety assurance document)"。

[8] Wikipedia. Railway signalling[EB/OL]. https://en. wikipedia. org/wiki/Rail-way_signalling # Mechanical_signals.

[9] Leveson N. White paper on approaches to safety engineering[J]. Disponible en ligne sur le site de l'auteur (sunnyday. mit. edu/caib/concepts. pdf), 2003.

[10] Richey, Albert S. Electric Railway Handbook[M]. New York: McGraw-Hill, 1915: 813-815.

[11] 唐涛，牛儒译. 基于系统思维构筑安全系统[M]. 北京:国防工业出版社，2015.

[12] Cavallaro J, Walker I. A survey of NASA and military standards on fault tolerance and reliability applied to robotics[C]//Conference on Intelligent Robots in Factory, Field, Space, and Service. 1994: 1211.

[13] Roland H E, Moriarty B. System safety engineering and management[M]. John Wiley & Sons, 1990.

[14] Risto Tiusanen, Marita Hietikko, Jarmo Alanen,Nina Pátkai & Outi Venho. System Safety Concept for Machinery Systems[M]. Helsinki:Edita Prima Oy, 2008.

[15] MIL-STD 882 C, Military Standard System Safety Program Requirements. Department of Defence of US, 1993.

[16] Vesely W E, Goldberg F F, Roberts N H, et al. Fault tree handbook[R]. Nuclear Regulatory Commission Washington dc, 1981.

[17] Lee W S, Grosh D L, Tillman F A, et al. Fault Tree Analysis, Methods, and Applications And Review [J]. IEEE transactions on reliability, 1985, 34(3): 194-203.

[18] Hong E S, Lee I M, Shin H S, et al. Quantitative risk evaluation based on event tree analysis technique: application to the design of shield TBM[J]. Tunnelling and Underground Space Technology, 2009, 24 (3): 269-277.

[19] Andrews J D, Dunnett S J. Event-tree analysis using binary decision diagrams[J]. IEEE Transactions on Reliability, 2000, 49(2): 230-238.

[20] Stamatis D H. Failure mode and effect analysis: FMEA from theory to execution[M]. ASQ Quality Press, 2003.

[21] Ericson C A. Hazard analysis techniques for system safety[M]. John Wiley & Sons, 2015.

[22] Libor Lochman, Jean Baptiste Simonnet. Improving the management of emerging and residual safety risks[J]. IRSE News, 2018, 7/8:19-22.

[23] Theeg, Gregor, ed. Railway Signalling & Interlocking: International Compendium [M]. Eurailpress, 2009.

[24] Thane H. Safe and Reliable Computer Control Systems Concepts and Methods[J]. TRITA-MMK, 1996, 96(13).

[25] Smith D J, Simpson K G L. Safety critical systems handbook: a straight forward guide to functional safety, IEC 61508 (2010 Edition) and related standards, including process IEC 61511 and machinery IEC 62061 and ISO 13849[M]. Elsevier, 2010.

[26] Hirao Y. THE SAFETY TECHNOLOGY OF RAILWAY SIGNALLING: ITS MOST DISTINCTIVE FEATURES AND ITS WIDER APPLICATION[C]. The Safety Technology Of Railway Signalling. IRSE, 2012.

[27] MIL-STD 882E, Military Standard System Safety Program Requirements. Department of Defence of US, 2012.

[28] Clifton A. Ericson. System safety primer[M]. Lexington: CreateSpace, 2011.

[29] Shift2Rail. The Rail Joint Undertaking[EB/OL]. http://www. shift2rail. org.

[30] Shift2Rail. Strategic Master Plan, Version 1. 0[EB/OL]. http://ec. europa. eu/transport/modes/rail/doc/2015-03-31-decisionn4-2015-adoption-s2r-masterplan. pdf , 2015.

[31] ARCADIS. Digital Railway[EB/OL]. https://www.arcadis.com/media/6/E/F/%7DDigital_Rail_UK_061017.pdf.

[32] Goikoetxea J. Roadmap Towards the Wireless Virtual Coupling of Trains[C]//International Workshop on Communication Technologies for Vehicles. Springer, Cham, 2016: 3-9.

[33] Tokody D, Flammini F. The intelligent railway system theory[J]. International Transportation, 2017, 69(1): 38-40.

[34] Josef Doppelbauer. Command and Control 4.0[J]. IRSE News, 2018, 7/8:2-9.

[35] Müller M K, Taranetz M, Rupp M. Providing current and future cellular services to high speed trains [J]. IEEE Communications Magazine, 2015, 53(10): 96-101.

[36] TB 2852—2015. 轨道电路通用技术条件[S]. 北京：国家铁路局，2015.

[37] GB/T 25338.1—2010. 铁路道岔转辙机 第1部分:通用技术条件[S]. 北京：国家铁路局，2010.

[38] GB/T 25338.2—2010. 铁路道岔转辙机 第2部分:试验方法[S]. 北京：国家铁路局，2010.

[39] Tim Kelly, John McDermid, Rob Weaver. Goal-based Safety Standards: Opportunities and Challenges [C]: Proc. of the 23rd International System Safety Conference.

[40] A. D. Sefton. The Development Of The Uk Safety Case Regime: A Shift In Responsibility From Government To Industry [C]. Offshore Technology Conference. Houston, Texas. 1994.

[41] Ian S. Sutton. Offshore Safety Management: Implementing a SEMS Program [M]. Elsevier Inc, 2012: 195-213.

[42] Cichocki T, Górski J. Safety assessment of computerized railway signalling equipment[C]. CENELEC SC9XA/WGA10 Workshop, 1999.

[43] Safety Rail Standard Board. Engineering Safety Management (The Yellow Book)[S]. 2007.

[44] IEC: 62425. Railway applications-Communication, signalling and processing systems-Safety related electronic systems for signaling. International Electrotechnical Commission (IEC), 2003.

[45] DS 00-56. Safety Management Requirements for Defence Systems: Part No: 1: Requirements [S]. United States Department of Defense. 2007.

[46] DS 00-56. Safety Management Requirements for Defence Systems: Part No: 2: Guidance on Establishing a Means of Complying with Part 1 [S]. United States Department of Defense. 2007.

[47] EN:50126-2. Railway applications — The specification and demonstration of Reliability, Availability, Maintainability and Safety (RAMS) —Part 2 Guide to the application of EN 50126-1 for safety. CENELEC, 2007.

[48] 牛儒，唐涛. 安全论证方法及其在铁路信号开发安全评估中的应用[J]. 铁道学报，2014，36(4): 54-59.

[49] Cichocki T, Górski J. Safety assessment of computerized railway signalling equipment[C]. Proc. of CENELEC SC9XA/WGA10 Workshop, Münich (Germany). 1999.

[50] Froome P. Independent Safety Assessment of Safety Arguments[M]//Constituents of Modern System-safety Thinking. Springer, London, 2005: 37-47.

[51] Harrison A. Independent safety assessment-is it adding value? [C]. Safety Cases: Getting there together (Ref. No. 1999/114), IEE Seminar on. IET, 1999: 6/1-6/2.

[52] Billy Fong. Principles of Independent Safety Assessment [R]. Edgilis Pte. Ltd, 2011.

[53] Patrick J. Graydon; John C. Knight. Assurance Based Development of Critical Systems[C]. 37th Annual IEEE/IFIP International Conference Dependable Systems and Networks, DSN '07. 2007. [28] J. R. Inge. The Safety Case, its Development and Use in the United Kingdom [C]. Equipment Safety Assurance Symposium 2007, Bristol, UK. 2007.

[54] Timothy Patrick Kelly. Arguing Safety-A Systematic Approach to Managing Safety Cases [D]. University of York, 1998.

[55] Johnson R H. Manifest Rationality: A pragmatic theory of argument[M]. ew Jersey, USA: Laurence Erlbaum, 2000.

[56] N. G. Levenson. The Use of Safety Cases in Certification and Regulation [R]. ESD Working Paper Series. MIT, 2011.

[57] Rasche T. Development of a safety case methodology for the minerals industry-A discussion paper[J]. The University of Queensland, Minerals Industry Safety and Health Centre, 2001, vol 10: 1-17.

[58] Wagner, S., Schätz, B., Puchner, S., Kock, P. A Case Study on Safety Cases in the Automotive Domain: Modules, Patterns, and Models [C]. ISSRE, 2010: 269-278.

第二章　列控系统的安全特征

计算机技术、通信技术的发展使列车运行控制的功能和性能不断增强，成为高速铁路、城市轨道交通等列车高效安全运行不可或缺的安全设备。由于计算机的安全特征与机械、电气器件有很大不同，才促使了轨道交通信号独立安全评估方法及机制的构建和发展。

本章首先概要分析计算机的安全特征，从列控系统在轨道交通运营中的核心作用出发，介绍列控系统的基本功能、安全需求及基本构成。结合研发运用，分析列控系统研发运用特点，并系统性分析列控系统的失效类型以及不同失效类型所对应的生命周期阶段。

第一节　计算机系统的安全特征

计算机控制系统是在通用计算机设备（计算机硬件）的基础上直接以指令或程序（计算机软件）的形式“书写”控制算法或自动化逻辑等，而不需要每次都针对特定应用需求从零开始通过一个个机械或电气元件逐步搭建。这些指令或程序装载到计算机上就构成了具体控制设备，实现目标功能。因此，计算机系统也被描述为“通过执行特定程序实现目标功能的通用设备”[1]。

计算机的通用性将设计师从具体实现方式的限制中解放出来。物理上不可能实现或不能实施的设计可以通过计算机系统能够轻松实现，而且系统变更时仅需要对计算机软件进行修改，不需要像机械或电气设备那样，重新加工、生产元件。因此，计算机控制系统开发模式也随之发生改变，由于物理设备（计算机硬件）可以重复使用，加工、生产环节的工作量大幅减少，设计和验证阶段成为系统生命周期的核心环节。因此，计算机的应用显著增强系统功能、提高系统性能，同时降低了系统开发、使用和维护等的费用。

软件作为计算机所特有的组成部分，其最大的特点是“无形”[2]。软件既没有物理约束，也不以结构或功能等形式直接作用于外界环境。软件组件既没有质量、能量、大小、数量等物理特性，也不具有密度、强度和形状。由于计算机软件不存在外在物理表征，自然不会像传统的机械设备、电子设备等那样，随着时间推移不可避免地出现老化，进而发生故障。从这个角度说，软件比传统技术更“可靠”，能够一直保持“准确无误”的理想状态。

但实际上，软件设计错误给基于计算机的安全苛求系统的设计和评估带来很大困难，尽管好的设计实践在努力减少错误数量。非常不幸的是，计算机编程并不是一门科学而是一种艺术[16]，目前还没有任何方法能够完全杜绝错误。计算机控制系统软件的灵活性方便工程师设计更加智能的逻辑，实现更加复杂的功能。从某种程度上说软件更容易出错，根据卡内基梅隆大学计算机系的统计，每1 000行计算机代码可能包含5～15个缺陷（Bug）。只能被迫接受“任何软件程序都存在一定数量的缺陷”的现实，在设计中采取各种手段对软件程序进行检查。然而，软件的“无形”性又使得软件密集型系统故障方式难以可视化，没有确定的故障先兆和故障模式。与软件相比，机械系统有限的物理失效模式可简化安全分析、危险消除或控制以及安全性确信过程。例如,信号系统常用的重力继电器可以使用触点开路作为其故障安全状态。软件行为不可预测性和潜在的大量不正确行为常常会使同样类型的故障模式分析和故障安全设计难以奏效。

许多计算机相关的事故都是由于系统需求、软件定义、数据结构、算法实现等出现错误导致的,这些错误通常源于错误的需求规范、对需求规范的错误理解或不恰当的软件需求分解和追踪。在系统安全工程领域,通常将人为导致的,只能通过修改设计或制造过程、操作程序、文档或其他相关因素来消除的失效称为系统性失效。计算机软件错误都可以看作是系统开发不同阶段的人为失误或错误导致的系统性失效。2011 年发生的 7・23 事故的重要原因之一就是软件设计缺陷。国务院事故调查报告[3]明确指出:"从软件及系统设计看,温州南站使用的 LKD2-T1 型列控中心保险管 F2 熔断后,采集驱动单元检测到采集电路出现故障,向列控中心主机发送故障信息,但未按"故障导向安全"原则处理采集到的信息,导致传送给主机的状态信息一直保持为故障前采集到的信息;列控中心主机收到故障信息后,仅把故障信息转发至监测维护终端,也未采取任何防护措施,继续接收采集驱动单元送来的故障前轨道占用信息,并以此向后车发送轨道电路信息"。图 2-1 为 7・23 事故中列控中心采集处理模块流程。可以看出,最初自检成功后信息采集过程仅检查采集信息的一致性,对于数据的实时性以及采集过程中可能出现的共模故障都没有相应的检查和处理。反映出设计人员对于系统需求理解不到位,没有识别出轨道电路占用信息的实时性要求;同时安全工程师的接口危险识别过程也同样没有考虑到输入信息的这种偏差。导致 LKD2-T1 型列控中心产品存在软件流程和硬件设计上的错误,最终在雷击等外界条件的作用下暴露出来,造成此次灾难性事故。

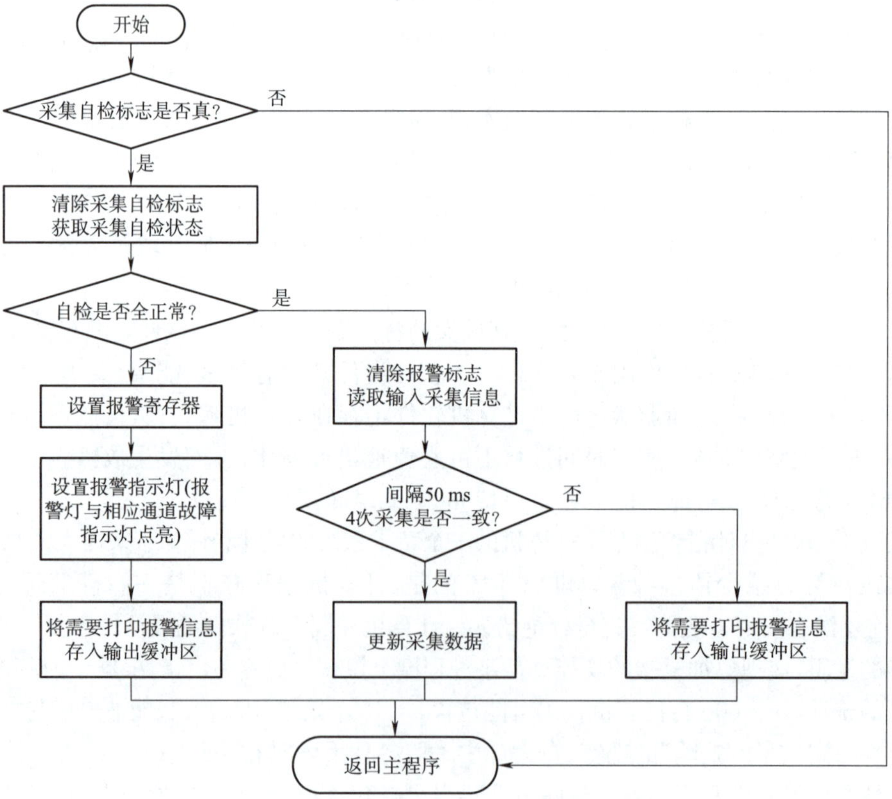

图 2-1　7・23 事故中列控中心采集处理模块的流程

软件的灵活性也表现为可以通过修改软件方便地修改计算机的行为，以很低的成本快速实现大规模变更。对于机械系统来说，大规模地进行设计变更是困难重重，系统构件所固有的物理属性成为修改设计的天然约束力。而计算机的设计逻辑存储在电子存储器中，改变系统设计仅需要修改存储器中的内容。在存储容量和处理速度得到极大提升的今天，软件变更几乎不存在物理障碍。大多数开发者认为这是计算机的独特优点，似乎可以很低的代价带来很大变化。实际上这只是假象。计算机软件的灵活性极易"怂恿"工程师做出经常性的、大规模的修改，造成复杂性增加，同时极易引入新 Bug。计算机软件的灵活性还会"怂恿"系统开发过程后期重新定义系统，以便克服系统其他方面发现的缺陷。Stackoverflow 公司 CEO Joel Spolsky 曾一语道破："我们都是程序员，而程序员的心中都驻着个建筑师，当他们到达一个地方的时候，他们想做的第一件事就是把这个地方夷为平地，然后在上面建造一些宏伟的建筑。我们对那些渐进式的更新不感兴趣：如小修小补、改进、种种花草等等。"然而，推倒重来看似能够获得更好的架构或从根本上解决当前乱局，但是要求编程人员不仅熟悉当前的所有代码还要理解代码背后的初衷以及曾经的失败教训，因此很多大公司的实践表明"你很可能犯下旧版本中的大部分的错误，并带来一些旧版本中并不存在新错误"。实际上，软件与硬件一样脆弱，只是软件在逻辑上脆弱而不是物理上脆弱，因此更具隐蔽性，很少有人理解软件多么容易被损坏、真实的灵活性是多么的小。

另一方面，计算机控制系统的非连续特性也给系统安全保障带来很大困难。

1946 年，冯·诺依曼(John Von Neumann)提出存储程序原理，即把程序本身当作数据来对待，程序和该程序处理的数据均以二进制的方式存储，计算机按照程序顺序执行。自此，确立了计算机的离散结构，即只能处理离散的或离散化了的数量关系，也只能输出离散命令控制外部设备。因此，无论计算机科学本身，还是计算机技术及其应用密切相关的现代科学技术研究领域，都面临着如何对离散结构建立相应的数学模型，以及如何将已用连续数量关系建立起来的数学模型离散化，从而可由计算机加以处理。

计算机的离散特性使测试作为一种验证手段的作用大打折扣。传统设备的失效模式比较简单，根据数学模型推理或多年经验可以预知其所有可能的失效模式及影响，进而应用成熟的测试方法对设计进行检查。机械或电气系统通常在固定范围内工作，失效过程是某种物理属性连续变化直至超出要求范围的过程，例如机械构件断裂前会先出现弯曲。因此，可以选取具有代表性的离散点进行测试，利用连续性弥合中间空白。例如，对于一座桥来说，如果通过了 10 t 的承重测试，那么可以简单推理在承重小于 10 t 时都是安全的。然而对于计算机系统来说，由于系统行为是非连续的，不能用部分成功测试案例推演其在所有输入条件下的正确性，哪怕是与测试序列非常近似的输入。换句话说，需要对所有可能的输入组合逐个进行测试，才能验证计算机的正确性。由于输入组合的数量通常都非常巨大，完成所有测试是无法想象的，所以通常说"测试结果无法独立证明计算机的正确性"。计算机系统会在输入状态空间的任何点以各种古怪方式出现错误，不论情况如何，软件的失效行为不必与其正常行为相关联。这使得传统的系统测试技术受到巨大挑战，计算机软件很难通过测试的方式进行完备检查。

计算机系统的离散特性同时使软件设计变更影响分析非常困难。在传统工程中，通常默认改进设计一定是对系统有益的，因为存在成熟的理论技术和经验证据预测变更对系统其他部分的影响。例如，如果将一座桥梁的某个构件更换成更加坚固材料，通常可以直接推断：整座桥梁结构都变得更加坚固，即故障概率变小。但对于软件来说，通常无法轻易得出变更对整个系统有益的结论。实际上,许多事故都是由于认为软件变更很少,没有进行全面的影响分析以及系统性测试,从而引起了灾难性后果。

为了消除某个已发现的错误而进行的软件修改也存在同样的问题。从传统可靠性角度看,以同样型号好的器件替换故障器件系统的性能将会恢复到正常状态,而且修复后的系统将会与故障前的系统一样可靠。计算机系统与之类似的情形是在软件崩溃后重新进行软件加载,通常可以认为新加载的软件与崩溃之前的具有相同的可靠性。与传统维修完全不同,软件“维修”的目的并不是恢复原先系统功能,而是指为了纠正不符合用户需求的设计规范或改正代码错误而进行的软件设计变更,这与仅替换失效硬件器件恢复原来系统的功能完全不同,即便是很小的改动也很难甚至不可能保证不会引入新的错误,致使修改后的软件比以前更不“可靠”。

综上所述,可以看出计算机系统的故障模式与传统的机械、电气系统有诸多不同:

(1)一般来说,物理组件以明确、连续的方式工作直到其断裂点,也就是说可以在极端情况下对物理组件进行测试,并推断测量值之间系统的行为。而计算机系统行为不连续,一般来说一组成功的测试很少甚至不能提供与测试条件稍有不同工作状况下系统如何工作的信息。

(2)软件不会像物理系统那样磨耗,所有的故障都源自技术规格书、设计或开发过程中的人为错误,每当系统处理不能够正确处置的特定数据组合时就会发生故障。

(3)计算机系统通常太过复杂,对其进行穷尽测试不切实际。

鉴于此,英国工程技术学会(IET)专门提出了安全相关系统中应用基于计算机的安全苛求系统的原则[4]:

(1)严格、一致的用户需求是安全苛求系统研发的起点和基础。形成用户需求以及将其转换为技术规格书都是技术要求很高的任务。

(2)每一个安全苛求系统都必须进行全面的危险分析。一方面确定该系统可能失效方式,另一方面,系统经过初步开发、维护、升级及故障后重新投入使用前,必须确定每一类型的失效都不会发生故障的可信度等级。

(3)安全苛求系统的系统架构需要尽可能(例如,通过复杂度低或机械联锁的备用模式)避免重大危险,使对基于软件的系统的依赖度降到合理可行(ALARP)的程度,并且消除单点故障。

(4)安全苛求系统通常需要与操作者(如列车司机、车站值班员、调度员等)进行交互。由于整体的安全依赖于操作员的正常操作,应当把人机接口和对操作员的训练当作整个安全相关系统的一部分,包含在危险分析和风险消弱(Risk mitigation)中。

(5)每一个安全苛求系统必须有文档形式的安全分析,明确说明系统的功能、识别出来的危险、需要系统在防止每个危险时达到的可信度等级、获得的证据,以及证明系统已达到所要求的可信度等级的逻辑论证。

(6)仅仅展示系统研发遵从了特别的开发流程还不足以证明所得到的系统满足安全目标。安全论证必须基于有关系统及其组件的证据,而不仅是开发流程。

(7)研发单位需要证明其研发人员资质能够胜任他们的工作岗位并始终保持(例如可以通过相关的持续职业发展)。

(8)从数学上说,软件系统是形式化的对象,可以推算其行为,证明其具有某些特性。不过这通常只能适用于复杂度有限,而且开发者在规格书、设计和编程中使用了明确的语言,且有强有力的分析工具的支持。

(9)在系统投入广泛应用之前,不可能仅依靠基于测试的证据证明 99%的可信度下总体故障率将低于每小时 10^{-5}次(即平均故障间隔时间约 1 年)。就算可行的话,证明 99%可信度下故障率低于每小时 10^{-4}次也很困难,因为这需要将系统放在将来可能会遇到的环境中无故障工作 1 年。

(10)系统投入使用后,还应该定期对这些文件进行审核,以评估威胁状况是否有所变化、风险是否仍然尽可能合理可行地低。同样的,审核也需要保证维修工作破坏没有原来的安全评估。

第二节 列控系统的基本功能及组成

列控系统是根据列车在铁路线路上运行的客观条件和实际情况,监督、控制和调整列车运行的技术装备。从运营需求来看,列控系统不仅要确保列车安全、高效运行,还应当尽量减少对运营的干扰,即列控系统应满足一定的可靠性、可用性和可维护性要求;同时在内部或工作环境出现异常/故障的情况下,应提供“降级模式”使列车可以在人工的帮助下继续运行。因此,从广义上讲,列控系统是一个由设备、人员和行车安全管理规章制度共同组成的列车运行安全保障体系的“大脑和神经中枢”,如图 2-2 所示。

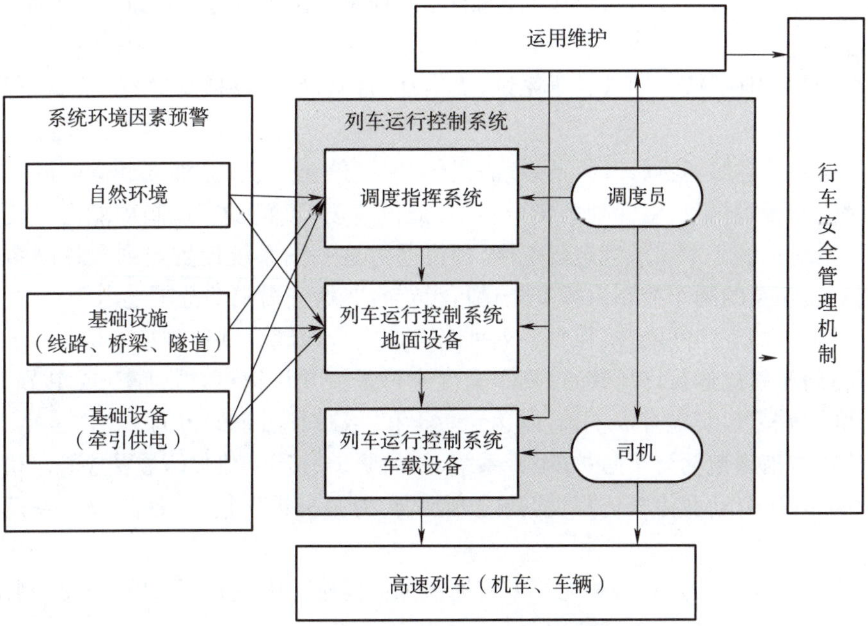

图 2-2 列车运行控制系统框架模型

列车运行安全受设施设备、自然环境、人员及组织管理等众多因素的影响。列车运行安全控制系统包括调度指挥、超速防护、人机交互(调度员、司机);自然灾害(风、雨、雪及地震等)监测预警;基础设施(线、桥、隧等)监测预警;基础设备(牵引供电等)监测预警;高速列车在途实时动态监测;设备运用维护;行车安全管理规章制度等。列控设备需要与直接、间接地与多工种、跨地区的运营人员进行频繁、复杂的交互。特别是在列控系统由于故障或条件限制不得不使用低等级模式无法全面监控安全时,需要设备与司机、司机与调度、调度与电务和工务在行车安全管理规章的指导下密切合作,完成安全责任的充分配、移交和降级运行。因此,列控系统与运营人员并不是简单的机器防护人工错误的关系,而是更加复杂的协同控制关系。列控系统的设计必须考虑使用者的心智模型,提供足够的信息、提示帮助人员做出正确操作,并避免低级错误造成事故。

一、列控系统的基本安全功能

列控系统应能够保证列车按照既定行车规则安全运行,实现如下基本安全功能[5],即使在设备故障的情况下,也应在规定人员配合下完成这些功能:

(1)授权列车沿一段线路运行前,应证实该段线路是安全的,即道岔位置正确且锁闭、线路空闲、状态正常(未受自然灾害及施工维修等的影响)。

在一般情况下,列车不能进入有其他列车或社会车辆占用的区段,但获得特殊授权的情况下例外,例如站台共用、列车重联、允许施工和调车。

(2)获得授权的列车进入区段行驶后,应保持该区段的独占性,直到整列列车通过该区段;或授权已被撤销,并且列车已停车;或授权已被撤销(并且这一信息已经传输给列车),且在已授权行驶区段始端前有足够的空间供列车安全停车。

这一项需求不排除区段进路释放的可能性,即列车已出清的区段可以逐渐释放,以便尽早设置其他进路。

(3)应为列车司机(或自动驾驶子系统)提供/配备明确、一致和及时的信息,确保列车安全控制。

此处的信息包含给司机(ATO子系统)提供开始/停止信息;提供接近运行许可终点或者低速限速区段的警告信息,确保列车安全制动;提供速度、进路、坡度、制动能力等信息。车载数据录入子系统也属于本需求规范的范围,司机通过这一子系统设置与列车控制系统安全运行相关的参数,相关的列车控制系统安全运行设置也在这一需求的范围之内。

(4)提供足够的空间间隔,确保每一列列车可以安全地制动直到停车。

(5)应在列车越过运行许可终点、列车速度超过最大允许速度,或列车(或单节车)未经授权出现移动的情况下,实施有效干预,以达到防止和/或减轻后果的目的。

可能的技术措施包括列车防护/报警系统、侧面防护、接近控制/信号释放等。也包括其他的措施,例如,列车启动和停车流程、驾驶能力要求、为司机提供信息、预防未经授权进入驾驶室等。

(6)在施工期间,应为列车、工地及工人提供保护措施。无论是否影响列车控制系统,所有类型施工都应该包含在这一需求之内。

可以采取的措施包括:控制列车进入正在施工的区段或者由于施工导致安全性降低的区段;当施工结束后,运行列车驶入这个区段前,需确保区段内的障碍物(工程车辆等)都已经被清理完;限制列车速度来帮助保护在轨道上施工的工人;并警告施工工人有列车接近。

(7)应给制定人员(调度、车载值班员等)提供明确、一致且及时的信息,以及适当的控制设备,确保可以通过人工方式完成列车运行安全保障。

这里的需求主要指设备故障和降级模式下应给人工操作提供所需要的信息，包括正常模式下可以提供的信息，以及必要的辅助信息，例如，调度员所需要的列车描述、关键故障报警，以及数据录入系统。

(8)系统应便于调度员与其他人员之间的通信。通信系统的性能既要满足正常运行的需求，也要满足故障/降级模式下的需求。

不仅包括司机与调度员通信，也包括其他的通信，如邻近控制中心调度员之间，调度员与应急处置人员之间的通信。

(9)应能防止列车进入不兼容线路。

该需求应用的情况包括轨道和列车之间的轨距标准不兼容、牵引供电系统不兼容、车载列控子系统不兼容；也限制某型列车进入隧道的限制或包括特定类型列车在同一时刻进入某些区段，如危险货车和旅客列车。

(10)在紧急情况下应提供装置指示列车回撤运行许可，立即停车。紧急消息的实时性和可靠性需视突发事件的风险而定，还应考虑在不适合的点使列车停车的风险。

这个需求可以通过信号系统自身或者使用一种可选或独立的装置(如与司机无线通信装置)撤回已发送的运行许可。

二、列控系统的基本原理与构成

随着计算机、通信技术在铁路信号领域应用的不断深入，列控系统的功能和性能得到极大提升。目前的列控系统广泛采用目标距离(Distance-to-go)控制方式，仍采用传统的以地面为中心的控制架构，如图 2-3 所示。地面区域控制中心接收前方轨道占用(或前方列车位置)信息及调度中心的调度控制命令等实时生成后车(图中 B 车)的运行许可(Moving authority)，通过车地信息传输系统传送给 B 车的列控车载设备。在此基础上，B 车的列控车载设备按照列车安全制动模型，根据列车速度、位置、前方线路信息及列车参数等自动计算速度—距离模式曲线，实时形成限制速度并显示给司机，监控列车速度。一旦列车速度超过限制速度，将自动实施制动迫使列车降速或停车，保证列车运行安全。

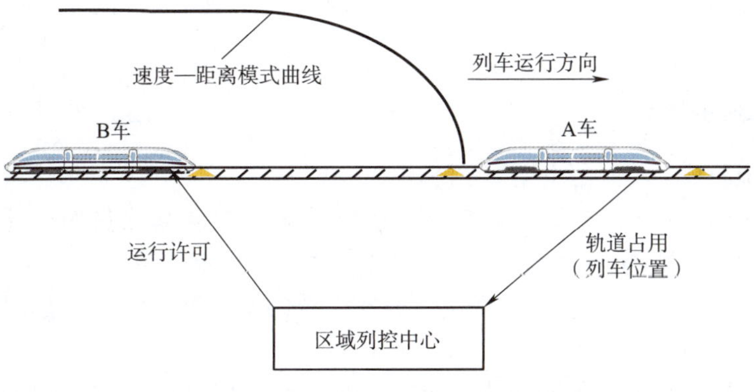

图 2-3　以地面为中心列控系统基本架构

列控系统的实现有多种不同的技术方案，可以根据运输需求和线路基础设施的不同进行灵活调整。例如，城市轨道交通对于运行间隔、停车精度要求较高，但站间距离短、线路结构简单、运行速度较低，因此要求列控系统车载设备具有较高的定位精度，并采用移动通信方式实现车地信息实时连续传输以实现移动闭塞。然而，对于长途铁路运输(包括跨省、跨国线路)，既有轨旁设备类型不统一、技术水平参差不齐，因此必须考虑系统的兼容性设计。欧洲列车运行控制系统(ETCS)将列控系统进行了分级设计，以适应欧洲各国不同的铁路信号制式。在此基础上，我国设计了中国列车运行控制系统(CTCS)框架，结合我国铁路运输特点、既有信号设备制式和未来发展，分为 CTCS-0、1、2、3、4 级。CTCS-2 级及以下列控系统仍然采用轨道电路进行地面到车载的单向数据传输，地面设备仅能获得轨道占用信息；CTCS-3 级及以上开始采用移动通信技术进行车地双向通信，地面可以收到列车的准确定位信息。CTCS-3 级系统已具备移动闭塞的实现条件，可以支持 300 km/h 以上高速铁路的需要。

列控系统由地面设备和车载设备组成。地面设备主要负责接收列车行车调度命令、前方列车的信息、检查轨道占用，在此基础上生成对应每一个受控列车的行车许可，并通过地—车信息传输系统地面设备将行车许可传送给车载设备。列控车载设备接收监控列车运行所需要的行车许可、临时限速及线路参数。车载设备根据接收到行车许可等信息，以及实时测定列车速度及位置，生成监督列车运行的速度—距离模式曲线，通过人机界面给司机显示列车允许速度，若列车超速自动实施制动使列车减速或停车。

以 CTCS-3 级列控系统为例，如图 2-4 所示。CTCS-3 级系统的核心地面设备是无线闭塞中心。通过 GSM-R 及以太网等通信网络与其他地面设备联系，根据从外部地面系统接收到的信息，同时通过 GSM-R 接收车载发送的列车位置信息以及其他列车参数信息，生成列车控制命令，主要是提供行车许可、临时限速和过分相等信息，实现列车安全运行，完成列车间隔控制和列车防护。此外，地面设备还包括轨道电路、地面应答器、列控中心等。轨道电路完成列车的占用及其完整性检查，并发送低频编码信息；地面应答器负责向经过的列车传送特定的地面信息，使车载设备获得诸如公里标、限速、坡度等信息。列控中心负责实现区间运行方向与闭塞的控制，实现轨道电路编码、控制轨道电路发码方向和控制有源应答器信息等功能。

CTCS-3 级列控系统车载设备根据地面设备提供的行车许可、线路参数、临时限速等信息和动车组参数，按照目标距离连续速度控制模式生成动态速度曲线，监控列车安全运行。

三、列控系统的特点

1. 列控系统的核心功能是主动安全防护。

安全苛求系统最常见的定义是所有失效或误动作有可能导致人员伤亡、设备设施损坏和环境破坏的系统[6]。根据这一概念，人们通常将安全苛求系统理解为自身失效直接对外界产生安全威胁的系统，例如核电站、化工厂等。这类系统的安全设计只关心残余风险是否满足行业要求，并不关心系统能否正常工作。

随着安全相关工业的不断发展，为了防御上述系统可能导致的损失，人们设计出了各种防护系统并被广泛应用，成为一类新的安全苛求系统。与它们的防护对象不同，对于防护系统来说主要危险并不是由其自身引入的，而是早已存在于其工作环境中。因此，从安全角度必须注重其是否正常工作以及其对既有危险所能提供的防护程度，当然也同时要求系统自身不会引入其他不可接受的风险[7]。

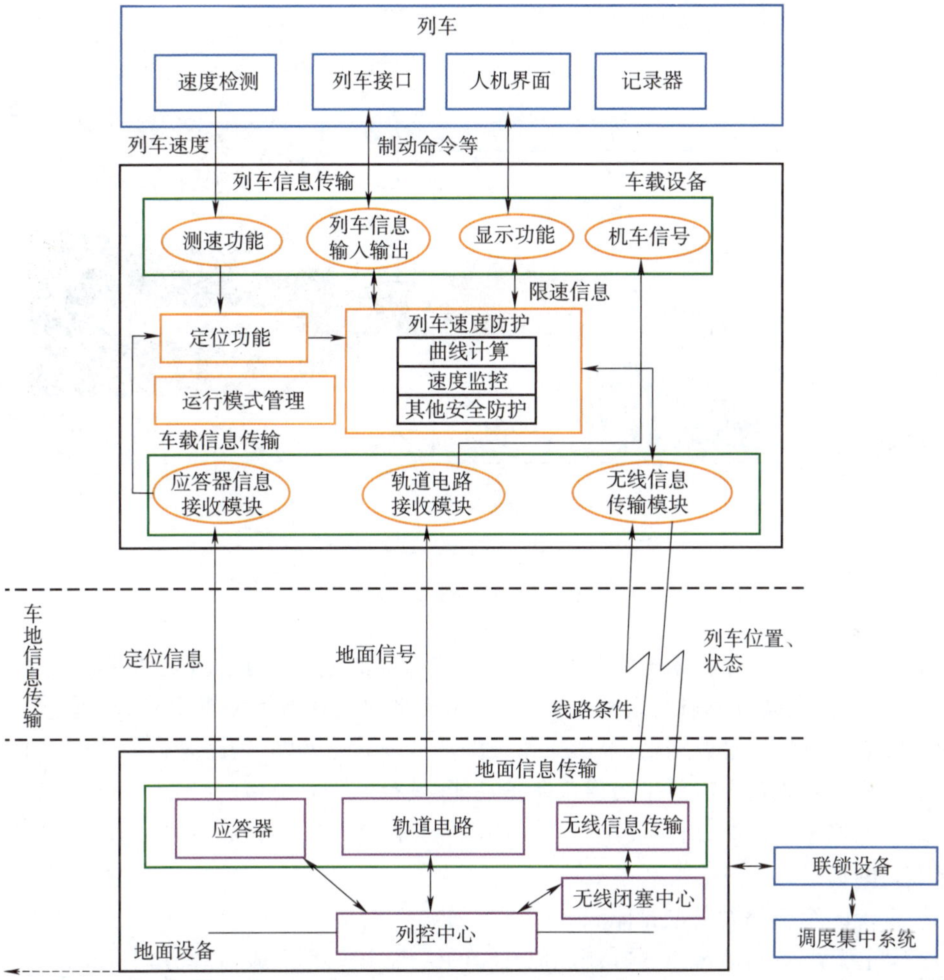

图 2-4　CTCS-3 级列控系统的基本构成

在铁路行业中，列车是安全风险的主要来源。运行中的列车具有巨大的动能，属于第一类安全苛求系统。当今列控系统是针对列车运行过程的五类事故[8]（即与其他列车迎面相撞、侧撞、追尾，掉线，与限界内其他物体相撞）设计的主动防护系统，通过对列车速度和列车与前方目标点（包括列车、障碍物、施工防护区、自然灾害防护区等）距离的监控达到避免上述行车事故的目的，属于第二类安全苛求系统。上述五类事故可以视为列控系统的核心危险，消除这些核心危险就是列控系统的主要功能。那么，列控系统失效就意味着核心危险的防护失效，因此列控系统全天候多场景正常工作也是基本安全要求。影响列控系统正常工作的因素，例如计算机宕机、电磁干扰、测速误差等，被视为列控系统的内源性危险，如图 2-5 所示。列控系统的开发应始于外源性危险分析，分析结果作为确定系统层安全需求的依据。系统层安全需求也是系统需求的核心部分。内源性危险分析以安全相关系统功能失效为起点，主要支撑子系统和组件层面的安全设计和验证。

2. 列控系统需要进行定制化开发（bespoke development）。

在汽车、飞机等其他公共交通方式中，交通工具的控制系统是针对典型运行环境和控制过

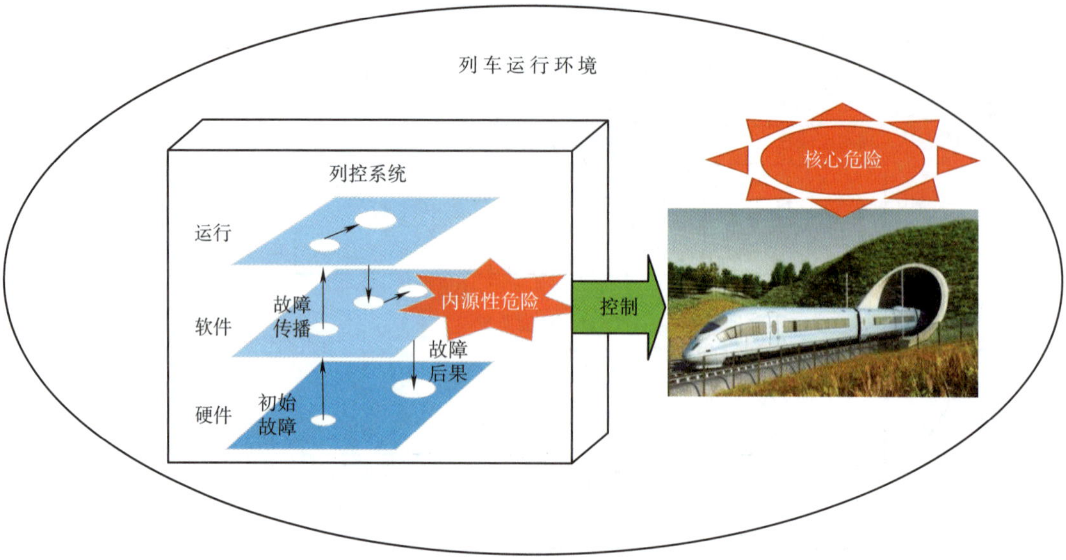

图 2-5　列控系统危险类型

程设计的相对统一的产品。用户购买交通工具后，不需要对其进行过多改动就能够直接使用。但是，列控系统开发具有较强的定制化要求，不同线路的运营组织需求也有较大差异，这些差异不仅仅影响系统的配置数据，甚至影响系统的功能设计。例如，线路是否与公路交通有平交道口决定了列控系统是否需要平交道口防护功能；站台是否有屏蔽门、站台长度与列车长度的关系决定了列控系统进站、出站安全防护功能以及车门控制功能；列车计划运行间隔可能影响到闭塞方式的选择。

列控系统的定制化需求主要体现在如下方面：

(1)不同国家、不同运营商(城市轨道交通)的法规、运营理念及管理方式不同；

(2)不同工程、不同线路的运营性能要求不同；

(3)列车限速与列车所经过的线路位置相关(影响行车速度、停车限制、操作等都与具体位置相关)，静态限速、临时限速(天气、环境及施工等线路某些区段影响行车速度，需要短时间内限制)。

因此，列控产品应用于不同线路时仍然需要在功能、接口、配置等方面进行工程化设计，列控产品和产品工程应用也需要分别进行安全评估。而且，不论是产品安全评估还是工程应用安全评估，安全评估的结论都需要以系统运行环境为前提假设条件[9]。在列控产品的使用过程中，如果旅客需求的变化或相邻线路的建设改变了既有的运营计划、操作、维护等系统运行条件，都有可能导致之前的安全评估工作失效。因此，列控系统的安全评估并不是一劳永逸的，运营单位应该在运用维护过程中尽量维持列控系统的计划运行条件，在出现违反安全假设条件的情况下重新进行安全评估。

3. 列控系统是数据驱动的控制系统。

目前的列车运行控制系统都采用速度—距离模式曲线的控制方式。地面子系统根据地面设备(包括信号灯、道岔等进路控制设备在内)位置和状态、线路限制速度、临时限速和实时的前车位置确定本次列车的运行权限，车载子系统根据运行权限生成速度—距离模式曲线并据此对本车速度进行实时监控。因此，列控系统为了实现保证行车安全的功能不仅需要在系统开发阶段进行系统参数配置，还需要在运行过程中接收、生成并处理一些动态数据或临时数据。列控系统涉及的数据包括以下几类：

（1）线路数据。列车限速与列车所经过的线路位置相关，因此列控系统必须获取线路数据。线路数据包括：

轨道长度；

坡度；

静态限速，针对不同类型列车的一组限速曲线；

道岔位置；

禁停区域相关的数据，隧道、桥梁、电力牵引无电区、无线信号无覆盖区域的位置和长度，等等。

对于城轨列控系统来说，运营区域范围有限且列车运行交路固定，线路数据可以直接配置在车载设备中。对于轨道交通列控系统来说，由于列车运行线路不固定，线路数据由地面设备通过无线通信传输给车载设备。

（2）临时限速数据。线路条件发生变化时，应及时向列控车载设备传送前方区段的临时限制速度。

（3）列车数据。列车是列控系统的控制对象。为了有效地实时安全防护，列控系统必须掌握正确的列车模型。包括：

紧急制动模型，包括紧急制动力和紧急制动反应时间等；

常用制动模型，包括常用制动力和常用制动反应时间等；

回转质量模型；

切除牵引时间；

轮径参数；

速度传感器的精度；

列车的类型、编组长度等。

对于高铁列车和地铁列车来说，由于列车编组固定，列车数据会在系统开发过程作为配置数据输入系统。但是对于货运列车来说，由于需要进行解编和重编，需要及时更新车辆数据。

（4）列控系统配置数据。除了上述三种数据之外，列控系统开发从产品管理角度考虑，往往采用软件和数据分离的方式进行产品设计，以适应不同国家、不同运营单位的运营要求。因此，列控系统自身还具有一系列的配置数据，如限制模式下的顶棚速度等。

（5）列控系统生成数据。列控系统在运行过程中动态生成、使用的数据。例如，车载设备自主测速定位功能得到的速度和位置信息，地面设备生成的运行许可等。

列控数据的另一个特点是来源多样，这也是数据管理异常复杂的原因。列控数据的来源包括：

司机——负责提供与行程相关的数据，包括列车重量和长度；

车辆——负责配置机车相关的数据，例如用于位置计算的轮径数据；

轨旁——负责配置线路相关的数据，包括线路限速、线路特征。这些数据由应答器、区域控制器等轨旁设备通过无线通信传递给列车。

与以往信号系统相比，列控系统安全性和控车性能与系统设计阶段收集、处理的数据的质量和数量的关系更加紧密。同时，数据时效性的不同、数据来源的多样性和数据类型的多样性使得数据管理变得异常复杂。因此，数据安全在列控系统的安全评估中比重不断增加，已经成为与软件、硬件并列的“一等公民”[10]。

第三节　列控系统的典型失效类型

通常计算机系统会按照组件功能讨论其组成，将计算机系统分为中心处理器、存储器、软件、传感输入模块、执行输出模块、人—机输入和/或输出接口、通信模块、电源[11]。列控系统具有典型的计算机系统结构，例如车载子系统的传感输入包括里程计、雷达等测速测距传感器、加速度传感器、各种制动实施信号、车门关闭且锁闭信号等；通信模块包括车—地无线通信以及地面主干以太网通信；同时与司机、调度、维护等相关人员有人—机接口。一些研究机构针对计算机系统（尤其是航空、军工等行业）的各种组件，对其失效类型进行了总结和讨论，并形成国际标准或商用数据库[12][13]。在很多国际系统安全标准中，按照失效致因机理的差别，将计算机系统的失效分为随机性失效（Radom Failure）和系统性（Systematic Failure）失效[14]。本章综合上述两种分类方式，结合列控系统定制和人在环等特点，按照硬件失效、软件失效、数据错误、人员失误四个方面讨论列控系统的失效类型。

一、硬件失效

计算机系统硬件本质上是数字逻辑电路，随着元器件技术的不同经历了晶体管、电子管、集成电路、大规模集成电路四个发展时期。在近百年的应用过程中，人们积累了丰富的技术经验，针对其随机失效特点的电子产品可靠性研究已经比较成熟。计算机硬件的一种基本失效类型是随机失效。随机硬件失效可以被看作是一个或一系列的随机事件，电子系统可靠性理论认为所有的电子元器件在一个特定的时间阶段都会有确定的失效概率，也就是说可以通过概率模型来预测硬件在生命周期中不同时期的失效概率。这些概率的分布通常使用“浴盆”曲线来描述，如图 2-6 所示。最初的安装或“老化”阶段，组件具有相对较高的失效概率。因此，此时的故障统计数据往往会高于预计的失效概率平均值，但是并不能说明预计失效率是错误的。随着时间增长，曲线将在产品的使用寿命中持续下降直到出现老化。一旦进入老化期，失效的概率将开始迅速增加。需要注意的是，即便从全生命周期看，最初的高故障概率并不影响总体可靠性指标的验证，但是早期的高故障率会给用户带来非常不好的使用体验，因此电子产品在交付给用户之前需要通过老化筛选过程（例如计算机厂家在出厂前的“烤机”工序），在高温、高负荷等恶劣条件下加速暴露潜在故障，将早期失效消灭在正式使用之前。

硬件问题的第二个来源涉及系统性失效。这来自于系统需求的错误和硬件设计错误。系统失效无法通过简单的故障数据统计的方式进行预防。这种硬件失效可能会隐藏在系统中数月甚至数年之久，直至引发灾难性的后果将其暴露出来。因此，只能在设计和实施阶段应用质量控制和检查流程等手段避免其发生或及时予以纠正。例如，美国军用标准 MIL-STD-882D 中规定了一系列的流程管理方法和要求。如果在硬件或安全苛求系统的其他方面发现了系统性失效，那么该失效并不是仅影响某个批次的产品，将会出现在所有产品中。

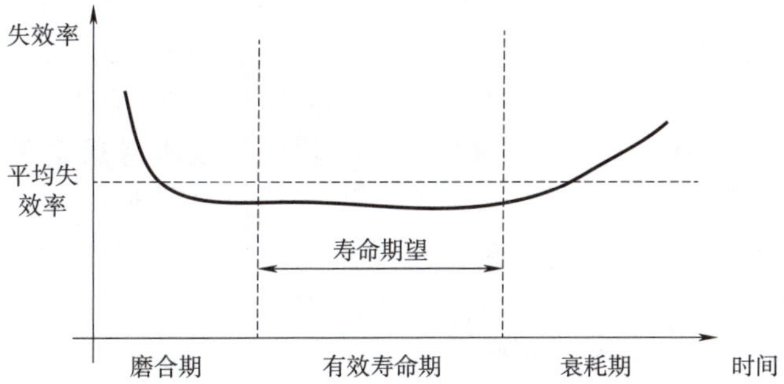

图 2-6　硬件随机失效概率随时间变化趋势

硬件失效对系统的影响按照持续性可以分为永久的、瞬态的和间歇的。间歇的问题一旦发生随着时间会重复发生。例如，两个电路间的故障连接有可能会造成间歇式失效。有时这个连接正常，有时却不能传递正确的信号。相反地，瞬态失效往往是突发性的，而且出现一次后很长时间不会再次出现。例如，某些列控子系统会由于死机而触发紧急制动，但是设备重启后即恢复正常。因此，很难再一次构造引发失效的运行“上下文”和环境因素。瞬态失效的一大问题是不确定性，这使工程师们很难区分瞬态失效和间歇失效。如果间歇失效的间隔时间非常长，工程师们会将其看作瞬态失效，而放弃对其进行进一步分析和处置。但是，如果失效再次发生并证实是间歇式的而不是瞬间地将有可能演变成某种安全事故。最后，永久失效指硬件一旦故障后就维持在故障状态，直到查明原因并修复。典型的例子是物理破坏造成硬件单元的永久性失效。

相对于间歇失效和瞬态失效，永久失效可以简单地识别、检测和修复。但是，“沉默失效”的组件可能几乎没有失效检测的路径，直至它们被要求执行特定的功能。相反地，“喧闹失效”的组件可能产生很多混杂的信号以至于工程师很难确定失效的硬件。也就是说，同一个故障可能会产生很多有细微差异的故障现象，判断这些故障能否合并将是一个非常困难的工作。在铁路行业，为了解决这一问题，会有专门人员对特定类型的故障进行集中整治。

失效类型也可以根据影响范围进行分类，分为全局失效和局部失效。全局失效会干扰整个系统的运转。局部失效可能只是影响一个较小的组件，但是随着时间的推演，这样的影响也会缓慢地传播到整个系统。因此，在讨论失效的影响范围时需要明确时间或系统功能界限。

二、软件失效

对于计算机列控系统而言，软件不仅是系统功能的实现方式(应用软件)，还包括在安全计算机平台软件、操作系统、可编程逻辑器件中的代码。另外，系统设计过程也会用到很多的辅助软件，例如传统开发模式中使用的硬件电路设计辅助软件 protel、软件集成开发环境、软件编译器等。21 世纪初兴起的基于模型开发技术，更是把设计模型到实现方案的转化工作也交由软件工具完成。因此，开发软件的质量也是影响列控系统软件质量的重要因素。软件失效是指计算机程序中存在的错误，造成程序无法继续执行(容易被发现)或生成错误的输出(非常难发现)。

软件漏洞的致因可以追溯到系统开发的最初阶段。国际标准 IEC 61508:2010 把安全苛求计算机系统的生命周期划分为 11 个阶段:概念设计、系统定义、危险和风险评估、系统安全需求识别、架构设计(包括安全功能需求和安全完善性等级的分配)、实施和验证计划、系统实现、安装和调试、确认、运行和维护、变更。软件错误根源通常都源自系统早期需求识别的不充分或架构设计的缺陷。对于安全苛求系统设计来说,软件开发所使用的流程、技术、人力资源配备都与其风险(更准确的说是安全完善性等级)相关。在铁路行业,国际标准 IEC 72279 详细规定了不同安全完善性等级软件的开发过程要求[17]。因此,危险和风险评估以及安全完善度等级分配过程的错误,可能造成开发人员将注意力集中到较小的软件功能模块的实现,而忽视其他更加重要的系统层面设计。即便每个软件模块都按照预期运行,仍然可能出现系统层面的安全漏洞。这些问题经常会在随后的验证和确认阶段被发现。因此, IEC 61508 标准要求所有参与安全苛求系统开发过程的人员都必须能够胜任他们的工作,即他们必须理解他们的任务在整个开发流程中的重要性;他们的工作必须进行确认,还需要受到一个安全管理系统的监控;他们的工作必须进行文档记录,这项工作必须整合到安全功能评估。这些需求应用在生命周期的所有阶段,其目的是为了保证失效不能传播到最终的应用。

需求识别补充分或者编码人员对需求的错误理解是造成软件失效的最主要致因。有统计认为,百分之七十的软件错误都直接或间接源自需求问题[18]。而且,一旦进入到系统开发后期,修改一个需求错误的成本将是代码实现错误的 100 倍[19]。需求分析有助于确定软件需要执行的功能。它还可以帮助获取额外的非功能性的约束,包括:可用性和安全性指标。需求辨识不充分的原因包括:

(1)缺乏利益相关者的参与。最了解系统用户需求的人员往往不是设计人员,而是系统的终端用户。如果系统设计没有充分的咨询设备管理和运营人员,软件工程师对应用过程的错误理解就会带入系统设计。

(2)不正确的环境假设。对软件运行环境的不正确的假设也是一种非常常见的需求问题。Neumann 搜集的众多计算机相关的危险案例中,很多于变量在运行过程中超出预期范围有关[20]。

(3)与开发团队沟通失败。由于软件工程师往往必须依赖领域专家所提供的信息,因此关于运行环境不正确的假设时常发生。当这些专家必须与其他学科的人员进行技术交流时,问题就会发生。

(4)不同利益目标的博弈。不同的利益相关方对应用软件的目的和优先级有着本质上不同的看法。如果没有重视并妥善解决这种冲突需求提取就会出问题,甚至出现设计无法实现的不一致需求,例如效率和成本之间。

(5)缺乏"生态"有效性。越来越多的人认同,仅通过收集使用者意图无法达到充分辨识需求的目的[21]。只有认真观察系统的日常运行情况,才能深入理解整体系统运行过程中软件所起到的作用。

系统定义阶段是识别为了满足需求系统所必须做的内容,形成软件规格书。造成软件规格书出现错误的主要原因是对需求的理解存在分歧。目前,人们对于软件需求的最佳表述方式没有统一的看法。形式化和半形式化的符号可以消除需求文档中自然语言造成的歧义,然而这些数学的和图形化的技术一方面对开发人员要求较高,另一方面也限制了需求规范的可读性，带来交流困难，尤其影响领域专家和利益相关方对需求的审查。另一方面是需求的管理维护问题。在于领域专家和其他利益相关方确认需求的过程中，往往会增加很多细节要求。如果不对这些需求进行分级和整合，就会使系统的核心需求“淹没”在越来越冗长的列表中。在系统设计的后续阶段，仍然可能会有新的需求或更改现有的需求，需求的更新维护可以避免软件与当前需求不符的情况。

软件设计和实现阶段出现的编程失误可能更符合大多数人对软件错误的理解。虽然简单的编程错误比需求和规格书中的错误容易改正，但是安全苛求系统中的编程错误也不可轻视。这些错误包括运算过程中的逻辑错误，例如除 0 问题。也包括程序中的数据记录和使用问题，例如某个变量在使用前没有按照要求进行初始化，变量类型不当无法满足程序输入数据存储的需要造成越界错误。如果软件架构设计不当或不清晰，小组分工实现软件模块时就容易出现变量重定义、错误修改变量值等问题。更加复杂的还包括控制流问题。例如正在进行关键运算或变量监督的程序被某个错误中断打断，造成输出错误或延迟。使用不恰当的编译环境也会造成一些软件错误。一方面某些语言缺少统一标准的语法定义，不同的编译器的编译规则会有细微差别；另一方面编译器的纠错能力各有不同，可能会掩盖一些编码错误。

进一步分析编程错误的原因，会发现错误可能来自于时间和成本压力、程序员缺少保证类型一致性和其他必要特性的接口模块所必需的资源，或者程序员没有收到充分训练，以及编程、测试工具手段的欠缺等。因此，软件功能需求分解的同时也要对安全完善性要求进行分解。理论上，更多更优质资源的投入能够减少软件失效的概率。相反，如果某个功能被分配到缺乏资源的模块中，出现漏洞的可能也会更大。

设计者不可能确定消除复杂软件系统中的所有漏洞，因此通常会采用软件冗余的方式进行安全苛求系统设计。相同的功能可以通过几种不同的方式实现，计算结果在执行前进行对比和表决。一旦有部分的代码计算出现错误，其结果将会在对比过程中被其他结果所否定。然而，冗余也带来了复杂性和本身实现方面的问题。在保证差异性方面也将会出现问题。例如，程序员在解决常见问题时通常依靠于相同的广泛使用的解决方案。如果这些解决方案存在常见问题，也会将相同的问题带入到不同版本的冗余代码中。即使冗余已经被成功实现，在使用过程中仍可能引起其他技术问题。例如，如果冗余结构中的一方给出错误结果，虽然另外一方可以阻止错误结果的输出，但是此时冗余结构的容错能力也大打折扣。如果另外一方也出现相同错误，系统将会输出错误结果。因此，在冗余代码中对持续性错误进行监督和处置是十分重要的。

缺乏文档记录将阻碍技术人员对安全苛求应用的安装和配置。还会阻碍终端使用者对系统的提示和指导做出适当的反应。反过来，如果使用者没有及时介入，这些问题将会与先前发生的软件失效结果相混合。不合适的文档记录依然会引起安全苛求程序中的应用错误。如果程序员不理解两个模块间的接口，他将不可能正确使用同事的工作。这些问题还影响必须维护遗留系统的工程师。特别是，程序员通常不得不理解代码段是怎样工作的，还需要理解为什么其将在特定行为中起作用。这些工作在维护工程师判断他们对险性事故报告系统识别的问题进行的反应的合理性时是十分重要的。这些工作在工程师在两个应用间移植程序过程中决定是否将代码移除或设致无效过程中也是很重要的。

三、数据错误

所有计算机程序都会不同程度地使用数据。大多程序本身就包含一定量的数据并在系统执行过程中计算生成新的数据。临时数据或中间数据存储在特定的存储器或堆栈。所有的常量和变量都可以看作是数据，常见的数据按照用途和记录使用方式的不同包括：单位常量、设备参数、工程配置数据和地理/拓扑数据[22]。

许多安全关键系统使用数据为特定的应用程序配置它们的功能，因此数据的正确性直接影响计算机系统安全苛求系统功能的安全执行。数据是列控系统的重要组成部分，在计算和执行运行权限(MA)的过程中使用了大量的数据。这些数据的来源包括：(1)司机，提供特定旅程数据，如列车的重量和长度；(2)机车，配置特定机车数据，如用于测速定位的车轮直径；(3)轨旁，配置特定线路数据，如线路限速和线路设计等[23]。这些数据如果出现错误，就有可能造成脱线、追尾等恶性事故。这些安全关键数据按照的有效期可以进一步分为固定数据和运营数据：固定数据的有效期长达数年，例如轨旁的固定数据包括轨道和道岔的地理信息数据，车载的固定数据包括机车的制动和牵引参数；运营数据的有效期往往只有数周或几天甚至几小时，例如轨旁的运营数据临时限速有效期可能是数周或数天，车载运营数据载重有效期只有数小时。即便是固定数据也可能由于线路改造、路网扩大、设备升级、设备调试、以及车辆性能改变、老化磨耗(如轮径)等外部因素而需要进行变更和纠正。数据老化问题在信号工程项目中是一种较为常见的安全隐患。可见，数据与软件的操作人员、生成时间、布置、更新等过程有很大差别，不能简单看作软件的附属物管理。

而且，越来越多的标准化组件和子系统的使用使得系统功能的定义更加依赖配置数据。越来越多的安全相关系统采用集成和变更显有系统的方式进行开发，不仅硬件工程和软件工程需要采用新的方法，也给安全相关数据的管理策略提出了挑战。然而，目前各种安全苛求系统开发标准和指南上仅包括对于硬件和软件可执行部分的安全保障措施，但是对于数据的生成、测试、维护都没有提及[24]。虽然很多行业开发并使用了一些工具提高数据质量，但数据准备通常被看作是软件开发环境的附属物。一些对安全相关系统研发机构的调研工作结果表明：正常流程中，没有对数据做任何系统性的危害或风险分析；数据结构设计没有收到重视，从而使数据容易出错，且很难发现；数据通常没有任何形式的验证[25]。可见，对安全相关数据的分析和管理的欠缺反映了在安全相关系统行业的总体情况。实际上，数据的准备、生成过程相对独立于软件可执行部分的开发，它们可能无法包含在软件的正常验证过程。然而，此类数据生成工作可能是复杂且苛刻的。例如，铁路线路数据或机场周围地形数据的工作量非常巨大，也非常容易出错。

数据错误出现的原因大多可以归结到系统性错误上[26]。与系统其他组成部分一样，数据显然受到设计规格书的影响。根据逻辑，数据也会受到其他形式的系统性错误的影响，这取决于创建它的方法。在某些情况下，数据是人工生成的，因此会受到人为错误的影响。在其他情况下，数据可能是自动产生的，那么数据则容易受到生成数据技术相关的系统性错误影响。在高安全完善度系统中，需要将容错技术应用于数据的生成和使用过程中，即生成和产生冗余数据。与软件冗余一样，这需要多样性，因为简单地复制数据结构不能防止任何形式的系统性故障。这种多样性可以采用 n 版本数据(相当于 n 版本编程)的形式，使用等价的、但独立开发的数据结构。与它的软件等效，这种方法的缺点是开发成本非常高，因此这种技术很可能只保留在非常关键的应用程序中。

缺乏开发工具辅助是数据管理所面临的另一个问题。IEC 61508:2010 在为安全相关系统开发软件的工具和技术的选择方面提供了相当多的指导，但对于数据开发工具却没有类似的指导。在高完善性软件的开发中，非常重要的是提供一系列的静态代码分析工具来帮助处理减少代码错误。在数据结构开发中，也需要相似的静态数据分析工具检查数据错误。

四、人员操作失误

人员失效在事故和险性事故中扮演着重要的角色。例如 Van Cott 的文章研究表明，85%的险性事故包含自动驾驶的车辆事故，是由人为失误造成的，70%的险性事故发生在美国核电站，65%发生在全球航空货物运输，31%发生在石油工厂[27]。一些事故调查或事故报告标准对影响操作行为的因素[28]及其致因[29]进行了归类。这些因素包括：疲劳、压力、工作量、酒精和毒品、个体差异和危机处理能力。其中，压力包括工作场所的压力（包括噪声、高温、光照以及同事竞争等）和家庭压力（包括社会压力、金融压力和焦虑等）。很多研究表明压力和表现之间具有复杂的相互作用。随着压力增大个人检测环境变化的能力变得越来越强，而我们记忆新信息的能力随着压力增大而减弱[30]。危机处理能力体现了人员操作事故的主观因素。如果险性事故确实发生，那么实际结果可能取决于多种因素，包括系统操作者是否能够实施的各种冷静处置。例如有些人是风险厌恶者，而其他人积极寻求接触某些风险。个人冒险行为经常被认为是促成事故和险性事故的一个因素。Rockwell 的开创性研究表明，日常生活中喜欢冒险的电工，在工作中也涉及更多事故[31]。

组织因素是另外一类造成人员操作失误的原因。维莱[32]总结了组织因素可能带来的各种负面影响：

(1)同事的打扰可能导致操作任务的中断，同事不相关行为也可能造成操作者分神。因此担心自己行为被同事所监督，个人会一贯地执行所预期的行为，但是在同事面前刻意表现自己也是会影响到正常工作。

(2)组内不合适的人力资源配备问题。小组成员能力不足无法完成任务；或是小组成员能力过强，出现过于激烈的竞争，也可能导致部分任务无暇顾及。

(3)分工协调问题也可能会导致团队工作能力低于个体能力，例如小组的一部分没有正确理解其余部分人员对其工作的需求就会造成必要任务的重复或忽略。

(4)社会动机问题。在小组中可能会有“搭便车”的表现差的同事，而且有可能会影响整个小组的效率，但是举报绩效较低的同事可能使人感觉到背叛。

(5)状态较差的组员被忽略或不重视就会出现问题。相反的，对某些人给予高度关注也会出现问题。这些都是当领导者基于不充分的信息和知识做出判断时会出现的典型问题。

(6)组织规划和管理失败。组织可能会设立不必要的子系统，也可能将重要的任务分配给不合适的人员。关键人员较差的表现会对组织带来额外的压力。

(7)领导风格问题。有两种不同的领导风格：一个是关注于社会动机方面，而另一个关注更狭窄的“完成工作”。没有适当平衡的领导风格将危及小组的成功。

(8)领导者过度的干涉。高姿态的领导会扼杀错误状态的反对意见；如果坚持一个面对不利证据的政策，这将是一个暂时的问题；领导者可能没能及时修正底层变更造成的最初错误。

(9)不恰当的信息影响引起的一致性问题。根据错误的证据判断数据或根据其他数据错误理解了某一数据。

(10)小组的偏激及集体迷失。一个小组可能被自己的强势方面所蒙蔽;这可能造成对一些问题的惯性考虑,而忽略了一些不一致的证据和讨论。

参考文献

[1] Leveson N. SAFEWARE: system safety and computers[M]. USA: ADDISON-WESLEY, 1995.

[2] Lisanne B. Ironies of Automation [C]. Automatica. 6(19):775-779, 1983.

[3] 国务院"7·23"甬温线特别重大铁路交通事故调查组. "7·23"甬温线特别重大铁路交通事故调查报告[R]. 2011. 12.

[4] Institute of Engineering Technology position statement, Computer-based Safety Critical System, 2009.

[5] IRSE. IRSE Fundamental Requirements for Train Control Systems(EB/OL). http://www. irse. org/knowledge/publicdocuments/IRSE Fundamental Requirements for Train Control Systems (v8. 1). pdf

[6] Storey N R. Safety critical computer systems[M]. Addison-Wesley Longman Publishing Co. , Inc. , 1996.

[7] EUROPEAN ORGANISATION FOR THE SAFETY OF AIR NAVIGATION. "Safety Assessment Made Easier" Part 1 Safety Principles and an Introduction to Safety Assessment [R]. CND &Stakeholders, 2010.

[8] Theeg, Gregor, et al. Railway Signalling & Interlocking: International Compendium [M]. Eurailpress, 2009.

[9] Nuseibeh B. Ariane 5: who dunnit? [J]. IEEE Software, 1997, 14(3): 15-16.

[10] The Data Safety Initiative Working Group [DSIWG]. Data Safety Guidance [M]. SCSC Publication, 2018.

[11] Dunn W R. Practical design of safety-critical computer systems[M]. Reliability Press, 2002.

[12] IEEE Std 500-1984. IEEE Standard Reliability Data for Pumps and Drivers, Valve Actuators, and Valves [S]. IEEE, 1983.

[13] FMD-Failure Model/Mechanism Distributions. https://www. quanterion. com/product/tools/failure-mode-mechanism-distributions-fmd-2016.

[14] Smith D J, Simpson K G L. Safety critical systems handbook: a straight forward guide to functional safety, IEC 61508 (2010 Edition) and related standards, including process IEC 61511 and machinery IEC 62061 and ISO 13849[M]. Elsevier, 2010.

[15] Johnson C W. Failure in Safety-Critical Systems: A Handbook of Accident and Incident Reporting[M]. Glasgow: University of Glasgow Press, 2003.

[16] Musa J D. Software reliability engineering[M]. New York: McGraw-Hill, 1998.

[17] IEC 62279:2015 Standard | Railway applications-Communication, signalling and processing systems-Software for railway control and protection systems.

[18] Johnson C W. The London Ambulance Service, Computer Aided Dispatch System: A case study in the integration of accident reports and the constructive design of safety-critical computer systems [J]. Reliability Engineering and Systems Safety, 71(3), 2001:311-326.

[19] Kotonya G and Sommerville I. Requirements Engineering: Processes and Techniques[M]. United States of America, New York:John Wiley and Sons, 1998.

[20] Neumann P G. Computer-related risks[M]. Addison-Wesley Professional, 1994.

[21] Kotonya G, Sommerville I. Requirements engineering: processes and techniques [M]. Wiley Publishing, 1998.

[22] Storey N, Faulkner A. The characteristics of data in data-intensive safety-related systems [C]//

International Conference on Computer Safety, Reliability, and Security. Springer, Berlin, Heidelberg, 2003: 396-409.

[23] Frazer K, Dowling D, Ainsworth M. Developing data management processes for safety critical systems [C]//Proceedings of the 21st International Safety System Conference. 2003.

[24] Storey N, Faulkner A. Data-The Forgotten System Component[J]. Journal of System Safety, 2003, 39 (4): 10-17.

[25] Storey N, Faulkner A. The Role of Data in Safety-Related Systems[C]. 19th Systems Safety Conference, Huntsville, 2001.

[26] Storey N. 2002 Data Management in Data-Driven Safety-Related Systems[C]//Proceedings 20th Systems Safety Conference. 2002.

[27] Van Cott H. Human errors: Their causes and reduction[M]//Human error in medicine. CRC Press, 2018: 53-65.

[28] Swain A D, Guttmann H E. Handbook of Human Reliability with Emphasis on Nuclear Power Plant Applications Final Report[J]. Sandia National Laboratories: Washington, 1983.

[29] Hollnagel E. Cognitive Reliability and Error Analysis Method (CREAM)[M]. Elsevier, 1998.

[30] Wickens C D, Hollands J G, Banbury S, et al. Engineering Psychology & Human Performance[M]. Psychology Press, 2015.

[31] Rockwell T H. Some Exploratory Research on Risk Acceptance in a Man-machine Setting[J]. 1962.

[32] Viller S, Bowers J, Rodden T. Human Factors in Requirements Engineering[R]. Technical Report, Cooperative Systems Engineering Group, CSEG/8/1997, 1997.

第三章　列控系统的安全目标和安全需求

“安全”通常模糊地解释为“不会造成伤亡和环境、财产损失”。由于计算机、通信技术的应用，列控系统无法通过本质故障—安全技术实现“绝对”安全，取而代之的是“足够”安全。但是，模糊的“足够”安全无法作为安全评估项目给出结论的依据，同时也难以确定安全评估的证据范围。目前，在轨道交通领域国际通用做法是首先确定“足够”安全的判定原则，而后依据选定原则将事故安全指标转化为安全关键系统的危险列表和安全目标，将危险的防护措施作为安全需求。安全需求与安全目标在系统设计的过程中逐步实现和验证。安全评估项目首先要核查安全目标和安全需求的正确性，并将此作为安全评估的目标。安全评估的主要工作也是根据此目标确定所需要的支撑证据，并检查证据的完整性和充分性。

第一节　安全目标和安全需求的定义过程

一般情况下，列控系统的工程项目应由运营单位发起，即运营单位存在新线建设、既有线延伸或既有线升级改造需求时，进行列控系统的招标和采购。因此，运营单位一般会在招标之前明确所需列控系统的安全目标和顶层安全需求。中标的设备供应商负责安全目标和需求的分解、实现和验证。

关于安全目标和安全需求的定义过程较早的详细规定出现于英国的《工程安全管理手册》（俗称《黄页》）。第二卷十五章对安全评估“七步法”[1]的分工作出规定（见表 3-1），明确指出运营单位（对于英国来说包括基础设施的管理单位和客货运输管理单位）需要完成初步危险列表和后果分析，计算可接受/可容忍危险率，提供后果分析、影响分析所需要的基础数据，并对原因分析、选择分析进行检查。英国《黄页》以表格形式规定了运营商和供应商的工作范围和协作接口，但在应用中存在一定的缺陷。风险评估在安全生命周期中并不是一次性工作，需要随着系统开发的深入多次迭代进行，该表格难以表达迭代风险分析时安全活动分工的变化。

表 3-1　英国《工程安全管理手册》风险评估分工[1]

步　　骤	运营单位活动	设备供应商活动
危险辨识	提供初始危险列表	确认并扩充危险列表
原因分析	检查分析	执行分析
后果分析	执行分析	检查分析

1　“七步法”是《黄页》所提出的风险评估步骤，包括危险辨识、原因分析、后果分析、损失分析、选择分析、影响分析和 ALARP 说明七个步骤。该系列步骤很好地展示了 ALARP 原则与风险评估的融合。

续上表

步　　骤	运营单位活动	设备供应商活动
损失分析	提供基础建模数据	执行分析
选择分析	检查分析	执行分析
影响分析	提供基础建模数据	执行分析
ALARP 说明	计算可接受/可容忍危险率	说明和展示可接受/可容忍危险率的满足情况 说明和展示其他法律规定(风险接受相关)的满足情况

EN 50126-2:2017 也增加了风险评估和危险控制分工的详细描述，并改进了原有的沙漏模型，用于突显轨道交通系统层的风险分析(风险评估的重要步骤)和目标系统层的危险分析(危险控制的重要步骤)之间的区别和联系。沙漏模型主要包括上下两个部分:(1)风险评估[1]，提取目标系统的操作、技术安全需求;(2)危险控制，满足风险评估所得出的功能安全需求，包括原因分析、原因确认和危险控制设计[2]。在本书中，目标系统可以理解为信号系统(或更具体地列控系统)，模型上半部分描述了如何在轨道交通系统层面获取安全目标和安全需求的过程，下半部分则可理解为信号系统或列控系统的安全设计过程。沙漏模型强调了运营单位和设备供应商之间的合作，定义了双方的工作范围、安全职责和接口信息，具有很好的模块化和条理性。

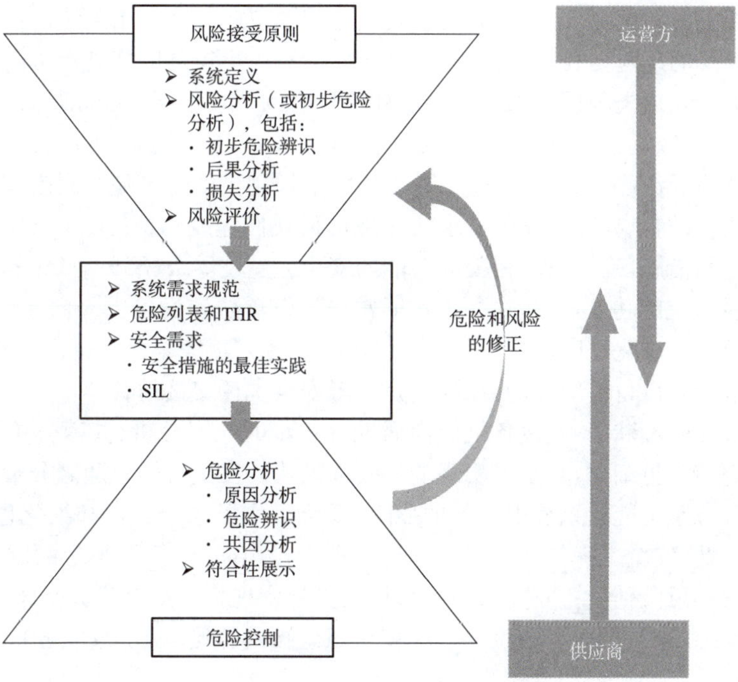

图 3-1　EN 50126-2:2017 轨道交通系统安全过程[2]

1　EN 50126-2:2017 中所提到的"初步危险辨识"、"后果分析"和"损失分析"都是轨道交通系统层面的分析。这些工作对于供应商而言是"风险分析"工作，而对于列控系统供应商而言成为"初步危险分析"更加合理。本书主要介绍列控产品的安全评估相关内容，因此下文将其称为"初步危险分析"并在沙漏模型注明。

运营单位按照国家法律规定和轨道交通行业法规要求，确定其安全风险接受原则。安全风险接受原则并不是仅针对设备制定的，而是整个运营企业，乃至整个轨道交通行业，进行运营安全风险控制的基本依据。在安全风险接受原则的指导下，行业监管部门确定运营单位的安全风险管控是否到位，运营单位据此确定安全风险控制措施和监督手段。安全风险控制措施包括基础设施（如线、桥、隧、车站等）、车辆和信号等设备的安全相关功能、性能要求，也包括设备、设施的使用和维护管理、应急处置措施等规章制度。列控系统作为列车运行安全防护设备，是运营单位安全风险控制体系的重要一环。运营商通常要求设备供应商使用相同的风险接受原则，以保证设备的安全风险管理可以方便地融入运营安全风险管理体系。

确定风险接受原则之后，需要根据统计数据和经验将运营安全要求分解为安全相关设备、设施的安全目标。首先明确系统的功能边界和物理边界，完成系统定义。在此基础上，进行危险辨识，找出边界上可能导致运营安全事故的异常情况。而后对所有危险进行风险分析。此时，由于缺少系统设计信息，无法分析准确的危险致因和危险发生频率。因此，主要依据运营事故和异常事件的统计数据，结合专家经验，进行危险后果分析和损失分析。估算出危险最终导致事故的概率，以及不同类型事故的平均致死概率。之后，根据国家或行业规定的死亡风险要求，就可以反推出可以接受的危险发生频率。通常用可容忍危险率表示，简称 THR (Tolerable Hazard Rate)。列控系统所有危险的 THR 就构成了列控系统的安全目标。这个过程中需要使用大量的运营统计数据，因此通常由运营单位确定完成上述工作，并确定安全目标。在历史数据不足的情况下，也可以借鉴其他运营单位或国家的相关统计数据。

针对列控系统的危险列表，运营单位和供应商会对风险控制措施进行协商，已确定顶层安全需求。后果分析和损失分析结果相乘可以评价危险的严重程度。在此基础上结合运营统计的危险发生频率，可以逐个评价危险当前处于的风险水平（不可接受、可以容忍、非常微小等）。根据风险水平的高低，选择列控系统应当提供的风险控制措施。风险控制措施包括设备功能、性能要求和使用维护要求，统称安全需求。在满足独立性程度的情况下，THR 可以进一步分解到各种风险控制措施，确定安全相关的功能的安全完整度等级（Safety Integrity Level，简称 SIL）。由于涉及系统的功能定义，这一工作通常由运营单位和设备供应商在设计联络过程中确定。如果系统的标准化程度较好、运营商经验丰富，也可以完全由运营商主导。安全目标和安全需求是运营商对设备供应商的要求，也是二者安全责任交接的载体。

随着系统设计的不断深入，设备供应商通过进一步的原因分析、共因分析等，将顶层安全需求进行细化、分解、再细化，直至可实现的软硬件模块。安全目标也随之分解到系统功能、子系统。具体设计方案可能给系统引入新的危险，系统工作场景的确定和细化也可能修改之前的假设条件。因此，安全工程师往往需要迭代地进行自顶向下、从下至上的因果分析，以修正最初的危险列表和风险估计。安全需求和目标的设计实现将在第五章进行详细介绍。本章参照 EN 50126-2:2017 的沙漏模型，逐一介绍安全风险接受原则、初步危险分析，以及系统安全目标和安全需求确定的过程和方法。

第二节　安全风险接受原则

一、常用的安全风险接受原则

由于机械联锁、安全继电器电路等本质安全设备逐渐被计算机技术所取代，“相对安全”取代了“故障—安全”、“绝对安全”的概念成为安全相关工业的共识。自此，“多么安全才足够安全(How safe is safe enough)”就成为困扰安全科学领域的无解难题。

20 世纪 90 年代，风险的概念引入到轨道交通行业后，欧洲 CENELEC 标准将安全定义为不存在不可接受的风险[3]，“多么安全才足够安全?”被简化为“什么等级的风险是可以接受的?”[4]。为了降低安全风险，就需要在系统的设计、制造、安装、使用等整个生命周期的各个阶段采用各种技术手段和管理措施实现更加严苛的安全约束，随之而来的是高昂的成本和运行效率的牺牲。因此，即便安全被作为所有安全相关工业的首要目标，人们也不可能不计成本地降低风险、提升安全。对于可能威胁公众安全的行业，决策者必须认真和深入地思考公共健康与公共其他利益(如，经济成本、人工成本、运载能力等)之间的权衡[5]。

在轨道交通行业，欧洲 CENELEC 的系列标准提出了风险接受原则(Risk Acceptance Criteria)，也称为风险容忍原则(Risk Tolerance Principle)或安全原则(Safety Principle)，从而对安全与其他利益之间的权衡决策提供依据。标准推荐三种较为成熟、合理的风险接受原则：法国的 GAMAB 原则、德国的 MEM 原则和英国的 ALARP 原则[5][6](如表 3-2 所示)。

GAMAB (Globalement Au Moins Aussi Bon)原则是法国的风险接受原则，其要求对于所有新系统必须提供最好的安全性能，至少也要和现有的同类系统的安全性能相当。

MEM (Minimum Endogenous Mortality)原则的字面意思是新系统的应用不能增加人们伤亡的概率。德国在应用 MEM 原则时规定轨道交通系统造成的人员伤亡低于国家的最低自然死亡率(德国 5～15 周岁年龄段的自然死亡率最小，为每年两万分之一)。因此，轨道交通系统一般将其安全目标规定在 $RM=10^{-5}$ 灾难性危险/(人・年)。

ALARP (As Low As Reasonably Practicable)原则起源于英国，是目前应用最为广泛的风险接受原则。ALARP 原则的含义是在成本允许的情况下，采用合理、可行的方法尽可能降低风险。它把风险划分为三个等级，如图 3-2 所示。最上面是完全不可接受的区域。处于该区域的风险要不惜任何代价予以降低。最下面是可以忽略的区域，即风险几乎不可能对人、环境或财产带来损失。处于该区域的风险需要进行监控保证他们一直处于该区域。中间称为 ALARP 区域。处于该区域的风险不容忽视，需要采取在技术可行、成本允许的措施进行处理，将风险降到最低程度。

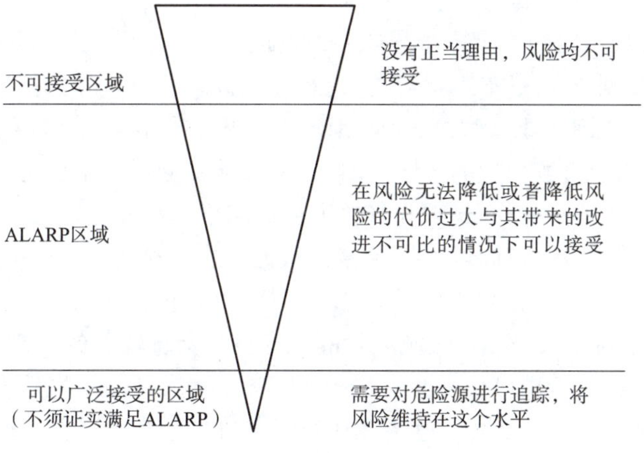

图 3-2　ALARP 风险区域划分

表 3-2 ALARP、GAME、MEM 对比

	ALARP	GAME	MEM
大致操作	规定轨道交通安全责任单位应采取任何安全措施将风险降低到 ALARP 水平。如果安全措施成本与风险降低收益相匹配且已经考虑了风险评价中的任何不确定性，则可认为该安全措施是必需的	比较两个系统。新系统应该整体上和既有系统一样安全	根据一般人群的最低死亡率来计算可接受的风险
假设条件	假设不同类型和严重程度的伤亡造成的损失具有确定的相对权重和数值	与新系统类似的系统已经存在且已对既有系统进行分析	假设风险可以分配给子系统和组件
参考对象	不同选择或安全措施相关的整体风险的变化	参考系统	个人正常死亡风险
接受原则	如果安全措施成本与风险降低收益不匹配且已经考虑了风险评价中的任何不确定性，则可认为该安全措施是非必需的	新系统的风险低于或等于既有(旧)系统	系统导致的个人死亡率低于 MEM 推导出的可容忍风险

在进行信号系统设计之前，首先需要选择所参照的风险接受原则。风险接受原则的选择会受到政治、法律、经济、科技等多方面因素的影响[7]。例如，判例法国家更注重系统的安全运行记录，而成文法国家更关注系统的安全指标；发达国家人民对工业安全的要求明显高于不发达国家；而当先进科技给人类生活带来较大便利时，人们也会倾向于接受其给安全性带来的隐患。因此，一般情况下，国家应从行业角度给出相关规定。

从形式上看，GAMAB 原则和 MEM 原则均定义了一个门限来判断系统的安全性是否可以接受，便于执行。而且，门限的选择均具有很强的普适性，比较客观。这一点上沿袭了法、德的罗马日耳曼法系的特点，以制定法为主不承认判例具有普遍使用的效力，要求法律规则具有抽象性和原则性[8]。另一方面，GAMAB 原则和 MEM 原则风险接受门限的参照物选取为“现有同类系统”和“最小国家人口自然死亡率”。这样的门限不仅仅使风险接受原则更加客观，而且是从结果方面清晰地划分系统安全界限。

GAMAB 原则和 MEM 原则的主要差异是风险接受门限参照物选取不同。GAMAB 原则采用同类系统为参照物，较好地体现了社会因素方面的考虑。MEM 原则门限太过一般，没有考虑人的风险认知心理、系统具体情况等诸多复杂因素。例如人们对与轨道交通风险的接受程度与民航、公路等交通工具应当有所区别。

ALARP 原则并没有明确规定一个界限，而是定义了一个区域。鼓励最大限度地降低风险提高安全性，同时又兼顾了成本因素，在一定程度上推动了风险降低技术的研究和应用。与法、德两国的风险接受原则相比，ALARP 原则的要求更加严格，设计过程中需要对多种风险降低措施进行分析，选择出最合理的方案，而且风险可接受的论证工作也非常烦琐。英国采用这种严格的风险接受原则，一方面是因为其轨道交通网络基本成熟，没有非常迫切的新线建设需求，所以运营公司和设备供应商可以把更多的精力放在安全方面；另一方面，英国铁路已经完全私有化，所以国家也有必要制定严格的安全门槛，以防止企业的见利忘义。

但是，ALARP 原则在 ALARP 区域风险的处理也会带有较多的主观因素，减弱了其可操作性。英国职业与健康执行局(Health and Safety Executive，HSE)先后出台了一系列法规对 ALARP 进行解释、约束，并且提供了很多法庭判例作为参考。轨道交通法规制定部门也发布了《ALARP 原则指导》、《黄页》等行业规范，详细规定了 ALARP 原则在系统设计、运行维护、安全性论证应用的程序、步骤，以适合英国法律体系。

由于 ALARP 原则没有约束安全门限的形式，同时更加强调企业的安全责任，因此该原则已经被美国、澳大利亚、加拿大等大多数国家所接受，广泛应用在轨道交通、化工以及民航等多种安全苛求工业。我国高速铁路领域绝大多数企业都选择使用 ALARP 原则。

ALARP 原则还有很多"变种"，有些行业对 ALARP 进行了简单修改以体现其自身的特殊安全要求。例如，美国航空航天局（NASA）使用的风险接受原则是 ASARP（As safe as Reasonably Practicable）原则，即如果进一步提高安全性需要系统的其他性能做出不可接受的或不成比例的让步那么残留风险是可以接受的[9]。ASARP 原则与 ALARP 原则的不同主要体现在安全的权衡对象上，ALARP 原则体现了安全性能与系统成本和技术难度进行权衡，而 ASARP 原则则体现了安全性能与提高安全性所带来的其他性能的降低进行权衡。ASARP 原则的这一变动主要是由其航天工业背景所决定的。ALARP 原则主要面向民用安全相关系统，通常规模庞大、数量众多、服役周期长而成本有限，不可能不惜建设和维护成本、无止境地提升安全，因此安全性的首要限制因素是成本。而在航天领域，单次任务的圆满完成是其追求的终极目标，安全是完成任务的必要条件，因此 ASARP 原则要求在全生命周期的每一个阶段系统安全都具有比工作效率、工程时间和成本更高的优先级，即不允许因为系统工作效率、工程时间和成本原因而牺牲安全性。同时，安全并不是完成任务的充分条件，而航天本身就是典型的冒险活动，因此当安全与系统其他性能相矛盾，而进一步提高安全会导致该性能显著下降而威胁到任务完成时，安全就必须做出适当让步。因此，风险接受原则的选择还需要充分考虑行业特征和需求，简单的比较风险接受原则之间的优劣是毫无意义的。

风险接受原则应由需方，即铁路运营单位指定。风险接受原则决定了风险接受标准，是产品安全验收的重要依据。因此，需方通常会指定招标产品应遵守的风险接受原则，以便划定验收指标和验收方式。另外，轨道交通运营单位是轨道交通生产的执行环节，统一需要确定运营管理的风险接受原则。风险接受原则决定了企业的安全度量方式。如果使用系统的安全度量方式与企业管理方式不符，则很难对该系统的安全性能进行统计和追踪，进而影响到系统维护和使用的管理。因此，从自身便利角度，需要也会要求供应商使用相同的风险接受原则。

风险接受原则是供、需双方进行技术协商的基础。与项目交付物、基本性能需求、工期等一样，安全目标和需求作为项目目标的一部分也是供需两方商讨的结果。需要注意，所有协商结论都要与指定的风险接受原则相一致。

二、基于 ALARP 原则的安全风险控制

基于 ALARP 原则"足够"安全需要满足两个条件（如图 3-3 所示）：(1)系统风险低于最低可容忍安全门限；(2)系统满足 ALARP 要求，即进一步降低风险将导致产品成本不成比例地增加或技术上不可实现。这两个条件缺一不可，而且需要将从系统初期概念到产品发布、产品使用过程以及报废过程中所有可以用来提高安全性的方式方法，并且要保证系统生命周期的所有阶段系统残余风险都满足这两个条件。

（一）最低可容忍安全门限

机器给人类带来便利的同时也给人类的生存带来了新的风险。为了得到这些便利，人类会做出妥协，接受一定量的风险。足够安全的系统必须达到或超过这个综合利弊的最大风险门限值，称为最低可容忍安全门限，也称为安全门限。最低可容忍安全门限的确定不仅仅是承袭国家法律或行业标准的规定，而且需要包含运营单位对运营风险的积累和理解。

图 3-3　ALARP 原则的基本条件

最低可容忍安全门限的定义需要考虑各种不期望后果的可能性，包括伤亡、设备损坏、财产损失、环境损失等，而每一种后果都有各自不等的最低容忍门限。足够安全的系统必须满足所有后果的最低容忍门限。只要有一种后果的发生概率超出其最低容忍门限，哪怕达到了所有其他后果的最低可容忍安全门限要求，系统也不是足够安全的。

实际操作中，为了明确定义最低容忍门限，必须对该系统所有可能造成的风险进行分析测算，以客观地反应出每种后果的安全水平。通常会使用概率统计的方式进行测算，用单位时间或单位任务不期望后果的发生概率描述最低容忍门限。铁路交通事故常见的形式包括：

(1)乘客伤亡概率；

(2)车辆损坏概率；

(3)列车延误概率；

(4)员工死亡概率。

为了简便起见，同一类型不同严重度的后果会按照一定的比例进行折算。例如，乘客伤亡有轻重之分，包括死亡、重伤、轻伤。可以规定 1 个死亡＝10 个重伤＝100 个轻伤，这样用死亡率统一描述乘客伤亡这一类后果。车辆损坏也包括大破、中破、小破，同样可以相互换算。依照历史数据中列控系统事故损失在轨道交通总损失中的占比，将运营安全指标运营安全指标(例如年乘客死亡率或年损失率)下分给列控系统。

在安全评估实际操作中，要想判断系统是否达到最低可容忍安全门限，还需要约定分析估算的前提条件。例如，某些门限指标希望采用保守计算方法衡量系统风险，这样能够保证系统在绝大多数运行情况下都能够满足指标要求。另一种相似情况，门限值表希望计算时留有足够的余地以应对未知风险、无法量化或被低估的风险。但有些情况下，需要用系统风险的平均值与最低容忍门限进行比较，使得系统的平均水平能够满足最小门限要求。这三种情况下，系统风险的计算方法以及与最低容忍门限的比较结果会有很大区别。安全工程师需要根据系统运行过程中的风险变化趋势来决定选择何种估算前提。

最小可容忍安全等级也不是在系统全生命周期中固定不变的。系统安全性会随着运营经验的积累而逐步提高[10]。系统投入运营之前，不可避免地存在初始设计、制造、集成过程、测试程序、培训程序、操作程序和管理手段等方面的缺陷。在运营过程中，操作维护人员会逐步加深对系统的了解，积累软件、硬件的缺陷信息，从而逐步优化调整操作和维护方式方法，使系统安全性得到提高。也就是说，在系统安全性会随着失效模式的不断暴露而得到提升的前提假设下，可以在系统运行初期使用较低的最低容忍门限，而随着运营的推进逐步提高门限值，如图 3-4 所示。

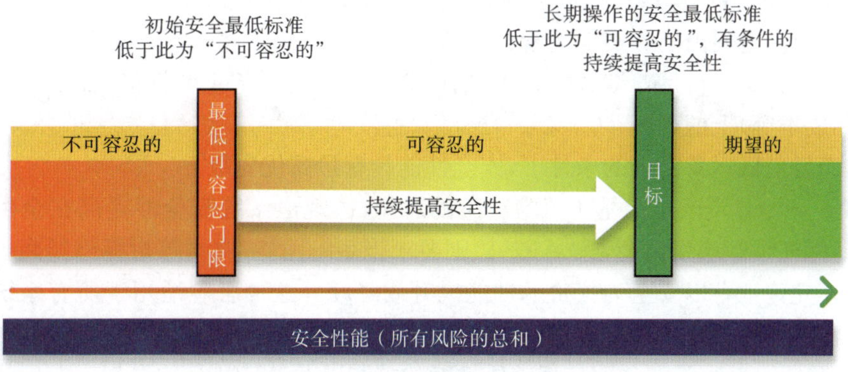

图 3-4　系统安全门限在运行过程中的变化

因此，运营单位可以根据风险历史数据，在系统使用的不同阶段划定两个或多个安全门限。相应的，安全评估也会包括两个方面：(1)证实系统满足当前最低容忍门限；(2)证实系统具有持续改进方案或计划以保证能够达到将来的最低容忍门限。因此，仅仅满足当前的最低容忍门限并不足以说明系统足够安全。同时还要求系统具有较好的可操作性和可维护性保证系统安全性会日趋完善，能够达到将来的要求。需要考虑诸如技术改进、模块化设计、可升级性等安全相关因素。

需要强调的是，系统安全性的提升不仅仅体现在可靠性的提高，而要考虑生命周期中系统的多方面提升，包括：

(1)硬件可靠性；

(2)软件可信性、适应性；

(3)人工操作的熟练程度和对突发情况的应对能力；

(4)运营策略和流程的完整性和适应性；

(5)管理的有效性。

另一方面，系统安全性会由于设备的老化和磨损而降低。对于需要重复使用多次或者服役时间很长的系统(例如，列控系统的服役时间长达 20 年)，需要考虑系统由于老化和磨损而导致的安全性降低。老化的原因包括材料质量下降(如化学作用、催化、机械硬化)，内部结构变化(压缩、变形、侵蚀)，以及微小的故障(如微小的裂缝或凹陷)。一般情况下，列控系统会在部件老化或磨损出现之前进行更换或升级换代。但是，需要考虑不同的环境因素对于老化和磨损现象的加剧，区别制定维护周期。例如，咽喉区经常动作的道岔转辙机的维护频路显然应该大于支线上偶尔使用的道岔转辙机。

因此，系统的安全性很有可能在末期突然降低。安全评估也要注意确保这种安全性的降低在可容忍范围内。

(二)ALARP 说明

ALARP 原则下，判断系统是否足够安全除了满足最低可容忍安全门限之外，还要说明当前系统风险已经在成本和技术允许的范围内降到最低，即 ALARP。也就是说，为了说明系统已经满足 ALARP，需要将系统安全性与进一步提高安全性所有付出的代价进行权衡。如果进一步提高安全性的代价，包括系统性能降低、可靠性变差、金钱成本、人力成本等，与安全性的提高不成比例，那么就说明满足 ALARP 原则。

因此，ALARP 说明应该包括以下内容：

(1)尽可能多地列出能够实现运营目标的方案；

(2)对这些方案进行足够细致的分析，估计这些方案在系统主要性能(安全性，运营效率，时间效率和成本等)上的得失；

(3)在满足最低运营需求的条件下，安全性能具有最高优先级。

ALARP 原则也反映出了基于风险决策的思想，体现出系统安全性提高在全生命周期中都具有最高优先级。换句话说，ALARP 原则要求当系统性能、成本等指标已经高于最小可容忍等级时，不允许进行以安全为代价的性能提升或降耗。这种思想适用于所有系统安全过程中影响安全性能的决策。

图 3-5 形象地表述了安全性与相矛盾性能的关系以及 ALARP 的思想。左斜线阴影部分(曲线与坐标轴围成的区域)代表设计者所有考虑到的风险降低技术或方案所对应的安全效果及成本、工期、技术等其他成本因素。曲线代表各种技术所能达到的最高费效比，称为效率边界。所有可选技术方案都位于效率边界与坐标轴围成的区域，在制定风险降低方案时，会尽量逼近效率边界。纵轴代表风险降低技术的安全效果(风险降低程度)，纵轴代表风险降低技术所达到的成本目标。二者存在一定的矛盾关系，大部分成本低的技术的安全效果有限，而安全效果好的技术需要较高成本，需要进行权衡。所谓 ALARP 区域代表这些技术或方案能够在不导致其他性能不可接受的情况下达到最好的安全性能，即图中白色区域。图中的系统安全性能或其他性能的可容忍边界都不是准确的数值，而是与其他方案相比较的相对值。ALARP 区域并不仅对应某一种技术或方案。而在方案效果分析中，不可避免地受主观因素的影响，因此 ALARP 区域的边界也是模糊的。

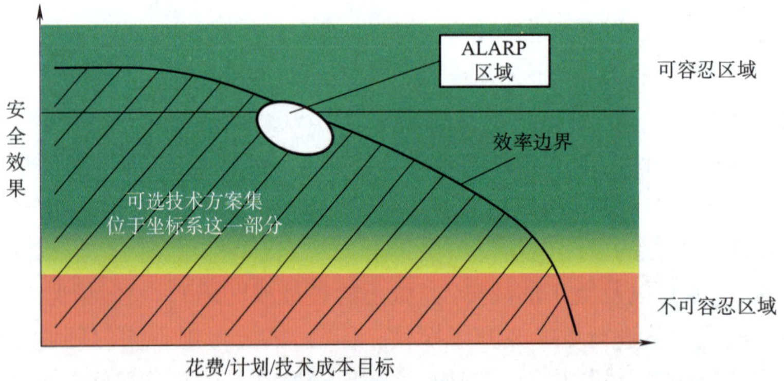

图 3-5　ALARP 说明

当然，某些情况下，安全性能之间也会存在一定的竞争关系。例如，列车运行安全某些情况下会与员工人身安全相矛盾。ALARP 原则并不能应用于这种情况的权衡，它仅仅体现出安全性整体的优先性。

第三节　初步危险分析

初步危险分析(Preliminary Hazard Analysis，简称 PHA)是一个识别危险、危险原因、后果、风险水平和减轻措施的安全分析工具。该项工作开始于轨道交通安全相关产品的系统定义阶段，其目的是：

(1)识别和定义必须控制的主要危险；

(2)确定系统级主要危险的主要原因及其可能造成的后果；

(3)对相关危险的风险等级进行一个初步的评估，以确定哪些危险在进一步的危险分析中需要进行定量分析。

初步危险分析是在系统设计之前进行的，此时能获得的系统设计信息非常有限，无法根据具体的功能、组成、软硬件设计等信息进行自底向上的因果分析。因此，要求分析人员跳出系统细节，从更高层面理解系统与运行环境的相互作用。将目标系统(如列控系统)作为一个黑盒，根据目标系统的应用原则和以往的运营经验对目标系统的边界条件和所处环境进行分析，以识别其危险。初步危害分析应对识别出的危害进行准确描述和必要注释，并对其严重性和可能性进行初步估计。涉及子系统层面的原因将作为子系统危险进行进一步分析。理想情况下，初步危害分析的结果将转化为最初的安全需求，因此应该计算每个危害的可接受/可容忍发生概率，作为目标系统的安全目标[2]。

初步危险分析主要包括如下工作：

(1)初步危险辨识。根据系统定义文档中确定的系统边界和系统作用，分析系统中可能存在的顶层危险。分析过程中，需要借鉴历史上曾经发生过的相关事故和意外事件，行业标准的规定，以及专家经验。历史较长运营单位和设备供应商通常会整理、维护危险库，分析者结合具体工程项目的要求从危险库中选取适合的危险形成初步危险列表。这样可以降低初步危险辨识的难度，也使危险辨识完备性得到更好的保障。初步危险列表中，每一条危险都应当说明其来源。

(2)后果和损失分析。后果和损失分析与系统运行环境和运营单位管理密切相关，而与具体系统设计实现方式关联较少，因此更适合由运营单位提供或在运营单位支持下完成。需要对系统的运行环境进行分析，包括系统的外部接口、使用人员的操作规则、运营单位的应急处置流程等。分析危险在不同运营条件下的可能后果。结合运营单位多年的事故频率和损失的统计数据，对比特定工程与平均运营条件的差距后，得到各种后果的发生概率和损失情况。

(3)初步原因分析和减轻措施。初步危险分析中，分析人员可以根据自己的经验给出大致的危险致因。针对原因给出大致的减轻措施，形成最初的系统安全需求，并作为后续设计的输入。

(4)风险等级的初判。根据运营单位的事故数据统计，结合专家经验，对每个危险给出定性的风险等级。

初步危险分析的结果需要形成报告，展现出系统的主要危险及初步风险评估的结果，以便将有关的安全要求纳入到系统的安全需求中，确保在列车运行控制系统的初步开发阶段就已较为全面地考虑了产品的安全要求，使得系统的风险控制在低至合理可接受的水平。

以城市轨道交通为例。列控系统的初步危险分析阶段，根据多年来轨道交通行业的事故总结以及公司积累的经验，同时根据信号系统的使用条件把可能产生的事故进行整理，作为顶事件。逐层向下分解，根据确定好的顶事件进行故障树分析，识别出导致顶事件发生的信号系统致因作为信号系统的初步危险，即必须在后续设计中进行控制的因素。

信号系统的使用条件可以通过设想列车运行环节来确定，例如：

列车是在轨道上运行的；

轨道上有道岔；

线路上布置有信号灯；

列车是由多节车厢组成起来的；

列车上有车门，以防司机与乘务人员从车上坠入路轨；

车站上装置有站台屏蔽门，以防乘客坠入路轨。

结合轨道交通行业事故统计及经验总结，可能产生的事故分为以下几种类型：撞击、脱轨、人员跌落、触电、火灾、有毒物质或气体、爆炸、辐射、干扰、环境、恶意破坏、意外和灾难，表 3-3 对各个事故进行详细描述。

表 3-3 事故分解表

事故类型	一级编号	事故一级分类	二级编号	事故二级分类
撞击	Ref-1	列车与列车相撞	Ref-1. 1	列车追尾相撞
			Ref-1. 2	列车侧面相撞
			Ref-1. 3	列车迎面相撞
			Ref-1. 4	列车解体导致撞车
	Ref-2	列车与结构物或障碍物体相撞	Ref-2. 1	列车与侵限物体相撞
			Ref-2. 2	列车冲出轨道尽头，撞到轨道终端的缓冲车挡
	Ref-3	列车撞人	Ref-3. 1	列车撞到乘客或工作人员
			Ref-3. 2	列车在平交道口上撞到路面行人
脱轨	Ref-4	列车脱轨	Ref-4. 1	列车失去运行方向引导
			Ref-4. 2	列车运行过程中失稳
人员跌落	Ref-5	人员跌入轨道区域	Ref-5. 1	人员从站台跌入轨道区域
			Ref-5. 2	人员从列车跌入轨道区域
			Ref-5. 3	人员被夹在列车与站台的间隙中
触电	Ref-6	触电	—	—
火灾	Ref-7	火灾	—	—
有毒物质或气体	Ref-8	有毒物质或气体	—	—
爆炸	Ref-9	爆炸	—	—
辐射	Ref-10	辐射	—	—
干扰	Ref-11	电磁干扰导致信号系统功能失效	—	—
	Ref-12	雷击导致系统功能失效	—	—
	Ref-13	系统网络受到外部入侵	—	—
环境因素导致失效	Ref-14	气候条件导致信号系统失效	—	—
	Ref-15	振动导致信号系统失效	—	—
	Ref-16	海拔条件导致信号系统失效	—	—
恶意破坏	Ref-17	人为恶意破坏	—	—
灾难	Ref-18	洪水/地震/强风	—	—

这些事故类型的描述过于笼统，通常不能直接作为故障树分析的顶事件。为了使在进行初步危险识别时可以更准确地对危险进行描述，需要结合具体运营条件、设备工作模式等因素对上述事故进行场景细分。例如，列车运营线路可能包括桥梁、隧道、平交道口、尽头线等具有特殊安全要求的区段。CBTC 系统的工作模式包括 CBTC 模式和 BLOC 模式，车载子系统的工作模式包括 CM、RM、切除 ATP 等。因此需要将上述事故进一步细化为如下事故场景，作为初步危险分析阶段故障树分析的顶事件，见表 3-4。

表 3-4　列控系统顶事件示例表（以 CBTC 系统为例）

1 级编号	事故一级分类	2 级编号	事故二级分类	顶事件编号	列控系统顶事件示例
Ref-1	列车与列车相撞	Ref-1. 1	列车追尾相撞	TOP1	两 CBTC 模式列车追尾相撞
				TOP2	CBTC 模式列车与 BLOC 模式列车追尾相撞
				TOP3	CBTC 模式列车与 RM 模式列车追尾相撞
				TOP4	CBTC 模式列车与切除 ATP 列车或未装备 ATP 列车追尾相撞
				TOP5	两 BLOC 模式列车追尾相撞
				TOP6	BLOC 模式列车与 RM 模式列车追尾相撞
				TOP7	BLOC 模式列车与切除 ATP 列车或未装备 ATP 列车追尾相撞
				TOP8	两 RM 模式列车追尾相撞
				TOP9	RM 模式列车与切除 ATP 列车或未装备 ATP 列车追尾相撞
				TOP10	两切除 ATP 列车或未装备 ATP 列车追尾相撞
		Ref-1. 2	列车侧面相撞	TOP11	两 CBTC 模式列车侧面相撞
				TOP12	CBTC 模式列车与 BLOC 模式列车侧面相撞
				TOP13	CBTC 模式列车与 RM 模式列车侧面相撞
				TOP14	CBTC 模式列车与切除 ATP 列车或未装备 ATP 列车侧面相撞
				TOP15	两 BLOC 模式列车侧面相撞
				TOP16	BLOC 模式列车与 RM 模式列车侧面相撞
				TOP17	BLOC 模式列车与切除 ATP 列车或未装备 ATP 列车侧面相撞
				TOP18	两 RM 模式列车侧面相撞
				TOP19	RM 模式列车与切除 ATP 列车或未装备 ATP 列车侧面相撞
				TOP20	两切除 ATP 列车或未装备 ATP 列车侧面相撞
		Ref-1. 3	列车迎面相撞	TOP21	两 CBTC 模式列车迎面相撞
				TOP22	CBTC 模式列车与 BLOC 模式列车迎面相撞
				TOP23	CBTC 模式列车与 RM 模式列车迎面相撞
				TOP24	CBTC 模式列车与切除 ATP 列车或未装备 ATP 列车迎面相撞

续上表

1级编号	事故一级分类	2级编号	事故二级分类	顶事件编号	列控系统顶事件示例
Ref-1	列车与列车相撞	Ref-1.3	列车迎面相撞	TOP25	两BLOC模式列车迎面相撞
				TOP26	BLOC模式列车与RM模式列车迎面相撞
				TOP27	BLOC模式列车与切除ATP列车或未装备ATP列车迎面相撞
				TOP28	两RM模式列车迎面相撞
				TOP29	RM模式列车与切除ATP列车或未装备ATP列车迎面相撞
				TOP30	两切除ATP列车或未装备ATP列车迎面相撞
		Ref-1.4	列车解体导致撞车	TOP31	列车解体导致撞车
Ref-2	列车与结构物或障碍物体相撞	Ref-2.1	列车与侵限物体相撞	TOP32	列车与工具或施工材料相撞
				TOP33	列车与轨道上物体相撞
				TOP34	列车与平交道口上物体相撞
		Ref-2.2	列车冲出轨道尽头，撞到轨道终端的缓冲车挡	TOP35	列车冲出轨道尽头，撞到轨道终端的缓冲车挡
Ref-3	列车撞人	Ref-3.1	列车撞到乘客或工作人员	TOP36	屏蔽门打开时，列车在站台区域移动，列车撞到站台的乘客
				TOP37	紧急停车按钮激活时列车在站台区域移动，列车撞到站台的乘客
				TOP38	列车在乘客或工作人员被夹在车门与屏蔽门之间时移动
				TOP39	列车撞到工作人员
		Ref-3.2	列车在平交道口上撞到路面行人	TOP40	列车在平交道口上撞到路面行人
Ref-4	列车脱轨	Ref-4.1	列车失去运行方向引导	TOP41	错误道岔位置导致列车脱轨
				TOP42	列车在道岔区域时，道岔动作导致列车脱轨
				TOP43	轨道断裂导致列车脱轨
		Ref-4.2	列车运行过程中失稳	TOP44	列车在线路运行时超过安全限制速度，导致列车脱轨
				TOP45	车轮或车轴断裂导致列车脱轨
Ref-5	人员跌入轨道区域	Ref-5.1	人员从站台跌入轨道区域	TOP46	站台屏蔽门不安全的开启，乘客落入站台
		Ref-5.2	人员从列车跌入轨道区域	TOP47	列车车门不安全的开启，导致乘客坠入路轨

续上表

1级编号	事故一级分类	2级编号	事故二级分类	顶事件编号	列控系统顶事件示例
Ref-5	人员跌入轨道区域	Ref-5.3	人员被夹在列车与站台的间隙中	TOP48	列车在乘客上下车过程中移动，导致乘客坠入列车与站台的间隙中
				TOP49	列车未停准，车门未在屏蔽门范围内，导致乘客下车坠入列车与站台的间隙中
Ref-6	触电	—	—	TOP50	触电
Ref-7	火灾	—	—	TOP51	火灾
Ref-8	有毒物质或气体	—	—	TOP52	有毒物质或气体
Ref-9	爆炸	—	—	TOP53	爆炸
Ref-10	辐射	—	—	TOP54	辐射
Ref-11	电磁干扰导致信号系统功能失效	—	—	TOP55	电磁干扰导致信号系统功能失效
Ref-12	雷击导致系统功能失效	—	—	TOP56	雷击导致系统功能失效
Ref-13	系统网络受到外部入侵	—	—	TOP57	系统网络受到外部入侵
Ref-14	气候条件导致信号系统失效	—	—	TOP58	气候条件导致信号系统失效
Ref-15	振动导致信号系统失效	—	—	TOP59	振动导致信号系统失效
Ref-16	海拔条件导致信号系统失效	—	—	TOP60	海拔条件导致信号系统失效
Ref-17	人为恶意破坏	—	—	TOP61	人为恶意破坏
Ref-18	洪水/地震/强风	—	—	TOP62	洪水/地震/强风

事故场景作为顶事件进行故障树分析，列控系统层面的致因可作为列控系统的初步危险列表。初步危险分析工作还包括：对初步危险列表中的危险进行后果分析和损失分析，并确定列控系统的安全目标；针对初步危险列表中的重要危险提出风险降低措施，作为列控系统安全需求。本章第四节和第五节分别详细介绍这两部分内容的概念和方法。

第四节　安 全 目 标

为了在系统设计过程中落实风险接受原则，需要将风险接受原则转化成可分解、可实现、可验证的具体安全目标。安全目标与可靠性、可用性和可维护性(Reliability，Availablity and Maintainability，简称 RAM)指标一样，是运营对设备性能的要求。安全目标可以通过在特定失效事件发生时转入安全状态的方式实现。安全状态的定义需要根据运营和维护的特定场景确定。例如，常常简单规定故障后列车应实施制动，但是如果列车此时运行在隧道中或列车经过失火区域的情况下，制动并不一定是安全的选择。如果安全状态对系统的 RAM 目标有较大的负面影响，那就需要在不牺牲安全目标的前提下进行优化和权衡以同时实现 RAM 目标。

一、安全目标的表征

运营单位制定安全目标时，需要综合考虑行业安全指标、系统对运营安全的影响、安全历史记录和安全裕度等因素，如图 3-6 所示。

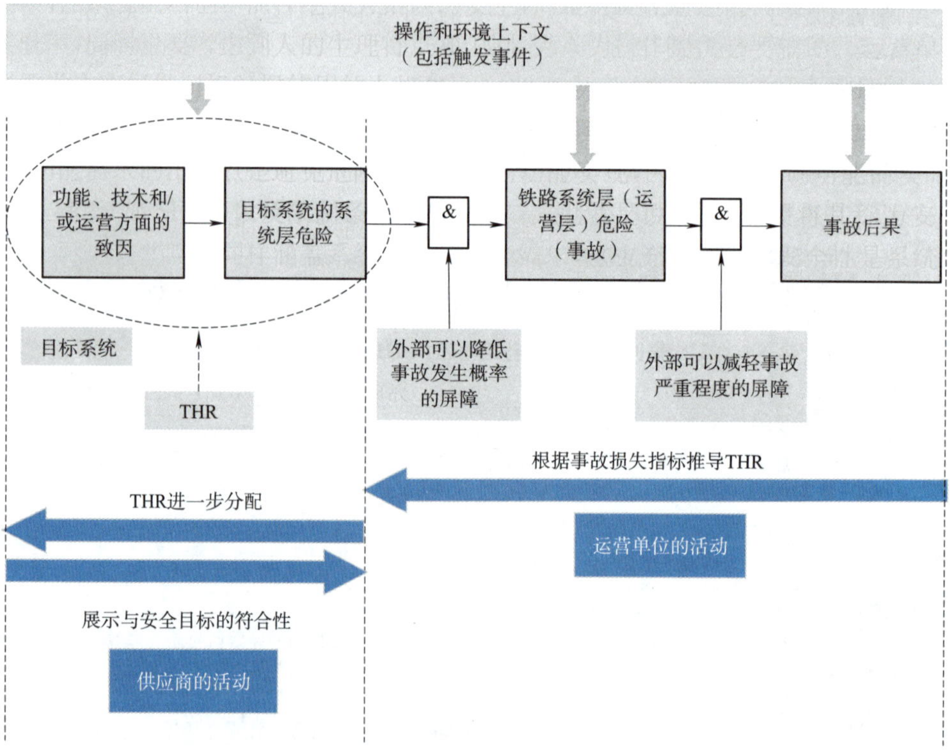

图 3-6　安全目标的确定和分解[2]

运营单位会对事故和危险进行统计和分析，包括导致事故/事件的直接原因、事故发生频率、伤亡人数及伤亡人员类型、财产损失等信息。导致事故/事件的直接原因也称为事故先兆(precursor)，指事故致因事件链中直接导致事故发生的设备异常或人员失误。其中，列控设备相关的功能、技术和使用方面的致因因素归纳总结后形成初步的系统层危险列表。这些危险应定义在列控系统的边界上，也是供应商和运营单位的安全责任的分界。

列控系统的顶层危险一旦发生，其后果的严重程度主要由线路环境、客流量、应急处置措施决定。对于确定的运营单位，一般具有相对固定的行车组织、维护规则和应急处置措施等规章制度，可以用历史统计数据，结合后果分析、损失分析方法，得到危险严重程度和危险发生后最终导致各种事故的概率。在此基础上，运营安全指标运营安全指标可以进一步分解为列控系统危险的可容忍危险率(Tolerable Hazard Rate，简称 THR)，作为列控系统的安全目标。

设备供应商以系统层危险及其 THR 为目标进行系统安全设计，采取技术措施或管理手段将系统残余风险保持在安全目标之下。设计完成后，还要分析系统的失效模式反推系统危险及其发生概率，证实系统是否足够安全或达到安全目标。在这个过程中，危险辨识的完备性至关重要。而实际上，在系统设计阶段不可能辨识出系统运行过程的所有危险。相对于已经分析处理的危险，这些未知的或未准确认识的危险将对系统运行安全带来更大的挑战。一般来说，相对于成熟系统和标准化运行系统，使用新技术的系统或应用在新环境中的系统需要更加关注这些不确定的危险[16]。这一结论已经得到最新调查研究证实，而且可以帮助控制不确定危险对安全的影响。因此，在制定安全目标时，需要考虑到设计阶段遗漏危险或对危险认识不准确的可能性，留出安全裕量。

在系统投入运营后，在某些外部条件的作用下，系统风险的计算值会随着升高或降低[10]。如图 3-7 所示，如果运营发现新的危险致因，那么系统风险计算值就会上升。安全裕度的设置需要考虑进行设计变更时不确定危险可能会增多或减少。安全裕度在一定程度上会影响系统的其他性能，例如效率或任务可靠性。因此，随着系统运营经验的积累，应该适当减小安全裕度以避免对其他系统性能不必要的干扰。

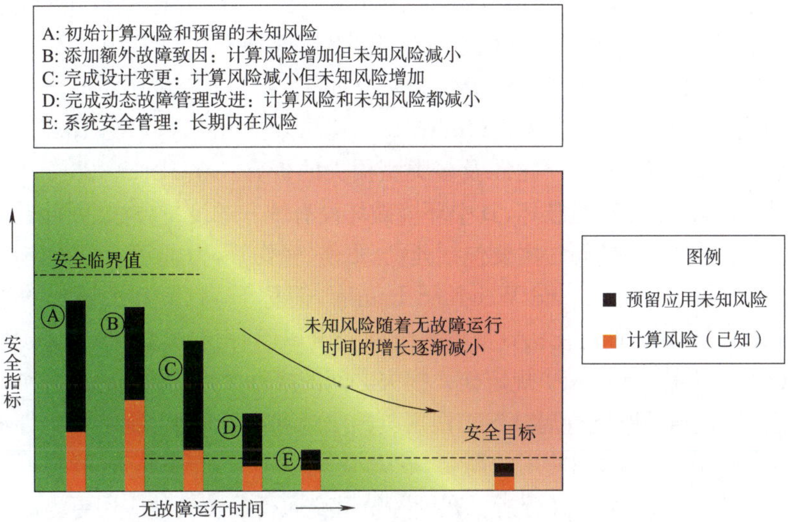

图 3-7　安全裕度随运营时间的变化趋势

对于安全评估来说，除了检查系统是否满足各种系统层次上的定量目标之外，还需要保证事故场景分析的所有假设条件的始终成立，例如风险控制功能/措施的能力、可靠性和可用性。因此，需要通过安全分析确定这些相关的系统性能，并提出相应的工程化和流程性要求。在进行安全评估时，只有同时提供合格的安全分析证据和安全相关工程和过程需求的符合性证据才能视为满足了定量安全目标。

安全相关工程需求是指可以影响安全相关可观系统性能的工程性和操作性要求，运营单位以二级需求或最佳实践的形式规定供应商达到这些要求。这些过程要求虽然没有直接陈述系统特性，但详细规定系统如何设计、如何集成、如何运行。

目前，我国轨道交通行业所使用的 GB/T 21652：2008、GB/T 28808：2012、GB/T 28809：2012 等标准就是一套基于过程的标准，包含生命周期每个阶段的安全保障工作及推荐方法技术，主旨是给轨道交通行业提供最佳实践指导。但是，如果教条地使用这些标准内容而不认真体会这些过程要求的作用(尤其是对新概念、新系统来说)，标准并不能最大限度发挥其作用，甚至某种程度上变成束缚。因此，ALARP 原则同样要求供应商应该具有裁剪“最佳实践”标准的能力，针对具体问题改进或删除那些投入产出不成比例的规定。

二、THR 的确定

从轨道交通系统运营安全目标分解得到列控系统的安全目标之后，还需要根据系统功能对系统层危险的影响将其进一步分解给系统的功能，得到每个安全功能的安全完整度等级(SIL)。在架构设计之后，根据功能之间的独立性确定子系统和组件的 SIL，指导设计和验证方法的选择。本章节仅讨论如何根据运营安全目标确定系统层危险的 THR 指标，分别介绍定性的风险矩阵(Risk Matrix)方法和定量计算方法。

(一)风险归一化

风险归一化是指同意安全表征数据的单位和基本度量方式，以便后续进行风险的比较和分配。危险发生频率的统计可以采用多种度量方式，例如人员数量(例如参与维修的员工人数、工作小时数等)、车流密度、车卡—公里、乘客—公里、车卡/乘客—小时、旅程次数、列车行驶次数、地形(例如隧道、桥梁、平交道口等)。因此，建议采用铁路监管部门或铁路安全监管部门认可的或广泛接受的度量单位计算危险发生率，以供处理和比较之用。不同人群可以采用不同的计算方式。例如，对于乘客和一般公众来说，可以采用年累积伤亡的方式表达整体风险数值，这个数值也可以转化为个人风险(Individual Risk of Fatality，简称 IRF)。

损失(即危险严重程度)的归一化涉及多类型损失的折算。在 EN 50126:2017 中，规定安全风险的损失包括人员伤亡和环境破坏，其中环境破坏没有统一的度量方法，因此铁路行业的安全损失主要是指人员伤亡。人员伤亡主要包括死亡、重伤、轻伤等，为了便于统一计算，英国和欧洲制定了等效死亡人数(Fatalities and Weighted Injuries，简称 FWI)换算关系。欧盟铁路委员会(European Railway Agency，简称 ERA)发布的统一安全风险评价方法(Common Safety Methods on Risk Evaluation，简称 CSM-RA)规定伤亡损失之间的换算关系为：1 个死亡=10 个重伤=100 个轻伤[18]。英国职业与健康执行局(HSE)根据英国法规和统计体系，制定了更加细致的转换关系，见表 3-5。为了 ALARP 原则使用的需要，HSE 还规定 1 个 FWI 等价的经济损失，但是该数值仅用于 ALARP 原则的技术选择分析。在国际轨道交通行业前一种应用更为广泛。

表 3-5 英国职业与健康执行局的等效死亡人数

伤亡等级	权重	1 个死亡等效的伤亡个数
死亡	1	1
重伤	0.1	10
轻伤	0.005(等级 1)	200
	0.001(等级 2)	1 000
休克/外伤	0.005(等级 1)	200
	0.001(等级 2)	1 000

(二)风险矩阵方法

由于轨道交通运营情况非常复杂，安全事故相对非常稀少，大部分运营单位很难积累足够的事故数据进行 THR 的定量计算。在实际工程中，通常采用定性量的风险矩阵的方式来进行风险等级划分。假设所有概率事件是相互独立的，就可以通过乘法运算得到所有概率事件的组合。而概率和严重程度的组合则采用风险矩阵的方法表达。

1978 年，Hussey 首先提出二维方向性政策矩阵，用于辅助政治决策的指定[11]。19 世纪 80 年代，英国首先将风险矩阵应用于安全科学。David A. Moore 在 1997 年的英国职业安全健康机构会议上提出了简单版本的风险矩阵，用于过程危险(process hazard)的风险可接受判定和防御措施必要性分析[12]。

EN 50126-2：2007 给出的风险矩阵示例如图 3-8 所示。事故发生的概率分为频繁、经常、有时、很少、极少、几乎不可能六个等级，事故损失的严重度定性分为数十人死亡、数人死亡、数人重伤、重伤、轻伤、轻微伤六个等级，采用“发生频率—严重程度”矩阵的形式将概率和严重程度组合起来，从而得到风险的分级表达形式。但是，需要注意该风险矩阵示例通常不能直接使用，不论是风险矩阵的规模，还是发生频率和严重程度分级的级数和级差都应该根据运营单位的具体情况进行修改。需要考虑的因素包括：

(1)事故发生频率统计；

(2)事故后果统计；

(3)运营单位的安全指标；

(4)公众/法律/政府对不同后果的接受程度。

在确定了危险发生频率和严重程度的等级后，风险等级的确定也可以根据需要进行划分。不同的风险接受原则意味着不同的风险等级定义。如果使用 MEM 原则或 GAMAB 原则，风险被划分为“可接受”“不可接受”2 级。如果使用 ALARP 原则，风险可以被划分为“可接受”、“可容忍”和“不可容忍”3 级，或“可接受”、“可容忍”、“不期望”和“不可容忍”4 级。轨道交通信号系统通常采用 4 级分类法，如图 3-8 中“风险等级表”所示。风险等级划分必须以国家法律或行业法规作为依据。在英国，风险等级划分必须遵守英国职业与健康执行局(HSE)的 R2P2(Reducing Risks, Protecting People)指导原则对于不同人群个人风险的规定。例如，对于乘客和公众而言，个人风险小于 1.0×10^{-6} 被认为是可以接受，大于 1.0×10^{-4} 被认为是不可容忍。“可容忍”等级与“不期望”等级的分界线是 3.5×10^{-5}。运营商还会根据其事故统计数据、目标系统对运营安全的贡献度等因素进行调整，设置更严格的门限。根据频率等级的上下界和后果等级的等效死亡人数可以计算出风险矩阵中每个单元格所代表的风险的上下界，而后根据风险等级划分原则确定每个单元格所属的风险等级。

在具体操作中为了简化单元格到风险等级的映射过程，可以按照一定规律给单元格编号，用编号到风险等级的映射代替每个单元格到风险等级的映射，减少重复劳动。编号规则需要根据频率等级、后果等级与风险的关系确定。轨道交通行业的常见做法是发生频率等级和严重程度等级的乘积作为风险等级，如图 3-8 中的“风险矩阵(相乘)”所示。如果发生频率和严重程度的级差相同，也常用发生频率等级与严重程度等级的和定义风险等级，如图 3-8 中的“风险矩阵(相加)”所示。频率等级和严重程度等级的划分都采用 5 倍级差，因此可以用发生频率等级与严重程度等级之和作为风险等级。

风险矩阵的构造和选择需要考虑如下问题：

(1)必须恰当的定义发生频率和严重程度的刻度，避免得出不合理的风险水平或误导相关决策。常用的度量刻度是线性坐标系，但是这种定性刻度很难准确、无歧义的定义[13]。Bahill & Smith 展示了对数坐标系在频率-后果图中的应用[14]，然而实践表明非线性刻度很难被工程师掌握，容易出现错误。IEC/ISO 31010：2009 B29.6 指出，“很难明确地定义量表”和“使用是非常主观的，评分者之间往往存在显著差异”[15]。

频率范围

频率	频率范围	估计频率中间值	每年发生的事件数	等级
频繁	20 天一次到 3 个月一次	2 个月一次	6.25	6
经常	3 个月一次到 15 个月一次	9 个月一次	1.25	5
有时	15 个月一次到 7 年一次	4 年一次	0.25	4
很少	7 年一次到 35 年一次	20 年一次	0.05	3
极少	35 年一次到 175 年一次	100 年一次	0.01	2
几乎不可能	小于(175 年一次)	500 年一次	0.002	1

后果等级

后　果	每年等价死亡数	等　级
轻伤	0.005	1
重伤/多起轻伤	0.025	2
重大伤害	0.125	3
多起重伤/一人死亡	0.625	4
多人死亡(2～5 个等价死亡数)	3.125	5
多人死亡(6～25 个等价死亡数)	15.625	6

风险等级

风险等级	描述
不可容忍	风险必须降低
不期望	只有当进一步降低风险不可行且运营商和轨道交通管理部门同意的情况下，风险才可接受
可容忍	如果风险得到了充分的控制且运营商同意的情况下，风险就可以接受
可忽略	不需要运营商同意就可以接受该风险

风险矩阵（相乘）	后果					
频率	1	2	3	4	5	6
6	6	12	18	24	30	36
5	5	10	15	20	25	30
4	4	8	12	16	20	24
3	3	6	9	12	15	18
2	2	4	6	8	10	12
1	1	2	3	4	5	6

风险矩阵（相加）	后果					
频率	1	2	3	4	5	6
6	7	8	9	10	11	12
5	6	7	8	9	10	11
4	5	6	7	8	9	10
3	4	5	6	7	8	9
2	3	4	5	6	7	8
1	2	3	4	5	6	7

图 3-8　风险矩阵示例

(2)需要解释风险类别的划分与相关法律、合同规定的总体安全目标是如何关联的。如果采用 ALARP 原则，风险矩阵的单元格通常划分为 4 类，但也可以划分为 3 类。国家法律定义了风险上限，行业法规和运营商会进一步规定其他门限。将风险矩阵中的单元格的频率中间值和后果中间值相乘，结果与上述规定进行比较，确定所归属的风险等级。

(3)风险矩阵的基础假设是添加安全屏障可以实现至少一个数量级的风险降低。而且假设，安全屏障是相互独立的，且独立于系统基本功能需求。安全矩阵在应用过程中的假设还包括系统、危险、环境、使用方式和设备数量等。

风险矩阵的发生频率维度也可以进一步划分为两类：①危险的发生频率或概率；②在危险已发生的前提下，发生事故的频率或概率。这样做可以更准确地反映降低危险发生频率对降低风险的作用，便于选择更合适的风险降低措施。当然，二维矩阵演变为三维模型将给应用带来很多困难，因此工程中较少使用。

利用风险矩阵确定安全目标时，可以根据危险的后果严重程度推知其 THR 等级。但是在轨道交通行业，由于运营条件多变，危险后果严重程度的千差万别。例如，对于列车脱轨事件，典型后果是乘客在车厢内摔倒，导致多个轻伤；但是如果在桥梁/高架上脱轨或脱轨后与邻线列车相撞，则会造成多人死亡。如果差异较大，特别是出现多人死亡这种灾难性事故时，需要分别计算。

(三)定量计算方法

THR 的定量计算以国家或行业规定的可容忍个人死亡风险(Tolerable Individual Risk of Fatality，简称 TIR)为依据进行的。在统计轨道交通事故的人员伤亡时，通常将人员分为三类：乘客、铁路员工(包括司机和工务、电务等地面工作人员)和公众(受事故影响的其他人员)三类。铁路员工作为具有相当知识背景的从业人员，对风险的可接受程度比乘客和公众更高。例如，在轨道交通信号系统项目中常用的运营安全指标下限：

公众可容忍个人死亡风险 $TIR_{\text{public}}=10^{-6}$；

员工可容忍个人死亡风险 $TIR_{\text{staff}}=10^{-5}$。

由于暴露在危险中的时间不同，乘客、公众和铁路员工个人死亡风险(Individual Risk of Fatality，简称 IRF)的计算方式稍有不同。定量计算时，IRF 统一采用如下公式进行计算：

$$
\begin{aligned}
IRF_i &= \sum_{\text{all hazards } H_j} N_i((HR_j \times D_j + HR_j \times E_{ij}) \sum_{\text{accidents } A_k} C_j^k F_i^k) \\
&= \sum_{\text{all hazards } H_j} ([N_i \times (HR_j \times D_j) + HR_j(N_i \times E_{ij})] \sum_{\text{accidents } A_k} C_j^k F_i^k)
\end{aligned}
$$

其中 THR 定量定义见表 3-6。

表 3-6　THR 定量定义

缩　写	定　义
IRF_i	系统使用者 i 的个人死亡风险
i	单个系统使用者 i
N_i	系统使用人数(每年或每小时)
H_j	第 j 个危险
HR_j	危险 j 的发生率
D_j	危险 j 的持续时间

续上表

缩　写	定　义
E_{ij}	系统使用者 i 暴露在危险 j 下的时间
C_j^k	危险 j 导致事故 k 发生的概率
A_k	第 k 种事故
F_i^k	如果发生了事故 k，系统使用者 i 的死亡概率

定量计算 THR 的过程如图 3-9 所示，首先进行后果分析，建立列控系统危险与运营事故的关联关系。而后，根据事故统计数据计算不同事故的平均后果严重程度和发生频率。最后，将从最低可容忍安全门限作为损失上限，计算每个系统危险的可容忍发生频率。具体包括如下步骤：

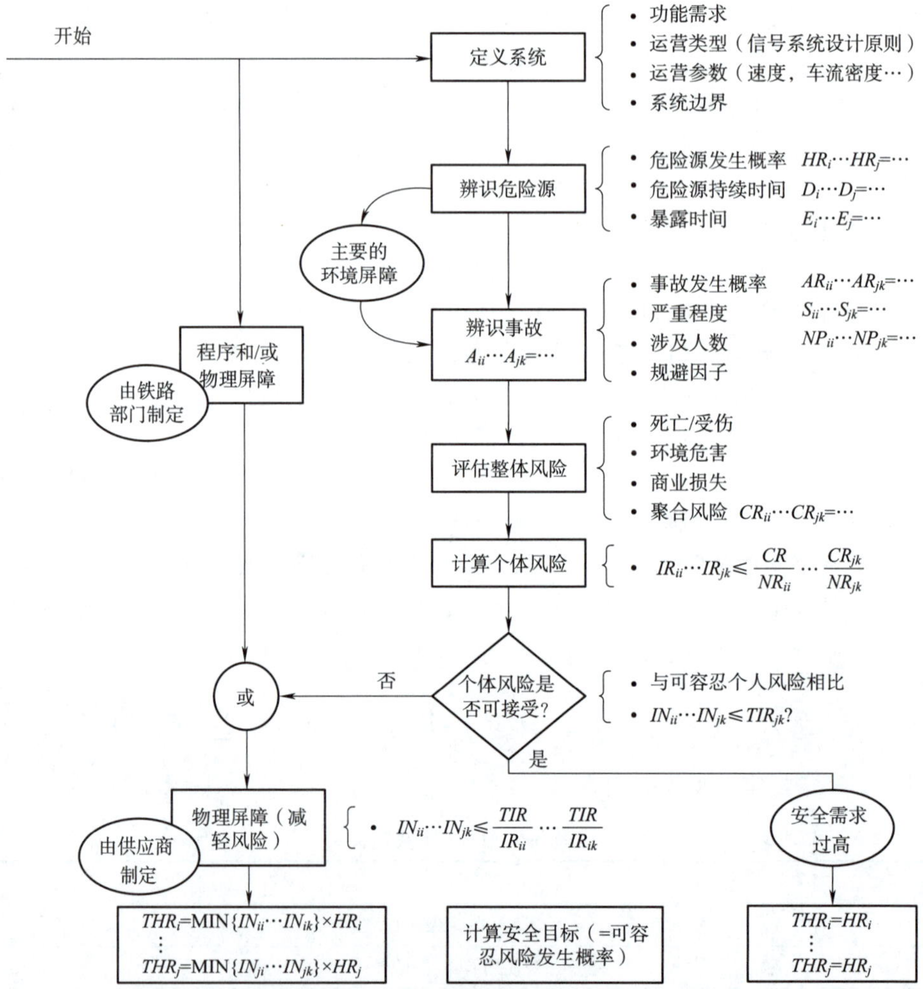

图 3-9　THR 计算过程

(1)系统定义，包括系统功能需求、安全需求、系统边界以及系统可容忍的个人死亡概率 TIR(对于不同类型的人员，TIR 的值选取可能不一样)；

(2)系统危险辨识，识别系统潜在危险H_j，并详细的描述危险发生频率HR_j，危险持续时间D_j，人在危险中的暴露时间E_{ij}；

(3)对每个危险进行后果分析，分析危险可能导致的事故A_k，由危险H_j导致事故A_k的概率C_j^k，事故对人员造成的伤害，其中伤害可能造成人员死亡，重伤、轻伤等，在这里需要将伤害归一化成个人死亡率(F_i^k)，同时对于可能导致的事故，需要分析受事故影响的人员数量N_i(每年/每小时使用系统次数)；

(4)利用上面的数据，可以根据 IRF 的公式计算出每个危险对应的 IRF；

(5)将计算出来的IRF_i与系统的可容忍个人死亡概率 TIR 相比较，计算出系统的可容忍风险概率，比较的两个原则：

①若$IRF_i \leqslant TIR$，则$THR_i = HR_j$；

②若$IRF_i > TIR$，则$THR_i = \min\{IN_i\} * HR_j$；

$IN_i = TIR/IRF_i$。

(6)最后，根据上面计算出来的THR_i，选取最严苛的 THR 值作为系统的可容忍风险概率 THR。

下面以列车运行控制系统的基本功能(即防止冒进进站信号、冒进出站信号和超速运行)为例展示 THR 的计算过程。本例中，将列控系统的功能简化为超速防护，那么其系统层危险可以定义为列车在各种线路(包括车站、岔区、车辆段、无岔正线等)和运营(铁路作业、追踪、出/入站等)情况下超过限制速度。则顶层更危险为 H1～H3，见表 3-7。为了使分析尽量接近真实情况，借鉴英国铁路安全和标准委员会(Rail Safety and Standards Board，RSSB)的铁路风险模型中的危险定义。与超速防护相关的危险有 3 个，见表 3-8。

表 3-7　列控系统危险(简化)

危险 ID	危 险 描 述
H1	列控系统故障导致列车在工作区域内超速
H2	列控系统故障导致列车正线追踪情况下超速
H3	列控系统故障导致列车在岔区超速

表 3-8　列控系统相关危险(不考虑平交道口)

RSSB 编号	危 险 描 述	危险发生频率(RSSB 统计数据)
HET-04	列控系统故障导致列车在工作区域内撞到工作人员车辆	8.087×10^{-3}
HET-06	列车超速导致前后两辆列车相撞	1.052×10^{-8}
HET-12	列车超速导致脱轨	1.127×10^{-8}

需要注意，表 3-7 中的顶层危险与表 3-8 中的运营危险并非一一对应。例如，对于 H1 来说，三种运营危险都可能发生。H2 既可能导致 HET-06，也能导致 HET-12。这也是运营事故统计数据直接用于安全目标确定的问题所在。只有在统计信息足够丰富、模型足够精确的前提下才可使用[2]。本例中，假设 H1、H2 对 HET-06 的贡献度分别为 1/5 和 4/5；H1、H2、H3 对 HET-12 的贡献度分别为 1/3、1/3、1/3，那么危险 H1～H3 的发生频率见表 3-9。

表 3-9　系统危险的发生率(HR_j)

危险 ID	HR_j
H1	8.087×10^{-3}
H2	1.217×10^{-8}
H3	3.757×10^{-9}

本例中省略后果分析过程,参考 RSSB 的统计数据,得到后果分析结果见表 3-10。

表 3-10　后果分析结果示例

危险 ID	危 险 描 述	后 果 描 述	危险导致事故概率 C	事故个人死亡概率 F
H1	列控系统故障导致列车在工作区域内超速	1. 工作区域内,列车车辆与工作人员相撞	3.01E-04	0.4
		2. 工作区域内,列车超速与其他车辆相撞	1.81E-05	0.03
		3. 工作区域内的列车车辆超速导致脱轨	7.73E-06	0.03
H2	列控系统故障导致列车正线追踪情况下超速	超速导致载客列车在正线区域内发生碰撞	1.07E-06	15.7
		超速导致载客列车脱轨	5.21E-05	3.2
H3	列控系统故障导致列车在岔区超速	在道岔区段冒进信号,导致载客列车脱轨	3.37E-04	3.2

(1)H1 的 IRF 计算

对于铁路工作人员,在此假设工作人员一年工作 250 天,每天 8 h,其中每小时内平均有 2 列车通过,每辆车的通过时间为 12 min。那么:

铁路员工的使用次数 $N_i=250$ 天$\times 8$ h$\times 2$ 次$=4\ 000$ 次/年;

铁路员工暴露在危险 H1 的时长$E_i=12\ \text{min}=\frac{12}{60}\ \text{h}=\frac{1}{5}\ \text{h}$;

假设危险 H1 的持续时间 $D_j=10$ h,那么代入 IRF 计算公式:

$$IRF_1=4\ 000\times8.087\times10^{-3}\times\left(10+\frac{1}{5}\right)\times(3.01\times10^{-4}\times0.4+1.81\times10^{-5}\times0.03+7.73\times10^{-6}\times0.03)=3.921\times10^{-4}$$

(2)H2 的 IRF 计算

假设日均旅客发送量 10 万人次,一年(运行 365 天)累积 800 万人乘坐过该线路。那么每年运输 $10\times365=3\ 650$ 万人次,可求得乘客的平均乘坐次数:$N_i=3\ 650$ 万人次/800 万人$=4.563$ 次。

假设乘客的平均旅行时间为 30 min,即乘客暴露在危险中的最长时间 $E_{ij}=0.5$ h,危险 H1 的持续时间 $D_{ij}=0.5$ h。

那么代入 IRF 计算公式:

$$IRF_2=4.563\times1.217\times10^{-8}\times(0.5+0.5)\times(1.07\times10^{-6}\times15.7+5.21\times10^{-5}\times3.2)=9.64\times10^{-11}$$

(3)H3 的 IRF 计算

乘客的平均乘坐次数与 H1 基本相同，$N_i=4.563$ 次。暴露时间与危险持续时间仍然相等，为 0.5 h，则

$IRF_3=4.563\times3.757\times10^{-9}\times(0.5+0.5)\times3.37\times10^{-4}\times3.2=1.85\times10^{-11}$

在以上计算的 IRF 中，与乘客相关的有IRF_2、IRF_3，与铁路工作人员相关的有IRF_1。

乘客$THR_{passenger}$：

由于$IRF_2<TIR$、$IRF_3<TIR$，所以

$$THR_2=HR_2=1.217\times10^{-8}/h$$

$$THR_3=HR_3=3.757\times10^{-9}/h$$

所以对于乘客来说，$THR_{passenger}=1.59\times10^{-8}/h$。

工作人员THR_{work}：

由于$IRF_1>TIR$，所以有

$$THR_1=\frac{TIR}{IRF_1}\times HR_1=\frac{10^{-5}}{3.921\times10^{-4}}\times8.087\times10^{-3}=3.15\times10^{-4}/h$$

所以对于工作人员来说，$THR_{work}=3.97\times10^{-4}/h$。

风险评估总是依赖于某种形式的从过去推断未来。使用定量方法进行安全目标确定以及后续的原因分析过程中，不可避免要使用历史数据。但是历史数据的使用要非常小心，原因主要是以下两点[1]：

(1)可能没有足够的资料来确定历史数字是否与所关注的情况有关，特别是关于罕见的重大或灾难性事故以及历史危险性事件的发生经过。

(2)事故的次生灾害难以可靠地确定(如火灾、脱轨或接触有害物质)。

三、THR 的分解

运营单位或总承包商在进行招投标时，往往需要将危险的 THR 分配到功能，以便在合同中明确 SIL 等级。分配过程中不仅需要考虑功能之间的关联关系还需要考虑功能之间的独立性。假设危险 A 发生的致因是出现了危险 B，而危险 B 的防御屏障 C 没有起作用，如图 3-10 所示。危险 B 发生的致因是功能 B 失效。那么，如果功能 B 和防御屏障 C 是独立的，就可以将危险 A 的 THR 分解为下一层。如果下一层功能间不满足独立性则不可继续分解，那么本层即为最后满足独立性的层级。此时可以将 THR 转化为可容忍功能失效率(Tolerable Functional Failure Rate，简称 TFFR)，并对应到 SIL。

轨道交通安全标准将独立性定义为三个等级：

(1)物理独立性：没有安全相关的随机共因失效，即系统某一层级结构中的组件不会因为共同的物理原因(例如，电源、温度、震动等)导致同时或次第发生可能导致安全事故的失效。

(2)过程独立性：没有安全相关的系统性共因失效，即系统某一层级结构中的组件不会因为过程性错误导致存在共同的威胁安全的设计缺陷。系统设计、生产、安装和维护阶段的任何共用的过程活动(例如，相同的开发人员，相同的分析模型，相同的测试工具等)都可能使不同功能具有系统性共因失效。

(3)功能独立性：既没有安全相关的随机共因失效也没有安全相关的系统性共因失效。

只有当所有子功能满足功能独立性时，THR 才能进一步分解。如果子功能仅满足物理独立性，那么只能分解随机失效率。因此，THR 在最后满足功能独立性的层级转化为 TFFR，

TFFR 可以在下一层继续分解。

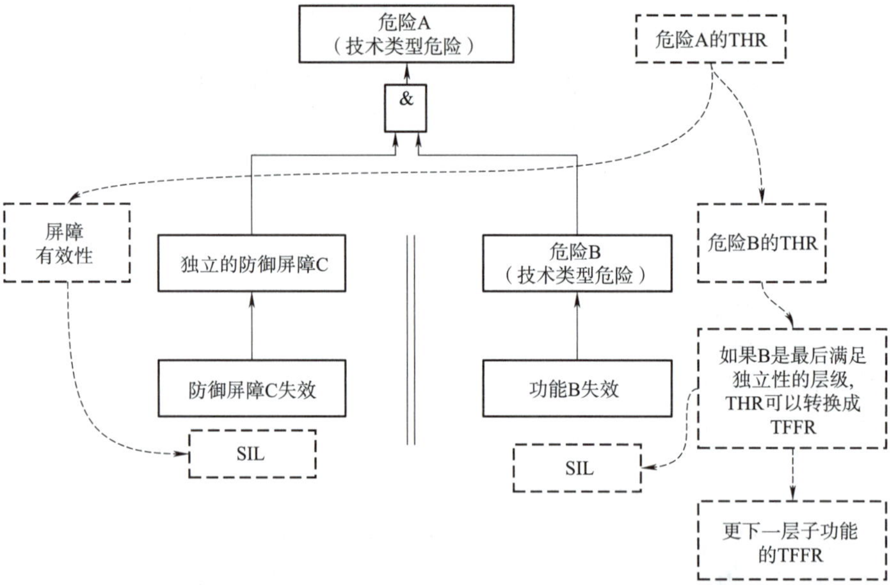

图 3-10　THR 定性分配到 SIL 的示例图

第五节　系统安全需求

安全需求包括为了消除或降低风险而对系统的功能、性能、操作、维护等方面提出的所有要求。在设计过程中，安全需求是安全活动与设计开发活动的桥梁，风险分析的结果通过安全需求转化为对设计目标的约束，以此将安全融入设计过程；设计方案和实现与安全需求对应，以验证和确认安全目标的实现。需要注意的是，本章的安全需求是列控系统进行系统设计或工程设计的输入，可以是运营单位提供给供应商的需求，也可以是运营单位与供应商协商形成，大多数情况下会写入工程合同。

文献[19]认为，安全需求包括两类，一类是任务相关组件、系统或操作的功能或性能的定性或定量要求；另一类是为了保证任务相关组件、系统或操作足够安全而增加的设计或管理活动。轨道交通的列控系统属于第二类情况，是为了消除或降低列车的冒进、超速风险增加的安全主动防御系统，与这些风险相对应的功能、性能要求组成了列控系统的核心系统需求。与它们的防护对象不同，对于防护系统来说主要危险并不是由其自身引入的，而是早已存在于其工作环境中。因此，从安全角度必须注重其是否正常工作以及其对既有危险所能提供的防护程度，当然也同时要求系统自身不会引入其他不可接受的风险。换句话说，这些风险能否降低到安全目标也依赖于列控核心功能本身的正确性和失效率。

一、安全需求分类

EN 50126-2:2017 提出安全需求可分为以下几类[2]，如图 3-11 所示。

(1)功能安全需求；

(2)技术安全需求；

(3)运用环节安全需求。

1. 功能安全需求(Functional safety requirements)

功能安全是系统安全的一部分，这部分安全依赖于目标安全相关系统和外部风险降低设施的功能的正确执行[20]。如果这些安全相关功能不会因为组件随机故障或人为操作错误而导致功能错误，则称该系统是功能安全系统。

在执行风险分析之后，可以将功能识别为“与安全相关[1]”并分配功能安全需求。如果没有使用该功能的特性来实现和证明系统安全性，并且没有给出安全需求，则该功能与安全无关，不需要额外的安全认可措施。

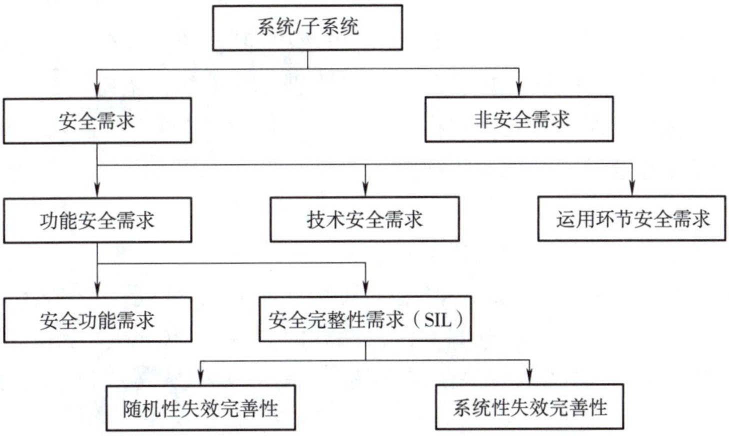

图 3-11　安全需求的分类

功能安全需求不仅包括安全相关的预期功能行为，还应包括故障情况下安全相关功能的行为。所谓故障情况下的行为是指，在系统组件出现系统性或随机性故障的情况下系统的处置行为。处置行为包括两类：第一类，不受干扰地继续完成安全相关功能或使系统转入安全状态；第二类，强制处于或保留在安全状态(故障不会导致危险)时，所要求的系统行为。

每一个功能安全需求都需要对应安全完整性需求。安全完整性越高，未能执行所需安全功能的可能性就越低。在确定安全完整性时，应该包括导致不安全状态的所有故障原因(包括随机硬件故障和系统故障)，例如硬件故障、软件导致的故障和由于电子干扰而导致的故障。其中一些类型的故障，特别是随机的硬件故障，可以使用诸如在危险的故障模式下的平均故障频率或安全相关防护系统未能按需运行的概率来量化。然而，安全完整性还取决于许多无法准确量化的因素，只能定性地考虑。因此，安全完整性包括两部分：系统性安全完整性和随机性安全完整性。为了表达安全完整性的定性和定量两个部分，将安全完整性离散化为数个(EN 50126:2017 定义为 4 个)等级，称为安全完整性等级(SIL)[21]。

安全完整性需求包括系统性失效完整性和随机性失效完整性。随机性失效完整性仅指硬件的随机失效指标要求，系统性失效完整性继承了安全目标中关于安全相关工程和过程的内

1　在风险分析结束时，最初被认为可能与安全相关的功能也可能不需要赋予任何安全需求。例如，因为相关危害通过其他方式被减轻或被认为是“广泛可接受的”。在这种情况下，该功能将被视为与安全无关。

容。一般情况下，认为目标失效率越低的功能，应该使用更安全的设计技术、更全面的测试方案和更科学的验证方法，因此对于 SIL 等级越高的功能有更高的工程和过程要求。轨道交通行业中，IEC 62279:2001(GB/T 28808:2012)针对计算机软件系统的生命周期安全管理活动、需求描述方式、软件架构技术、代码开发模式、测试技术以及确认技术定义了不同 SIL 等级的需求。

应对系统性和随机性故障需要采用不同的方法：

(1)随机安全完整性是通过产品设计实现的(例如，多样性，冗余，针对特定行为准则中预见的预期环境条件的保护等)；

(2)系统安全完整性可以通过特殊技术(例如多样性)的应用而得到提高，但主要基于流程解决方案，如质量管理，安全管理和组织措施。

在随机性故障的情况下，更换故障组件就可以解决问题。但是，在系统性错误导致故障的情况下，更换故障组件只能提供应急响应，往往需要进一步的纠正措施。

当有明确定义的故障模型和通用数据库时，可以对安全完整性的随机故障方面进行定量评估。目前还没有普遍接受的量化系统故障的基础。

2. 技术安全需求(Technical safety requirements)

技术安全需求与系统的技术设计和实施有关。

不论预期功能如何，每个子系统/产品都会具有可维护性，环境条件，技术/系统/子系统产生的潜在威胁等方面的技术需求。例如，火灾、锋利的边缘、电压的存在、可燃材料的存在、与结构完整性有关的危险、有害物质的存在、机械强度、在水、热、火等物理条件下的不安全行为等这些内部危险。

技术安全需求包括设计/安装/使用的技术限制，例如绝缘配合，接地和电磁兼容性。它们可以包含以下安全需求，例如：符合外部标准；相关规定；行业准则。

3. 运用环节安全需求(Contextual safety requirements)

运用环节安全需求包括操作和维护安全需求。运营商应确保实施运营安全需求，包括：

(1)对任何一类人员预期的具体行动；

(2)正常和异常运行模式的预期操作程序；

(3)关于与安全有关的操作限制的假设，例如速度，列车运行数量，平均运行时间，信号显示；

(4)人机交互规则，例如培训需求，对员工的需求，操作人员的可用能力。

维护安全需求包括一系列与安全相关的维护操作。维护操作方面包括时间间隔、规程、特定应用程序、系统维护后恢复服务前的测试和安全检查等。限制条件方面可能包括备件储存条件、使用工具的类型、工具的物理特性。

二、安全功能需求

安全功能需求的获取过程一般包括三个步骤(如图 3-12)：(1)系统危险辨识，找出系统所有可能导致事故的状态；(2)风险分析，分析该系统状态的产生原因以及影响危险后果的因素；(3)设计风险控制措施，设计可以杜绝致因的发生，降低致因发生概率或减弱危险后果的方法和措施。

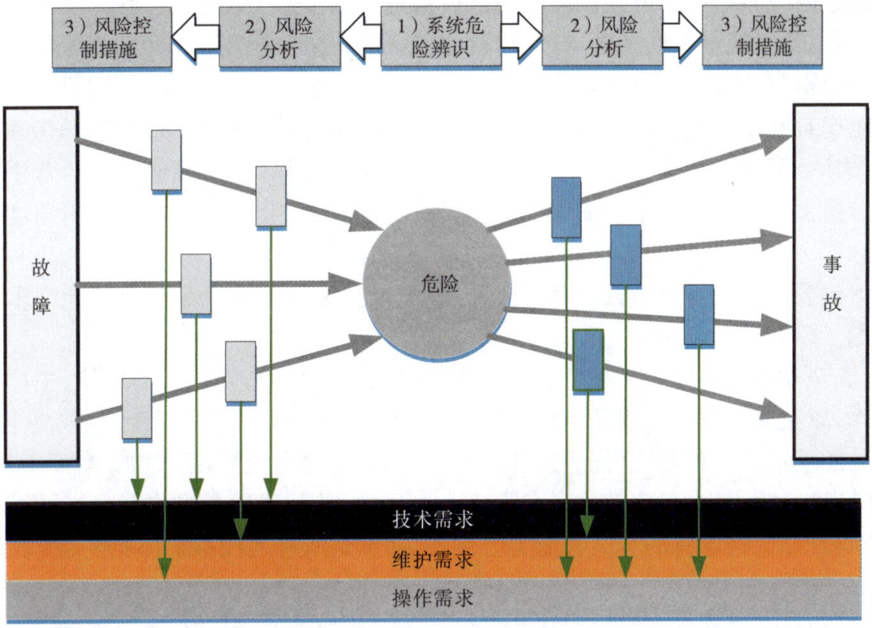

图 3-12　一般安全需求获取过程

危险辨识是在第二章所述的核心危险的基础上进行的。由于列控系统的定制性特点，对于特定应用或通用应用[1]项目，需要辨识列车运行从出库到回库的所有场景，将一般核心危险放入特定场景中，根据场景所有的条件和限制确定风险控制方案。例如，如果线路区段位于手机卖场地下或通信基站旁，其电磁干扰会非常强烈，如果采用 WLAN 作为车—地信息传递方式就必须分析其电磁干扰对安全的影响。同时，对列车运行场景的全面分析也能帮助识别新的危险。例如，加装屏蔽门站台的列车进站场景，就需要考虑屏蔽门非全锁闭这一新的危险。目前，还没有针对特定应用工程提出的危险辨识方法，传统方法（如 HAZOP、FTA 等）都可以给该过程提供辅助，第四章将具体介绍这些方法。

随着系统设计的不断细化，需要随之进行迭代原因分析，进一步发现可能导致防御功能失效的原因（即内源性危险）。例如，通常在确定了车地采用无线通信进行信息交换的方式后，才会通过原因分析发现，安全关键信息（如运行权限）的篡改、乱序、丢失等问题可能导致追尾事故，从而进一步得出系统的安全通信协议需求。从某种意义上说，内源性危险对应的需求是“故障—安全”原则的功能实现。

风险分析包括危险原因分析和危险后果分析。通常会采用 FTA 等自顶向下的分析方法，在逐步推出基本致因的基础上还要确定基础致因的最小割集[26]。如果使用瑞士奶酪模型或多米诺骨牌模型等事件链事故模型，只要最小割集中任意基本事件不发生则最小割集就不会发生，只要所有最小割集均不发生则危险就不会出现。那么，风险控制就可以灵活地选择最小割集中的基础事件，设计最简单有效的风险控制方式。领结模型将风险控制方式分为两类：

1　特定应用和通用应用是指 IEC 62245:2003(GB/T 28809:2012)中对信号系统安全验收划分的类型。对于列控系统来说，通用产品是指道岔、应答器等可以直接应用的产品，特定应用产品是根据制定线路的特点和用户的特殊要求进行设计和配置的系统，通用应用是考虑了某类应用（如有轨电车、捷运列车）共有要求而设计的系统。

杜绝或降低危险发生概率的方式和减弱危险后果的方式。前一种风险控制方式可以采用工程技术手段实现，给系统提出功能要求(可以看作狭义的安全功能需求)，也可以采用人为操作手段实现，给系统提出操作和维护需求，构成广义的安全功能需求。需要注意的是，由于列控系统与运营组织存在密切耦合，列控系统的设计不仅仅是机器设备的研发，也应该考虑使用该设备的人的要求。后一种风险控制方式，主要指超出系统边界之后，如何通过运营手段减弱危险。这部分虽然主要是运营单位的责任，但是设备供应商也有责任从系统使用角度提供应急处置方案。

那么得到安全功能需求后，应该将哪些内容记录在案呢？也就是安全功能需求应该如何描述的问题。

首先，安全功能需求作为一种特殊的功能需求，应该包含需求执行的主体、主体所应完成的任务操作，以及完成任务所需的条件。“执行主体”可以是系统或子系统，这取决于该安全功能需求所处的层次。列控系统“任务条件”很多情况下就是危险致因，例如“当列车超速时，实施紧急制动”这一需求中，超速就是列车脱轨或追尾的致因。“任务操作”的设计需要考虑“执行主体”影响列车运行状态的方式和能力。例如，并不是所有列控系统都能控制常用制动或最大常用制动。

除了完成“任务操作”所需要的“任务条件”，还需要记录执行该“任务操作”所应具备的“执行条件”。可以形象地将其看作“任务操作”函数的调用时机。在安全需求中，称为“上下文(context)”，是危险的发生条件。例如，对于列车上发生火灾的安全需求就分为在隧道内遇到火灾，在地上区间遇到火灾，以及在车站遇到火灾，每一种情况下列控系统对车速和车门的控制都有区别。

除此之外，“假设”也是安全功能需求非常重要的组成部分，需要记录并与安全功能需求关联起来。假设不仅仅是撰写安全例证，进行安全评估中的必备信息，而且系统的应用维护至关重要。其实，安全相关的维护工作主要是保证系统的所有安全相关假设条件的成立。例如，“列车连续丢失两个应答器后实施紧急制动”这一需求的前提假设就是列车自主的定位精度必须达到国家规定，因此列车自主定位精度就是安全评估的必备测试项目，也是车载设备大修的检查项。

下面以表 3-4 的第一个危险“列车追尾相撞” 为例，展示安全需求获取方法的详细步骤。

第一步，系统危险辨识。对于核心危险来说，需要根据具体线路的列车运行场景将一般核心危险实例化。在本例中列车追尾可能发生在库线也可能发生在正线，正线中又有车站和区间之分。区间还要根据具体的运行方式进行准确描述，例如双线单方向区间，双线双方向区间还是单线双方向区间。本节以“H1:列车在双线单方向区间与前方通信列车发生追尾事故”为例。

第二步，风险分析。本例采用故障树分析方法对 H1 进行原因分析，如图 3-13 所示。考虑前后追踪运行的两列列车的相对运动情况，H1 的原因首先分为“E1:本车与前车车尾的距离小于当前速度对应的紧急制动距离”和 “B1:前车退行”。由于轨道交通运输的基本原则是后车避让前车，事件 E1 也可以理解为“E1’:本车没有及时减速或制动”。而 E1’的原因无外乎“E2:列车没有收到制动命令”或“B2:列车没有及时正确执行制动命令”。其中，B2 已经超出列控系统边界，故障树该分支可以终止与此事件。

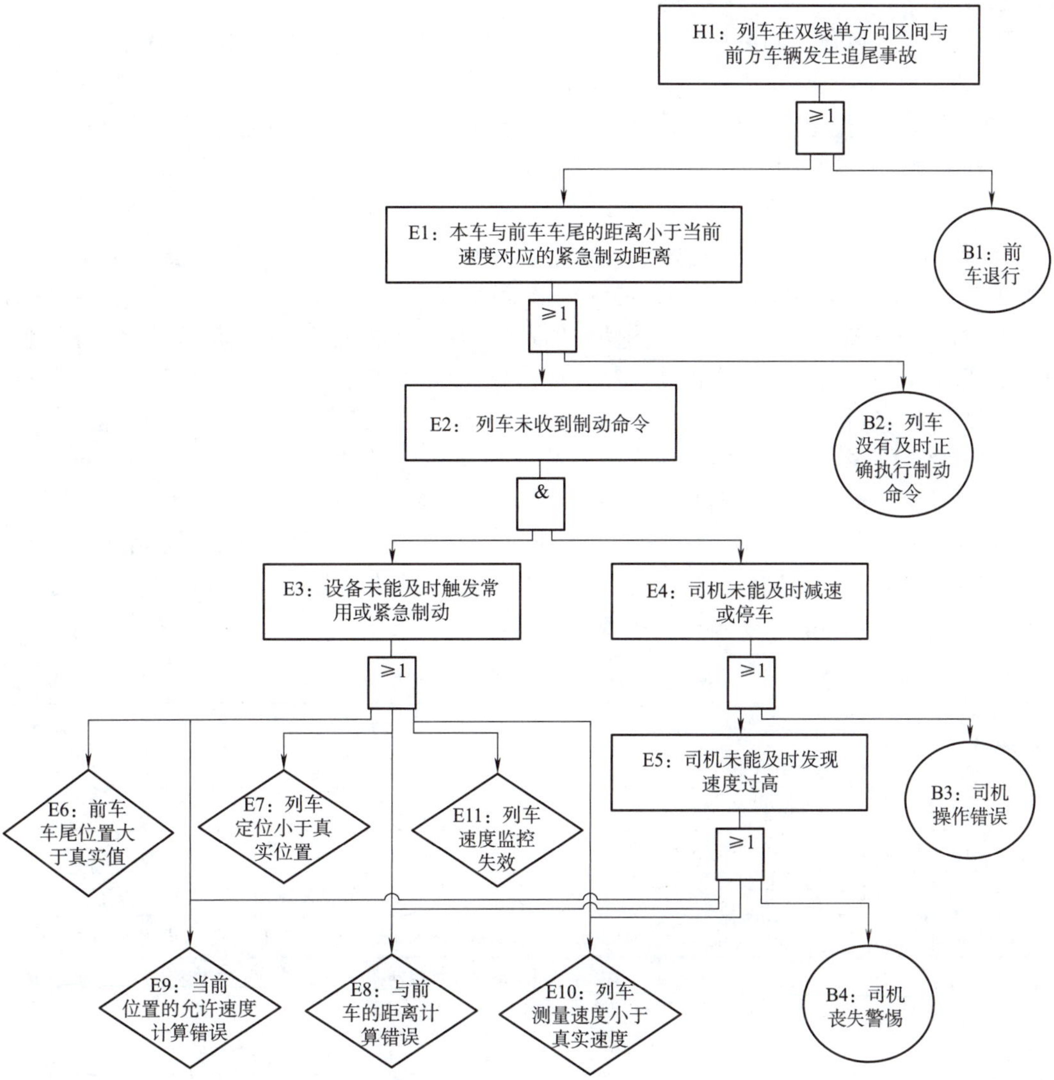

图 3-13　危险 H1 的原因分析

对于事件 E2 而言，制动命令可以来自设备输出，也可以来自司机操作，需要根据系统边界的定义进行下一步分析。本例中，假设列控系统为有人值守的系统，只有在设备和司机都未能采取正确防护措施的情况下才会遗漏制动命令。对于设备而言，根据列控系统的一般原理，有可能由“B4：前车车尾位置大于真实值”、“E7：列车定位小于真实位置”、“E8：与前车的距离计算错误”、“E9：当前位置的允许速度计算错误”、“E10：列车测量速度小于真实速度”和“E11：列车速度监控失效”。对于司机而言，可能由于未能及时发现，或者发现后操作失误导致。此时要注意，由于人的视觉能力以及可视条件（遮挡、恶劣天气等）的限制，列车速度达到一定数值之后就不可能依靠司机目视发现前方障碍物（包括列车）了。因此，必须要有假设条件限定当前的线路和列车情况。例如，本例假设该线路是时速 250 km 以上的线路。那么，司机发现该危险状态需要依赖列控系统提供的列车当前速度、允许速度和目标距离，可见 E8、E9 和 E10 是 H1 的单点故障，这也是很多书中认为列控系统正常工作时要为 H1 负全责的原因。

第三步，设计风险控制措施。针对图 3-13 故障树的所有底事件设计风险控制措施，也就是系统的安全功能需求，见表 3-11。根据轨道交通的双线单方向区间的运行规则，列车的运行方向必须与轨道规定方向相同，因此 B1 直接导出安全功能需求“列控系统须保证列车运行方向与轨道规定方向相同”。B2 是系统边界外的事件，列控系统已经无法阻止其发生，仅能采取报警等措施提请人工今早干预，以减少损失。因此，B2 对应安全功能需求“SFR2：列控系统应监督制动命令的执行。当发现列车在规定时间内没有执行制动命令时，需要向司机报警”，和操作安全需求“OR1：运营单位须针对这一报警制定司机的应急操作”。B3、B4 是典型的人为错误，列控系统虽然也不能杜绝人为错误的发生，但是有责任通过人机接口的设计来降低人为错误概率，同时也要考虑到人的生理特点和限制，为人为操作提供必要辅助。运营单位可以要求列控供应商提供司机习惯使用的人机界面。当然，人为错误主要应对手段还是操作规则和培训。事件 E6～E11 都直接对应列控系统的功能，但是与列控功能定义的出发点是不同的，安全功能需求的出发点是避免危险发生而不是功能实现，因此需要强调功能的实时性（如 SFR4）、准确度（如 SFR5）以及限制条件（如 SFR7）。也就是说，虽然习惯将其称为安全功能需求，但实际上这些需求同样涵盖系统的各种性能需求，这也充分体现了安全性是系统的涌现特性。随着需求的分解，这一特点将表现得更加明显。

表 3-11　H1 对应的安全功能需求列表

H1：列车在双线单方向区间与前方车辆发生追尾事故	
假设：	1. 区间行车方式为双线单方向
	2. 列车时速 250 km 及以上
	3. 列控系统在有人值守情况下运行
H1 的定性风险分析结果	安全功能需求
B1：前车退行	SFR1：列控系统须保证列车运行方向与轨道规定方向相同
B2：列车没有及时正确执行制动命令	SFR2：列控系统应监督制动命令的执行。当发现列车在规定时间内没有执行制动命令时，需要向司机报警
	OR1：运营单位须针对这一报警制定司机的应急操作
B3：司机操作错误	SFR3：人机界面和操作台的设计须符合人机工程学要求
	OR2：运营单位须制定明确的操作规则，要求司机不能超速行驶
	OR3：运营单位须对司机进行有效的岗前培训和周期性演练，确保列车可以根据必要信息安全驾驶车辆
E6：前车车尾位置大于真实值	SFR4：列控系统须进行实时轨道占用情况检查
E7：列车定位小于真实位置	SFR5：列控系统须实时测定列车位置，保证列车定位精度满足要求
E8：与前车的距离计算错误	SFR6：列控系统须能够根据轨道占用情况正确设置目标点
	SFR7：目标点的设定需要考虑前车的定位误差
	SFR8：列控系统须实时正确计算距目标点的距离
	SFR9：目标距离的计算需要考虑本车的定位误差
E9：当前位置的允许速度计算错误	SFR10：列控系统须正确提供当前位置限速

续上表

H1 的定性风险分析结果	安全功能需求
E10:列车测量速度小于真实速度	SFR11:列控系统须实时测量列车速度,保证列车速度误差满足要求
E11:列车速度监控失效	SFR12:列控系统须实时进行列车速度与限制速度的比较
	SFR13:速度比较须考虑本车的测速误差
	SFR14:一旦发现超速,在规定时间内发出恰当的制动命令
B4:司机丧失警惕	SFR15:列控系统发现列车超速后,给出声光报警

运营单位缺乏运营经验的情况下,也可以参照 IEC 62267[22][23]、IEC 62290[24][25]等国际标准或 ETCS subset 088、091 等成熟的技术规范进行危险识别和安全需求的提取。例如,IEC 62267:2009 针对城市轨道交通运输系统将运营危险进行分类,并给出了一般性的危险场景类型,并根据导致危险场景的原因明确了每一种危险的防御措施/设备,见表 3-12。在应用中,运营单位需要针对行业规定、具体线路情况和运营管理规则对标准中的危险场景和处置措施/设备进行删减、修改和细化。例如,对于不存在平交道口的高铁线路运营单位,表 3-12 中的 1.5～1.7 可不予考虑;而 1.3 和 1.4 相关内容往往需要进一步细化。运营单位在增加和更换某类设备、设施时,可以将与改设备、设施相关的防御措施挑选出来,作为安全需求。例如,对于列控系统,仅有车载障碍物检测和轨旁障碍物检测与之相关,可将其改写为安全需求,例如:

SaRS01:系统应具有列车自主检测轨道障碍物的功能,并在检测到障碍物时防止列车与障碍物相撞;

SaRS02:系统应具有检测外部物体侵入机车车辆限界的轨旁设备,并在检测到障碍物时防止列车与障碍物相撞。

表 3-12　IEC 62267:2009 中"防止与障碍物碰撞"类型的危险列表

类别	危　　险	原　　因	触发事件	事　　故	编号	防御措施/设备
1	轨道监督/防止与障碍物相撞					
1.1	障碍物在机车车辆限界内	外部物体入侵隧道内机车车辆衔接 例如:附近钻探作业	列车接近	与障碍物碰撞,可能造成人员伤亡。例如:脱线、碰撞、车体受损	1	外部规章
1.2	障碍物在机车车辆限界内	外部物体落入机车车辆衔接 例如:树木、社会车辆 (包括恶意破坏)	列车接近	与障碍物碰撞,可能造成人员伤亡。例如:脱线、碰撞、车体受损	1	机车车辆限界检查制度
					2	铁路桥两侧设置隔离带
					3	轨道两侧设置隔离带
					4	轨旁障碍物检测设备
					5	车载障碍物检测设备
1.3	障碍物在机车车辆限界内	铁路内部维护、施工过程中将物品遗落在机车车辆限界内 例如:工具、材料	列车接近	与障碍物碰撞,可能造成人员伤亡。例如:脱线、碰撞、车体受损	1	机车车辆限界检查制度
					2	车载障碍物检测设备
					3	内部维护、施工交接程序

续上表

类别	危　险	原　因	触发事件	事　故	编号	防御措施/设备
1.4	障碍物在机车车辆限界内	轨道交通内部系统的部件掉落在机车车辆限界内	列车接近	与障碍物碰撞，可能造成人员伤亡。例如：脱线、碰撞、车体受损	1	机车车辆限界检查制度
					2	车载障碍物检测设备
					3	机车车辆设计规则
					4	结构设计规则
					5	轨旁设备的设计规则
1.5	障碍物在机车车辆限界内	物体入侵平交道口的机车车辆限界	列车接近	与障碍物碰撞，可能造成人员伤亡。例如：脱线、碰撞、车体受损	1	平交道口监督
					2	平交道口的栅栏
1.6	障碍物在机车车辆限界内	经过平交道口的其他交通工具或行人遗落的物体	列车接近	与障碍物碰撞，可能造成人员伤亡。例如：脱线、碰撞、车体受损	1	平交道口监督
1.7	障碍物在机车车辆限界内	从平交道口侵入的物体进入站间区间机车车辆限界	列车接近	与障碍物碰撞，可能造成人员伤亡。例如：脱线、碰撞、车体受损	1	阻止和探测平交道口入侵物体

本节所采用的案例是典型的核心危险。而内源性危险是可能导致事故发生的系统内部异常状态，对其辨识、分析都需要以系统工作原理、基本架构进行。根据系统的基本原理进行危险辨识，因此内源性危险的辨识主要是设备供应商或系统集成商的工作。列控系统的工作原理和系统构成基本成熟、稳定，因此在此前提到的国际技术规范中有较详细的规定。经验丰富的运营单位（如香港地铁）也会结合多年运营积累的设备故障模式，辨识系统内源性危险进而提出安全功能需求，使合同具有更强的约束力。

这一过程与核心危险分析的区别在于：(1)首先，危险来源不同，需要根据系统运行过程进行危险辨识；(2)其次，由于危险后果不像核心危险那样显而易见，风险分析阶段需要进行原因分析和结果分析。具体方法在第三章详细介绍，此处不再赘述。

三、SIL 需求

安全完整性等级（SIL）这一概念源自 IEC 61508-1:1998，21 世纪初由欧洲电气标准化委员会制定的 EN 50126:1999 标准引入轨道交通行业，随后广泛出现在各种轨道交通行业的安全工程标准中。

IEC 61508-4:2010 将安全完整性定义为：

“在规定的时间内，一个安全相关系统在所有规定的条件下，令人满意地执行所需的安全功能的可能性。”[19]

安全完整性等级（Safety Integrity Level，简称 SIL）定义为：

“一个离散的水平（共四个等级），用于指定安全功能的安全完整性要求”。[19]

SIL 的概念提出之后，很多安全苛求领域的标准定义了如何在设计和开发过程中使用 SIL。但是，一方面不同标准对于 SIL 的应用都存在或多或少的不同之处，另一方面这些标准都没有详细、清晰的解释引入 SIL 概念的背景和目的[27]。因此，SIL 的概念经常引起歧义并被误用。

在轨道交通领域，SIL 也是系统安全评估术语中最常被误解和误用的概念之一。SIL 已被不知情的人用作质量或可靠性要求的“缩写”，而最高级别（SIL4）则等价于“我们希望它尽可能安全”。近些年，一些运营商倾向于要求系统或设备满足特定的 SIL，却没有意识到系统中实际上可能只有一两个功能需要达到该 SIL，例如调度集中系统（CTC）或列车自动驾驶系统（ATO）经常遇到这种情况。不幸的是，这种错误的印象恰恰是运营商传递给供应商的[28]。某些供应商因为产品在某些市场和配置中被评估为特定的 SIL，在推销自己的产品时以此标榜自己产品的优越性，并鼓励运营商招标时提高 SIL 要求。这使得供应商选择忽略他们的体系结构的缺陷，架构中其他子系统由于个别产品而必须使用特定 SIL，或者应用程序的差异，以及其他供应商的不同架构可能但同样令人满意的事实。

运营商有时会解释说之所以要求 ATO 或 CTC 必须达到 SIL2 是从可靠性或可用性角度提出的要求，而不是出于安全考虑[28]。仅仅因为 SILs 定义的形式参照了可靠性的定义，并不意味着可靠性可以被定义为 SILs。事实上，在没有安全功能的情况下应用 SIL，在逻辑上和语义上都有缺陷。

因此，仅从定义无法准确理解和使用 SIL 的概念。文献[27]根据系统安全理论发展的过程阐述了 SIL 概念产生过程。SIL 概念的引入有两个决定性因素。首先，人们对安全概念的认识由绝对安全过渡到相对安全，承认系统总是存在导致损失的风险。因此，普遍认为风险分析是安全苛求系统开发所必须的特有阶段。其次，越来越多的软件应用在安全渴求系统当中，导致随机失效和系统性失效的占比发生变化。软件不会老化、磨损，不存在随机失效。而从机械时代传承的基于随机过程的分析方法很难适用于系统失效。软件的另一个问题是与生俱来的复杂性，不但无法证明正确性，而且要想通过测试得到足够信心也需要花费的时间也是无法接受的。因此，计算机安全苛求系统的开发不得不面对如下问题：

（1）如何定义系统的安全需求？风险分析可以是定量的或半定量的，但是不管如何风险是发生概率与严重程度的综合。对于软件来说，不存在随机失效，因此无法直接计算失效概率或危险侧失效概率。风险分析得到的可容忍危险概率无法直接分解给软件。

（2）对于软件来说，越严格的开发过程会得到更可靠的软件，但是会带来越高的成本。如何定义软件所需要的严格程度？

（3）如何展示系统已经足够安全？

因此，使用 SILs 是解决上述问题的一种尝试。SIL 的引入过程可以理解为一种通道或桥梁。风险评估得出的所有危险的定性或定量风险，这一结果对应到 SIL，根据 SIL 指导安全相关系统的开发，如图 3-14 所示。

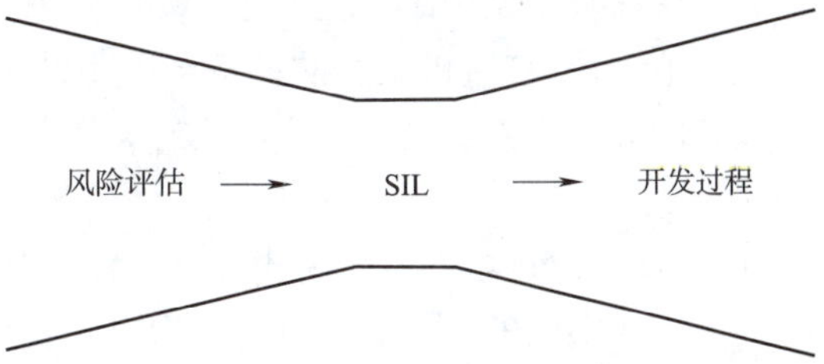

图 3-14　SIL 概念的应用示意图

虽然 SIL 是从安全风险评估中衍生出的概念，但它并不是风险的衡量标准，而是对系统或功能的预期可靠性的度量。本质上，SIL 的原理是这样的。如果某件工作是重要的，那么就要求它是可靠的。而工作越重要，就要求它越可靠。需要降低的风险越大，对安全相关功能的可靠性要求越高，安全完善性越高，SIL 等级也越高。因此，在 SIL 和可容忍的（危险的）失败率之间存在着相反的关系。

关于 SIL 的应用需要注意以下几点：

首先，SIL 仅与安全功能直接相关，将 SIL 分配给非安全相关的功能是完全没有意义的。

对于软件，EN 50128 描述了一系列的技术，可以用来对软件的完整性给予一定程度的“信心”。但是，由于 EN 50128 行文中将软件看作一个“整体”，并没有区分功能模块，往往会强化这方面误解。当然，客户在进行软件设计和实现时，为了确保低缺陷率而要求采用某一保障等级的技术和流程也是合理的。然而，在不涉及安全性的情况下，不应该被称为 SIL。因为要想达到某个 SIL 要求所需要的不仅仅是“一次的软件保证”。

另一方面，需要明确软件的故障率是不可能准确预测的。认为应用特定 SIL 的技术将导致测试软件零故障的想法是错误的。因此，对软件应用指定 SIL 的技术是必要的，但不足以声明包含该软件的系统对于特定的应用程序是“安全的”。

其次，所谓系统达到 SILX 等级实际上是指其完成的安全功能需要达到 SILX 等级。但是不能反过来说，因为系统的某个组件采用 SILX 的技术实现了，所以系统可以/需要达到 SILX。

SIL 是具体的安全功能的属性，因此只能为功能定义或分配 SIL。系统或设备的安全完整度被定义为其所执行的所有功能对应 SIL 等级的最大值，但并不意味着系统或设备的所有功能都必须满足最高 SIL 的要求。

如果要给整个系统设定一个 SIL 等级，就需要对该系统所有与安全相关的系统组件进行评估。如果可能影响到安全相关功能执行的任何因素存在未知的状态，那么就不能将 SIL 分配给这一功能。因此，我们不能称组件或很小的子系统是 SIL4 的，应该描述为“如果不单独作为安全系统使用，该组件的失效率适合用于实现 SIL4 功能或 SIL4 系统”。这并不是说子系统或组件的功能不能具有 SIL4 的设计要求，例如，信号灯的一个安全需求是“显示不能升级”。

再次，SIL 的定义与可靠性的定义非常类似，很多文献称之为“按照可靠性定义的形式”给出的 SIL 定义。该定义目的是将 SIL 表达表达为系统执行其安全或安全相关功能的可靠性。

但是实际上，SIL 的引入和使用远比功能危险侧失效概率的计算要复杂得多。这种简化的定义导致了 SIL 与可靠性概念的混淆。这种混淆是非常危险的，不可避免地导致交付的系统不符合客户的真实性能期望，并且显著拉高了系统的全寿命周期成本。

为了保证整个系统维持在要求的 SIL 等级，通常需要对系统进行与之匹配的维护。如果没有正确地维护，转辙机之类的设备会迅速失去完整性。如果需要通过大量维护才能维持系统或设备的 SIL 等级的话，不仅运营成本非常高昂，而且维护频率的波动将给系统带来巨大安全风险。

此外，没有可用性的安全是没有意义的。如果在子系统级别上的安全性是以破坏系统级可靠性的方式实现的，那么就有必要使用管理措施来应对风险，虽然管理措施的安全性通常会低于故障安全设计。故障—安全技术如果损害了系统可靠性，或者安全需求与可靠性、可用性要求相违背，那么就需要认真权衡。如果线路上的所有列车都停止，那么是非常安全的（至少在一段时间内），但也完全没用。

参考文献

[1] Safety Rail Standard Board. Engineering Safety Management (The Yellow Book)[S]. 2007.

[2] EN 50126-2：2017. Railway applications-Specification and demonstration of reliability, availability, maintainability and safety (RAMS) Part 2：Systems Approach to Safety[S]. European Commission for Electrotechnical Standardization (CENELEC), 2017.

[3] EN 50126：1999. Railway applications-Specification and demonstration of reliability, availability, maintainability and safety (RAMS) [S]. European Commission for Electrotechnical Standardization (CENELEC), 1999.

[4] Kron H. On the evaluation of risk acceptance principles[C]//19th Dresden Conference on Traffic and Transportation Science. 2003.

[5] Vanem E. Ethics and fundamental principles of risk acceptance criteria[J]. Safety science, 2012, 50(4): 958-967.

[6] 中华人民共和国国家质量监督检验检疫总局，中国国家标准化管理委员会. GB/T 28809—2012，轨道交通 通信、信号和处理系统 信号用安全相关电子系统[S]. 北京：中国标准出版社，2012.

[7] 牛儒，旻苏，周达天. 我国铁路安全原则标准制定的研究[J]. 中国标准化，2015,6(0):80-85.

[8] 王名扬. 比较行政法[M]. 北京：北京大学出版社，2007.

[9] NASA/SP-2010-580. NASA System Safety Handbook Volume 1, System Safety Framework and Concepts for Implementation, November 2011.

[10] NASA/SP-2014-612. NASA System Safety Handbook Volume 2：System Safety Concepts, Guidelines, and Implementation Examples, November 2014.

[11] Hussey, D. E. (1978). Portfolio Analysis：Practical Experience with the Directional Policy Matrix. Long Range Planning, 11(4), 2-8.

[12] Moore, D. (1997). The Use of a Ranking Matrix and Recommendation Prioritization System for Process Hazard Analysis Studies[J]. Process Safety Progress, 16(2), 83-85.

[13] Ball D J, Watt J. Further thoughts on the utility of risk matrixes[J]. Risk analysis, 2013, 33(11):2068-2078.

[14] Bahill A T, Smith E D. An industry standard risk analysis technique[J]. Engineering Management Journal, 2009, 21(4):16-29.

[15] IEC/ISO31010:2009. Risk Management-Risk Assessment Techniques[S]. International Electrotechnical Commission (IEC), International Organization for Standardization (ISO), 2009.

[16] NASA. NASA/SP-2011-3423, NASA Accident Precursor Analysis Handbook, Washington, DC. 2011.

[17] Evans A W. The economics of railway safety[J]. Research in transportation economics, 2013, 43(1): 137-147.

[18] Office of Railway Regulation of UK. Common Safety Method for risk evaluation and assessment-Guidance on the application of Commission Regulation (EU) 402/2013. ORR, 2015.

[19] NASA. NPR 7123.1A：NASA Systems Engineering Processes and Requirements, Washington, DC. 2007.

[20] IEC 61508-4：2010. Functional safety of electrical/electronic/programmable electronic safety-related systems-Part 4：Definitions and abbreviations [S]. International Electrotechnical Commission (IEC), 2010.

[21] IEC 61508-5：2010. Functional safety of electrical/electronic/programmable electronic safety-related systems-Part 5：Examples of methods for the determination of safety integrity levels[S]. International

Electrotechnical Commission (IEC), 2010.

[22] EN 62267:2009. Railway applications-Automated urban guided transport (AUGT)-Safety requirements [S]. European Commission for Electrotechnical Standardization (CENELEC), 2009.

[23] EN 62267-2:2011. Railway applications-Automated urban guided transport (AUGT)-Safety requirements-Part 2: Hazard analysis at top system level [S]. European Commission for Electrotechnical Standardization (CENELEC), 2011.

[24] IEC 62290-1:2006. Railway applications-Urban guided transport management and command/control systems-Part 1: System principles and fundamental concepts [S]. International Electrotechnical Commission (IEC), 2006.

[25] IEC 62290-2:2010. Railway applications-Urban guided transport management and command/control systems Part 2: Functional requirements specification [S]. International Electrotechnical Commission (IEC), 2010.

[26] Dugan, J B. Fault Tree Analysis of Computer-Based Systems, Reliability and Maintainability Symposium, 2003.

[27] Redmill F. Understanding the use, misuse and abuse of safety integrity levels[C]//Proceedings of the Eighth Safety-critical Systems Symposium. 2000: 8-10.

[28] Muttram R, Kessell C. Understanding SIL[J]. International Technical Committee article. Institution of Railway Signal Engineers (IRSE) News, 2015.

[29] Schäbe H, Wigger P. Experience with SIL allocation in Railway Applications[C]//Proc. of the fourth int. Symposium on Programmable Electronics Systems in Safety Related Applications Cologne, Germany. 2000.

第四章　列控系统安全性论证

安全性论证是指在安全评估过程中如何阐述所开发的系统满足安全目标，并实现安全需求的方法。安全性论证包括两个关键要素：安全论证和安全证据，本章通过介绍这两种要素的含义、结构和类型，展示如何利用安全性论证方法合理地、高效地组织安全评估所需的证据材料，并介绍如何结合列控系统的安全目标与安全需求开展安全性论证。

第一节　安全性论证机制

20 世纪 70 年代，安全性评价方法一直依据基于规则（Rulebased）的法律法规和技术性标准，对系统各个部分采用特定类型的技术评价手段，而这些规则主要来源于事故经验或者广泛接受的成熟技术，标准规范的形成过程缓慢。随着技术的革新与发展，这种方式难以满足对系统整体性安全评价的需求。伴随着 1974 年健康和工作安全等法案（Health and Safety at Work Act 1974，HSWA）的诞生，工业革命的发源地英国提出了一种基于安全例证机制（Safety Case Regime）的新式工业风险管理方式，并向包括铁路在内的多个工业领域进行推广。安全责任人（Safety Dutyholder）依据"谁主张，谁举证"的原则通过安全例证的形式来阐述安全证据如何满足安全目标。之后英国在经历了 1987 年的国王十字（King's Cross）地铁站火灾和 1988 年克拉彭火车相撞事故之后，决定响应 1974 法案，依照英国军标《国防系统安全管理需求（00-56）》[1]所提出的安全评估机制，在本国的 1994 铁路法案（Railway Regulations 1994）中采纳安全例证机制，英国铁路黄皮书[2]将安全例证作为铁路系统获得安全接受的条件。

通过引入安全标准中安全例证的两类定义，说明安全例证包含两部分作用：证据罗列和论证逻辑。Tim Kelly[3]在对安全例证的解读中提出，安全例证的角色首先是一份证明"系统安全可接受"的报告性文档（Document），这体现为安全例证的法律效力，也就是说系统具备安全例证文档才能证实其安全性可接受的事实；另一角色体现为逻辑上意义，即安全例证就是为了引用安全论据来证明安全目标实现的过程，由此可见，安全例证的本质是一种论证（Argumentation），其核心问题在于推断的合理性（Rationale）。

论证是指引用论据来证明论点的过程和方法，是一种研究如何通过逻辑推理得出结论的跨学科方法。评估的目的在于确定（Determine）一个客观事物是否已经满足指定要求，并做出是否适合其预期目标判断（Judgement）。从科学研究方式出发，评估属于理论分析的一种方式，由于理论分析、实验和数值模拟这三种范式需要相互验证，因此评估的范畴中就会必然包含通过实验和数值模拟所获得的研究结果。但是当科学研究结果并不能直接证明（Prove）是否满足指定要求的时候，在科学方法学领域就会采用归纳与演绎的方式，对科学研究的结果做出合理推断（Reasoning），从而达到获知研究结果能够支撑指定要求的正当理由

(Justification)的目的。这种科学手段称为论证。论证这种科学手段对评估的作用体现在：

(1)论证是将基本研究方式所获知的知识实现交叉验证的主要科学手段；

(2)当实验和数值模拟所获知的知识不满足理论分析的需求时，论证是获知知识合理性(rationale)的唯一方式；

(3)获知知识合理性的过程是判断客观事物是否适合其预期目标的主要判据来源，评估的核心在于论证；

(4)以主观性知识弥补对系统未知领域的扩充，因此强调论证人员的资质和独立性。

安全性论证是指：将一系列全面合理的证据形成合理的结构化论据实现对系统的安全性的论证。被评估方通过安全论证阐述、辩护评估对象的安全性水平，评估方依据安全论证获知、分析、评价评估对象的安全性水平。因此，安全论证成为了评估方获知被评估方安全信心的主要途径。

通过第一章的介绍，可以看出计算机系统的故障模式与传统的机械、电气系统有诸多不同，导致基于计算机系统的研发列控系统这种安全苛求系统需要通过全面的安全分析与功能测试相结合的方式来评判系统的安全性水平。从安全评价方法的演进过程来看，安全评估这一机制也是伴随着技术演进逐步出现了证明(Prove)、观测(Observe)、测试(Test)、确认(Validate)和验证(Verificate)，直至基于证据的推理(Reasoning)。这就印证了列控系统的安全评估也需要将基本的科学实验手段实现交叉验证的过程，这就是在安全评估中引入安全论证的意义。

安全性论证帮助研发单位完成较为严谨的自身辩护，并向安全管理部门阐述系统的安全性。作为业内以及公众对产品安全责任的法律监督，安全论证也为政府管理提供了完整和系统的评判依据。在英国军用标准 DS 00-56[1]中，安全论证被提升到一种强制性、易于理解的和合理有效的论证方式，英国学者 Kelly[3]阐述安全论证应该是“通过表达出一种清晰的、便于理解的、可辩护的论据，说明系统在特定的背景下的安全性是可接受的”，这里重点强调了以下几点：

(1)论据：安全论证的首要目的就是要表达安全证据，即让人能够从证据中得出系统满足可接受安全程度的结论；

(2)清晰：安全论证通常是向第三方表达意见或信息，因此表达方式越直观通俗越好；

(3)可接受：绝对安全是一个不可企及的目标，安全论证是要说服对方相信系统相对于可容忍风险而言是足够安全的；

(4)背景：任何系统在不适当的条件下使用都可能是不安全的，因此在安全论证中应当说明应用背景和条件。

采用安全性论证的方法使得风险制造者在事故发生前就需要证明其行为是满足安全性的。安全论证经过管理部门核准，但不会转移风险制造者所承担的风险。安全性论证被供应商用来证实系统的安全性，并以此阐明其履行相关法律中的责任。安全性证明的结论称为安全论证，是文档化证据的载体，结构良好或经过机构认可的安全证明文件能提升安全性证明的价值。供应商通过向相关的安全部门递交安全论证，从而获得对通用产品或者特定应用的安全许可。安全论证的主要优点是开发人员要通过贯穿整个流程的活动来准备，不是一个被动的、改善硬件材料或者调整文本编排的过程，而是安全论证规程的成果。其准备过程要求开发人员系统地分析产品是如何设计安装的，不仅对改善自身开发流程起到督促作用，还形成自我规章保障与法规管理者监督之间的同步。

安全性论证通常由安全需求及目标、安全论据和安全证据三要素构成[3]。安全论据表述证据与安全目标之间的逻辑关系，如图 4-1 所示。论据与证据在安全论证过程中是休戚与共的，没有证据支撑的论据是不足信的，而不经过论证的证据是无法解释的。安全论据被忽略会导致安全论证成为纯粹的证据罗列（如故障树报告或者故障模式与后果分析表格），这样的安全证据还需要对隐含其中的安全论据进行解读。

图 4-2 是将证据和假设条件组合合理的安全论据的示意图。在安全项目中，关键性的假设需要经过确认，而且假设条件甚至比证据更能展示安全论据的含义。由于大量信息的存在，在某些安全论证中正确理解安全论据是很不容易的，以目标结构语义（GoalStructure Notation，GSN）[5]为代表的安全论据表达技术可以提供严格、清晰的安全论据结构，并在安全证据等信息的管理过程中发挥越来越重要的作用。

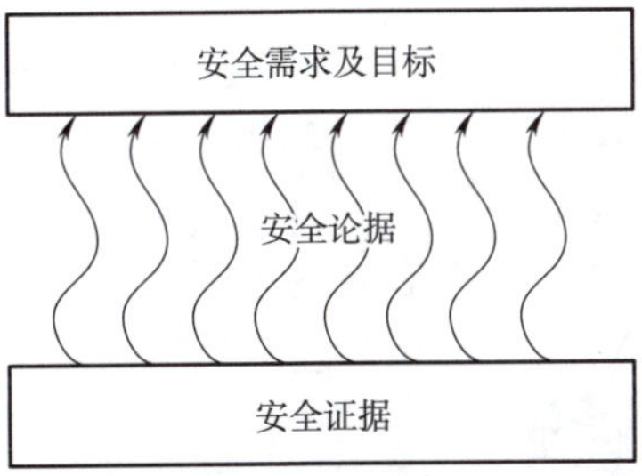

4-1 安全论证三要素之间的关系

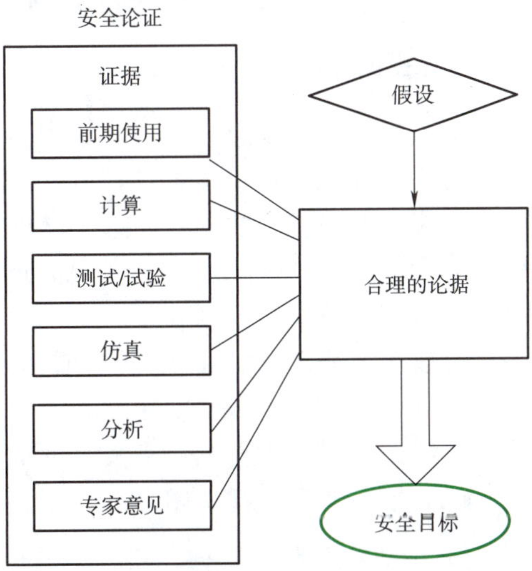

图 4-2 安全论证与证据、假设的关系

论证要使用推理，甚至说就是推理，它的论据相当于推理的前提，论点相当于推理的结论，从论据导出论点的过程相当于推理形式，一个复杂的论证则是由一连串相同或者不同的推理所构成的，只不过其中的推理过程和形式可能错综复杂。但是，并非任何推理都是论证。也就是说，论证和推理之间存在一定的区别：首先，两者的思维进程不同。推理不一定是有目的的，而论证则是有目的的[4]。推理一般是从前提出发，而论证则是从论点出发。论证总是先有论题，然后再围绕论题寻找有关的论据，这相当于从结论到前提的过程。而推理则相反，它总是表现为从前提到结论的过程。论证是借助于断定一个或一些命题的真实性，通过逻辑推理来确定另一命题的真实性或虚假性的思维过程。它必定要求断定论据的真实性，否则整个论证就难以成立。但是，推理并不要求前提真，假命题之间完全 可以进行合乎逻辑的推理。跟论证相比，推理则是从一个或几个已知命题推出另一个新命题的思维形式。它只是断定前提和结论之间的逻辑联系，并不要求断定前提与结论本身的真实性。安全性论证的本质目标是为了证明安全目标是否真实可信，这种论证过程本身就是为了从证据材料中建立起来对于安全的信心，这种信心不仅包含了对既成事实的认可，更体现了对未来安全的一种预测。而对于既有安全证据的符合性检查，不管是对证据个体的质量，还是对证据制造体系的质量，都停留在既成事实，也就是过去的安全信心。而只有通过安全性论证，才会促使安全评估活动对被评估对象所处的未来安全状况进行有效的思考，可以说，安全性论证是安全评估过程中引导面向未来进行推理的主要途径。

第二节 安全论据

论据是指立论的根据，是用来证明论点的理由和事实。Trudy Govier[6]在他关于论据的著作中提出论据就是由若干论点组合起来作为前提为另一个论点，也就是结论，提供推理的过程。论据可以有若干前提，也可以只有一个。而给出论据的过程，可以利用前提也可以引用证据说明前提的合理性。而论据同样可以反映出立论人相信一个论点的内在逻辑。安全论据是展示安全目标通过何种推理过程被确定为满足的。

一、安全论据的语义

英国铁路《黄页》[2]建议应该采用“结构性的方式”展开安全性论证，近几年，学术界逐步推动完善了对安全论据结构语义的描述，从而保障了安全性论证的模型与工具化的实施质量。本书借鉴了行业内广泛接受的国际对象管理组织(Object Management Group，OMG)所发布的“结构化保证案例元模型”(Structured Assurance Case Metamodel，SACM)标准[7]，作为介绍列控系统安全性论证结构的基础。

图 4-3 是安全论证元模型结构。可以看出，一个论证结构是由论证元素和论证链接两部分组成。论证元素从功能上可以划分为：

1. 断言(Claim)：断言是一种没有支持性证据或者论证策略未展开之前所声明的一种假设条件，一般而言，目标断言都表述为真命题。根据目标断言需要如何被确定的方式，断言还可以划分为：

(1)需要通过进一步论证才能判断或者确定的断言，例如：“某系统安全功能需要满足安全完整度 4 级要求”；

(2)不需要进一步展开论证就不言自明(axiomatic)的断言，例如：“重力继电器是依靠重力实现故障-安全原则”；

(3)需要通过反例才能推翻的断言，例如：“某测试案例满足系统测试需求”；

(4)需要获得另一个目标断言支持的断言方式，例如：“某系统的安全应用条件满足某安全标准的相关要求”。

2. 论证推理(Argument Reasoning)：用于描述断言之间的附加信息或者对于断言关系的解释，例如，论证推理可用于解释一个断言如何通过其他若干断言获得支持，或者依据何种条件进一步展开。论证推理可以理解为论证策略，体现了对整体目标进行论证所采取的方案，也是安全评估的双方所达成的一种“约定”，这一约定决定了安全保证和安全评估的基调。因此，论证推理是整个安全论证的核心，也是安全评估需要关注的主要内容。

3. 应用背景(Context)：用于解释断言和论证推理的依据和适用范围。应用背景可以理解为任何论证的边界条件，任何安全性论证的结论都应该考虑应用背景的适用性，例如：要为列车运行控制系统建立“安全需求”论证目标，就需要指明安全需求源自于哪个信号工程项目，是针对何种系统或者功能定制的等。

4. 论证链接(Reference):主要包括了标注和主张关系。标注是指对链接的补充性说明,是为了论证结构更加便于理解。而主张关系决定了证据元素之间的逻辑关系。这些逻辑关系是与证据结构中的证据评价相互匹配的,如:证据关系等同于主张支持和主张反对,而证据证明力中的支持层次等同于主张推断。之所以这样定义,是便于实现视角间约束的定义,这在第五章中会涉及。

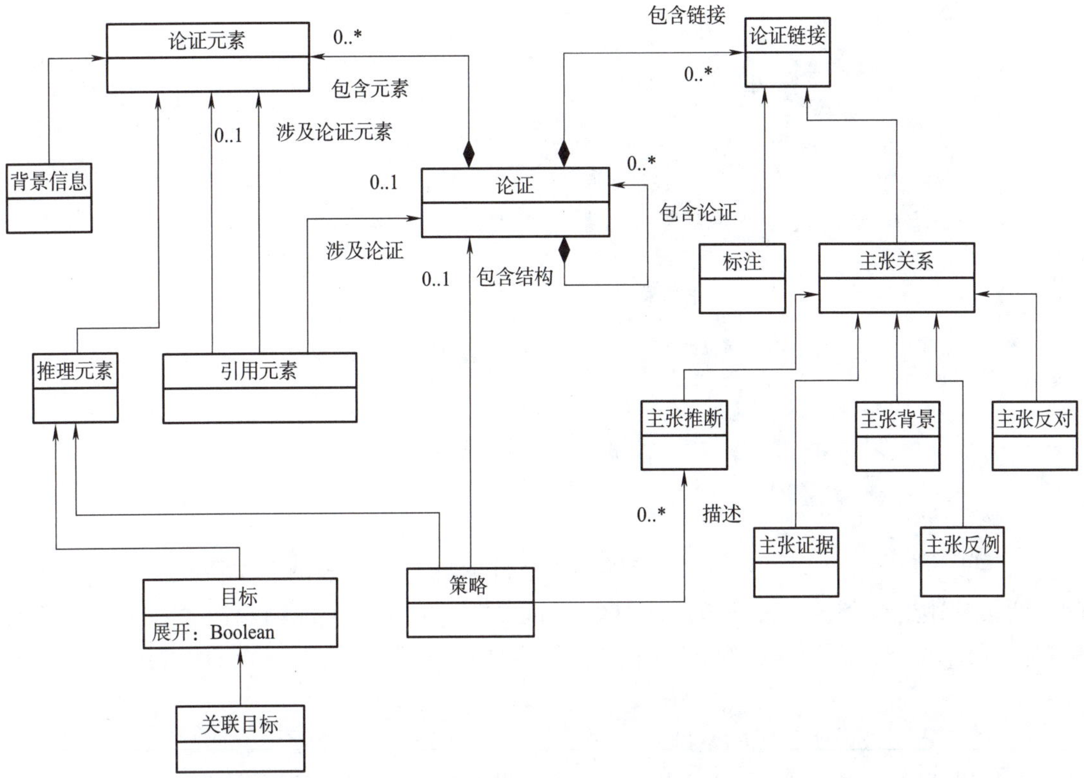

图 4-3 安全论证的元模型结构

二、安全论据的构造方法

安全论证既能作为被评估方阐述自身安全目标实现的策略,也可以作为评估方建立对系统安全性信心的主要渠道,因此,安全论证可以看作是评估方与被评估方就被评估对象如何实现其安全目标的主要的沟通方式,双方需利用相同的构造方法建立安全论证,从而避免双方沟通过程中的歧义。本书以目标结构语义 GSN 方法[3]为例说明自顶向下的安全论证开发方法,主要分为以下 6 步:

(1)确定目标;

(2)定义被说明目标的基础;

(3)确定策略;

(4)定义被声明策略的背景;

(5)详细说明策略(如果确定新的目标-转回步骤(1),或转到步骤(6);

(6)确定安全证据。

在图 4-4 中给出了六步法的基本步骤,这是一个基于递归实现的步骤,直到这个确定的子声明被细化到足以被证据直接支撑的时候结束。下面详细说明这六个步骤。

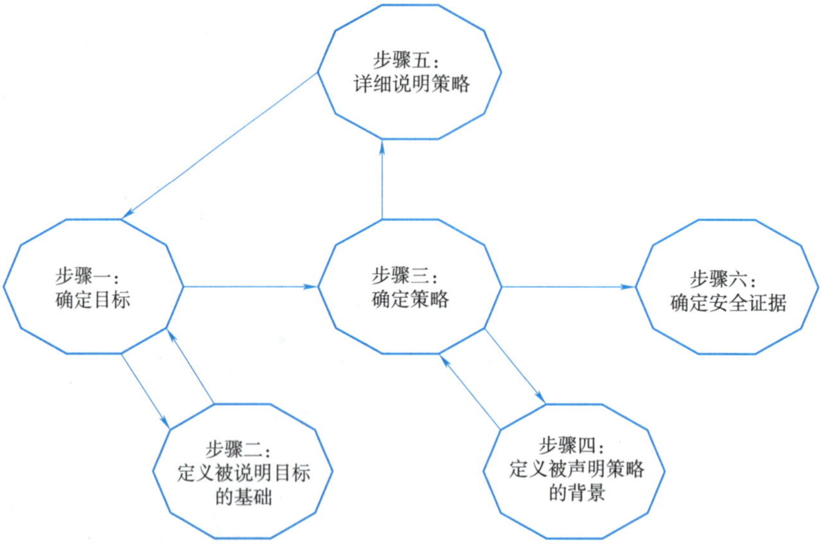

图 4-4　自顶向下的安全论证开发流程

步骤一:确定目标

这一步的目的是确定结构的顶层目标,这个目标将由剩余的论证支持。作为顶层目标的声明被阐述到一个合适的细节层次是非常重要的。如果这个声明超出了一个基本的目标,那么将可能导致论证人员得出一个过低等级的结论,阻碍从顶层声明得到基本目标的证明。

步骤二:定义被说明目标的基础

在目标结构(或其他论证结构)中使用的声明只有在它声明的基础是清晰的才可以被评价为"正确"或"有效"。没有一个声明可以被认为具有"普遍有效性"。为了更好地理解这些上下文,下面给出这个活动的三个关键点:

(1)讨论中的系统需要确定的信息;

(2)系统的上下文需要确定的信息;

(3)论证所需要确定的信息。

上文中有提到,声明的上下文信息用于理解目标到其所有子目标的范围。也就是说,在目标声明中没有被定义范围的都应该添加相应的上下文信息。上下文声明仅是论证结构中目标和上下文的声明,而对论证结构的目标不提供支撑作用。值得注意的是,不是所有目标的声明都需要定义上下文。首先,上下文是用于保证读者和作者间对目标的声明有一个清楚地理解,在一些案例中可以通过进一步的定义来实现。例如,双方都有很好理解的术语和概念。其次,定义可以通过一系列的论证和目标结构相结合的过程给出。例如,"系统 X 是安全"的顶层目标。这个声明包含两个需要定义的术语:"系统 X"和"安全"。"系统 X"可通过 GSN 上下文元素的模型信息来阐明。而这个目标结构的目的是论证术语"安全"的含义,所以术语"安全"可以通过论证对顶目标的支持过程来定义。从而在目标结构的上层，安全可以不给出具体说明。

步骤三：确定策略

确定声明和准确的上下文后，下一步应该给出声明如何被证明，给一个合理的引导，应该关注这两个问题：

(1)有什么理由说明目标是真的？

(2)有什么说明可以说服读者相信目标是真的？

这一步的目的是找出进一步支持总体目标的论证方法(策略)。其中一个方法就是“分而治之”，通过将顶目标分解为一系列的更小目标，如果所有的小目标都被满足，可以说明原目标得到充分支持。另外一种常用的方法是重新给出一个说明，使之更加比原声明接近特殊应用和证据，用新说明来支持论证。

上面所说的论证方法通过 GSN 的策略来表示。GSN 的策略用来解释父目标分解为子目标连接逻辑。使读者更加清楚地理解策略的逻辑流和检查策略是否正确实施。

步骤四：定义被声明策略的背景

定义论证策略的背景可以使它的有效性被评估，就像步骤二中的目标结构需要一个明确的上下文声明一样。为了理解通过 GSN 描述的论证和分解目标的策略要求定义上下文信息。确定策略上下文信息的过程与第二步中确定目标的策略相同：对于介绍但未明确定义的术语和概念，策略应该被检测和评估。例如，在简单系统分解策略中图中引用的“所有辨识的运营危险源”。这个信息的定义必须与策略相关联，因此才可以是分解在下一阶段合理的完成。与定义术语一样，论证策略的背景信息可能包含策略为什么这么应用的原理信息。在 GSN 中，可能通过 GSN 中的“假设”和“理由”来实现。GSN 的假设记录了在运营中系统的实际情况，如使用人员和环境所依赖的策略。GSN 的辩护记录了关于一个给定的策略可以支持一个特定目标的理由，或提供了应用策略的充分性的理由。

步骤五：详细说明策略

一旦论证方法已经决定，就可以从它的应用中得到目标陈述。需要注意的是，论证本身就是目标结构，这个目标结构通过记录的详细程度的不同目标来体现：GSN 策略仅仅是理清这个关联关系。例如，对于一个策略声明了一个与所有子系统都有关的论证时，定义的子系统都需要一个合适的目标。策略中规定定量论证方法需要被使用时，定量就需要作为一个目标。因此，步骤五就是给已确定的策略添加详细说明。

步骤六：确定安全证据

目标要被分解到足够基本的层级，即不需要进一步细化和解释，并且可以被证据直接支持。在 GSN 中，解可以来自证据材料。GSN 解应该准确没有歧义地引用自证据材料，用来支持声明的 GSN 目标。

有时候建立一个从可用证据开始，自底向上的 GSN 论证是有用和有必要的。这种情况可能会发生在分析和测试已经完成但是原本没有倾向和需求建立一个正式的保证案例，或一个现存的保证计划需要升级或更新。这样可以容忍产出的安全保证计划中存在“证据无论证”的问题，即展示给利益相关方和认证机构的安全报告没有统一的证明目的。

下面是再利用 GSN 方法建立一个自低向上目标结构的开发步骤：

(1)确定相关证据;

(2)基于证据推断“证据断言类”的目标,并作为 GSN 的目标;

(3)添加上层子目标;

(4)描述安全策略;

(5)添加上下文信息;

(6)向下检查目标结构;

(7)与已知的目标合并。

图 4-5 给出自底向上的安全论证开发流程。

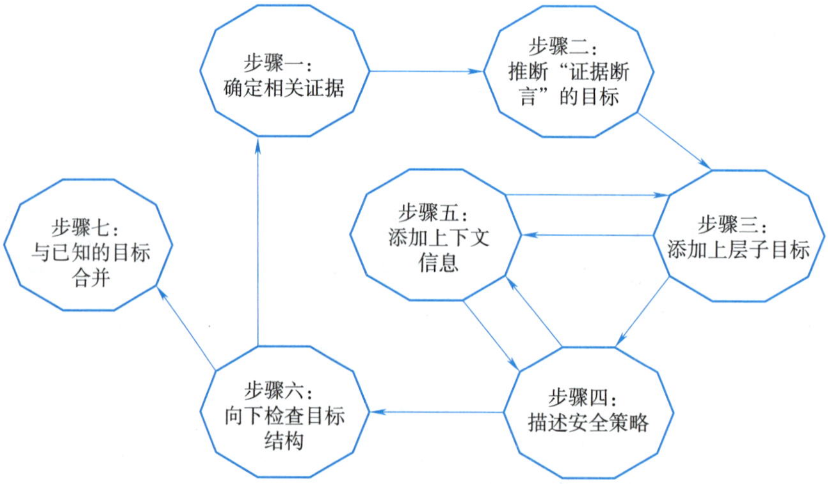

图 4-5　自底向上的安全论证开发流程

在这个过程中,需要将“什么保证系统的安全”作为基线,给出相应的目标结构来满足。例如,可能整个给定系统的安全是依赖物理特性实现(如物理布局或联锁规定),而不是开发一个专有的流程。这个方法需要相当大的技巧和直觉从证据中提取合适目标,并且找出合适组合来支持需要的顶目标。这个方法可以推荐给对 GSN 开发有丰富经验的专家。这种自下而上的方法很少被单独用作构建一个完整的目标结构,更多的是用于在目标结构中提取需要的上层目标,这些目标最好是已经作为保证案例的需求。

步骤一:确定相关证据

在开发 GSN 的自下而上的保证论证中,首先要确定有关系统安全的证据,然后准确地识别证据的目标,应该考虑这些已经得到的证据材料原本是要揭露的分析原因。在许多案例中,这些原因可以从危险源分析报告中的安全需求得到。这可以引导作者给出被证据支持目标的类型(定性还是定量)。

步骤二:推断“证据断言”的目标

这些证据需要针对这个问题“什么样的安全目标和系统属性可以被这个证据证明和支持?”仔细地检查。在许多案例中,证据材料可能会推荐一个目标,用来代表保证论证中底层证据目标,可以直接从有效证据中推理出。他们不同于其他更高的目标,因为主体是证据而不是系统性能。

通过使用在步骤三中描述的过程可以将使用这种方法记录的目标构建到保证论证中。一个给定的证据可能实际同时给几个目标提供支持。附属于安全目标(safety assertion)的GSN证据应该被引用到证据材料中与目标最相关的小节。

步骤三:添加上层子目标

通过使用一系列的证据元素(有效证据)和来自证据的证据断言式目标,已经构建好目标结构的最底层,下一步应该是在论证中添加更高层的目标和策略。这种迭代步骤经常用于构建想要和存在的上层目标。考虑到目标如何结合来构建更加抽象的目标,需要投入更多精力来避免过于快速的接近最终目标,并且在发现可用的方法前,一系列努力和错误的底层目标结合尝试是非常有必要的。

目标不应仅仅是产品导向的,经常在过程证据中可以得到,如FTA。这可以证明用于建立FTA的方法结果是可信赖的。因此这样的证据可以用来支持目标结构中基于过程的论证。同时构建的论证应该符合常规,不应该刻意的使用证据来支撑不是直接相关的目标。

步骤四:描述安全策略

描述子目标如何支持上层目标有助于提取有这些子目标支撑的上层目标。不同于自上而下的过程,作者对如何实现目标到子目标的分解过程很少有任何选择。如果分解策略是显而易见的,那么将它准确表示为目标结构的一部分就显得不是那么必要了。然而,为了完成下面的步骤,让作者理解采取了什么策略是至关重要的。

步骤五:添加上下文信息

从已知证据建立目标结构可能会引出上下文信息,包括假设,定义和参考。例如,在FTA证据中时可能要求提供一定数量的上下文条款:

(1)一个可以作为上下文参考使用的明确系统模型,这样可以为论证的底层目标提供范围;

(2)有关系统使用的假设(如,每个任务时间,年运行时间);

(3)有关模型中系统元素间的独立性的假设;

(4)对于构建自底而上的论证构,考虑这些可以保证它的完整性。

步骤六:向下检查目标结构

当上层目标被建立时,作者应该从上到下重新检查子目标对他的支持,从而确定上层目标被充分支撑。这个过程也用于提取子目标和父目标间用于推理的策略。

当一个高层级的目标结构实现时,在每一步都建议作者对结构进行自上而下的反思式检查。这应该考虑支持的目标是否提供了充分的覆盖并且可以支持新建立的父目标,同时是否存在推理所依赖的假设和上下文。这样评估后的结果可能指出需要其他支持目标,证据或上下文,或提取的上层目标需要重新措辞。

步骤七:与已知的目标合并

自下而上的方法被单独用于构建完整的目标结构。更倾向于使它合并到希望的更高层目标,这些目标已经被当作行业保证案例的需求。由于目标结构是由现存的证据发展而来,应该时刻关注论证的目的,例如,论证应该书写为连接已知论证目标和现存证据的方式。

1. 规避安全论证开发中的常识错误

下面两节中展示的指导方针是基于目标结构开发的真实经验。它确定了一些论证开发过程中普遍出现的错误。语言相关的问题在这一节，结构相关的问题在下一节中解释。一些误区是特定在图形化论证中出现的。虽然下面给出的例子来自安全领域，但是辨识问题和给出的指导是通用与所有类型论证的。

2. 语言类错误

为了简化论证逻辑，保证每一个目标都只包含单一不需划分的目标是非常有必要的。像"设计适应共因和共模失效"这样的两个平行的声明应该作为两个目标使用，以确保论证的逻辑结构可以清楚地表达。

从 GSN 目标陈述中捕获到的论证中的目标应该被表达成《名词短语》《动词短语》这样的形式。名词短语确定目标的主语，如声明所涉及的事件。动词短语定义了谓语，用于产生关于主语的断言。

类似的，在 GSN 中的假设应该被声明的不可划分。

GSN 中的策略记录了在论证结构中使用的方法。策略本身并不构成论证不可或缺的部分：在不影响目标逻辑流程的情况下，移除论证中所有的策略也是有可能的。为了关注策略的功能，有必要通过一个短语，如"诉诸…论点"，"论证通过…"，"论证依据…"，来介绍论证方法的概要。

GSN 的拓展模块介绍的几种附加表达的注意事项：

(1)模块的参考必须没有歧义，同时必须采用模块标识。

(2)标识符必须目标、证据、上下文、模块元素不同。

(3)在整个论证框架中，模块标识必须唯一标识某个模块。

(4)为了区分论证，模块元素应该有包含模块论证的描述。这种描述可以被表达为名词短语。同时使远离目标、证据和上下文的声明必须准确地连接到它的参考上。

三、安全论据的通用类型

列控系统安全性论证的主干脉络包括：在限定的论证范畴中，由于所有辨识到的系统危险源以及系统需求都已经考虑到，因此系统是安全的。其中通过风险评估已经对所有的危险都采取了足够的危险控制与减轻措施，最后通过证据论证了以上措施的充分有效性。另外在安全管理系统中明确了以上流程所设计到的人员分配，职责划分及执行方式。

安全论证的通用类型，可以首先按照领域无关与领域特定来划分，即：是否可应用于特定类型或特定领域系统。其次，安全论证的类型可以按照特定目标的"由顶至底"的分解方式，例如：基于某种故障安全原则下的安全功能设计；或者是"由底至顶"的归纳方式，即通过一系列底端的安全证据组合推导出一个安全目标。例如：依据故障树的分析结果获得的安全性结论。再次，对于不属于以上两种类型的论证结构，可以划分为"一般性论证"类型。例如：对系统多样性设计原则的论证就是一种一般性论证。

列控系统的安全论证中常见类型是"由顶至底"安全论证：例如"满足的 ALARP 安全原则论证"，采用论述系统中所有辨识出的风险已经获得充分的处理策略，如图 4-6 所示。

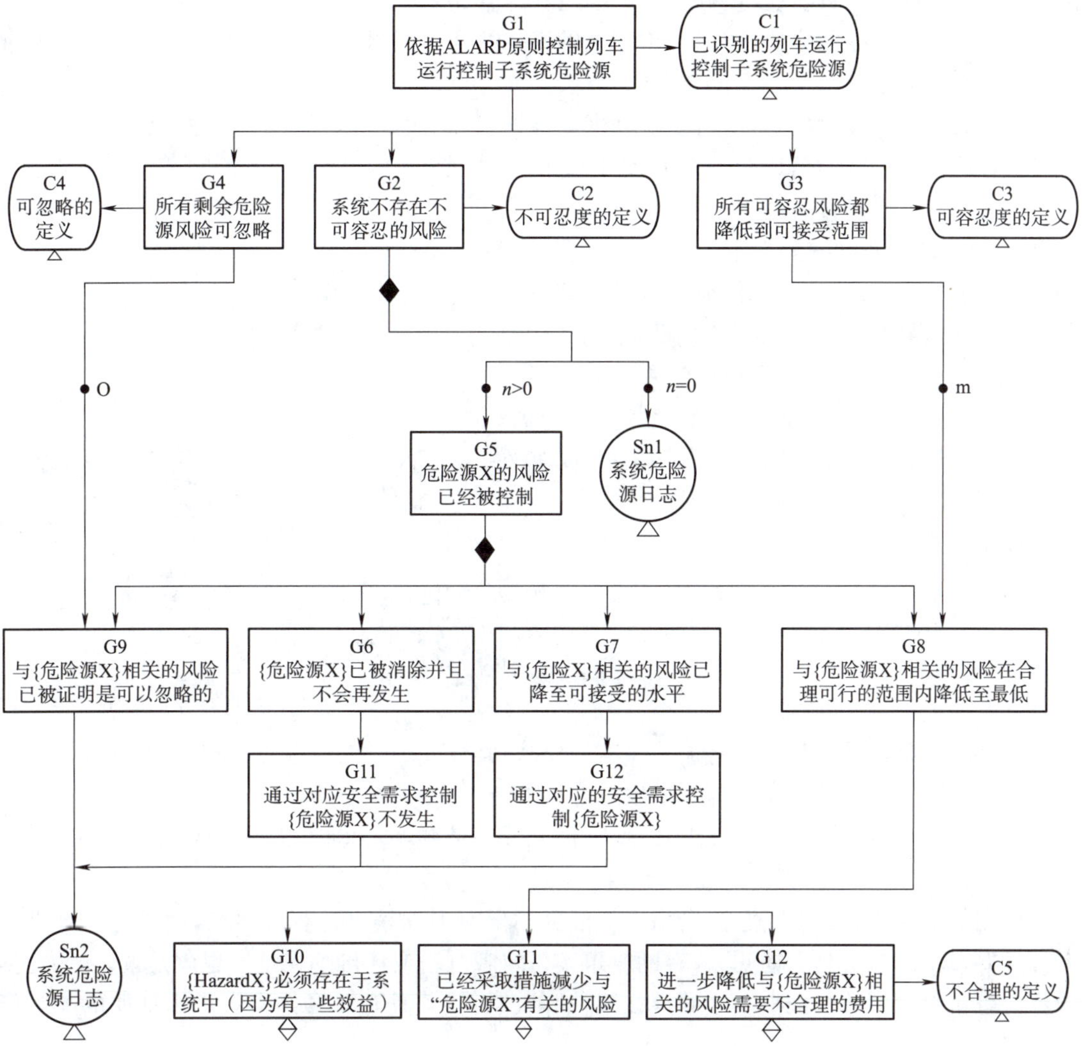

图 4-6　ALARP 安全论证模板

第三节　安 全 证 据

证据一词来源于法学，其意思就是证之据，即证明事实的依据。《中华人民共和国证据法》中规定的证据是指用以证明案件事实的信息的载体[8]。从第一章的论述中可知，安全证据是证明系统安全之据，是法学中证据的延伸。因此，可以对安全证据下定义。

安全证据定义：指在安全认证过程中能够提高系统安全运营可信度的依据。

值得注意的是证据不同于证据材料，证据材料是诉讼法律关系主体收集到用以证明案件事实真实情况的事实材料。也就是说只有在诉讼过程中用到的证据材料才能称为证据。在系统安全领域也不例外。安全证据材料，即系统生命周期活动中的输入输出。只有用于支持确定的安全需求时，证据材料才能被称为安全证据。因此，大多数情况下的证据链不如说是证据材料链，即将证据材料通过安全标准及影响逻辑组合起来。

证据属性的证据的本质特征，又称证据的基本特征。证据属性与证据概念密不可分，对证据概念的不同界定导致了对证据属性的争论。

根据其对证据概念的解释，可以对证据属性做出如下的理解：(1)从证据所反映的内容上，证据是客观存在的；(2)从证明关系上，证据是证明客观事实的，即认定案情的手段；(3)从表现形式上，证据必须符合法律法规的表现形式。

以上归纳起来，便是证据三性，即“客观性”、“关联性”和“合法性”。此三者是证据最主要的三个属性。证据的客观性处于事实领域，是与生俱来的；证据的关联性处于逻辑领域，是主观判断后产生的；证据的合法性处于法律领域，是人为规定的，进一步缩小证据客观性的范围。其中每一个属性又能从两个角度考虑，如图 4-7 所示。

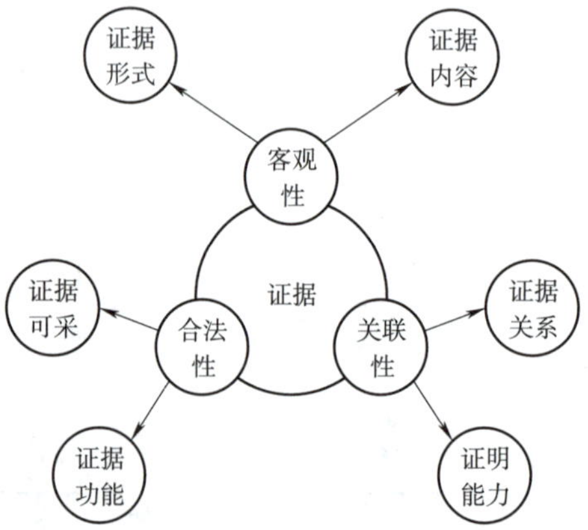

图 4-7　安全证据属性

1. 客观性

证据的客观性是指证据本身以及作为证据内容的事实是客观存在的，即证据事实必须真实可靠，而不是主观想象、推测和杜撰的。证据客观性的要素有两点：

(1)证据内容：是对与案件有关的事实的反映，其存在不以人的意志为转移，且作为证据内容的事实与案件的待证事实间的联系也是客观的。

(2)证据形式：就证据的存在形式看，证据无疑都是客观实在物，无论其表现为人还是物。

2. 关联性

证据的关联性，又称相关性，是指作为证据的事实不仅是一种客观存在，而且它必须是对案件所要查明的事实具有证明力、有助于事实认定者判断或评价的属性。也就是说，作为证据内容的事实与案件的待证事实之间存在某种客观联系，才具有对案件事实加以证明的实际能力。其要素有两点：

(1)证据关系：指证据对于案件事实关联关系的定性判断，任何证据既可以用来证明案件事实的存在，也可以用来否定案件事实的存在。

(2)证明能力：指证据价值的大小，涉及证据对于要证明的对象是否有证明作用以及可以证明到什么程度。证据的证明力是证据本身固有的属性。

3. 合法性

合法性是指证据必须由当事人按照法定程序提供，或由法定机关、法定人员按照法定的程序调查、收集和审查。即运用证据的主体要合法，每个证据的来源程序要合法，证据必须经过法定程序审查核实。

(1)证据功能：指的是证据必须具有合法的格式。一定的事实材料只有符合这行格式时才能成为诉讼证据。

(2)证据可采：是指证据能否被采纳作为定案依据的属性，即具有法律性的证据才能够被采用。

一、安全证据的形式与分类

安全证据定义在不同的行业中是各异的。在应用安全苛求系统的领域(例如:核电、航空航天、交通运输),安全证据主要体现为:为了保证系统能够可靠地实施安全功能所进行的安全相关活动和产出物。因此从内容而言,安全证据主要体现为过程性信息和生成性信息。同时,安全证据是伴随着系统安全周期而产生、演变和泯灭的动态产物,因此,安全证据应该具有自身的生命周期。另外,安全证据与司法证据的不同之处在于,安全证据不是从无关的材料中寻找能够到达某种目的的线索,安全证据的诞生本身就是一件具有明确目的的行为,而在此行为下所产生的证据材料也必然具备明确的安全盛名,即:安全证据的本质是为了支撑安全目标。

如果没有正确理解证据的本质会导致两类问题:第一,证据提供方没有及时地记录在系统开发阶段的评估认证人员所关注的关键信息,这样的后果就是需要耗时耗力地重建这些证据信息;第二,证据评估方发现证据没有满足评估计划中制定的需求,就很难对系统开发过程中的安全保障情况建立足够信心。特别是列车运行控制系统这样的复杂系统,如果证据缺乏良好的结构,随着系统开发的进度,铺天盖地的证据产出物会严重干扰证据本身对安全需求的支持程度。因此,在列控系统安全评估中所应用的安全证据,其本质应该包含哪些属性,这个问题不仅决定了制造安全证据的初衷是否正确,更决定了对安全证据的评价应该包含的范畴。图 4-8 是对列控系统涉及的安全证据属性的元模型设计。针对证据的客观性,以及所展开的证据内容和证据形式,在安全证据的属性设计中,引入了以下主要元模型:

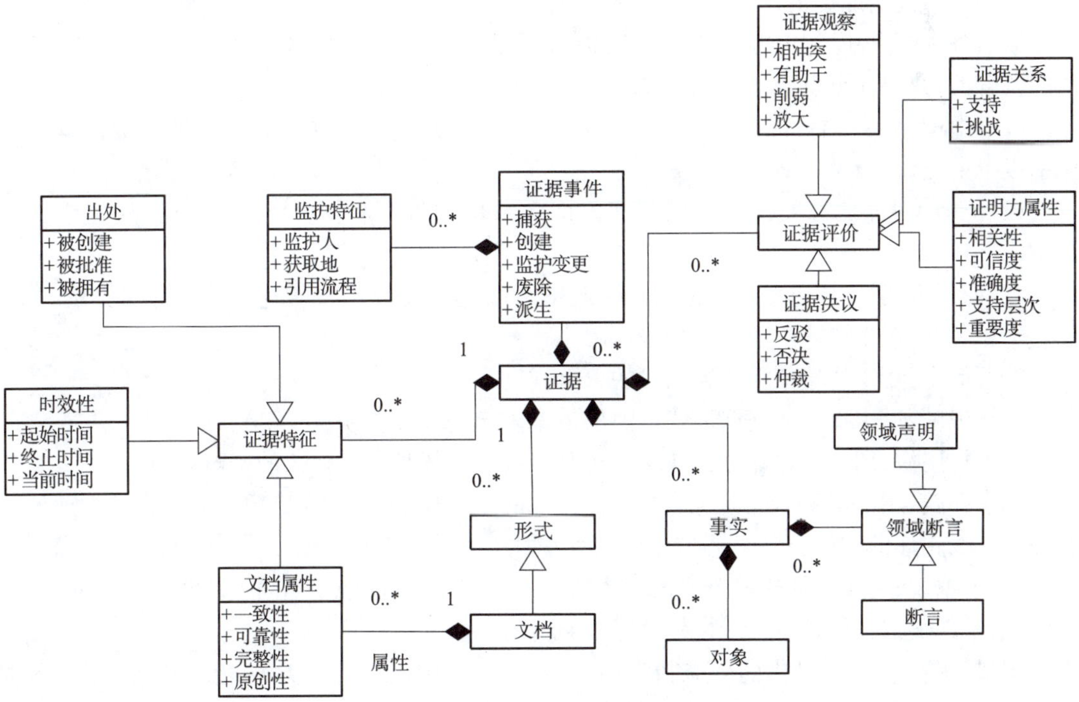

图 4-8　安全证据属性的结构

1. 事实:用于构建证据所阐述的领域事实,由“对象”和“领域断言”两个基本元模型构成。其中“对象”是组成证据事实的断言的基本事实概念元素,而“领域断言”是指“对象”之间的逻辑关系,通过“对象”与“领域断言”关联的方式构成一段针对特定领域的证据事实说明。

2. 形式:用于表明证据的客观形式。在列车运行控制系统的安全评估活动中,证据形式可以前期使用记录(如事故、紧急事件、故障率记录等);与相关标准、法规和指导方针的一致性说明;计算结果(如压力与疲劳度的有限元计算);测试(如性能测试、疲劳度测试、软件测试等);仿真和分析结果(如危害及操作性研究(HAZOP)、故障模式影响及危害性分析(FMECA)、故障树分析(FTA)等;专家复审,运营效果,以及认证结果等,但从形式上都可以归纳为“文档”。

3. 证据特征:主要定义了证据的出处和时效性。

(1)出处主要是指证据的管理性质,例如:谁创造了证据,谁评估过证据,谁认可了证据,或者谁拥有证据使用权。基于以上三种属性,可以为监护特征添加三个属性:被创建、被批准和被拥有。

(2)时效性特征主要关注证据的创建时间和证据效力的持续时间。可以为时效性添加属性:起始时间、终止时间和当前时间。

4. 证据事件:用于描述证据元素整个生命周期的关键事件。证据事件中的基本事件可以包括:

(1)捕获:是指启动一项证据获取过程,标志着证据生命周期的起点,也是对证据进行监护行为的始端。

(2)创建:通过证据创建行为,说明证据主体内容已经形成。

(3)监护变更:强调了证据的监护对象的变更过程。

(4)废除:说明证据不能用于支撑任何论证,即证据生命周期的终点。

(5)派生:说明证据主体产生出一个推论性的证据。

5. 监护特征:用于描述证据事件的监护属性,即证据事件产生的来源,主要包括了证据事件的监管人、获取地点以及触发证据事件所引用的流程。

6. 证据评价:是指对证据和领域断言之间的关系做出明确判断的活动,评价的依据可以包括以下要点:

(1)证据关系:是对证据与领域断言之间关系的定性评价,包含:支持与挑战两个关系类型;

(2)证明力属性:用于刻画证据的证明关系,可以通过以下方面描述具体的证明关系:

①相关性:用于描述证据支撑的强度大小;

②可信度:用于描述证据内容来源的可靠程度;

③准确度:用于描述从证据形式反映出证据内容的准确程度;

④支持层次:用于描述证据的获取来源是一手资料还是多次转述的资料;

⑤重要度:用于反映出证据对构成论证目标的重要程度,是对支撑层次的一种补充评价依据,即:多次转述的证据也可能是非常重要的证据;

(3)证据观察:用于描述多个证据之间的依赖关系;或者证据在不同领域断言中的冲突;

(4)证据决议:是对证据评价最终结果的定性描述。

图 4-9 展示了安全证据的分类和常用类型,其中叶结点是常用类型,有 49 种。安全证据从流程上大致能够分为过程信息和生成信息。过程信息基本是在活动过程前或过程中产生的,包含对该活动所需事项的说明以及活动记录。生成信息是在活动过程进行后得到的,包含分析、开发、测试的各项结果。

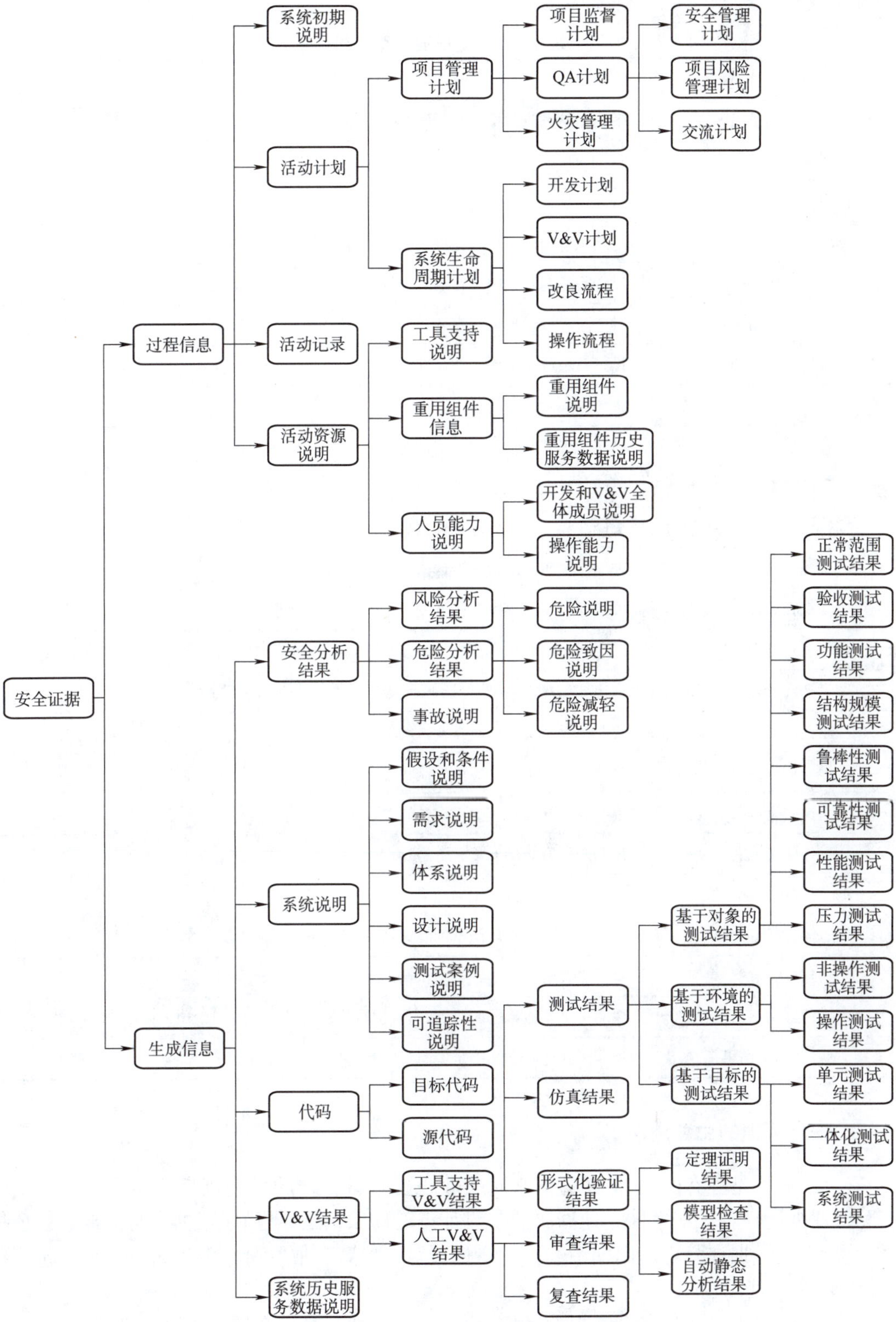
安全证据
过程信息
生成信息
系统初期说明
活动计划
活动记录
活动资源说明
项目管理计划
系统生命周期计划
项目监督计划
QA计划
火灾管理计划
安全管理计划
项目风险管理计划
交流计划
开发计划
V&V计划
改良流程
操作流程
工具支持说明
重用组件信息
人员能力说明
重用组件说明
重用组件历史服务数据说明
开发和V&V全体成员说明
操作能力说明
安全分析结果
风险分析结果
危险分析结果
事故说明
危险说明
危险致因说明
危险减轻说明
系统说明
假设和条件说明
需求说明
体系说明
设计说明
测试案例说明
可追踪性说明
代码
目标代码
源代码
V&V结果
工具支持V&V结果
人工V&V结果
系统历史服务数据说明
测试结果
仿真结果
形式化验证结果
审查结果
复查结果
基于对象的测试结果
基于环境的测试结果
基于目标的测试结果
定理证明结果
模型检查结果
自动静态分析结果
正常范围测试结果
验收测试结果
功能测试结果
结构规模测试结果
鲁棒性测试结果
可靠性测试结果
性能测试结果
压力测试结果
非操作测试结果
操作测试结果
单元测试结果
一体化测试结果
系统测试结果

图 4-9 安全证据分类

表 4-1 针对每一种安全证据类型进行了说明。

表 4-1　安全证据类型说明

证据类型	说　明
系统初期说明	系统初始细节的描述，以及如何创造系统
活动记录	执行项目计划中活动的记录
系统历史服务数据说明	系统过去运营的可靠性说明
风险分析结果	危险源可能被激活乃至导致事故的可能性，常用方法 FTA
危险分析结果	对危险源及其原因进行辨识，并找出减轻方法
事故说明	对危险源可能带来的事故进行说明，常用方法 ETA
假设和条件说明	描述系统可能工作的假设和条件
需求说明	系统必须满足的目标
体系说明	描述系统基础部分的组织情况
设计说明	说明系统、子系统、组件的组件、接口和其他内部结构
目标代码	编译器和汇编器处理源代码后生成的代码
源代码	未编译按照一定程序设计语言规范书写的代码
安全管理计划	以最佳方式指导组织业务安全方面的计划说明
项目风险管理计划	以合适的方法识别、减轻和追踪项目进程中的风险
开发计划	描述如何建立系统，包括需求、设计和实现步骤的说明
改良流程计划	说明面对系统改良时需要做的工作
操作流程计划	描述确保系统安全的操作流程
开发和 V&V 全体成员说明	说明参与开发和 V&V 成员的能力、知识以确保其有参与的资格
操作能力说明	说明操作系统的人员有资格操作
基于对象的测试结果	对单个组件进行测试的结果
基于环境的测试结果	在系统实际运营环境下的测试结果
基于目标的测试结果	对子系统或系统的综合测试结果
仿真结果	建立一个类似系统的模型，对其进行仿真
形式化验证结果	使用形式化的方法确定逻辑形式和功能的一致性

二、安全证据的生命周期

安全证据不是静态的，从被制造出来到失效也要具备自身的生命周期。安全证据包括两个部分，证据属性及证据事件。证据属性是对证据的抽象刻画，是描述证据本身的概念。证据事件是指安全证据在其生命周期中经历的事件，包括创造、获取、评价、派生、变更、再评价到销毁。如图 4-10 所示。

(1)创造：指可以作为安全证据的证据材料形成的时间，是安全证据生命周期的起点。

(2)获取：指对应需求启动一项证据获取过程，是对安全证据进行管理的开端。

(3)评价:对安全证据信心进行评价,明确该证据在多大程度上能够支撑对应的需求。

(4)派生:说明证据主体产生出一个推论性的证据。

(5)变更:是指安全证据在某些场景下,其关联或者信心发生了改变。

(6)再评价:说明安全证据变更后,有必要对其变更做出一个影响分析。

(7)销毁:说明该安全证据不能再用于支撑任何论证,也就是安全证据生命周期的终点。

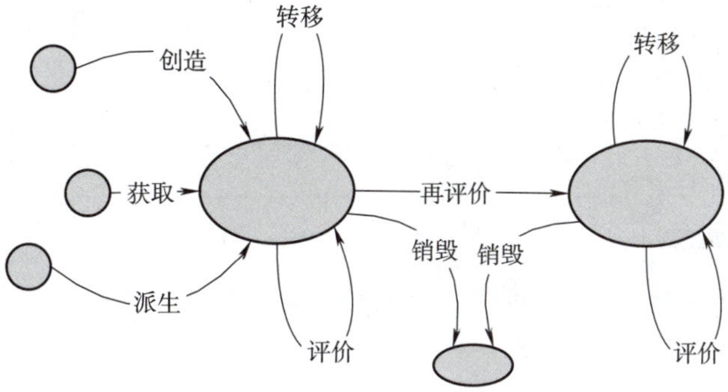

图 4-10 安全证据生命周期

安全证据材料通过创造、获取或派生得到,在得到证据材料之后,需对证据材料进行评价。在出现变更时,需要根据情况判断证据材料是否需要进行更新,一旦证据材料进行了更新,则需要重新评价证据材料。在安全证据链的追踪模型中,证据材料生命周期的活动主要体现在不同版本安全证据材料之间的关系。安全证据材料的生命周期和基线模型从不同的角度描述安全证据材料之间的关系,生命周期模型从安全证据材料本身描述同一证据材料不同版本之间的关系,基线模型则从安全证据材料之间以及其他元素之间的关系。

随着信号产品的应用条件变化,列车运行控制系统的安全功能会进行相应的调整,体现为一般产品(General Product)、一般应用(General Application)和特殊应用(Specific Application)之间的变化。这种变化体现为证据变更。以安全保证为例,在安全保证过程中,安全证据的生命周期管理模型如图 4-11 所示。进行证据管理,首先要明确应该提供哪些证据,即证据需要满足的属性和证据的类型。其次,则是对证据进行搜集。这一并称为安全证据获取。再次,建立安全证据间的可追踪链接,并对单体证据进行评价。最后判断所提供的证据能否满足安全需求。值得注意的是,在此过程当中可能会出现证据变更的情况,一旦出现证据变更的情况,需要分析变更的证据是否会对其他证据乃至整个系统安全水平的结论产生影响。这就对证据链的可信性评价提出了单体证据可信性评价和证据链变更影响评价两个问题,关键是需要明确单体安全证据以及安全证据链的可信性定量评价方法,并建立相对应的评价指标体系,并通过计算指标权重,运用证据推理算法进行评价,同时结合安全证据可能的变更场景,以及变更对安全证据可信性评价的影响进行分析。

三、安全证据的管理形式

安全保证和安全评估的关键,是对安全证据的获取、分析及评价,是对安全证据的管理。列车运行控制系统的安全证据主要源于列车运行控制系统设计研发相关的功能安全规范性文件(如行业安全标准、设计规范等)中所约定的可作为安全证据材料的信息载体。而安全证据

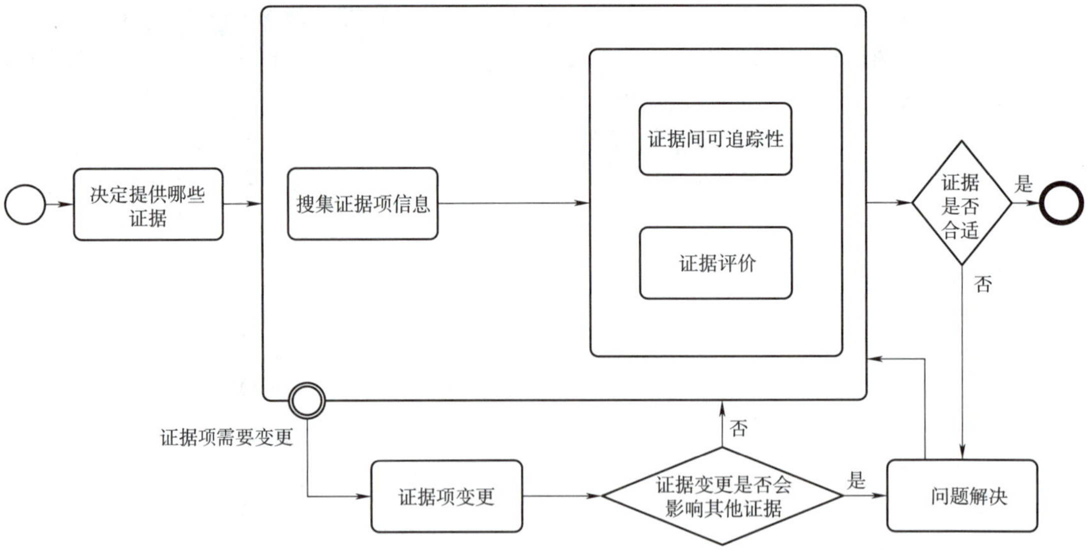

图 4-11　安全保证过程中安全证据生命周期管理模型

的相互关联关系体现在：一方面，设备研发方为了阐述其安全功能的实现方式，会依据一定的逻辑推理方式选取特定证据材料作为支持安全需求的安全证据，这体现为安全论据的建立过程；而另一方面，规范性文件中限定了获得和管理安全证据材料所需要的活动、技术、人员资质等，这些限定条件明确了证据材料之间的时序和逻辑可追溯等关系，这些关系反映为证据获取的参考框架(Reference Framework)。

如果说安全论据体现了安全证据之间的逻辑关联关系，那么依据参考框架管理安全证据的过程，就体现为安全证据的质量问题。由于列控系统的特征，其安全保证引入了基于流程的安全管理方式，这就意味着作为安全论据所引用的安全证据都是证据生成过程中的最终产物，过程中诸多的中间证据产物无法反映在安全论据中。但是，证据生成过程往往会受到系统性失效的影响，使得中间产物逐步出现偏差，并导致最终安全证据的质量问题。这种证据间的相互影响关系就反映为证据链。

安全证据链，更准确地说是安全证据产物链，由一系列相互关联的安全证据材料构成。产物间的相互关联即是安全证据链的结构。换言之，安全证据链的结构就是产物通过某种方式组织起来。安全证据链的意义在于将安全证据产物及相互关联信息通过结构化的方式组织起来。以便于达成以下目的：

1. 系统安全保证和评估活动管理。安全证据的链接关系体现了通过安全活动获取相关安全证据的路径与逻辑关系，描述了安全证据产物所包含信息(如人员、技术等)的可追踪性，通过建立安全证据链，安全保证和安全评估的实施过程都被有序地记录下来，从而有助于安全保证和评估流程的管理。

2. 提高对安全标准的符合性的判断。铁路领域的安全评估的核心工作之一，即核查安全相关系统及产品是否符合特定的行业安全标准的安全需求和目标，由于安全证据链可以基于安全标准的概念模型而生成。因此，安全证据链模型为安全标准的符合性判断提供了基于可操作模型进行验证的技术可能性。

3. 变更影响分析。需求变更在安全关键系统几乎是不可避免。而相应的安全证据也随其生命周期相应改变。安全评估必须获知这些改变不会对系统的安全产生过度影响，而安全证据链可以作为追踪安全相关变更的重要手段。

4. 安全证据的重新使用。任何列车运行控制系统的开发过程中，获取和维护安全证据，并用于最终的安全性证明的一系列工作，都需要投入很高的人力和物力成本。需要为了减少安全关键系统的研发代价，对过去安全关键系统的安全证据的重用不失为一种解决方法，但是必须确保证据重用是合理的。

图 4-12 是以标准 EN 50129 规定的开发过程为例的安全流程模型。在流程角度中，安全活动是处于核心定位的。安全活动必然要遵循一定的流程，且有相应的目标、需求、输入输出和执行者。在流程角度上，另外一个核心概念就是安全产物，其作为特定活动的输出以及后续特定活动的输入，与安全活动、需求相关联。

图中直角矩形表示安全活动，圆角矩形表示安全证据；蓝线表示输出，红线表示输入。

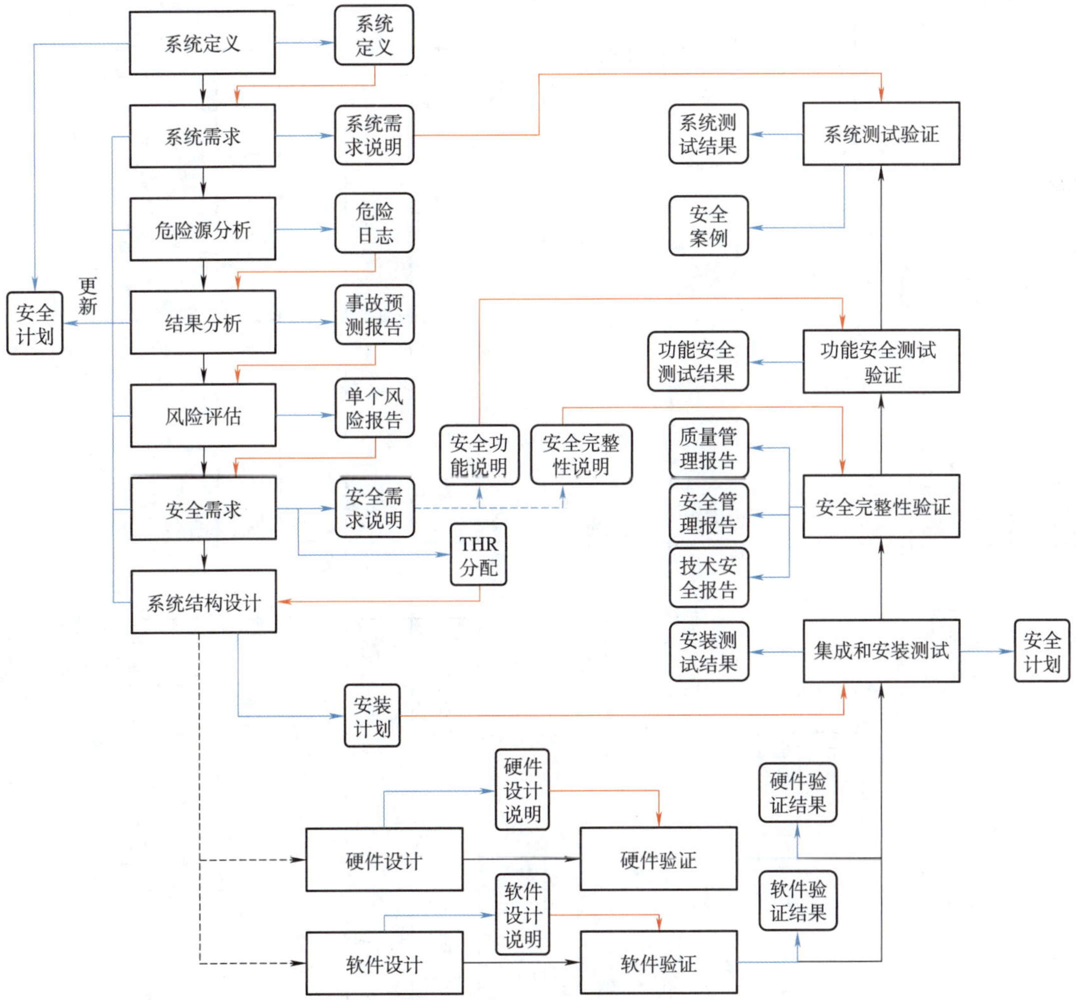

图 4-12　EN 50129 流程模型

同样以某地铁线列车运行控制系统项目的危害记录（Hazard Log）为例，如图 4-13 所示。

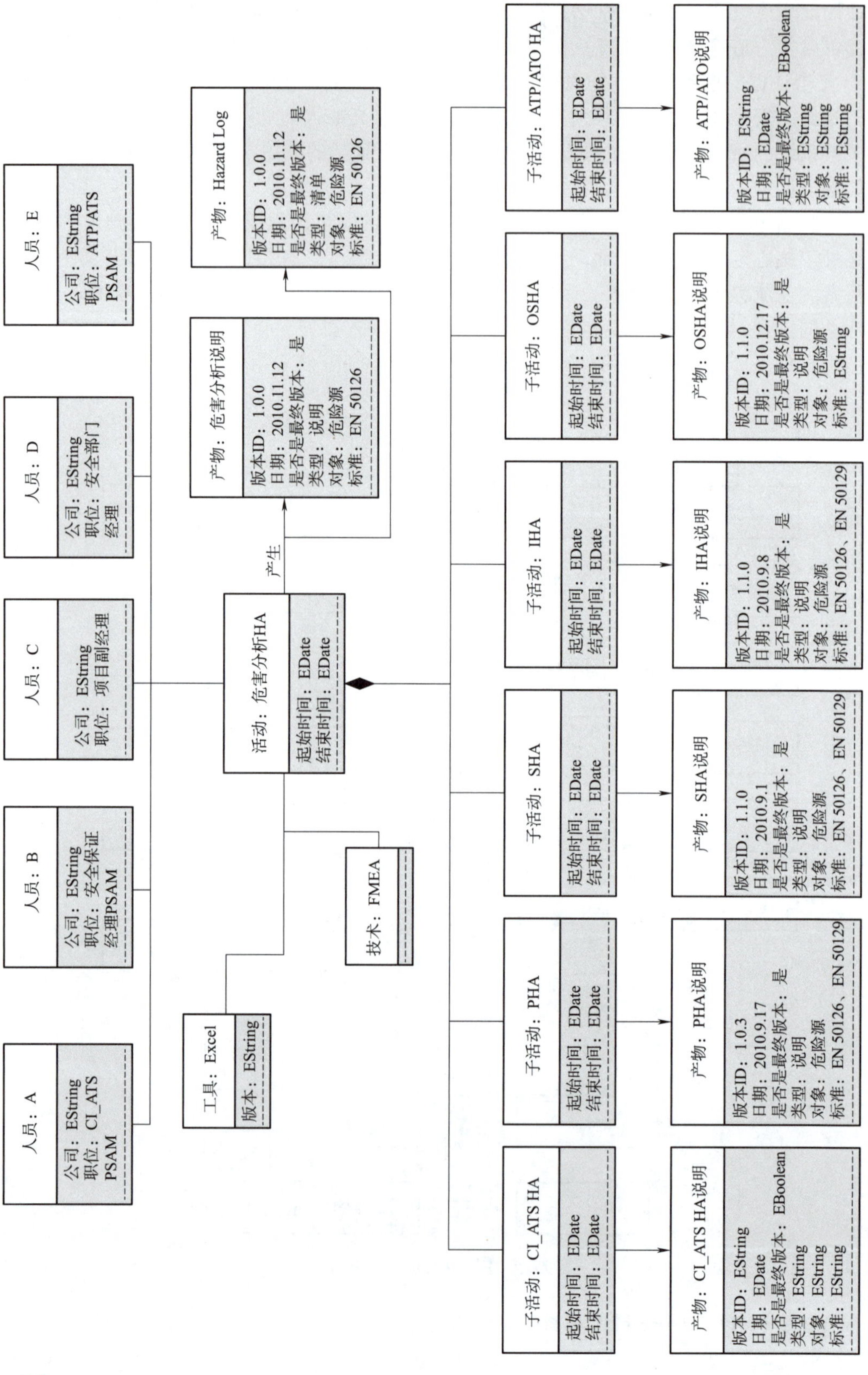

图4-13　危害记录过程模型

其中 PHA 为初步危险源分析，SHA 为系统危险源分析，IHA 为接口危险源分析，O&SHA 为操作与支持危险源分析，CI_ATS HA 为联锁与列车自动监控子系统危险源分析，ATP/ATO HA 为列车自动防护与列车自动驾驶危险源分析。

安全目标、策略、安全证据是通过推理逻辑紧密相连的，安全目标的变更、策略的变化乃至安全证据本身的改变都会影响安全证据，从而可能影响其他的安全证据。因此这三点可以看作安全证据变更的场景。

安全总体目标的变更往往很少发生，通常是子目标发生改变。例如已经认证并使用的系统需要添加一个新的功能，相应的安全需求便产生了。因此对新的危险源要进行辨识，更新危险源日志。这样安全证据便相应地发生改变，进而影响其他安全证据。通过上文的证据链可知，危险源日志会对安全需求说明产生影响。

策略的变化往往导致产生的子目标或需要的安全证据发生变化。例如，当认证并使用的系统应用在其他国家，该国家有自己的标准，在论证安全目标时的策略就应当变更成依据某标准进行论述。所需的证据会发生相应的变更。之后根据其标准产生的证据链来进行影响分析。

安全证据的改变大多只有两种情况：一是证据的时效性变化，也就是证据过期；二是第三章提及的证据可信度发生改变。这两种情况都需要找出影响变更的元素，再通过证据链分析其对另外证据的影响。

上述思路同样能够运用在系统开发过程中，因此本节提出五个在安全证据开发和认证过程中可能触发证据变更场景的事件。

1. 系统开发

系统开发是安全证据变更最常见的一个场景。因为未认证系统在开发过程中的安全证据是逐步收集和结构化的，直到所有证据被收集和结构化，安全需求、安全论证以及安全证据都在不断地变化。

例如一个新的危险被识别，此危险能够在其他系统中引起事故，则危险源日志将变更。对于这样的危险，需要进行分析，了解其对于安全需求、设计、测试案例等其他产物的影响。或者系统的体系结构发生改变，需求说明随之变化，这可能导致安全需求、源代码不完整。

2. 系统改造和再认证

当某个已经认证过的系统进行改良后，可能系统部分组件变化或者添加了新的组件，因此需要对其进行再认证。

3. 系统的新环境

当已经认证的系统被用在一个新的环境，一些证据将变得不适用，或者需要提供一些新的证据。例如用于京沪线上的列控系统要重新使用在哈大线的同种列车上，考虑到严酷天气的影响，安全需求可能要增加，某些新的证据就要随之生成。在铁路领域，认证过的通用产品被应用在特定的列车或线路是非常普遍的。因此，为了决定证据是否合适或者产生新的证据，影响分析是必要的。

另一种环境改变的情况是认证需要符合另外的标准。除了通用标准外，不同国家或地区可能有各自独特的标准。现有的证据和证据链可能符合本地标准，却不符合外地标准。或者说，各地虽然使用同一个标准，但是使用的版本不一致，安全证据对标准的符合性也就不同了。

这样一些安全需求乃至整体的论证策略都将发生改变。

4. 参与人员、工具、技术发生改变

当参与人员、工具、技术发生改变时，很可能影响安全证据的时效性和可信度。从而对整体安全论证产生影响。例如使用的工具更换，需要重新对其产生的证据进行评价。同样还有人员的变更，人员离职期间其所负责的证据失去效用，新的人员负责后需要重新对证据进行审核。

5. 组件重用

最后一个安全证据变更的场景与系统组件重用有关。即某个被认证的系统中的一部分被用于新的系统。组件重用后，原证据需要被证明适用于新的系统，因此需要新的证据，或者对原证据进行修改。

证据管理对于安全保证和安全评估的意义还体现在工作效率和管理成本上。安全规范性文件对列车运行控制系统所约定的证据材料是海量的，无论是制造还是审核证据都是一件费时费力的工作，不但影响到信号产品的研发进度，而且会导致安全保证和安全评估活动对列车运行控制系统研发产生高额的附加成本。通过证据链可以实现对安全证据的管理，提高证据的可重用性和可评价性，从而降低安全证据相关的人工成本，提高安全评估工作的效率，有益于安全评估的灵活部署。安全证据管理需求主要来源于：

(1)安全保证与安全评估需求。在具体项目的安全保证工作中，安全证据的追踪管理可以用于指导安全活动的进行。

(2)安全标准符合性检查。基于安全标准建立安全证据的管理模型，与实际需评价项目的追踪模型进行模型对比，来评价具体项目是否符合安全标准的要求。

(3)变更影响分析。一旦出现变更，追踪管理模型能够有效地确定相关的证据材料、活动等信息，分析变更对整体安全保证工作的影响。

(4)安全证据的重用。在不同的项目中，可根据相同的安全目标、过程等信息，通过安全证据链的追踪模型，在新的项目中重用已有安全证据，减少安全保证工作的工作量。

在建立安全证据的追踪模型时，应考虑到追踪模型的动机，使模型能够实现追踪需求。可追踪性由追踪体和追踪链组成。在软件需求管理中，追踪体为可追踪的需求数据单元。追踪体是追踪的具体内容，根据追踪体的目的，可将追踪体分为源追踪体和目标追踪体。追踪链是两个追踪体之间有方向的关联，追踪链根据方向可分为初始追踪链方向、反馈追踪链方向和双向追踪链。追踪体与追踪链之间的关系如图 4-14 所示。

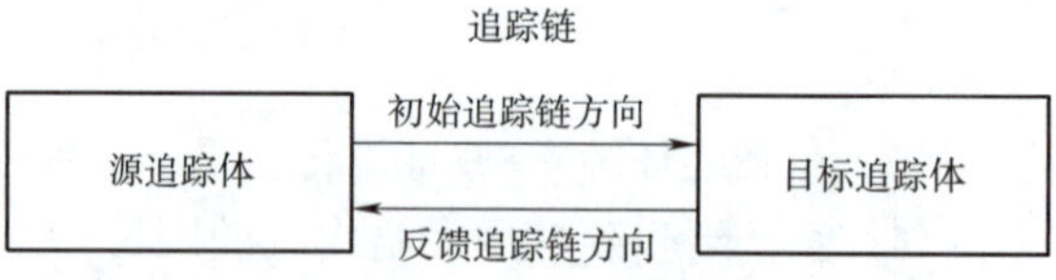

图 4-14　追踪体与追踪链之间的关系

追踪链的属性包括追踪链的类型、追踪链的语义。追踪链的类型将具有统一特性的追踪链区分开，追踪链的语义则具体描述了追踪链的目的、意义。在描述追踪体之间的追踪关系时，常用可追踪性矩阵，可追踪性矩阵记录了追踪体之间的关系，即追踪链。一个追踪包中包含一个源追踪体、一个目标追踪体以及两个追踪体之间的追踪链。追踪包是追踪中的最小单元。可追踪性是建立和使用追踪的可能性，是追踪体的一种属性。

追踪过程包括追踪的建立、使用以及维护。追踪过程模型描述了一旦需要进行追踪时，需要进行的活动，通用追踪过程模型如图 4-15 所示。

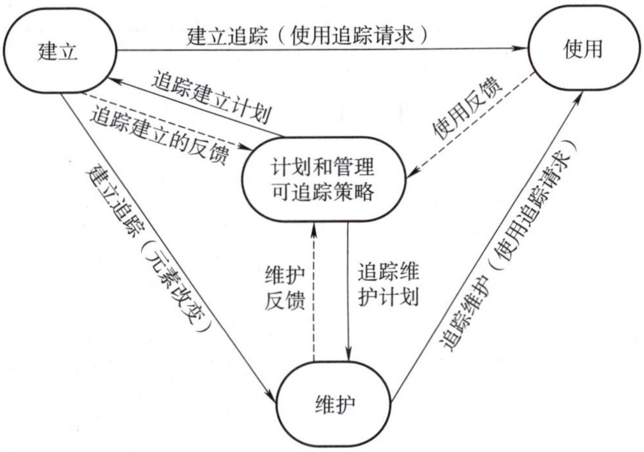

图 4-15　通用追踪过程模型

在追踪的建立时，需要捕获追踪、表达追踪、存储追踪以及确认追踪，其关系如图 4-16 所示。在出现变更等激励时，急需要建立追踪，追踪的过程从捕获追踪开始，捕获追踪需确定源追踪体、目标追踪体以及建立追踪链，以确定追踪的内容。获得追踪元素后，需将捕获的追踪元素以追踪包的形式表达出来。追踪的表达主要以追踪包的形式将捕获的所有追踪元素描述出来。追踪的存储工作将追踪中的相关可追踪信息保存起来，通常将追踪信息存入可追踪信息库中，在存储信息的过程中，也会根据信息的追踪内容将一些信息反馈到追踪的表达中。追踪的建立过程，如图 4-16 所示。

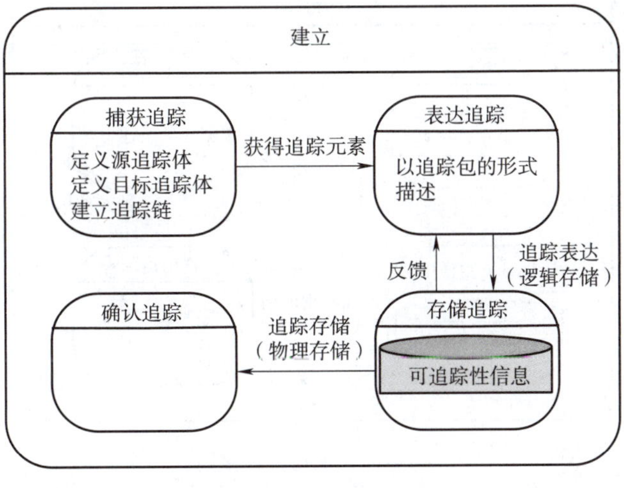

图 4-16　追踪建立过程

追踪的维护工作主要包括检索追踪、分析追踪、更新追踪、存储更新追踪以及验证更新追踪，追踪维护的结构如图 4-17 所示。在变更出现后，追踪随之建立，在追踪未完成之时，一旦出现新的变更，则需要对建立的追踪进行维护。追踪的维护工作以追踪为维护对象，以分析新的变更出现，对原有追踪的影响，以及更新追踪信息，并进行存储验证工作。

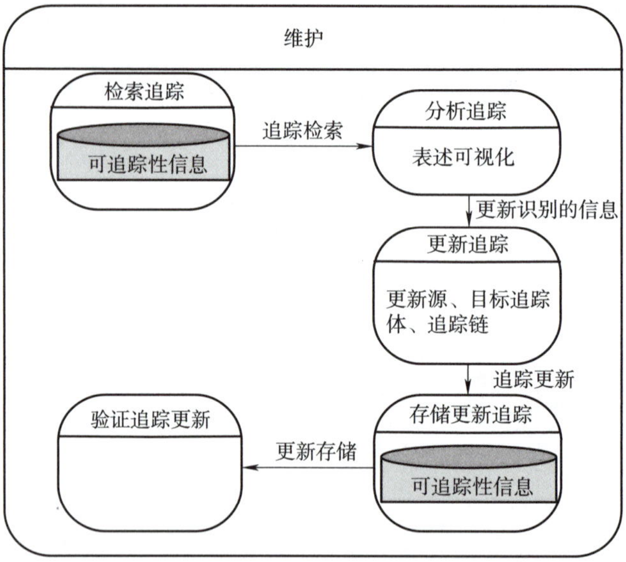

图 4-17　追踪维护结构

追踪的使用工作主要用于需求完整性分析、最终接收测试的需求-接收-测试映射，进行变更的影响分析。追踪的使用包括检索追踪、表述追踪、评估追踪以及记录追踪，如图 4-18 所示。追踪的使用主要基于捕获的追踪信息，根据具体的追踪目标、评价追踪，用以判断目标是否实现，追踪的使用过程也需要记录在可追踪信息库中。

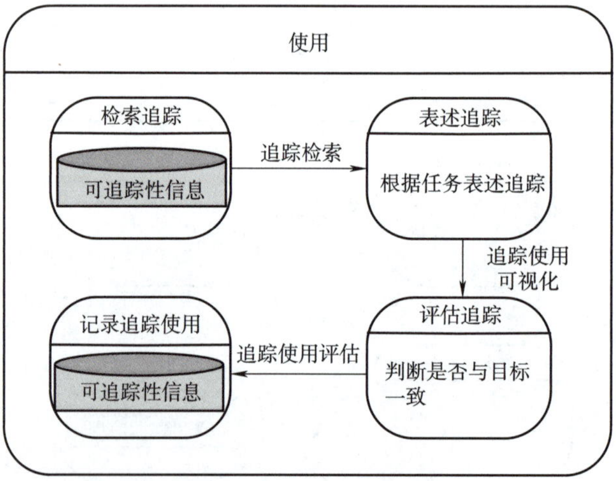

图 4-18　证据追踪使用

安全证据链的追踪过程不同于软件需求的追踪，建立安全证据链追踪模型的过程如图 4-19 所示。

安全证据链的追踪过程同样包括建立、维护和使用三个阶段，但是针对安全证据链的追踪，各个阶段的工作核心以及触发条件均有一定的调整。安全证据链追踪模型的建立即为提取广义上的安全证据（包括活动等信息）以及安全证据之间关系。维护工作则根据需求，实时更新安全证据追踪模型。最后，根据安全证据链的追踪的目的，合理使用安全证据链的追踪模型，得到相应的分析结果。

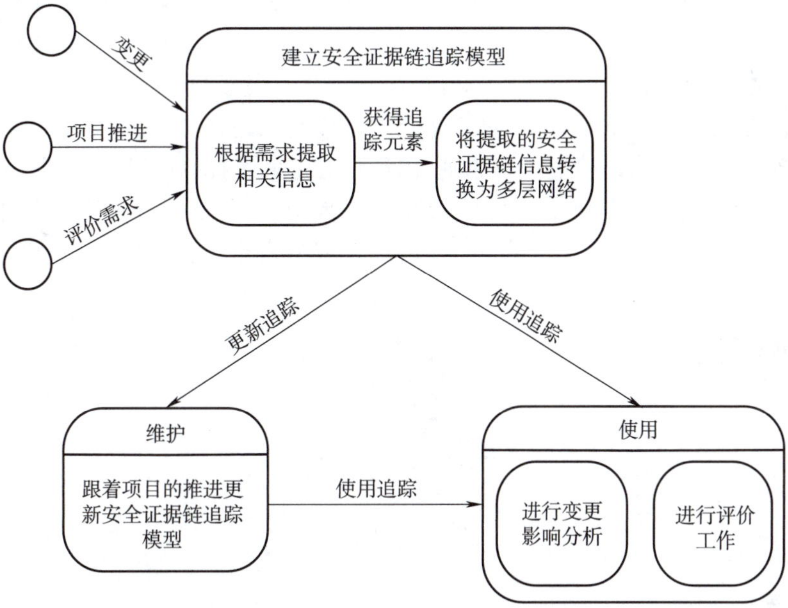

图 4-19　建立安全证据链追踪模型过程

安全证据链追踪过程由变更、项目推进以及评价需求触发，开始建立安全证据链的追踪模型。安全证据链的追踪过程模型从安全证据本身的生命周期角度出发，分析单个追踪体在追踪建立、维护和使用中信息变化的过程。安全证据链追踪模型的建立需要基于安全证据链的信息。安全证据链的信息可从标准、行业规范以及具体项目的基线模型转换而来。

第四节　列控系统的安全性论证示例

列控系统安全性论证过程中所选取的安全需求及目标，通常是列控系统设计开发前所约定的需要完成既定目标的声明。这些声明可以是源自设备提供方设计开发所依据的标准规范，可以是列控系统的利益相关方（使用方和监管方）对系统特殊应用条件所提出的需求，亦可以是评估方对特定评估项目所约定的条件。当前的列控系统常用的安全需求及目标一般表述为：

（1）列控系统安全功能满足运营安全需求；

（2）列控系统开发周期中所使用的技术与方法符合相应的功能安全完整性要求；

（3）列控系统的设计已按照风险接受原则将系统投入运营后的风险降至可接受水平；

（4）列控系统满足所有的需求规范；

（5）列控系统满足开通运营条件；

(6)列控系统的重用满足交叉接收条件；

(7)既有列控系统的变更符合安全相关应用条件。

以列控系统安全功能满足运营安全需求为例，在安全性论证中一般采用如图 4-20 的论证展开方式：确定列控系统安全需求是否实现的策略是对列控系统所涉及的危险源采取安全风险控制。基于这一策略，顶目标被分解为两个子目标，一方面是危险的辨识与风险控制，体现了对列控系统危险致因源头的获知过程，也就是分析系统；另一方面是安全措施的实现过程，体现了针对危险致因源头的处置措施，也就是设计系统。对于危险的控制可以从两个方面展开，即系统危险是否辨识完整，决定了对于系统的分析是否完整，取决于对系统边界的定义；此外，还要确定对危险相关的风险的接收原则，体现了对于危险控制的基本原则。而对于安全措施的实现的判断，一般依据安全标准[10]的指导意见，将安全需求划分为安全功能需求和安全完整性需求。安全功能需求体现了系统需要设计实现的安全相关功能，而安全完整性需求是对系统执行安全功能能力的要求。

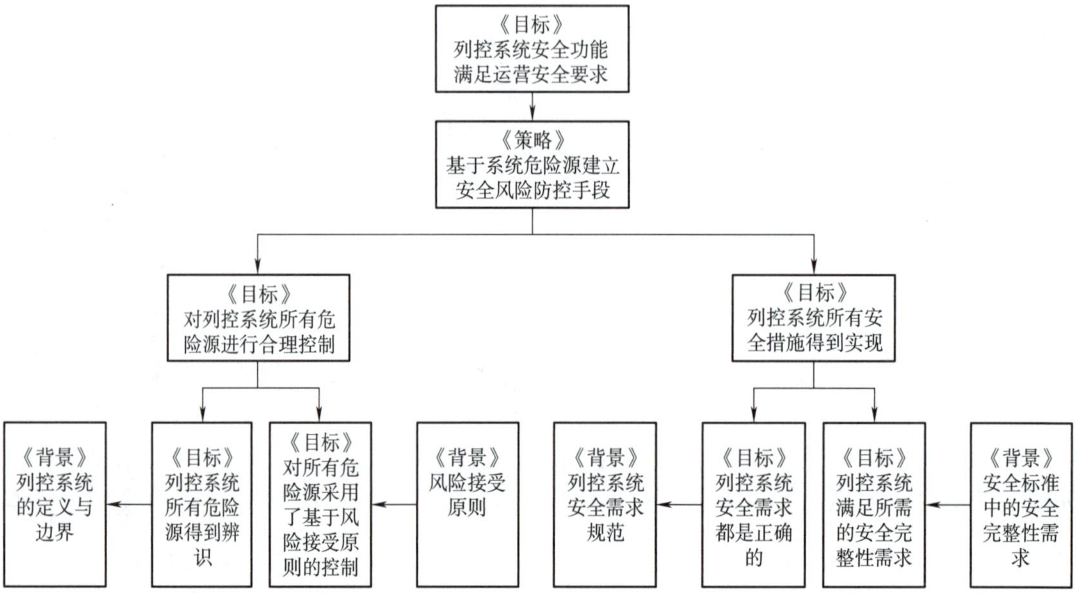

图 4-20　列控系统的安全论证策略

该论证方式中所采用的策略是依据列控系统设计所要依据的 EN50129 的要求，将符合 SIL 的要求划分为：

(1)依据 ALARP 原则对系统相关危险源的处置措施；

(2)系统的需求是正确，即系统的需求都经过测试确认；

(3)系统需求的分解是合理的，即系统层、子系统层和产品层的需求之间是可追溯的；

(4)系统设计所使用的技术和方法符合 SIL4 的要求。

一、列控系统的安全完整性论证策略

安全性论证的策略可以通过一种对系统特征描述的模型来衡量。例如，如果要论证“列控系统能够保障铁路系统运行安全”之一目标，就需要将列控系统与铁路系统的风险关系描述清楚，列控系统一般采用的论证策略包括两部分：对危险的控制策略和对安全需求的验证。列控系统的安全论证原则可以体现为，在列控系统所限定的范围内，系统之所以是安全的，是因为已经辨识出的所有的功能危险，并明确了对应的安全需求。功能危险通过危险控制或风险降低措施得到了充分的控制，而所设置的安全需求通过安全分析与验证确认方法可以证明所设置的安全需求已经得到完整有效地实现。系统在开发过程中始终通过一套有效的安全管理方案来确保所引入的系统性失效获得有效的控制，而系统在交付后的残余风险已经通过安全应用条件告知应用方，如图 4-21 和图 4-22 所示。

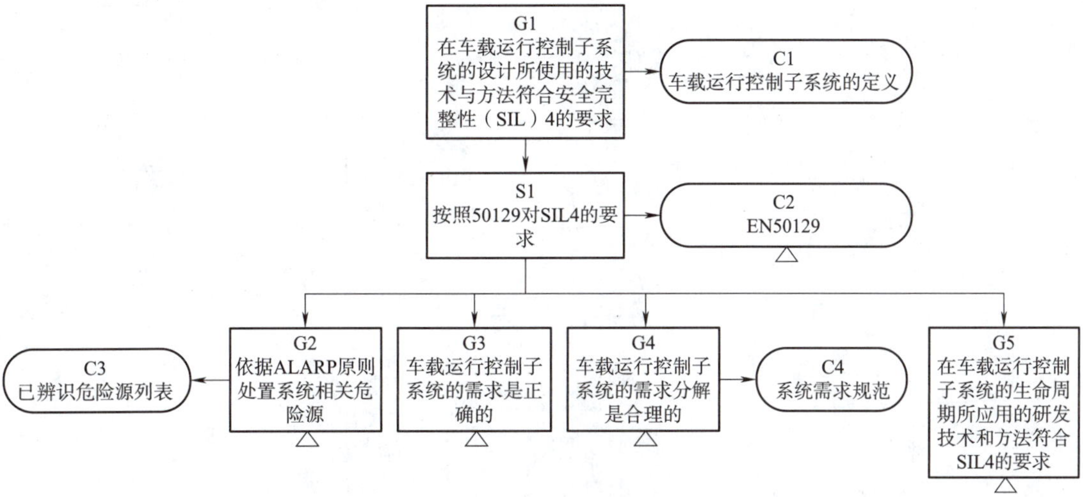

图 4-21　列控系统安全完整性的安全论证策略

对于“安全需求的验证”的安全论证主要采用了归纳式的论证原则，即安全需求可以划分为安全功能需求和安全完整性需求，而安全完整性需求将进一步划分为系统失效(systematic failure)完整性和随机失效(random failure)完整性。

二、列控系统的安全证据

列控系统安全评估所需的安全证据类型源自特定行业领域广泛接受的评价准则，这些评价准则可以划分为三类：

(1)法规、标准与规范。这部分是安全证据的主要来源，包括可适用的参考标准中所规定的规范化的安全目标，功能性安全需求，和流程性安全管理需求。以及其他所涉及的方法、技术和最佳实践。

(2)风险评价的证据。即结合运营目标与系统定义，所辨识出的系统可能的危险运行状态，分析主要的危险运行状态可能产生的风险程度，以及控制风险所实施的相关措施。

(3)交叉认证的证据。列控系统从通用产品向一般应用转化的过程中，所约定的系统基线案例，特定的运营指标，一般应用的特殊性风险评价，以及一般应用的适用性分析结果。

列控系统安全评估所需的安全证据，从对论据的支撑作用上可以划分为 5 类：

(1)流程类证据：为了确保系统设计研发随着生命周期阶段逐步实施，以便于里程碑式地观测系统实现是否与目标偏离，另外可以将减少任意人因对系统安全性的影响。体现：实施计划类，质量管理类，安全管理类证据。

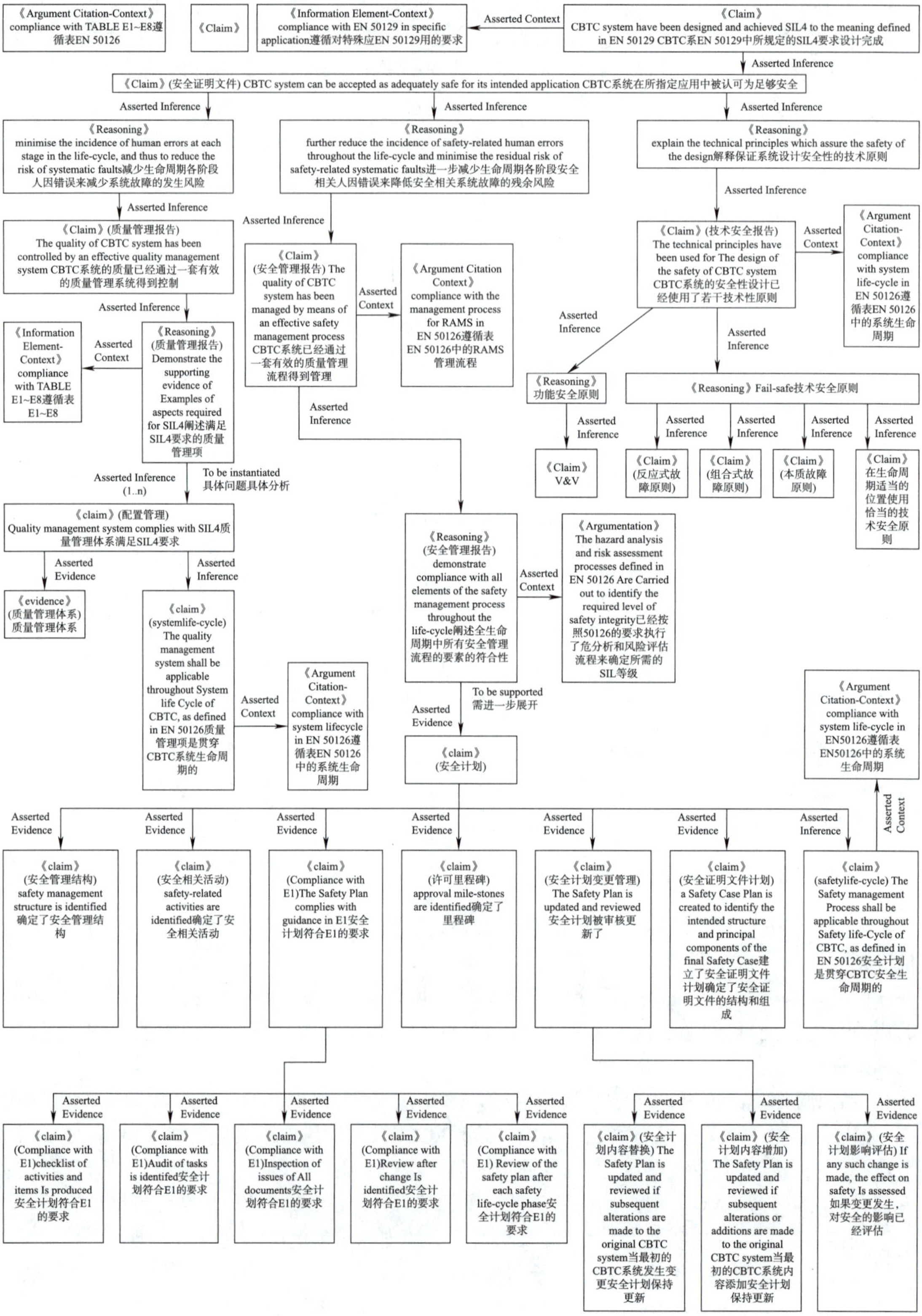

图 4-22 基于 EN50129 的列控系统的安全完整性论证策略

(2)规范类证据:为了明确系统设计与研发的具体实现方式而建立的目标性证据,作为对系统安全目标和安全需求的响应,同时也是系统测试确认活动的主要依据;如系统功能规范、测试规范、设计规范等。

(3)测试验证类证据:为了证明系统按照实现了规范性证据中所规约的目标所形成的证据。

(4)分析类证据:为了支撑规范类证据所设定的目标的合理性而进行的特定功能验证,性能计算活动。如:危险源管理报告,风险接受分析报告。

(5)设计类证据:为了展现系统实现规范所设定目标的所采用的原理、技术手段和存在方式。如:硬件配置图,软件设计代码。

以车载列控子系统为例,安全证据文档见表 4-2。

表 4-2　车载列控子系统安全证据文档列表

文档类别	功能分类	文档名称
	系统级流程保证文档	车载控制子系统系统质量保障计划
		车载控制子系统系统安全计划
		车载控制子系统软件质量保证计划
		车载控制子系统测试计划
		车载控制子系统验证计划
		车载控制子系统配置管理计划
		车载控制子系统确认计划
		车载控制子系统安装计划
		车载控制子系统调试计划
	系统级需求文档	车载控制子系统需求规范
		车载控制子系统安全需求规范
		车载控制子系统需求测试规范
		车载控制子系统结构设计规范
	系统级设计分析文档	车载控制子系统危害分析报告
		车载控制子系统需求测试分析报告
		车载控制子系统定量风险分析
		各阶段配置项状态纪实
	硬件需求文档	硬件需求规范
		硬件测试规范
		硬件结构规范
		硬件设计规范(或硬件详细设计说明)
		硬件内外部接口规范
		硬件集成测试规范
	硬件测试文档	硬件设计图(电气连接图等图纸)
		硬件电路图(PCB 图及电路原理图)
		硬件接口测试报告
		硬件集成测试报告

续上表

文档类别	功能分类	文档名称
	软件需求文档	软件需求规范
		软件需求测试规范
		软件结构规范
		软件接口规范
		软件集成测试规范
		软/硬件集成测试规范
		软件设计规范(软件概要设计说明)
		软件组件设计规范(软件详细设计说明)(SIL4)
		软件编码规范
		软件组件测试规范(SIL4)
	软件测试文档	软件组件测试报告(SIL4)
		软/硬件集成测试报告
		软件集成测试报告
		软件静态测试报告
		软件动态测试报告
		车载控制子系统集成测试报告
		车载控制子系统调试报告
	软件确认文档	车载控制子系统工具确认报告
		车载控制子系统确认报告
		软件源代码

参考文献

[1] DefStan00—56. Safety Management Requirements for Defence Systems[S]. MOD, 2005.

[2] Safety Rail Standard Board. Engineering Safety Management (The Yellow Book)[S]. UK: Safety Rail Standard Board, 2007.

[3] KellyT P. Arguingsafety - Asystematic approach to managing safety cases[D]. York: the University of York, 1988.

[4] 罗伯特·阿列克西. 法律论证理论:作为法律证立理论的理性论辩理论[M]. 北京:中国法制出版社, 2002.

[5] Kelly T P , Mcdermid J A . Safety Case Construction and Reuse Using Patterns[M]// Safe Comp 97. Springer London, 1997.

[6] Govier T. A practical study of argument [M]. Wadsworth Pub. Co. 1991.

[7] Object Modelling Group, Structured Assurance Case Metamodel (SACM), Beta 2 Version, June2012. Availablefrom: http://www. omg. org/technology/documents/modernization_spec_catalog. htm

[8] 张保生. 证据法学(第三版)[M]. 北京:中国政法大学出版,2018.

[9] Safety Rail Standard Board. Application Note 4 Independent Safety Assessment[S]. UK: Safety Rail Standard Board, 2003.

[10] IEC 62425. Railway applications — Communication, signalling and processing systems — Safety related electronicsystems for signaling. International Electrotechnical Commission (IEC), 2007.

第五章　列控系统开发的生命周期安全活动

随着计算机广泛应用于列车运行控制系统，人们迫切需要找到能够保障系统安全性的方法，面向全生命周期的安全活动和基于风险的安全设计方法成为最重要的两个手段去满足系统的安全完善性[1]。由于计算机软件实现的安全苛求系统存在无法进行完备测试的问题，基于全生命周期的安全活动，通过管控系统设计研发以及生产过程中的关键环节来有效减少系统故障和缺陷。在每个阶段安全活动中需要进行记录和分析，以便收集安全评估和认证机构所需的安全证据。

本章介绍了列控系统开发过程中应当进行的安全活动，重点阐述为了满足安全标准和系统的安全需求，在需求分析、产品设计、产品实现、产品测试等阶段应进行的安全管理活动和具体要求。此外，为了满足列车运行控制系统功能不断优化升级，适应不同运营单位的运营需求，需要对列车运行控制系统，特别是软件版本进行有效严谨的配置管理和变更控制，在本章的最后一节予以论述。

第一节　安全生命周期

系统安全取决于很多因素的共同作用，这些因素分布在所有系统生命周期阶段中，不同阶段所涉及的因素各不相同，因此以系统生命周期为主线开展系统安全保障工作，在不同阶段针对不同因素有重点的进行控制监督。

安全生命周期定义为工程过程，包括实现所需功能安全所必需的所有步骤。安全生命周期背后的基本理念是制定和记录安全计划，执行该计划，记录其执行情况（以表明该计划已得到满足），并在系统的整个生命周期内，继续遵循该安全计划，通过提供进更多相关的文件来完全满足安全计划的要求。中间过程中的更改同样必须遵循计划、执行、验证和文档的模式。

IEC 62278 中将轨道交通安全相关系统的生命周期定义为 14 个阶段[1]，如图 5-1 所示。在其整个生命周期，各个阶段完成的任务不同，给出了系统生命周期各个阶段的具体任务和要求，进行 RAMS 的管理，给出需要完成的 RAMS 任务，同时给出相关的具体文档和要求。

在 IEC 62425 标准[2]中将适用于安全相关系统的、包含系统安全保障工作的生命周期过程称为安全生命周期（Safety Life Cycle），安全生命周期各阶段是伴随着系统生命周期的。把系统生命周期中的安全设计和验证确认活动组成一个 V 模型，如图 5-2 所示。

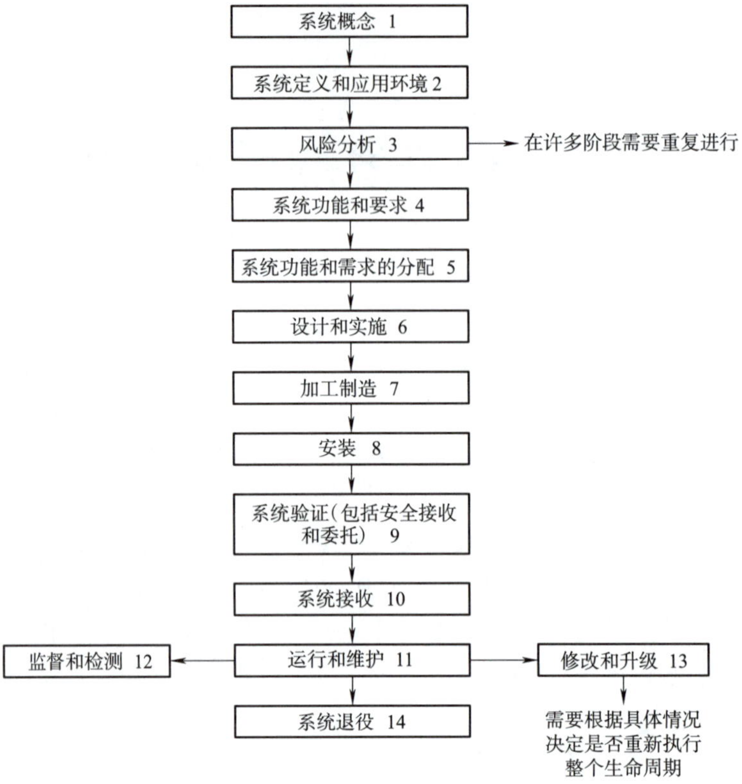

图 5-1　系统的生命周期

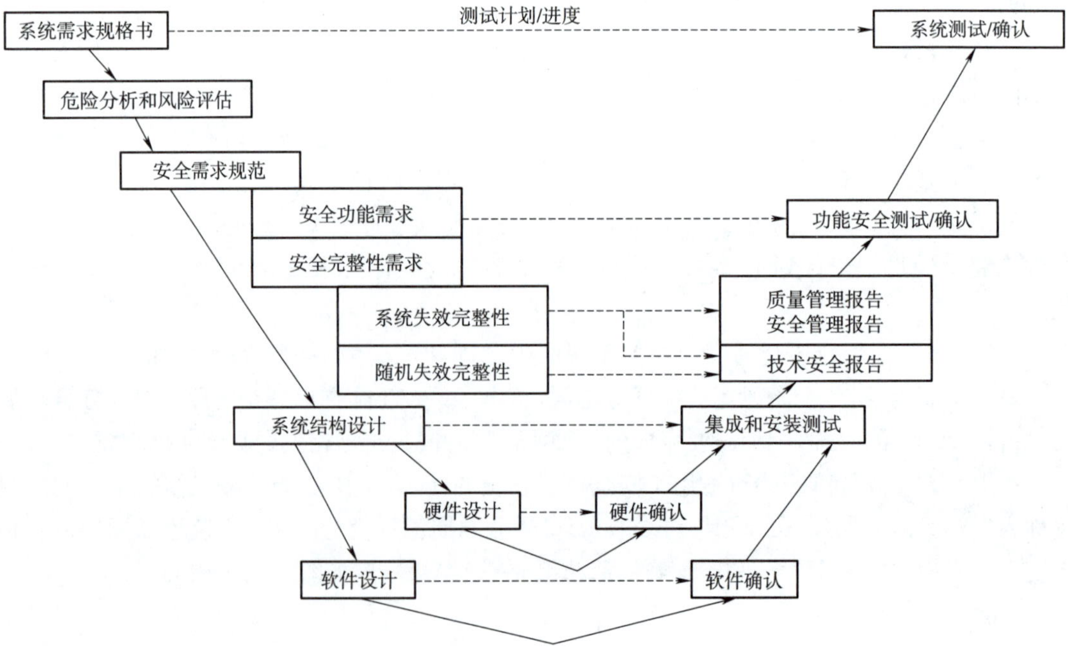

图 5-2　系统安全生命周期的设计和确认 V 模型

在项目实施过程中，为判断相关的安全活动与计划是否一致，在生命周期某一特定阶段实施完成后设为一中间时期里程碑，通常又把安全生命周期活动划分为 5 个里程碑，如图 5-3 所示。

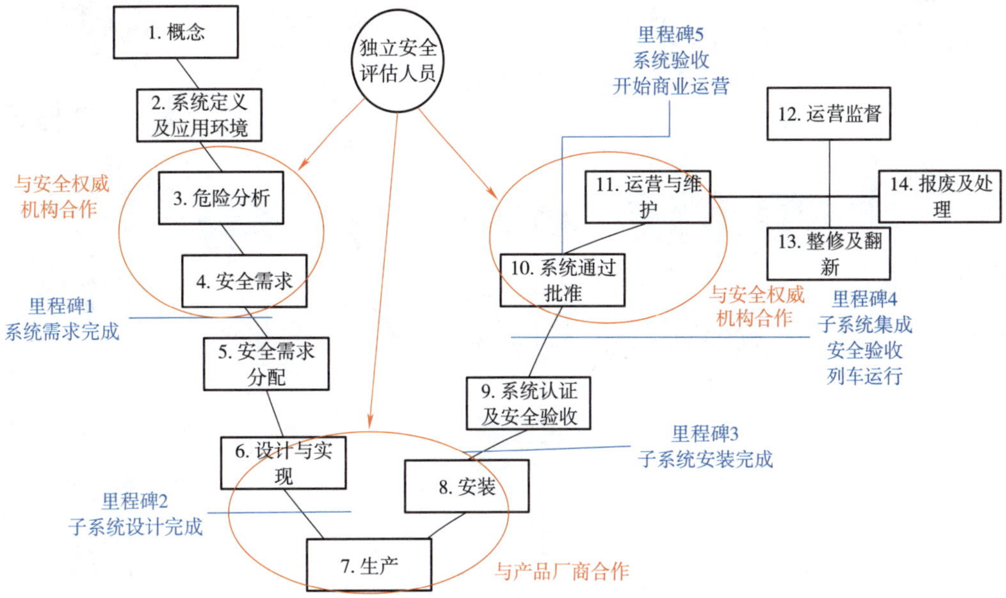

图 5-3 系统安全生命周期里程碑

里程碑，又称为关键决策点(Key Decision Points，KDPs)。关键决策点(KDPs)是决策机构确定程序/项目准备进入生命周期下一阶段(或下一个关键决策点)的事件[9]。没有通过关键决策点(KDP)的程序或项目可能会被允许“回到原点”，然后再试一次，如果还不能达到里程碑要求，项目可能会被终止。

里程碑将程序或项目的生命周期分解为各个阶段，使得整个过程更易于管理。程序或项目生命周期应向管理人员提供在与管理和预算环境相适应的时间点上所取得的进展的增量可见性。里程碑的具体设定应由安全权威机构、安全评估机构及运营商、产品厂商共同决定。

在全生命周期阶段中，列控产品研发过程又是其中的重中之重，从图 5-3 中的第 4 阶段开始涉及，一直持续到第 8 阶段。实际上，列控系统供货商在开始工程项目投标和实施之前，通常已经拥有了成熟的列控系统产品，进而去参与工程的招投标和项目实施。

典型的产品生命周期如图 5-4 所示，包括需求、设计、实现、测试以及交付和运营五个大的里程碑阶段。

图 5-5 描述了安全生命周期模型和风险控制模型之间的关系，EN 50126 是 IEC 62278 的欧洲标准版本号，CSM 是 Common Safety Method 的缩写，即通用安全方法，是欧洲铁路委员会提出的统一的安全分析方法；RA 是 Risk Analysis 风险分析的英文缩写。产品设计实现的全过程对应着风险控制活动，通过前 5 个阶段确定的系统要求要在设计实现和验证验收阶段得到满足，证明产品的剩余风险符合安全要求，风险控制的全过程需要进行危险源的管理和独立安全评估。

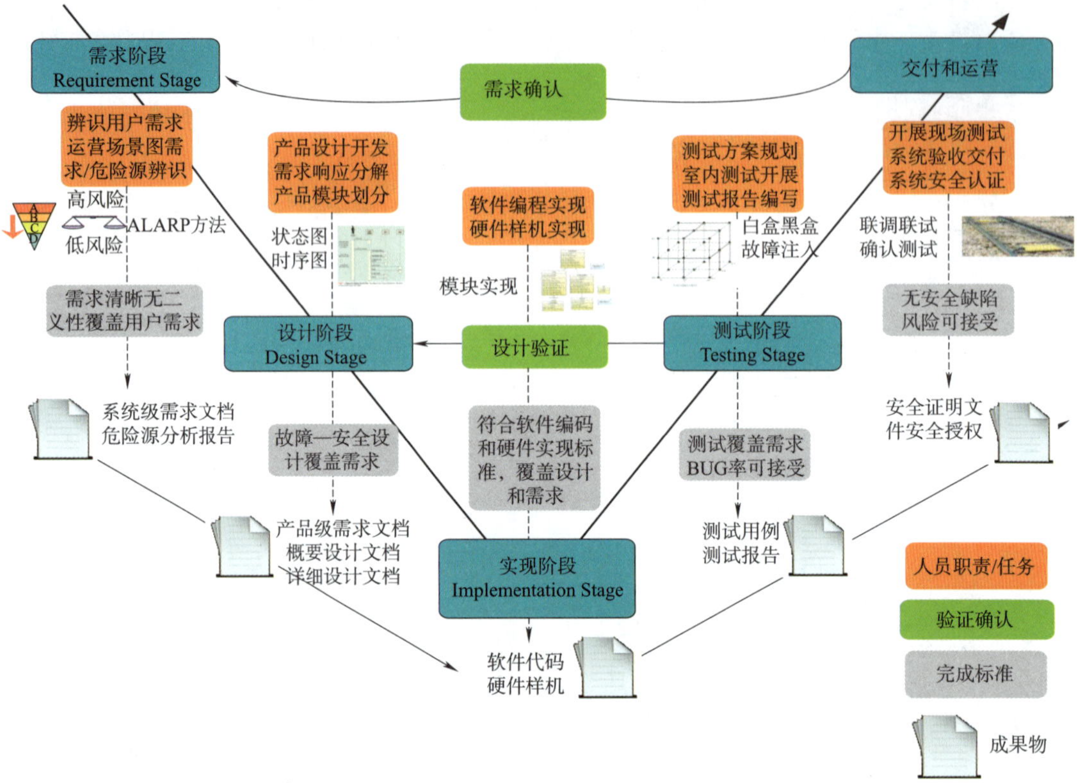

图 5-4　列控系统安全生命周期阶段

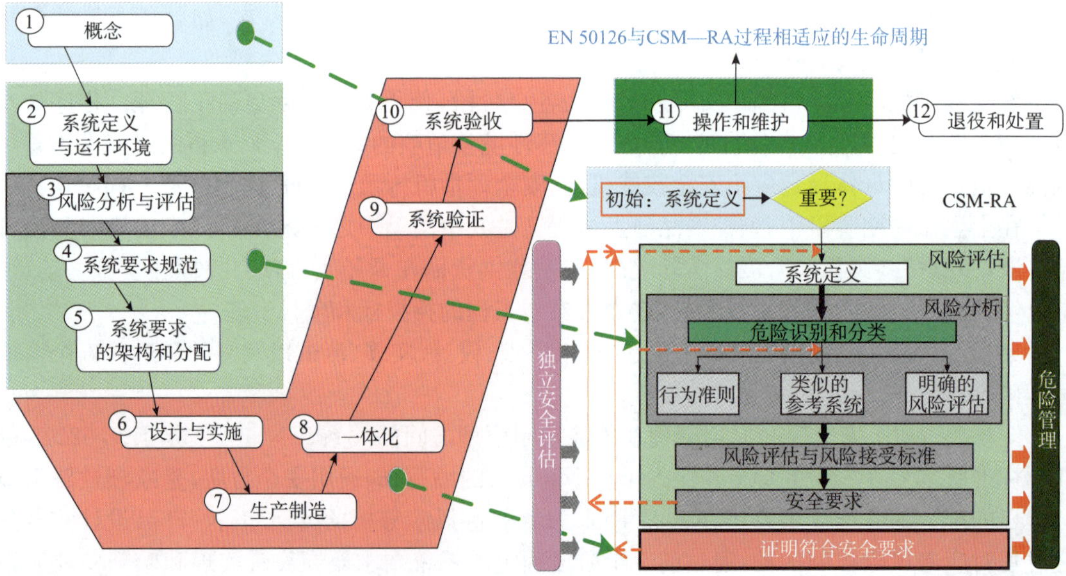

图 5-5　安全生命周期与风险控制模型之间的关系

第二节　危险源辨识

根据 2017 版的 EN 50126-2 标准[10]，系统级危险源需要在系统边界上进行考虑，多个子系统级的危险源可能导致一个系统级危险源，多个系统级危险源会导致整个铁路系统边界上的危险源，这个危险源可能会带来若干个事故，这样形成了一个类似“领结”形状的模型，如图 5-6 所示。

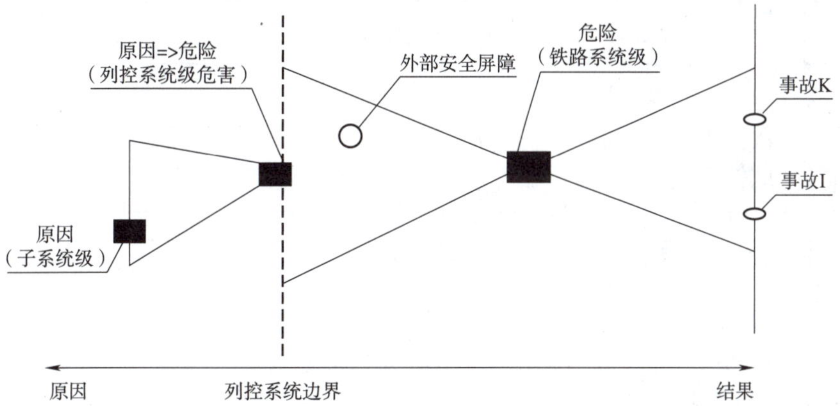

图 5-6　列控系统级危险源、铁路系统危险源和事故之间的关系

举例来说，两列车追踪过程中可能存在后车超过允许速度或是越过运行全线终点的危险源，从而导致两车追尾事故，这个风险需要按照标准的要求在安全生命周期各个阶段开展风险控制活动，对于危险源进行原因分析，确定系统级危险源发生的原因是闭塞区间在被占用时却显示空闲状态，这同时也是计轴子系统的危险源。在计轴子系统特定应用中需要分析这个危险源，并且在通用应用和通用产品安全例证中明确降低该风险的措施。如图 5-7 所示。

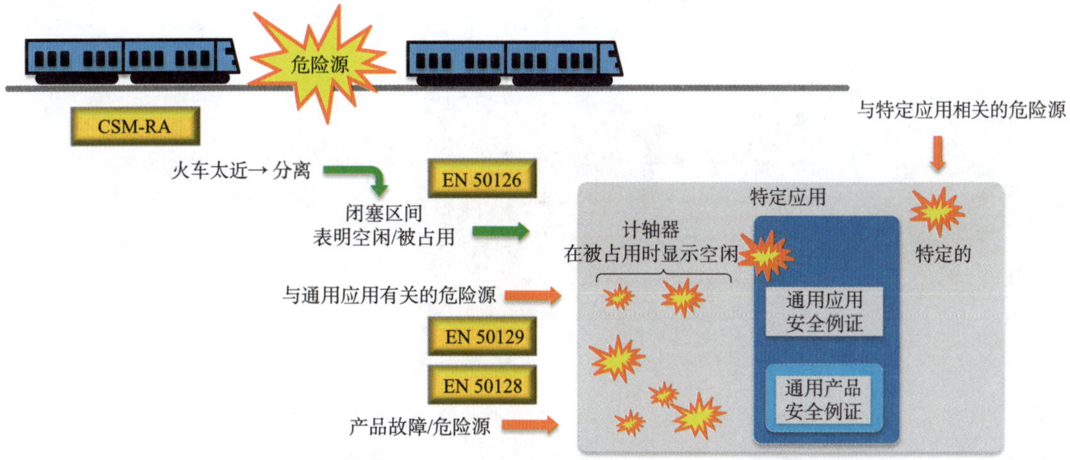

图 5-7　顶层危险源与通用产品、通用应用和特定应用之间的关系

危险源管理的第一步就是尽最大努力综合全面地识别出与列车运行控制系统工作相关合

理可预见的关于安全与健康的危险源。通过在不同设计阶段进行危险源分析，如 PHA、RHA、SHA、IHA 和 O & SHA，以达到危险源识别的目的，如图 5-8 所示。

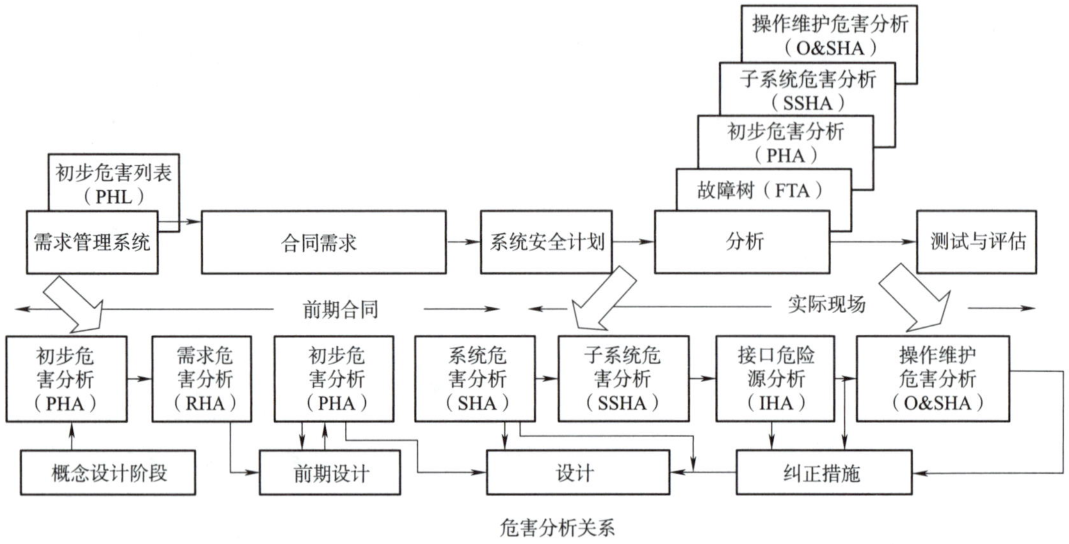

图 5-8　PHA、SHA、IHA 和 OSHA 之间的关系

通过 PHA、SHA、IHA 和 O & SHA 识别出的危险源应建立危险源日志，并对危险源进行初始风险评估，确定消除已识别危险源的方法或将其风险控制在可接受范围内的措施。安全保证团队负责监督危险源、管理源关闭危险源日志中列出的危险源，将所有识别出来的危险源的消除或其风险减轻/控制措施以及相关的法律法规及标准上规定的安全要求进行分析及归纳整理，以形成产品或项目开发的安全需求，确保所识别出的安全需求在系统设计中予以实现，在系统测试中予以通过测试确认，以及验证所要求的运营或维修程序在相关的操作手册或维护手册上予以写明，将产品或项目的安全风险降低到可以接受的水平内，如图 5-9 所示。

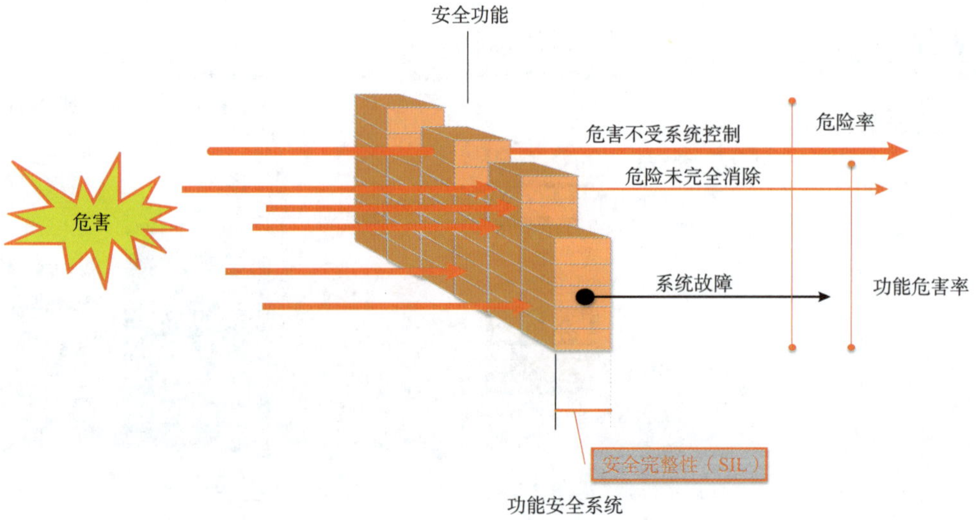

图 5-9　安全功能等级要求与危险源发生频率之间的关系

IEC 62425 [2]针对不同 SIL 等级提出了推荐使用的失效和危险分析方法，见表 5-1。

表 5-1 失效和危险分析方法

技术/措施	SIL1	SIL2	SIL3	SIL4
1. 初步危险分析 PHA	HR	HR	HR	HR
2. 故障树分析 FTA	R	R	HR	HR
3. 马尔可夫状态图	R	R	HR	HR
4. 失效模式、影响和危害性分析 FMECA	R	R	HR	HR
5. 危险性和可操作性分析(HAZOP)	R	R	HR	HR
6. 因果图	R	R	HR	HR
7. 事件树	R	R		
8. 可靠性方框图	R	R		
9. 分区分析	R	R		
10. 接口危险分析	R	R	HR	HR
11. 共因失效分析	R	R	HR	HR
12. 历史事件分析	R	R	R	R
注：初步危险分析(PHA)只应考虑在开发初期进行。当设计过程中已有精确的技术信息时，最好用其他方法。				

一、初步危险源分析

初步危险源分析(PHA)的主要任务是在铁路安全产品开发初期识别、分析潜在的危险源。针对工程项目，初步危险源会根据铁路信号原理、相关设备开发应用的经验和近年来的铁路事故统计，形成列控系统的主要危险因素，并结合工程的实际情况，进行初步危险源分析，形成初步危险源分析报告。

PHA 的目的是在系统定义阶段识别出列控系统失效而可能导致危险条件的危险源。PHA 是一个识别危险源、危险源原因、后果、风险水平和减轻措施的安全分析工具，产品开发后续的危险源和风险分析将为初步危险源分析提供支持。基于有限的系统设计信息所识别出来的减轻措施，将形成最初的系统安全需求，并作为后续设计的输入。

危险源分析在系统尚未设计之前进行的，目的是：

(1)识别和定义必须控制的主要危险源；

(2)确定系统级主要危险源的主要原因及其可能造成的后果；

(3)对相关危险源的风险等级进行一个初步的评估。

以展现出系统的主要危险源及初步风险评估的结果，以便将有关的安全要求纳入到系统的安全需求中，确保在列车运行控制系统的初步开发阶段就已较为全面地考虑了产品的安全要求，使得系统的风险控制在低至合理可接受的水平。

初步危险源分析主要是用来识别系统固有的主要危险源，其主要根据列车运行控制系统的应用原则和以往的运营经验，将列车运行控制系统必须控制的主要危险源识别出来。

分析将列车运行控制系统作为一个黑盒来看待，它的边界基于列车运行控制系统的设备接口，以识别其危险源。涉及子系统层面的原因将作为子系统的核心危险源进行进一步分析。首先技术经理定义系统边界、功能、接口及系统的工作环境等研究范围，确保分析过程没有偏离于与目标不相关的领域。然后根据铁路信号原理、类似列车运行控制系统的经验和近十多年来的铁路事故的事故统计，分析列车运行控制系统的主要危害因素。根据列车运行控制系统的危害因素进行初步的危险源分析，并根据风险矩阵确定每一个危险源的风险等级。

系统必须控制的主要危害因素是根据信号的主要功能、使用环境、列控系统相关技术规范（如 IEEE 1474.1-2008）提出的主要危险源和以往的经验，并基于如下信号环境中所使用的环境及其功能的假设，列出列车运行控制系统的主要危害因素，这些危害因素将是列车运行控制系统在设计过程中重点预防和控制的对象。

二、系统危险源分析

系统危险源分析（SHA）在系统需求阶段进行，安全保证团队针对工程项目的安全需求，进行系统功能的安全分析，同时参考以往项目的安全经验，组织识别系统级所有可预见的危险源，找出其潜在的原因、后果及对其进行风险分析，然后确定适当的措施，并根据这些措施提出初始的系统级安全需求，以将每个危险源的风险降至可接受的水平。SHA 中识别的危险源需纳入到危险源日志中进行管理。项目中需要各分包商提供各子系统危险源分析（SSHA）补充完善，集成商进行审核与整理，最终形成项目的 SHA。

系统需求阶段危险源分析的目的是：

（1）识别和定义必须控制的系统危险源；

（2）确定系统级的主要危险源发生的原因及其可能造成的后果；

（3）对相关危险源的风险等级进行一个初步的评估。

以展现出系统的主要系统级危险源及初步风险评估的结果，以便将有关的安全要求纳入到系统的安全需求中，确保在设计阶段较为全面地考虑了工程的安全要求，以使系统的风险控制在低至合理可接受的水平。

系统危险源分析是在详细设计资料不可用的情况下开始进行的，在系统需求规格书建立完成后便开始进行。系统危险源分析利用已有的设计信息和已知的危险源信息来识别和评估系统需求中的安全相关功能。

系统需求阶段危险源分析可以通过如下流程进行：

（1）列出系统功能。

（2）对于系统功能是否产生严重的后果首先进行识别。如果该功能不参与列车的防护控制，该功能的失效不影响列车的防护控制，也不会引起行车事故，那么该功能为非安全功能，否则该功能为安全功能。

（3）针对安全功能，识别失效模式，通过分析每一个功能的输出进行失效识别。

（4）对于每一个失效模式，通过系统性的研究识别出原因。

（5）识别安全需求。考虑系统需求，通过分析分辨出相关的安全需求，列入系统危险源日志中。

三、接口危险源分析

接口危险源分析（IHA）用于识别及评估列控系统内外部接口的危险源，是通过各子系统的内外接口的功能和传递的信息去判断会产生的故障模式，以及对列车运行控制系统整体系统安全运营可用性的潜在影响进行危险源识别。IHA 识别可能出现危险条件的原因及影响，这些危险条件可能是由于独立的、依赖性的和同时发生的失效导致的。分析将考虑系统的内外部接口。IHA 中识别的危险源需纳入到危险源日志中进行管理。项目中需要各分包商提供产品级的 IHA 分析作为输入,集成商进行审核与整理,最终形成项目的 IHA。

接口危险源分析是安全保证人员在系统接口之间的详细设计资料可用的情况下开始进行的。接口危险源的目的为:识别和记录系统外部,子系统之间的危险源、确定危险源的原因和后果、对接口危险源进行风险评估、提出接口危险源减轻措施、对具有减轻措施的危险源进行剩余风险评估。

接口危险源分析范围包括列车运行控制系统与外部系统,列车运行控制系统子系统之间的接口。接口危险源分析师基于已定义的各子系统之间的接口,将各相关子系统的功能当作一个黑盒,通过接口之间相互传输的接口信息,运营专业经验及以往的运营经验,以将各子系统之间相互信息的传输而可能产生的危险源系统地识别出来,并分析其产生的原因,提出每个危险源的控制措施,预防不期望事件的发生,并将其剩余风险降低至一个合理且可接受的水平,故对于其危险源的频率与后果,主要参考之前项目的危险源日志。对于项目中如果存在变化的接口,项目组会组织专家评审会进行评审,确定接口的危害的频率与后果。

四、操作和支持危险源分析

操作和支持危险源分析(OSHA)用于分析列控系统制造、运输、存储、安装、测试和试运行、运营以及维护中的危险源,找出其潜在的原因、后果及对其进行风险分析,并采用适当的措施,以将每个危险源的风险降至可接受的水平。对于已有的设计要进行安全回顾和验证,对于新的变更应确保不会引入新的危险源或是现有危险源的风险升级。识别危险源并且确定降低危险源所带来风险的措施,并对减轻措施前后的危险源进行风险评估,以确保减轻措施的风险水平符合安全准则。OSHA 获得的危险源需纳入危险源日志中进行管理。项目中各分包商需提供各子系统的 OSHA 分析作为输入,由集成商进行审核与整理,最终形成项目的 OSHA。

五、危险源日志

危险源日志综合了初步危险源分析、系统危险源分析、接口危险源分析、操作和支持危险源分析识别的危险源。

系统危险源应分配到子系统层面,子系统安全经理需协助系统安全经理完成危险源的原因、后果和风险等分析。

危险源减轻措施将由安全保证团队协调交控系统设计人员、分包商、供应商和交控运营维护专家等共同确定。

对于分配给系统设计进行风险降低的危险源,则要求系统给出关闭这些危险源相应的安全需求的设计和测试证明。对于输出将通过纳入使用手册、维护手册等形式进行管理。

系统危险源日志状态将随着安全分析的更新、设计变更、验证和确认 、认证等的结果进行更新。

每个危险源所处的状态,包括:

(1)开放:当所对应的减轻措施全部未关闭或未关闭部分影响当前项目活动时为开放;

(2)关闭:当所对应的所有减轻措施状态为关闭时危险源状态应关闭;

(3)设计关闭:当所对应的减轻措施为已经在设计阶段验证,但没有最终确认的危险源状态为设计关闭；

(4)撤销：当对应的危险源定义不正确或不适用的情况时危险源为撤销。

六、危险源管理

通过 PHA、SHA、IHA、OSHA 等活动识别出的危险源都应记录在危险源日志中，以及消除或将风险控制在可接受的范围内。系统级危险源日志由安全保证团队维护，并贯穿整个生命周期。

危险源日志中分配到子系统层面进行风险降低的，子系统安全经理需协助安全经理完成危险源的原因、后果、风险等分析。

当有新引入的危险源时(包括分包商和供应商)，应向安全保证团队报告，安全保证团队将确认这些新增加的部分，并将它们列入危险源日志中。

危险源减轻措施由安全保证团队协调系统设计人员、分包商、供应商、运营维护专家等共同确定。

需明确危险源减轻措施就是系统通过危险源分析衍生出的安全需求。

危险日志需要和系统文件保存在一起，以便于查找相关的材料。危险日志的每一章节都可以作为独立文档。项目经理需要制定专门的流程来更新危险日志，并通过授权将项目人员纳入作为危险日志实体。危险日志中的每个实体都需要通过项目经理批准。危险日志应该能够接受安全审查员，安全认证人员，以相关安全认证机构代表的检查。同时项目经理应该能够提供足够的证据说明危险日志以及其他安全记录具备良好的保密性和备份机制。

在危险日志中同一信息不用反复出现，因此应该提供对其他工程安全文档的良好的交叉索引机制。一般推荐信息化管理危险日志，可采用特定的工具来实现危险数据，突发事件数据，事故数据以及分类目录的数据库。

危险日志的建议结构如下：

1. 介绍：危险日志的目的以及与系统安全特性相关的环境与安全需求，包括：

(1)危险日志的主旨、目的及结构，和便于涉及工程人员理解的细节信息；

(2)与危险日志所对应的系统独立标示，以及该系统描述的参考；

(3)安全计划的参考(系统早期设计阶段可以忽略)；

(4)系统安全需求规格书参考，或者安全分析文档参考；

(5)危险日志管理流程，包括修改人权限及变更认证流程。

2. 日志：危险日志修正历史记录，应包括每一次修改声明以及跟踪记录：

(1)修改日期；

(2)唯一登记号码；

(3)修改人信息；

(4)修改条目及依据；

(5)危险日志修改章节(如危险日志在数据库中管理，此项可便于半自动更新维护)。

3. 目录：即安全记录日志，应包含所有安全文档的最新索引编号，文档包括：

(1)安全计划；

(2)安全需求规格书；

(3)安全标准；

(4)安全文档；

(5)事故报告；

(6)分析，评估及审查报告；

(7)安全例证；

(8)相关安全批准文件一致性说明。

需要说明的是，对以上文档、目录需要提供唯一索引号、文档标题、最新版本号及发布日期和物理存放位置及管理信息。

4. 危险数据：包括所以辨识出的危险信息，应该在危险分析和风险评估签字发布并转录到危险日志的过程中进行数据采集，信息包括：

(1)唯一索引号；

(2)危险简要说明，可以是受影响的系统功能或者组件，以及危险在其中可能出现的状态；

(3)辨识出的危险潜在原因；

(4)完整危险描述及分析的参考；

(5)危险分析的假设条件及局限性；

(6)相关事故的严重度等级，危险发生概率及该危险作为诱发因素所造成的事故的概率；

(7)危险相关的预测性风险；

(8)风险发生的最高可容忍发生概率。

5. 危险状态，如：开放(危险措施未被认同)，撤销(本事件被确定为非危险事件，或者完全纳入另一个危险中)、已解决(危险措施已被认同但未完成执行)、关闭(危险措施已经完成)。

如危险未关闭或撤销，负责处理危险直至关闭的个人或者公司名单。

6. 去除危险或者将风险将降低至系统可接受等级的措施描述或者参考，需要包括：

(1)声明危险是否已经避免或者需要采取进一步措施(如果有，需要说明不需要进一步措施的理由)；

(2)降低风险措施的细节信息；

(3)讨论可选降低风险方式以及理由作为可考虑但不采纳的措施；

(4)对风险降低措施后的事故后果重新评价意见；

(5)受采取措施影响而需要变更的系统设计文档参考；

(6)危险相关的所有安全需求参考。

7. 突发事件数据：记录系统或设备生命周期中发生所有的突发事件。需标明每个事件导致的事故后果，以及诱发该事件的危险，需要提供一下信息：

(1)唯一索引号；

(2)突发事件简要描述；

(3)突发事件调查报告参考；

(4)避免突发事件重现的措施，或者不要采取措施的理由。

8. 事故数据：记录所有已辨识到的可能事故，包括事故相关的可能以及后果诱发该事故的危险：

(1)唯一索引号；

(2)潜在事故的简要描述；

(3)事故后果完全描述及分析报告参考；

(4)事故严重度等级的分类，及该事故最高可容忍发生概率；

(5)可能导致其他事故的危险以及相关事故后果的列表。

基于已建立的《危险源日志》，相关产品的安全限制条件以及相关法律法规、标准中规定的安全要求，建立项目的安全需求，其中已清楚描述了每个安全需求的来源，注明每个安全需求的属性(包括"设计"、"运营"和"建设")。每个安全需求都应确定其确认方式，一般情况下应通过"测试"、"分析"或"评审"进行验证。其中运营与建设安全需求将整理为安全须知，通知客户及运营商。

七、危险源辨识示例

在系统需求阶段，进行危险源分析：

1. 识别和定义必须控制的系统危险源。

2. 确定系统级的主要危险源主要原因及其可能造成的后果。

3. 对相关危险源的风险等级进行一个初步的评估。

以展现出系统的主要系统级危险源及初步风险评估的结果，以便将有关的安全要求纳入到系统的安全需求中，确保在设计阶段就较为全面地考虑了工程的安全要求，以使系统的风险控制在低至合理可接受的水平。

系统危险源分析是在详细设计资料不可用的情况下开始进行的，在系统需求规格书建立完成后便开始进行。系统危险源分析利用已有的设计信息和已知的危险源信息来识别和评估系统需求中的安全相关功能。

系统级危险源分析包括如下步骤：

(1)列出系统功能；

(2)对于系统功能中的功能首先进行识别，如果该功能不参与列车的运行控制，该功能的失效，不影响列车的运行控制的话，那么该功能为非安全功能，否则该功能为安全功能；

(3)针对安全功能，识别失效模式，通过分析每一个功能的输出进行失效识别；

(4)对于每一个失效模式，通过进行系统性的研究识别出原因；

(5)识别安全需求。根据系统需求，通过分析分辨出相关的安全需求，列入系统危险源日志中。

首先需要明确系统的运行原理，采用运营场景描述轨道交通运营中的工作流程，主要体现系统的整体功能与原理，以及流程过程中的顺序关系。其次，使用相关的引导词(Guide Words)和系统正常运作偏差/偏离时可能产生的后作为探索其中的隐藏危险源。最后，分析危险源发生的原因和带来的后果。

4. 清晰地定义系统的边界、与其他系统的接口及系统的工作环境。

采用运营场景图描述系统的工作方式和原理，主要体现系统的整体功能与原理，着重体现系统的正常流程，以及流程过程中的顺序关系，不要求形成详细的流程图设计，突出说明该过程中涉及的对象在做什么，而不需要知道他是如何实现的[3]。这里以列车定位场景为例进行说明，如图 5-10 所示。

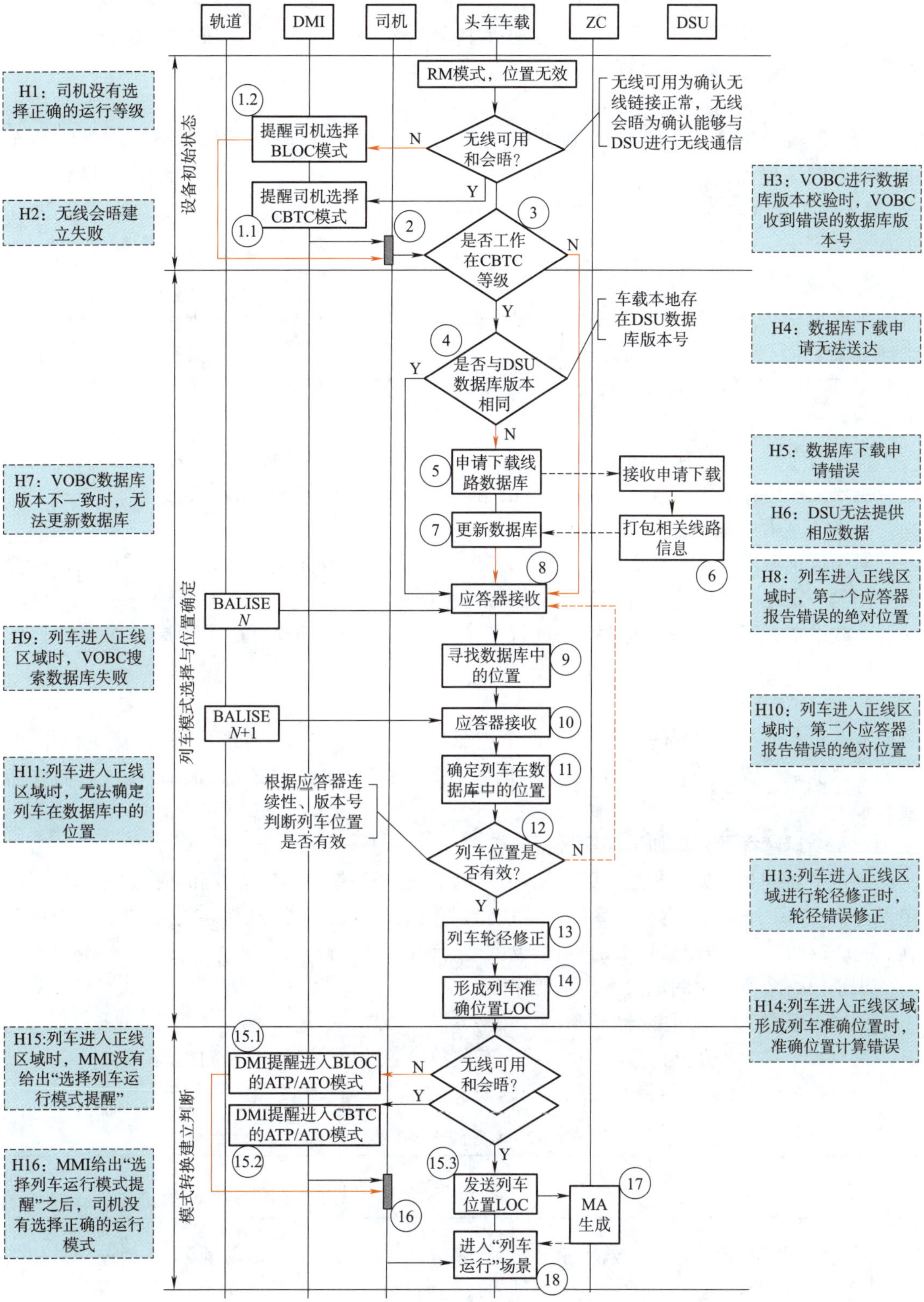

轨道
DMI
司机
头车车载
ZC
DSU
设备初始状态
RM模式，位置无效
无线可用为确认无线链接正常，无线会晤为确认能够与DSU进行无线通信
H1：司机没有选择正确的运行等级
1.2
提醒司机选择BLOC模式
N
无线可用和会晤？
Y
提醒司机选择CBTC模式
1.1
H2：无线会晤建立失败
2
3
是否工作在CBTC等级
N
H3：VOBC进行数据库版本校验时，VOBC收到错误的数据库版本号
列车模式选择与位置确定
Y
车载本地存在DSU数据库版本号
4
是否与DSU数据库版本相同
H4：数据库下载申请无法送达
N
5
申请下载线路数据库
接收申请下载
H5：数据库下载申请错误
H7：VOBC数据库版本不一致时，无法更新数据库
7
更新数据库
打包相关线路信息
H6：DSU无法提供相应数据
8
6
H8：列车进入正线区域时，第一个应答器报告错误的绝对位置
BALISE N
应答器接收
H9：列车进入正线区域时，VOBC搜索数据库失败
寻找数据库中的位置
9
BALISE N+1
应答器接收
10
H10：列车进入正线区域时，第二个应答器报告错误的绝对位置
H11:列车进入正线区域时，无法确定列车在数据库中的位置
确定列车在数据库中的位置
11
根据应答器连续性、版本号判断列车位置是否有效
12
列车位置是否有效？
H13:列车进入正线区域进行轮径修正时，轮径错误修正
列车轮径修正
13
形成列车准确位置LOC
14
H14:列车进入正线区域形成列车准确位置时，准确位置计算错误
H15:列车进入正线区域时，MMI没有给出“选择列车运行模式提醒”
15.1
DMI提醒进入BLOC的ATP/ATO模式
无线可用和会晤？
DMI提醒进入CBTC的ATP/ATO模式
15.2
模式转换建立判断
H16：MMI给出“选择列车运行模式提醒”之后，司机没有选择正确的运行模式
15.3
发送列车位置LOC
17
MA生成
16
进入“列车运行”场景
18

图 5-10　列车定位场景

列车断电再次上电后，原来列车的位置信息将丢失，需要通过车载设备自身的测速测距与地面设置的应答器进行列车位置的确定，主要体现列车第一个应答器的接收、连续的第二个应答器接收、列车位置报告等过程。

1. 第一个应答器的接收

车载设备经过第一个应答器，则在数据库中确定列车的基本位置，但是不能确定列车的运行方向。接收的应答器信息应当包括但不限于：应答器版本号、应答器编号、进路信息等，对于列车定位主要采用应答器版本号、应答器编号信息，进行点式控制则需要进路信息。

2. 连续的第二个应答器接收

车载设备再次收到连续的第二个应答器后，需要在数据库中检测是否是连续的第二个应答器，并且确定列车走行距离与数据库的距离信息是否吻合，通过第二个应答器的接收处理，可以确定列车的运行方向，与第一个应答器结合处理得到列车在数据库中的位置。

接收的应答器信息应当包括但不限于：应答器版本号、应答器编号、进路信息等，对于列车定位主要采用应答器版本号、应答器编号信息，进行点式控制则需要进路信息。

3. 列车轮径自动修正

对于从车辆段或停车场离开进入 CBTC 区域的列车，一般在进入 CBTC 区域的入口设置两个间隔一定距离的应答器进行列车轮径的自动修正。

车载设备在正线复位上电后，不进行列车轮径的自动修正，而是沿用原来保留的列车轮径。

4. 列车位置报告

车载设备通过数据库的版本比较、两个连续应答器的接收以及连续应答器的间隔距离得到列车的准确位置，并形成列车位置报告信息 LOC 通知给相应的 ZC 控制器，接收它的移动授权控制。

对每个运营场景依据如下顺序进行分析：

使用引导词和有关的参数关键字，对适用的系统/子系统/接口/运营和维护的任务进行讨论及澄清，以识别出由于有关的系统/子系统的功能而出现的偏差，从而导致人员伤亡(包括轻伤、重伤和死亡)、环境受破坏等的事宜，也就是所说的危险源；

识别出每个所讨论的危险源产生的原因；

识别出每个危险源可能导致的后果；

针对每个危险源及其产生的原因，确定有关危险源的风险消除或控制措施。

在进行危险源识别时，将所发现的问题记录在“危险源记录表”上，见表 5-2。

表 5-2　危险源记录表模板

序　号	系　统	参考编号	子系统名称	引导词	危险源描述	潜在原因	后　果	现有的控制措施	建议的减轻措施

针对典型列控产品进行运营场景分析，能够辨识和记录数百个危险源记录，经过分析和整理，剔除重复和无效项，将有效的危险源纳入危险源日志(Hazard Log)，作为系统安全评价的依据。表 5-3 是针对列车定位场景分析得来的部分危险源记录表。

表 5-3　危险源记录

序号	系统	参考编号	子系统名称	引导词	危险源描述	潜在原因	后果	现有的控制措施	建议的减轻措施
1	ATP	S2-f1	OSH-002	Other than	司机没有选择正确的运行等级	1. 司机培训问题 2. 运营单位人员管理问题	影响行车效率	无	运营： 1. 对司机进行培训，以提高驾驶技能和故障处理能力 2. 制定运营管理程序，并遵照执行
2	ATP	S2-f2	VOBC-001	No/Other than	无线会晤建立失败	1. DCS 故障 2. DSU 故障 3. VOBC 无线接口故障	列车不能以 CBTC 级别进入正线，晚点	设计：1. 无线通信设计安全层协议；2. 无线通信采用双网冗余设计；3. 通信设备、通信接口采用双机热备设计	维修： 定期对 ATP 设备进行维修

危险源管理员应参与安全工作组对其负责的危险源的风险降低或控制措施进行的审查。如果安全工作组认为所提出的风险降低或控制措施不够，危险源管理员应重新考虑该危险源的风险降低或控制措施。安全工作组将按以下原则对危险源的风险降低或控制措施进行审查：

1. 被评估为 A 或 B 风险等级的所有危险源事项，必须通过“设计”方法，将风险降低至 C 或 D 等级。只在没有可行的设计办法下，才可考虑运营、维修程序或为运营及维修员工提供训练等方法来解决。

2. 安全工作组应不接受剩余风险被评为 A 等级的危险源。设计人员可要求安全工作组批准特许剩余风险为 B 的危险源；在此种情况下，必须连同有关理由向安全工作组提出申请，并由安全工作组审核认可。

3. C 等级的危险源一般可以忍受，若合乎成本效益且有可行的措施，危险源管理员仍须寻求机会将该类危险源降低 D 等级。安全工作组可以选择接受风险等级为 C 的危险源事项，但若安全工作组对任何有特殊考虑的 C 等级的危险源，可要求设计人员提出证据，显示此危险源的风险已符合 ALARP 原则。

4. 风险等级为 D 的危险源，其风险均在可接受范围内。在正常情况下，不需要采取额外的风险降低或控制措施。

如果安全工作组对危险源审查满意，应批准其剩余风险为 B/C/D 等级的危险源。如果危险源管理员想改变已经安全工作组批准的危险源，应通知危险源日志管理员准备修改危险源日志，并按照危险源资料的审批程序进行审批。

收到安全工作组的结论后，危险源日志管理员应将其登记到相关的资料（如会议纪要或危险源日志）中。

第三节　安全需求管理

安全保证团队需整理危险源减轻措施及子系统限制条件、应用条件等形成安全需求，安全需求必须纳入到设计或运营维护活动中，安全需求需进行验证/测试和确认。安全需求分为两类：设计类，运营维护类；分别采用测试、评审、管理三种方式进行确认。

安全需求应该是多层次的，可以先提出整体需要达到的风险目标的需求，之后可以是对设备局部的具体技术的需求。但是安全需求一定是要明确表述而切实可行的，以便于之后对系统安全特性的验证如下方面：

(1)无歧义性：每一条需求必须是无歧义的，即只存在唯一一种的理解方式；

(2)完整性：安全规格书应该是完整的，应该包括所有用户的以及业主的要求以及标准、法规的规定。需要完整声明会影响到系统设计开发的约束条件，也就是系统应该干什么，不应该干什么。

(3)正确性：规范必须是正确的，每一条需求至少需要经过业主以及具有认证系统安全能力的专业人员共同证明；

(4)一致性：规范应该是一致的，规范之间，以及规范与标准之间应该没有矛盾之处；

(5)可验证性：需求规范应该是可验证的，应该有特定的流程来验证开发的系统满足需求；

(6)可修改性：需求应该是可修改的，其结构和表述风格应该易于必要时的修改；

(7)可追溯性：每条需求应该是可追溯的。任何需求的来源应是明确的，而且具有唯一的标示以便于参考引用。

安全保证团队确保所识别出的安全需求在系统设计中予以实现和在系统测试中予以通过测试确认，以及验证所要求的运营或维修程序在相关的操作手册或维护手册上予以写明，以将产品或项目的安全风险降低到可以接受的水平内。对于跟各分包商相关的安全需求，会分配给各分包商，要求各分包商纳入管理。对于跟其他系统(如车辆)相关的安全需求，会输出给相关责任方，进行确认并接受。开始时，安全需求都为开放状态，在确认前，状态为设计关闭和输出；在完成确认后，状态为关闭，评审关闭，输出关闭并持续跟踪。如图 5-11 所示。

每个安全需求的状态定义如下：

(1)开放：提出安全需求，尚未纳入设计或输入到相关手册或安全须知中；

(2)设计关闭：安全需求在相关的系统或子系统设计中已实现；

(3)评审关闭：安全需求通过评审的方式已经确认通过；

(4)关闭：安全需求通过现场的测试验证或已输出到相关的手册或安全须知中提交给用户；

(5)关闭 *：表示分段开通时，表明分段开通区域的安全需求能够关闭；

(6)撤销：当安全需求在本项目中不适用或定义不正确时应予以撤销；

(7)输出：安全需求需要输出给用户，在运营或维护中予以遵守或要求其他的供应商予以执行。

所有的安全需求都需要进行核查，修正和跟踪。这就要求通过一些方法，按照需求的变更，始终如一地按照一种控制流程和跟踪方式进行追踪。安全需求直接源于控制风险的适用标准。责任人应该评审哪些是适用于本身工作的标准。如果风险来自于公认的控制风险标

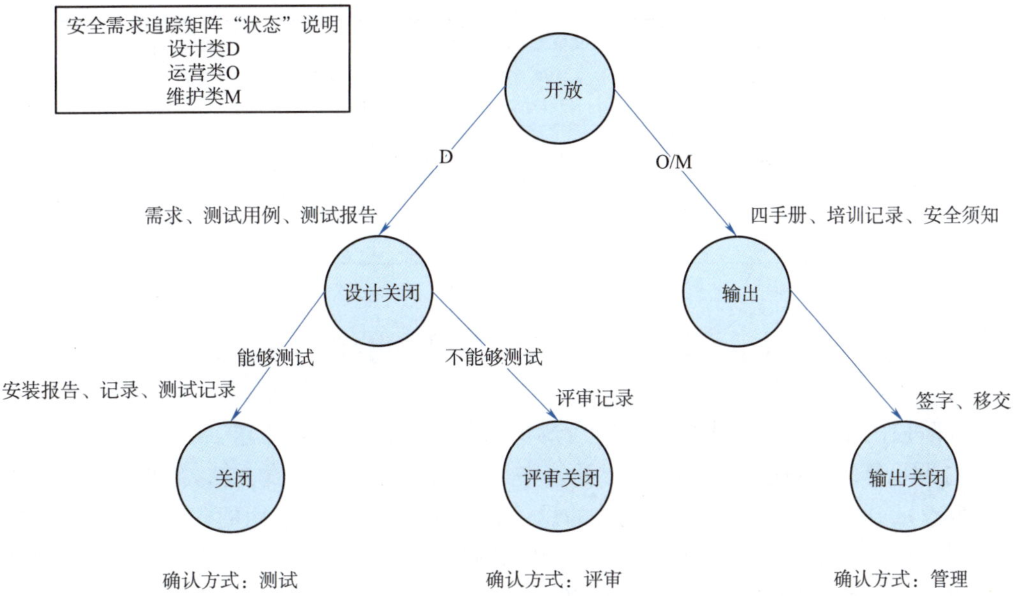

图 5-11 安全需求管理示意图

准，就要通过证明达到标准来显示风险已经得到了控制，但是光有标准是不够的，还要确保：

(1)设备或者程序正在按照计划被使用；

(2)所有的风险都被这些标准所涵盖；

(3)标准包括责任方的所有情况；

(4)已经没有了明显的和切实可行的进一步减少风险的方法。

安全需求的管理主要包括以下过程：

(1)安全需求的分析及建立：基于已建立的危险源日志，以及相关法律法规、标准中规定的安全要求及产品的安全限制条件等，开展相关项目的安全需求分析建立项目的安全需求。

(2)安全需求的实施：在系统/子系统的需求分析过程中，设计人员应根据安全需求说明书中所规定项目的安全需求进行安全设计，并在系统/子系统的需求文档中予以清楚描述。

(3)安全需求的验证和确认：为确保项目能够满足所规定的安全需求，通过设计实现的部分，测试人员应采用测试的方法来验证系统、子系统的相应功能/性能的安全需求已经得到满足。若有不能测试的安全需求，则应通过分析或评审的方法予以验证。安全需求的确认结果应提交给相关人员予以评审。若发现产品的功能/性能有不能满足所规定的安全需求之处，则应指派合适的人员进行进一步跟进，直至满足相关的安全需求或采取了适当的防护措施。

在系统/子系统的需求分析过程中，设计人员应根据安全需求说明书中所规定项目的安全需求进行安全设计，并在系统/子系统的需求文档中予以清楚描述。为确保项目能够满足所规定的安全需求，通过设计实现的部分，测试人员应采用测试的方法来展现系统、子系统的相应功能/性能的安全需求。若有不能测试的安全需求，则应通过分析或评审的方法予以验证。表 5-4 给出了安全需求验证矩阵表。安全需求的确认结果应提交给相关人员予以评审。若有发现产品的功能/性能有不能满足所规定的安全需求之处，则应指派合适的人员进行进一步跟进，直至满足相关的安全需求或采取了适当的防护措施。

表 5-4　安全需求验证矩阵表

序 号	参考符号	系统安全要求	来源	完成情况 C-已完成 O-未完成	需求验证		测试验证		备 注
					需求文件	编号	测试报告	编号	
XX-SRS-001	SRS-122	ZC 计算列车安全位置考虑测速定位误差	XX-HL-127 [1]	C	XX 子系统需求规格书	3.1-计算安全位置	安全位置计算分析报告	3-需求验证分析	

第四节　SIL 等级的分配

设计阶段的主要任务是根据需求阶段辨识出的危险源和安全需求，明确系统的安全功能和对应的 SIL 等级，进而确定系统设计开发中采用的安全设计开发方法，确保使用恰当的方法开展安全活动。本阶段需要留存充分的设计开发文档，记录所采用的安全设计开发方法和响应的过程证据。从图 5-12 可以看到，安全完整性（SIL）等级对应着一系列的定性管理措施和定量目标—可容忍功能失效率 TFFR（Tolerable Functional Failure Rate）[10]。

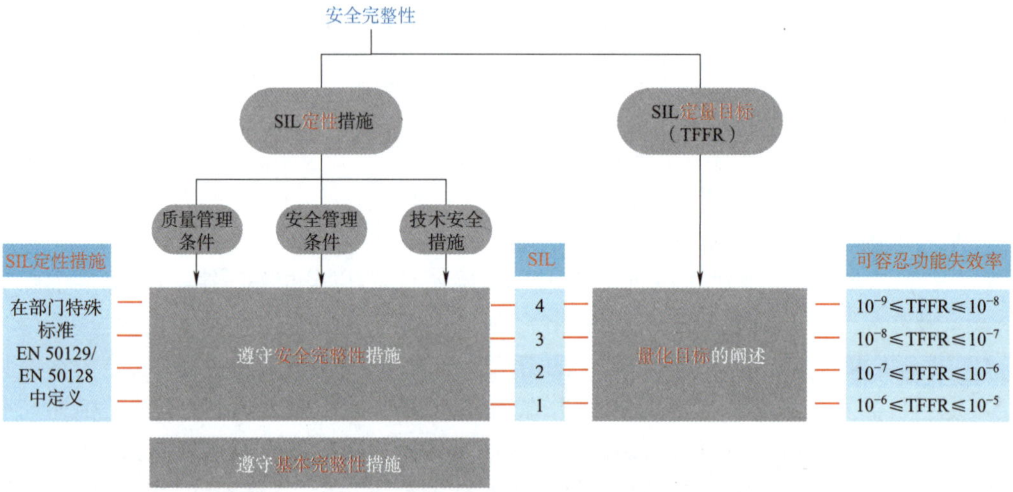

图 5-12　SIL 等级的分配模型

一、SIL 等级定量分配方法

本节重点关注电子功能（或者用各种技术制造的复杂功能的电子部件）的安全相关要求，介绍了如何将功能安全要求转化为符合系统结构的功能安全要求，将安全完整性等级（SIL）分配给子系统级功能，并采取相应的安全措施。安全完整性等级（SIL）不得用于非功能性安全。分配给机械或机电设备的安全完整性等级（SIL）应视为不适用，并且在演示过程中应予以说明。

在生命周期阶段"系统要求分配"期间，系统安全要求被分配给指定的子系统和（或）组件。将安全相关需求分配给考虑中的系统组件的过程定义为"危险控制"，包括评估可能的危害和将安全完整性要求分配给与安全有关的功能。图 5-13 显示了与危险控制相关的功能安全要求的分配。

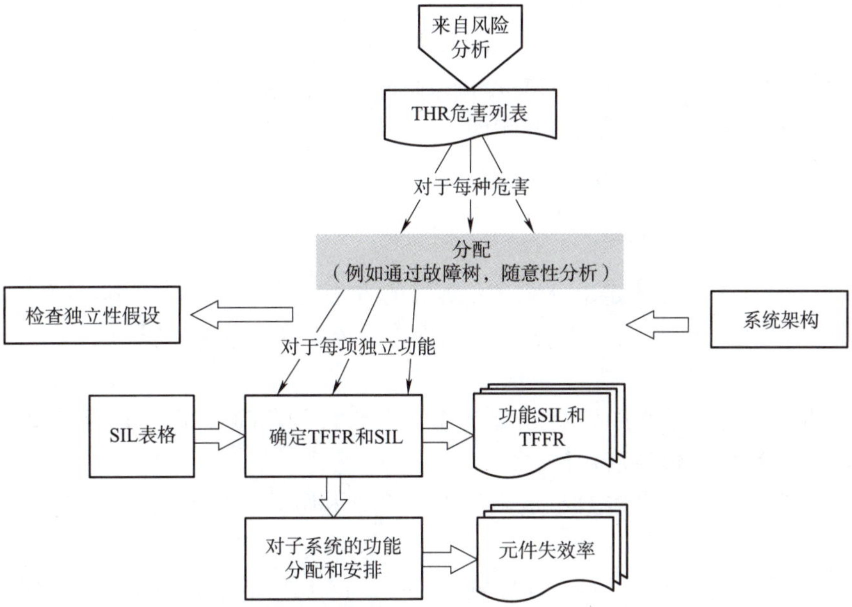

图 5-13　SIL 分配原理

最初，安全完整性要求（在系统级别表示为 THR 的每个危险）与所选系统体系结构定义的特定功能组成相关联，因此转换为功能的 TFFR。THR 的分配是通过使用各种方法（例如故障树）进行因果分析并考虑子系统或功能之间的逻辑相互依赖性来完成的。

危险与功能之间的关系不可能是一对一的，一个或多个功能的不安全故障可能会导致危险。如果单一功能可以防止危险，则认为定量安全完整性要求（THR）完全分配给该功能。

对于任何安全苛求系统绝对安全是不存在的，通过国际通行的原则（ALARP、GAMAB、MEM 等）采用一定范围数字的方法来确定可容忍风险指标，即什么样的危险可能性是能接受的。

1. 可容忍目标

在铁路交通运输系统通常规定为 $R_i \leqslant 10^{-5}$ 灾难性危险/（人・年）。信号系统在铁路运输中要求较高的安全性，因此在一般信号系统的可容忍目标在分析和评估中规定为 $R_i \leqslant 10^{-6}$ 灾难性危险/（人・年），并且将该值认为是 ATP 车载设备的可容忍风险指标（THR）。

2. 单点风险率

对每个风险进行估计，可以用以下公式来描述单点风险率 *IRF*（Individual Risk of Fatality）

$$IRF_i = \sum_{\text{所有危险}Hj} N_i \left\{ (HR_j \times (D_j + E_{ij})) \sum_{\text{事故}A_k} C_j^k \times F_i^k \right\} \tag{1}$$

式中，N_i 是系统或设备特定功能的使用次数（每年或每小时）；HR_i 是风险模式下造成的危害率，可以作为 THR_i 的参考值；D_j 是系统或设备暴露在危险状态的时间；E_{ij} 是系统或设备在故障状态的时间；C_j 是导致后果发生的概率；F_i 是灾难事故造成的等价的死亡值。

配合行业权威部门制订的单风险容忍度 TIR，计算出每个风险的 IRF 为

$$IRF_i \leqslant TIR = 10 \times 10^{-6} \tag{2}$$

式中，单风险的 THR_i 就通过满足该目标可容忍度下的 $HR \leqslant THR_i$ 得出。取每个安全功能的

THRn 中后最小值作为一个子系统或设备的 THRs，即：

$$THRs=\min[THR1,THR2,THR3,\cdots,THRn] \tag{3}$$

$$SILs=\max[SIL1,SIL2,SIL3,\cdots,SILn] \tag{4}$$

最终系统的 SIL 等级就可以对照标准的 THR 范围确定。

确定功能与子系统的对应关系，找出每个子系统中功能的最高 SIL 等级，将此 SIL 等级作为子系统的 SIL 等级。

二、SIL 等级定性分配方法

除了 EN 50126-2 给出的定量分配 SIL 等级的方法以外，IEC 61508 标准第 5 部分给出了根据风险图定性确定 SIL 等级的方法[4]，目前在工业界应用也较为广泛。

一个安全功能的风险水平为：$R=fC$。

式中，R 是安全相关系统的风险；f 是安全相关系统的危险源频率；C 是危险源发生后果（后果与健康、安全或者环境危害有关）。

危险源频率 f 由三个因素组成：危险源发生频率和危险区域暴露时间；避免危险源反而概率。

无任何安全相关系统（但是存在外部风险减轻设施）时危险源发生概率被称作非期望事故的概率。

因此风险有以下四个参数：

危险源后果（C）；

危险源发生频率和危险区域暴露时间（F）；

避免危险源的概率（P）；

非期望事故的概率（W）。

确定每个功能的以上四个参数的等级，然后依据风险图确定其 W 值，然后对照图 5-14 得出该功能的 SIL 等级。

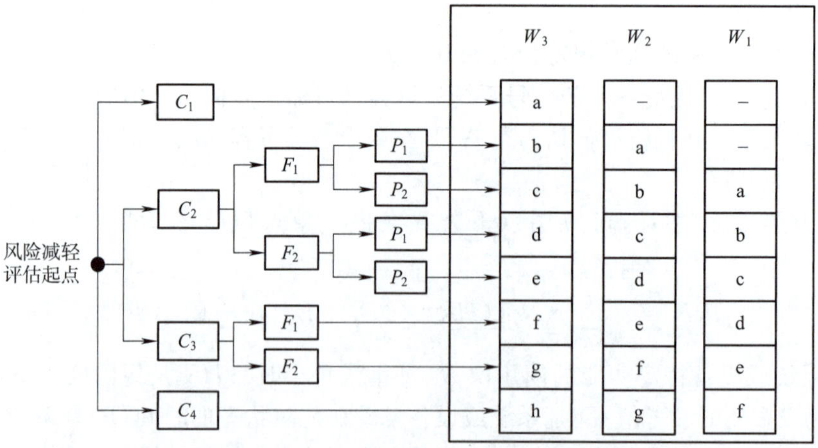

图 5-14　风险图

表 5-5 针对每一项系统功能明确了 SIL 等级。

表 5-5 列控产品安全功能 SIL 等级

功 能	可能的后果	SIL 等级
F1:保证行车安全	撞车、脱线	4
F1.1 计算列车安全位置		4
F1.2 更新轨道占用信息		4
F1.3 计算移动授权		4
F1.3.1 CBTC 级别下计算移动授权		4
F1.3.2 BLOC 级别下计算移动授权		4
F1.4 生成强制命令		4
F1.5 列车自主测速定位		4
F1.6 监控列车速度		4
F1.7 监控列车模式曲线		4
F1.8 退行防护		4
F1.9 红灯误出发防护		4
F1.10 列车注册		4
F1.11 列车注销		4
F1.12 管理临时限速		4
F1.12.1 CBTC 级别下管理临时限速		4
F1.12.2 BLOC 级别下管理临时限速		
F1.13 数据库版本比较		4
F2:保护和辅助乘客	乘客被车门挤压摔出车门	2
F2.1 管理列车车门		2
F2.2 管理站台安全门		2
F2.2.1 CBTC 级别下管理站台安全门		2
F2.2.2 BLOC 级别下管理站台安全门		2
F2.3 检查站台内安全停靠站情况		2
F2.4 授权驶离站台		2
F2.4.1 CBTC 级别下授权驶离站台		2
F2.4.2 BLOC 级别下授权驶离站台		2
F2.5 管理站台紧急停车按钮		2
F3:辅助列车运行	间接造成撞车、脱线列车紧急制动	2
F3.1 列车准备		0
F3.2 确定驾驶模式		2
F3.3 向司机显示详细驾驶信息		0
F3.4 子系统之间通信状态监测		2
F4:辅助驾驶	间接造成撞车、脱线列车紧急制动	2
F4.1 管理跳停		2

续上表

功　　能	可能的后果	SIL 等级
F4.2 管理扣车		2
F4.3 管理列车折返		2
F4.3.1 CBTC 级别下管理列车折返		2
F4.3.2 BLOC 级别下管理列车折返		2
F4.4 根据安全限制条件确定速度曲线		2
F4.5 根据运行限制条件确定速度曲线		2
F4.6 计算牵引和制动命令		2
F5:提供技术支持	间接造成撞车、脱线列车紧急制动	2
F5.1 时钟同步		2
F5.2 提供维护数据		0
F5.3 与其他系统接口		2
F5.4 系统故障报警		2

确定功能与子系统的对应关系，找出每个子系统中功能的最高 SIL 等级，将此 SIL 等级作为子系统的 SIL 等级。子系统 2 包含安全相关功能 F2、F4，F2 为 SIL2，F4 为 SIL4，因此子系统 2 的 SIL 等级应当与 F4 的 SIL 等级相同为 SIL4，见表 5-6。

表 5-6　子系统 SIL 分配

功能	SIL 等级	子系统 1	子系统 2	……	子系统 *n*
F1	1	√			√
F2	2		√		
F3	2				√
F4	4		√		
最高 SIL	—	1	4		2

表 5-7 针对每一项系统功能向子系统进行了分配。

表 5-7　系统功能及 SIL 分配

功　　能	可能的后果	SIL 等级	ZC	VOBC		DSU	DCS	应答器
				ATP	ATO			
F1:保证行车安全	撞车、脱线	4						
F1.1 计算列车安全位置		4	√					
F1.2 更新轨道占用信息		4	√					
F1.3 计算移动授权		4	√					
F1.3.1 CBTC 级别下计算移动授权		4	√					
F1.3.2 BLOC 级别下计算移动授权		4						
F1.4 生成强制命令		4	√					
F1.5 列车自主测速定位		4		√	√			√

续上表

功　能	可能的后果	SIL等级	ZC	VOBC		DSU	DCS	应答器
				ATP	ATO			
F1.6 监控列车速度		4		√				
F1.7 监控列车模式曲线		4		√				
F1.8 退行防护		4		√				
F1.9 红灯误出发防护		4		√				√
F1.10 列车注册		4	√	√				
F1.11 列车注销		4	√	√				
F1.12 管理临时限速		4						
F1.12.1 CBTC 级别下管理临时限速		4	√	√	√			
F1.12.2 BLOC 级别下管理临时限速				√	√			√
F1.13 数据库版本比较		4	√	√	√	√		√
F2:保护和辅助乘客	乘客被车门挤压摔出车门	2						
F2.1 管理列车车门		2		√	√			
F2.2 管理站台安全门		2						
F2.2.1 CBTC 级别下管理站台安全门		2	√	√	√			
F2.2.2 BLOC 级别下管理站台安全门		2		√	√			√
F2.3 检查站台内安全停靠站情况		2		√	√			
F2.4 授权驶离站台		2						
F2.4.1 CBTC 级别下授权驶离站台		2	√	√	√			
F2.4.2 BLOC 级别下授权驶离站台		2		√	√			√
F2.5 管理站台紧急停车按钮		2	√	√				
F3:辅助列车运行	间接造成撞车、脱线列车紧急制动	2						
F3.1 列车准备		0		√	√		√	
F3.2 确定驾驶模式		2		√	√			
F3.3 向司机显示详细驾驶信息		0		√	√			
F3.4 子系统之间通信状态监测		2	√	√	√	√		
F4:辅助驾驶	间接造成撞车、脱线列车紧急制动	2						
F4.1 管理跳停		2			√			
F4.2 管理扣车		2	√		√			
F4.3 管理列车折返		2						
F4.3.1 CBTC 级别下管理列车折返		2	√	√	√			
F4.3.2 BLOC 级别下管理列车折返		2		√	√			√
F4.4 根据安全限制条件确定速度曲线		2			√			

续上表

功　　能	可能的后果	SIL等级	ZC	VOBC		DSU	DCS	应答器
				ATP	ATO			
F4.5 根据运行限制条件确定速度曲线		2			√			
F4.6 计算牵引和制动命令		2			√			
F5 提供技术支持	间接造成撞车、脱线列车紧急制动	2						
F5.1 时钟同步		2	√	√	√	√		
F5.2 提供维护数据		0	√	√	√	√		
F5.3 与其他系统接口		2		√	√			
F5.4 系统故障报警		2	√	√	√			

第五节　安全设计与实现

一、系统和硬件架构安全设计

根据系统特点，采用功能安全设计和技术安全设计原则提高系统的安全性。功能安全设计原则是来源于列车控制和运营专业相关的技术方法和设计原则；技术安全设计原则是普遍采用的故障—安全等设计原则。

故障—安全的机制有几种实现方式：

(1)组合式故障—安全

每个安全相关功能应至少由两个对象来执行。各对象之间相互独立，以避免共因失效。只有当必要数量的对象取得一致时，才允许执行安全功能和命令。

(2)反应式故障—安全

允许一个安全相关功能由单个对象执行，通过快速的危险故障检测和拒绝来确保它的安全操作(例如通过编码，多路计算和比较，或通过连续的测试)，检查/测试/检测功能是独立的，以避免共因失效。

例如，在车载 VOBC 子系统设计中使用了反应式故障—安全的案例：

VOBC 和 ZC 之间的通信丢失(5 s)时，激活的 VOBC 将发出紧急制动指令；

在 AM、CM 模式下列车位置丢失或不能达到所要求的精度时，VOBC 将发出紧急制动指令；

VOBC 故障或断电时，VOBC 将发出紧急制动指令；

ZC 重启时，所有受该 ZC 控制的列车都将实施紧急制；

VOBC 检测到列车运行中车门未锁闭，VOBC 将发出紧急制动指令；

上述[1]和[4]是与列车安全间隔相关，即防护列车超过安全速度和安全距离；而[5]是为了车门监督和防护功能，即为了保护列车移动时乘客从车厢中跌落或关门而使乘客受伤)。

(3)本质故障—安全

允许一个安全相关功能由单个对象执行，所有可信失效模式均为非危险的。

系统/子系统/设备在随机硬件故障情况下依然能满足规定的安全需求，包括量化的安全目标。

在发生单个随机故障时，系统/子系统/设备满足规定的危险侧故障率。

在包括多个对象并且各对象同时出错可能导致危险的系统中，各对象间的独立性是单一故障安全性的强制性先决条件。

在组合式故障—安全条件下，在足够短的时间内检出第一个故障，并强制达到安全状态，以确保在检测和拒绝期间出现第二个故障的风险小于规定的概率指标。

在反应式故障—安全条件下，检测和拒绝所需最大时间不应超出规定的有潜在危险的瞬间输出持续时间限制。

车载控制器子系统使用 2003 安全计算机平台，3 台计算机的同步是一个重要且困难的问题。在此，可以设计一个特殊模块，例如提供同步脉冲，这个模块使用“故障—安全”电路将动态信号转换成电流信号，然后驱动继电器表决模块，并通过继电器自动控制逻辑电路电源关断。当动态信号消失时，电源将被切断 3 台电脑不再工作。

IEC 62425[2] 给出了分别针对随机失效和系统失效的减轻措施，表 5-8 是针对随机失效的减轻措施，表 5-9 是针对系统失效的减轻措施。

表 5-8　针对随机失效的减轻措施

随机错误/失效原因	错误/失效	可能的缓和/防护/注释
外部扰动共模模式（电磁）	—软件随机跳出 — RAM 随机错误	—在冗余情况下，信道的同步损失 —数据地址多样化
在单一信道中，独立于组件的随机失效	—可能的安全相关失效	—内在故障导向安全 —编码技术 注：如果未采用内在故障导向安全，则需要使用全面数值计算
在独立信道中，独立于组件的随机失效	—可能的待用状态失效	—内置测试实施 注：平均率估计和可接受的风险时间评估
在共模模式的电路中，组件的随机失效	—可能的安全相关失效	两种可能性： —或者是完全数值计算 —或者是依据 EN 61508(1%，5%)进行的标准计算

表 5-9　针对系统失效的减轻措施

系统错误/失效类型	可能的缓和/防护
系统、子系统、产品设计错误（规范或实施）	• 质量和安全流程： • 符合 EN 50129 或当地标准的设计和 V&V 循环周期 • 形式化规范 • 配置管理 • 针对系统错误的专用技术措施（嵌入式防护、多样化） • V&V 循环周期中需求规范的可跟踪性
软件错误（规范或实施）	• 质量和安全流程 • 符合 EN 50128 或当地标准的设计和 V&V 循环周期 • V&V 循环周期中规范的可跟踪性
编译器错误（用于复合故障导向安全的共模模式）	• 编译器确认 • 编译器多样化 • 编码微处理器 • 目标模块测试
硬件错误（用于复合故障导向安全的共模模式）	• 硬件多样化 • 内置测试

第一个故障（单一故障）可能是危险故障，它可能以单独的形式或与第二个故障组合的形式出现，应在足够短的时间内被检测到并强制进入安全状态（例如：拒绝）以实现规定的量化安全目标。

这应通过采用失效模式和影响分析方法(FMEA)和随机失效完整性的定量评估方法来加以证明。

检测出第一个故障后,系统/子系统/设备应进入或保持在一个安全状态。这个安全状态通常(但非必要)是受更多限制的。达到安全状态的时间应足够短以使检测和拒绝的总时间满足规定的安全指标。

检测出第一个故障并进入安全状态后,后续故障应不能使系统退出安全状态。仅在受控方式下并作为纠错过程的一部分,才能退出限制性的安全状态。

在第一个故障出现后允许的修复时间内,如果故障进一步发生,系统/子系统/设备应保持在安全状态。为实现规定的安全性指标允许的修复时间应足够短。

检测出第1个故障后,系统应进入或维持一种安全的状态。此安全状态通常应为一种受限的。此状态应在某一较短的时间内实现,以使“检测+否决”的时间能够达到规定的安全目标。

在第1个故障发生后容许延迟恢复的时间内,此系统应维持在某一安全状态。容许延迟恢复时间应足够短,以能实现安全目标。

例如,ZC安全平台软件程序的发送机制是采用基于时间触发器的方法。为满足不同的应用程序,安全计算机平台软件的控制周期是适当的;软件流的检查点基于疏耦合,以降低共模干扰和缩短安全反应时间。安全平台的固有安全特征确保一旦发生错误,将关断其控制通道。

对于ATP子系统中的单点故障,当车—地之间的通信失去超过一定时间后,车载ATP就对列车实施紧急制动,以迫使列车停车。

应及时检测可能直接造成危险或与继发故障组合后造成危险的多重故障(例如两重或三重故障),并且强制达到一个安全状态,这一时间应足够短以满足规定的安全指标。目前已对ATP子系统采用故障树分析的方法以论证多重故障的影响。

应进行共因失效分析(CCF)以确保多重故障只在多个随机单一故障组合情况下发生,而不是一个共因故障的结果。在具体产品设计时,需要保证多重故障的发生仅仅可能是单个随机故障的组合,而不是作为共模故障的结果。

二、软件安全设计与实现

对于软件的安全需求而言,制定软件需求规范的目标是:第一,描述一个文档,为满足所有系统需求,该文档根据软件安全完善度等级规定了完整的软件需求。它是对每个软件工程师均适用的综合性文档,因此他们不必再从其他文档中了解需求;第二,用于描述软件需求测试说明书。软件需求规格说明书应描述待开发软件的需求特性,而不是开发软件的程序。这些特性应包括:

(1)功能性(包括能力和响应时间性能);

(2)可靠性和可维护性;

(3)安全性(包括安全功能及其相关的软件安全完善度等级);

(4)效率;

(5)可用性;

(6)可移植性。

对于可编程逻辑系统而言,安全需求是以软件需求规范的形式出现的。也就是要定义软件需要结合硬件组件才能够完成的功能。通常软件的安全需求也是先在系统层设置,之后作为整个系统需求的一部分,而软件安全需求规范安全需求规格书也是作为软件需求中的一份独立的文档。例如在IEC 62279[5]中,对软件需求规范中安全相关的需求规范有如下要求:

(1)软件需求规范应根据系统安全性需求规范的要求(包括周期性)来检测需求。

(2)软件需求规范应根据系统安全性规范的要求包括使所有安全功能在整个系统运行期内可测试的需求。

(3)当要求软件来完成一些功能,特别是完成那些与实现选定系统安全完善性等级有关的功能时,软件需求规范应对其加以清楚地说明。

(4)对于任何不可追溯材料,应表明其对系统安全性或完整性是没有影响的。

(5)软件安全需求通常是要包括系统容错能力,也就是软件的可信性需求。EN 50128 中提供了容错特征的说明。所有的软件失效都是系统级的,软件是不存在耗损或者当机的情况发生的。绝大部分软件失效是软件开发流程中的失误所诱发的错误事件,例如不正确的规范,抑或执行规范过程中的误解行为。

通常说来,如果系统包含软件,那么系统的完整度等级就取决于软件的完整度等级。软件的可信性可以看作是软件的 SIL 等级。对软件需求的验证证据是必须的,如果参考 IEC 62279,那么就需要生成软件评估报告以及软件验证报告,以此作为最终系统安全例证中重要的一部分。

轨道交通列车运行控制系统软件的生命周期以需求分配为起点,如图 5-15 所示。根据安全需求分配所得到的系统功能和 SIL 要求,确定软件需求。之后,与所有软件系统开发过程相同,需要进行软件架构设计、编写代码,以及后续维护。与普通软件不同的是,在这些开发过程中需要选择、使用适当的安全技术和手段,以保证软件可以达到要求的安全水平。

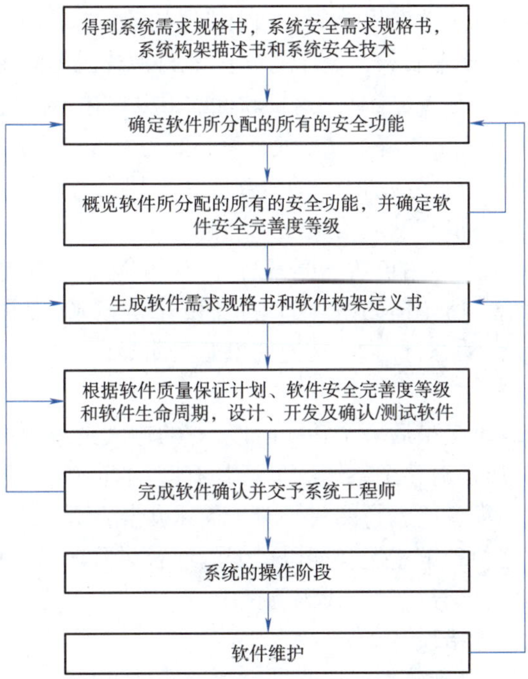

图 5-15 IEC 62279 软件安全生命周期

IEC 62279 采用基于风险的方法来决定 E/E/PE 安全相关系统的安全完善性需求[5],确定了实现规定的安全完善度等级所必需的方法和手段。如图 5-16 所示,软件模块要根据安全需求分配所确定的 SIL 等级来选择相应的设计技术和测试手段。一个安全相关系统通常实现了一个或多个安全功能。如果这些安全功能的安全完善性要求各不相同,那么应该使用适于最高安全完善性级别的需求,除非它们的应用间有足够的独立性。实际中,可能会遇到即使使用了标准建议的方法也无法达到规定安全完善性等级的系统，这样的系统需要采用额外的措施来保证功能性安全。

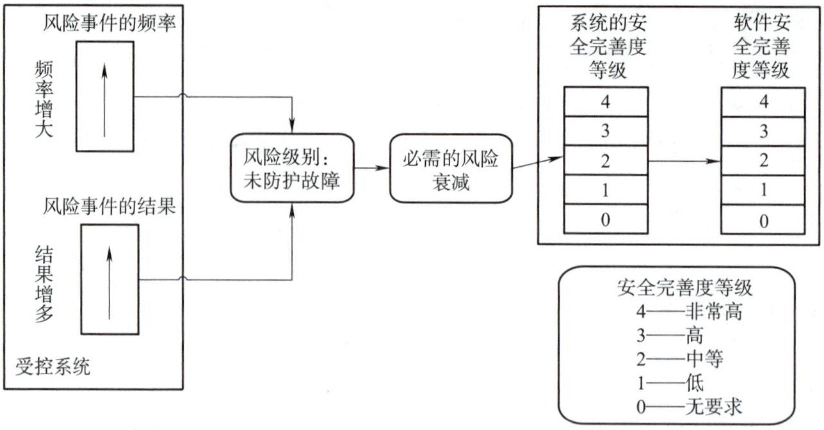

图 5-16　安全相关系统的安全完善等级

随着轨道交通运行控制系统的复杂度不断增加，安全相关软件开发中会面临很多的挑战，主要表现在如下方面：

(1)避免软件的复杂描述

在开发过程中，软件是在不同阶段和不同文档中描述的，例如：软件安全需求规格书、软件构架设计描述书、件系统设计说明书、软件模型设计说明书、软件源代码等。在软件开发的每一步中，最重要的一点是要尽量避免软件的重复描述。这种软件的重复描述不仅是浪费的，同样也是容易引起错误的，还造成描述间的不连贯的风险，从而使得有必要为确认当前级别与前一级别的顺从性付出极大的努力。EN 50128 中的许多活动的目的检查是由于不同设计者转换而引起的错误。

(2)避免说明书的含糊不清和缺乏精确性

需求和设计说明书传统上是用自然语言书写的，还可能用非正式的图表作为补充。即使有需求标准的限制，自然语言所阐述的内容都是我们的日常经验，其内在的模糊性将导致对不同的读者有不同的解释。在动态行为中，这种现象尤其明显。

(3)避免手工编写代码

传统的开发过程中，编码是最后一个转换阶段，它的输入是最后一系列用自然语言编写的信息(或伪代码)。编程者通常对整个系统的了解是有限的，而容易受需求规格书的描述的模糊性的影响。另一方面，编程者所编写的代码对于需求规格书的编写者来说是难以理解或无法理解的。传统方法中，这种理解错误和编码错误的组合风险所带来的代价之高，甚至使生命周期确认阶段花费的精力大部分耗费在代码测试上。

(4)尽早发现规范和设计错误

许多规范和设计错误只是到软件集成测试时才被发现，原因之一是，需求和设计说明书通常是含糊不清；另外一个原因是，在没有实践的情况下，关系到动态行为的细节对于读者来说是难以理解的。在传统过程中，当一个错误只能在软件集成测试阶段发现时，修正它所付出的代价远远高于在规范阶段发现它。

(5)降低升级的复杂性

从缺陷修正到新功能引入的功能升级，软件中有许多修改的原因。当必需对软件进行修改时，软件生命周期中的所有成果都进行相应的升级，所有的确认活动都要相应的再进行实施。

（6）提高验证效率

安全相关系统的认证级别远远高于非安全相关系统，对于 SIL4 级的软件，整个认证的花费（包括测试）占预算的 80%。认证也是整个工程的瓶颈，因此，很显然认证的花费或速度的任何改变都将大大影响到工程的进度和花费。

根据系统需求进行软件功能的分解和设计，如图 5-17 所示，设计过程中应考虑模块化，对于可能变更的功能，要单独予以可移植性设计；进行软件功能分解和概要设计后，可以进行软件数据流的设计，如图 5-18 所示，设计过程中需要重点考虑安全数据和非安全数据进行隔离。

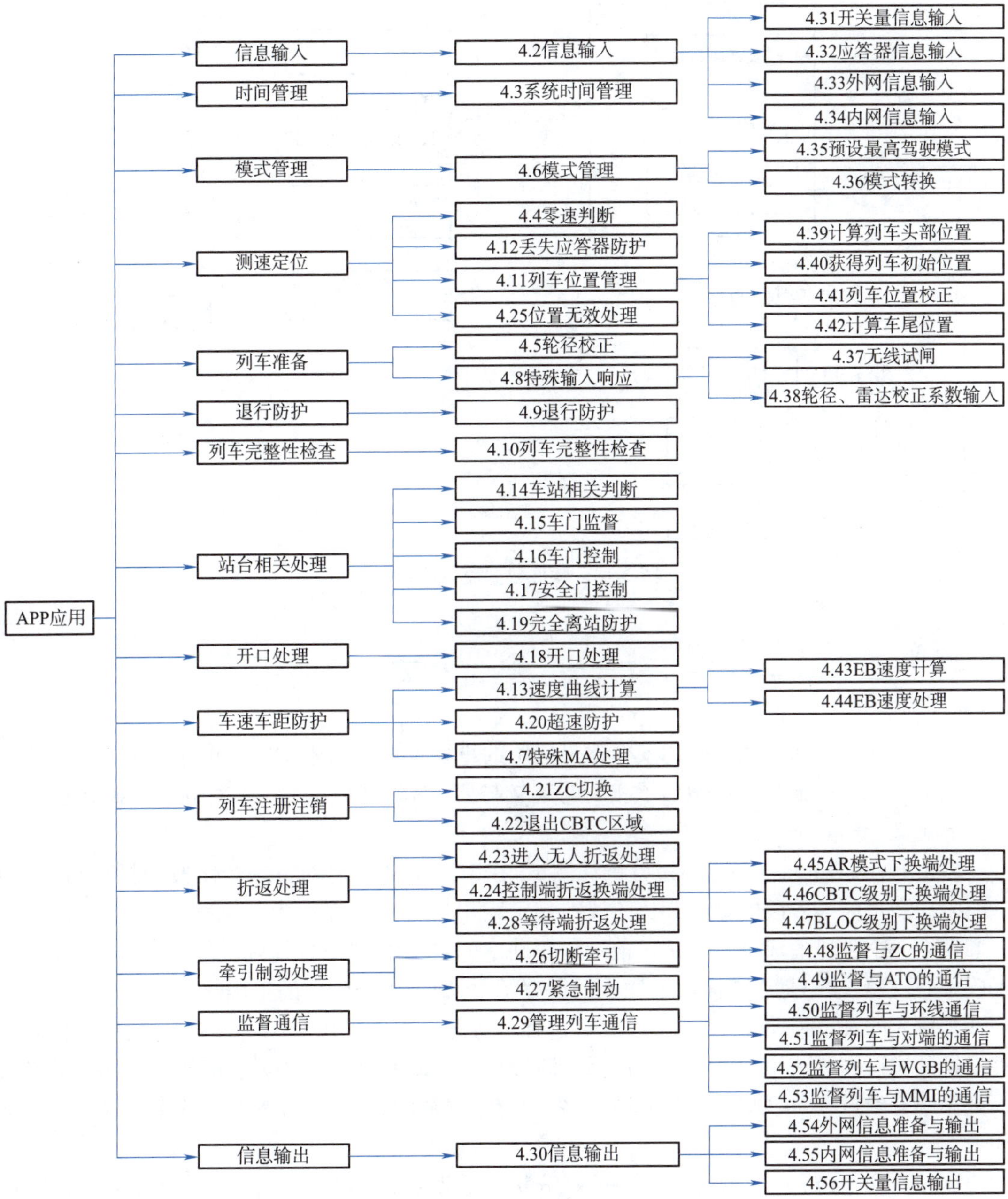

图 5-17　车载应用软件功能分解与设计

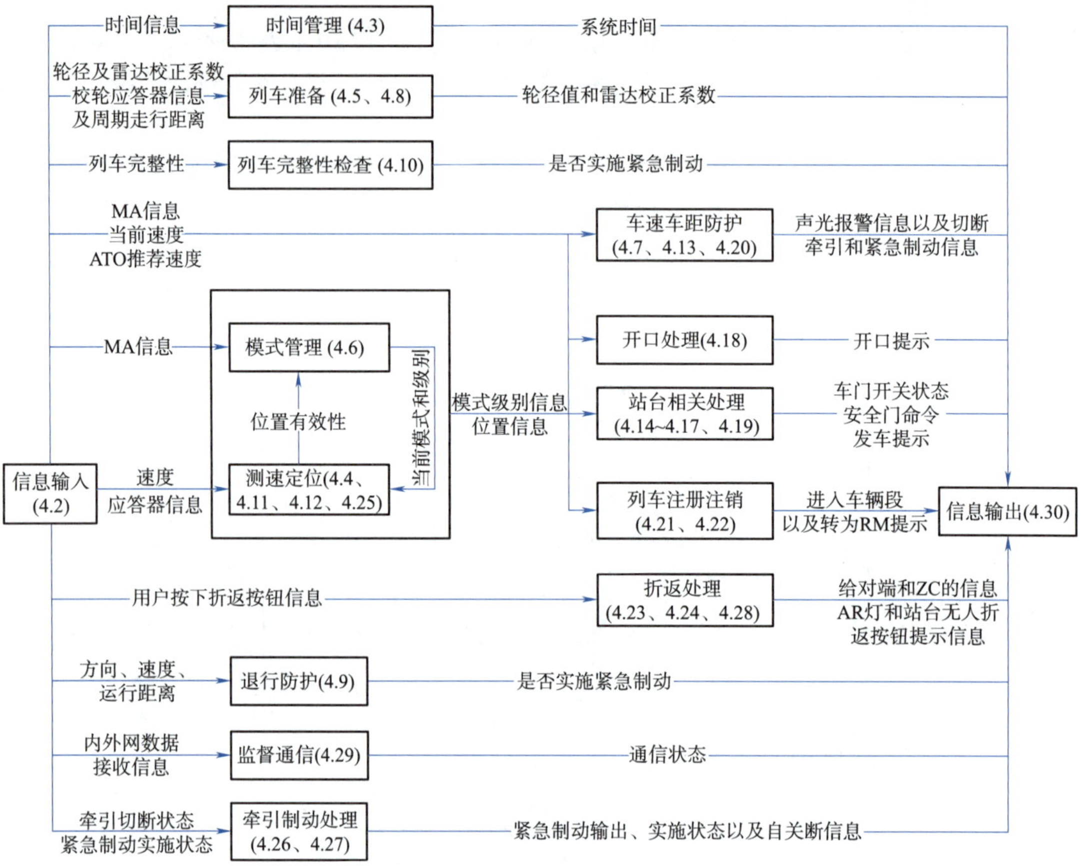

图 5-18　软件数据流设计示意图

第六节　验证和确认

由于验证与确认在轨道交通安全保障之中的重要作用，欧洲标准委员会在其出版的轨道交通的标准中对验证与确认做出了相关的定义与要求，在 IEC 62425 中对验证和确认进行了如下的定义[2]：

验证(verification)：一种通过分析和测试，在系统生命周期的每一个阶段，对所分析和测试的阶段满足前一阶段的输出和该阶段按规定输出进行的认定行为。换言之，验证为检验生命周期中一个阶段的成果是否满足前一阶段确定的要求的过程，它不仅仅验证输出是否完全正确，而且检验输出是否该阶段的输入的期望结果，即为单个阶段的正确性。

当输入的规范说明发生错误时，验证过程本身无法检测出规范说明的错误，其后果将使工程早期的错误在无法检测的情况下向后续阶段传播。此时“确认”作为验证的一个补充手段引入到系统开发过程，主要是为了保证在开发过程中规范的正确性。EN 50129 中对确认的定义如下：

确认(validation)：一系列通过测试和分析来表明产品满足各方面的安全规范的认定行为。确认是确保开发阶段或者整个系统的规范与用户需求一致的过程。确认通常针对系统整体进行调查，检查原型系统、仿真模型或者细节设计是否满足用户的需求，从而认定系统是否正确恰当地运行并且保证所开发系统与原始规范的一致性，有时确认也可用于系统的不同层次，保证局部的系统符合规范要求。

测试阶段的主要产出物也是安全评估和认证的重要证据，需要保证验证和确认活动的充分性和客观性，同时需要对于安全需求进行追溯和管理。

一、验证和确认方法

图 5-19 给出了不同 SIL 等级对于验证和确认人员的独立性要求[10]，验证和确认工作的方式大致可以分为三类：把验证和确认工作放到测试部门中开展；把验证者和确认者独立开展工作；让安全保证团队承担验证者和确认者的工作。

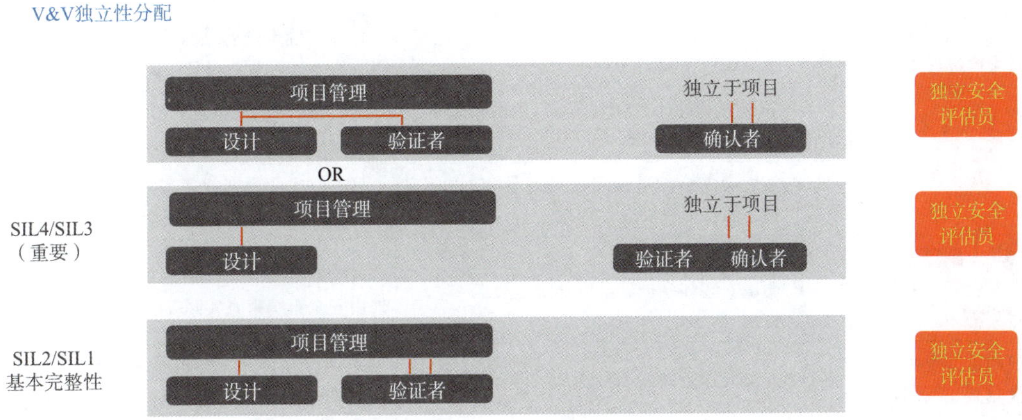

图 5-19　不同 SIL 等级对于验证和确认人员独立性的要求

产品开发完成后，进行产品和数据的集成，并实施室内测试，测试人员在测试活动方面具有丰富的经验，并结合平台工具管理缺陷和变更，直至缺陷关闭。测试过程中形成测试记录，测试完成后形成测试报告，经批准后可以提供业主和监理审查。图 5-20 是生命周期验证与确认的示意图。

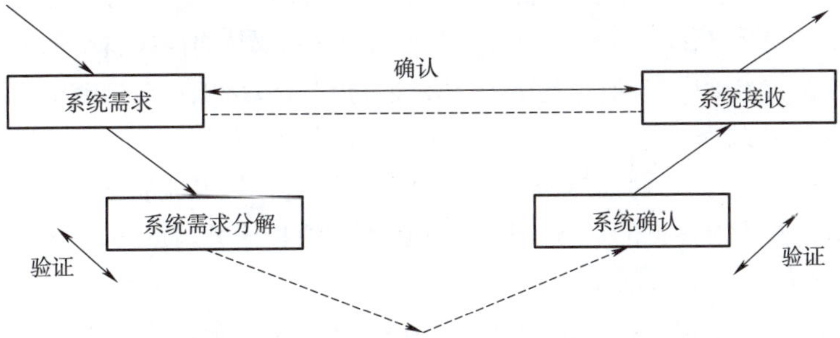

图 5-20　生命周期中的验证与确认

IEC 62425 标准对于系统和产品设计的确认验证工作要求见表 5-10[2]。

表 5-10 系统和产品设计的确认和验证技术

技术/措施	SIL1	SIL2	SIL3	SIL4
1. 检查清单	R:准备检查清单,关注主要安全性问题		R:准备详细的检查清单	
2. 仿真		R	符合	
3. 系统功能测试	HR:应实施功能测试、评审,以证实达到预定的特征和安全需求		HR:应基于良好定义的测试用例进行全面的功能测试,以证实达到预定的特征和安全需求	
4. 环境条件下的功能测试	HR:应在指定环境条件下进行安全相关功能和其他功能的测试		HR:应在指定环境条件下进行安全相关功能和其他功能的测试	
5. 抗浪涌测试	HR:应进行实际运行条件边界值的抗浪涌测试	HR:应进行比实际运行条件边界值更高的抗浪涌测试		
6. 文档检查	HR:检查所有文档			
7. 确保设计假设没有向生产过程妥协	—		HR:明确生产需求和防范要点,另外由安全组织审查实际生产过程	
8. 测试装置	R:测试装置的设计者应独立与系统或产品的设计者		HR:测试装置的设计者应独立与系统或产品的设计者	
9. 设计评审	HR:在生命周期的适当阶段进行评审,以证实实现了指定的特征和安全性需求		HR:在生命周期的适当阶段进行评审,以证实实现了指定的特征和安全性需求	
10. 确保设计前提条件未受安装和维护过程影响	HR:明确安装和维护需求以及防范要点		HR:明确安装和维护需求以及防范要点,另外由安全组织审查实际安装和维护过程	
11. 通过使用达到高置信度(当无法获得以往证据时)	R:10 000 h运行时间,有运行设备中运用至少1年的经历		R:一百万h运行时间,有不同设备中运用至少2年的经历,其中包括安全性分析,运行期间的小修改也要有详细文档资料	

二、验证和确认活动

为确保产品质量,一个全生命周期项目的开发过程一般需要组织7个不同类型的验证与确认活动,包括:文档评审、静态走查、追溯矩阵、专家评审会、测试、见证测试、分析和论证。

验证与确认的适用范围很广,包括基于软件的系统、计算机软件、硬件和接口等系统的各个方面。IEEE制定的软件验证与确认标准IEEE 1012[7]以及软件验证与确认计划指南IEEE 1059[8]规定了验证与确认的过程、活动和最小任务,并提出相应的建议从而保证适用于实际工程。

基于软件的系统的验证与确认分为三个层次:过程、活动和任务,如图5-21所示。

1. 验证与确认的过程

验证与确认的过程包括:管理过程、开发过程、运行过程以及维护过程,并且在每个验证与确认的过程中都包含必须进行的最小的验证与确认活动和任务,其中包括:分析(analysis)、评估(evaluation)和测试(test)等活动。

验证与确认的管理过程(management process)与其他3个过程有所不同,此过程一直贯穿整个验证与确认的工作,在其他的过程执行的同时也需要进行管理过程。在此过程中主要的活动是对于验证与确认各项活动的管理,从而监控和评估所有的验证与确认输出。验证与确认管理将会评估系统或者软件的所有建议的修改,识别由修改引起的有所引起的系统或者软件需求变更,识别这些变更在系统安全完善性等级中的影响。

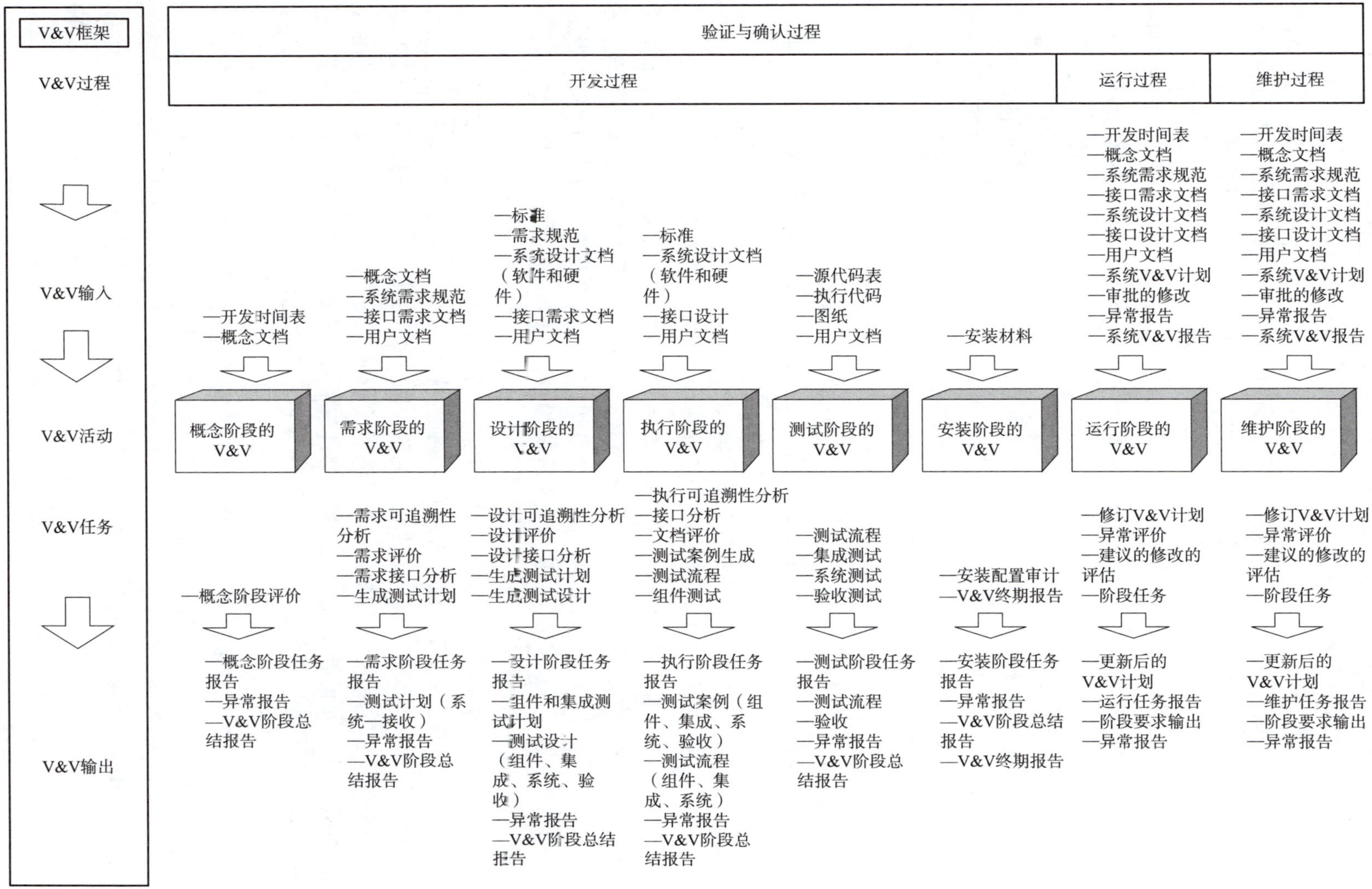

图5-21　验证与确认框架

验证与确认开发过程(development process)包含开发者的任务和活动(task and activities),即开发阶段的活动主要是生命周期各阶段的验证与确认活动。运行阶段则涉及系统在运行环境中的使用,此过程中的验证与确认活动主要评估在运行环境中变更的影响,评估变更后的系统,在制定使用中的操作流程并且分析影响使用者和系统的风险。当系统发生变更,此时需要进行验证与确认的维护过程,此过程中需要明确系统的修改、移除和退役。

在相关的软件工程资料中提到,系统的验证与确认可以延伸至项目的招标与投标阶段,主要是对于供方的验证策略、标书以及合同等的评审报告等,从而保证项目自招标起到项目结束过程中的需求一致性,但本书主要着眼于轨道交通系统开发过程、运行过程和维护过程中的验证与确认过程。

2. 验证与确认中的活动和任务

验证与确认在轨道交通的应用中,主要关注其在各个生命周期阶段中的活动和任务(activities and task),1999 年版本的 IEC 62278。对验证与确认的开发过程、运行过程和维护过程中的活动和任务进行了详细的说明,这三个过程同时包含产品生命周期的各个阶段。

在系统的概念阶段,验证与确认评估本阶段输入的信息、数据和其他统计值是否适当,使用是否合适;其次,陈述对系统范围和目标下的环境的评估是否进行恰当;然后评估所有影响系统可靠性、可用性、可维修性和安全性(RAMS)性能的危险列表是否完整性;并评估在系统概念阶段所使用的方法、工具和技术是否适合;最后考虑到人为因素的影响需要评估此阶段涉及的所有人员资质。

在系统定义和应用条件阶段,系统的验证与确认的活动同样需要评估本阶段输入的信息、数据和统计结果的正确性;与概念阶段不同的是,在生命周期的其他阶段都需要进行上一阶段的交付成果评估,此阶段主要评估针对概念阶段的交付成果评估本阶段的 RAMS 方面,主要是 RAMS 策略与系统需求的一致性。另外,在定义阶段,还需要评估 RAM 分析和危险识别过程的完整性,安全计划的适当性,包括在安全计划中对于一些数据源适当性的评审。当然,与概念阶段相似的是,在系统定义和应用条件阶段也同样注重在本阶段中使用的方法、工具和技术的评估以及参与此阶段的工作人员的能力的评估。

轨道交通系统的生命周期的第三个阶段是风险分析阶段,根据这个阶段的要求,其验证与确认与前两个阶段的差别在于风险分析结果的验证与确认。此阶段需要评估风险评估的完整性和风险可接受性分类。同时,评估在系统中的危险日志过程的适当性。当然,除了上述的验证工作,在此阶段也需要评估阶段输入的正确性,并评估使用的方法、技术和工具的适当性以及评估此阶段工作人员的胜任能力;此阶段的交付成果需要根据第二阶段的交付成果进行验证评估。这四项评估内容在生命周期的之后的各个阶段都要进行,以下其他阶段中的描述中不再赘述。

系统需求阶段中,需要根据轨道权威机构执行的安全目标和安全方针验证安全需求以及 RAM 需求;评估接收计划和验证与确认计划的适当性和完整性;评估 RAM 程序的适当性,包括在此期间使用的数据源的适当性的评审。当进行需求分配时,要保证设计的子系统、组件和外部设备的架构符合系统的 RAMS 需求;而子系统、组件和外部设备的 RAMS 需求要保证可以追溯到系统的 RAMS 需求;通过验证子系统、组件和外部设备的 RAMS 需求保证功能之间的完整性和一致性。另外还需要验证改进的安全计划以保证其继续适用于整个系统。

设计和执行阶段中,通过分析和测试验证子系统、组件与 RAMS 需求和设计一致;确认子系统和组件的实现符合 RAMS 的接收标准(包括生命周期需求);通过测试和分析验证制造过程可以生产出满足 RAMS 要求的子系统和组件;验证在此之后的所有生命周期活动的计划都符合系统的 RAMS 需求,包括生命周期费用需求;最后评估一般的安全案例以及应用安全案例的适当性。当进行系统制造时,需要根据生命周期费用以及目标 RAMS 需求验证 RAMS 支撑文档(support document)的正确性,适当性和一致性,保证产品依据系统需求生产。

安装阶段,对于轨道交通系统的验证与确认主要关注安装活动的正确性,此时需要验证安装活动根据安装计划实施,并且通过相关的分析和测试验证所安装的系统满足 RAMS 需求。同时,评估系统支持方案的有效性和充分性。

系统确认阶段的验证与确认活动需要验证和确认安装系统满足 RAMS 需求,对于某些轨道交通系统,针对特定应用的安全例证在安装与试运行之前需要进行验收;同时需要验证试运行是否依据试运行计划进行,评估收集的系统运行数据的有效性和适用性。

系统验收阶段,验证与确认的活动需要验证在这一阶段根据计划执行了验收活动;并且评估最终版的安全计划对于生命周期后续阶段的延用性以及评估对于剩余危险的管理是有效的;评估应用的特殊安全案例的适用性和完整性。

在系统运行和维护阶段中,验证与确认活动主要关注验证在支持方案中的改变与 RAMS 需求和生命周期费用需求是否相一致。

为达到验证与确认系统或者产品是否符合包含功能性能和质量特征在内的各项需求,验证与确认的过程中常采用测试、评价、可追溯性分析和接口分析等方法保证系统与需求的一致性、可追溯性和完整性。

在 IEC 62278、IEC 62279、IEEE 1012 和 IEEE 1059 中都提到可以在验证与确认的活动中采取相应的方法完成活动任务,其中可追溯性分析主要衔接了两个不同的开发阶段。

可追溯性分析一般在系统的需求、设计和执行阶段进行。可追溯性是识别原始需求和最终系统之间关系的能力,可以向前或者向后追溯系统的关系网络,即系统需求。可追溯性提供了两元素之间的关联,当某一元素可以被另一追溯时,而这一元素又可以追溯其他元素,则在此过程中形成链式反应。

可追溯性分析可以对在概念阶段的系统性质上进行验证,并验证在设计规范中、代码执行阶段中的性质,其次验证在测试计划和案例中的系统性质;最后验证为最后的系统用户和客户提供的需求规范的性质。

通过前向和后向追溯,可追溯性分析有助于测试计划的生成并验证产生的测试案例。当追溯从系统需求返回到系统概念文档并且完成对系统需求的验证时,可以启动可追溯性分析。可追溯性分析起始于系统需求阶段并追溯所有的开发陈述、用户文档和测试文档。每一个追溯都要分析其一致性、完整性和正确性以确认所有的需求在系统中已经完成,并与正确的设计、代码和测试信息相联系。

在进行可追溯性分析时有可能出现一些错误。此时,分析人员应该要检查每一条追溯路径以保证追溯了正确的文档和对象,因此分析人员必须十分了解需求和设计的意图。

可追溯性分析可以帮助配置管理、测试覆盖性分析、验证与确认结果分析、回归性分析、苛求性评估,验证与确认管理决策等的实施,同时可追溯性分析也对评估软件开发效果有帮助。

可追溯性分析用于保证正确识别了每一个需求,所有的追溯都从前一阶段追溯到本阶段,保证前向和后向追溯之间是一致的,并且每一个规范的前向追溯都完全支持规范;另外可追溯性分析还需要保证每个当前的规范和性质都通过可追溯的流程进行。

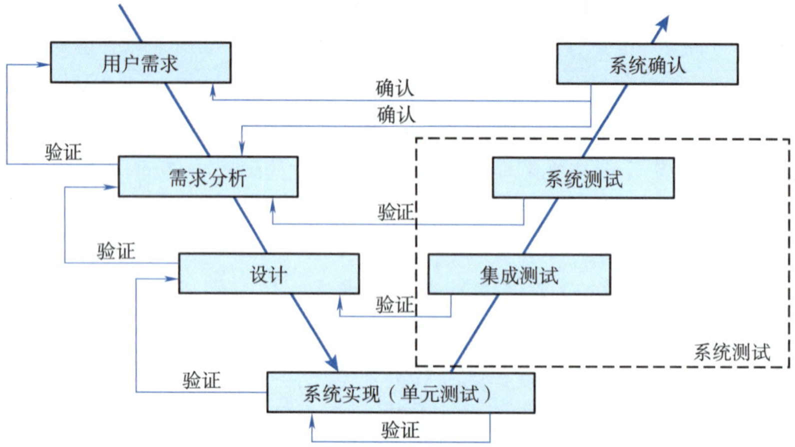

图 5-22　生命周期验证和确认模型

实施验证与确认活动之后，会发现产品中存在的问题；对这些问题需要进行登记和跟踪，直到得到适当的处理。

为确保设计和开发结果满足要求的能力，需要组织一系列设计评审工作，主要包括阶段评审和同行评审。

阶段评审是在每个设计和开发阶段结束后进行，综合评价已结束阶段的输出是否符合输入要求、工作是否完成、有无遗留问题等，如果阶段评审没有通过，则继续落实本阶段工作，不进入下一阶段的设计和开发工作。

同行评审是由各设计小组实施的小组内部的评审，目的是评价和确定设计途径、设计方法、实现方法等。设计评审工作会在开发项目计划中予以明确。

图 5-23 给出了典型列控产品验证和确认活动。

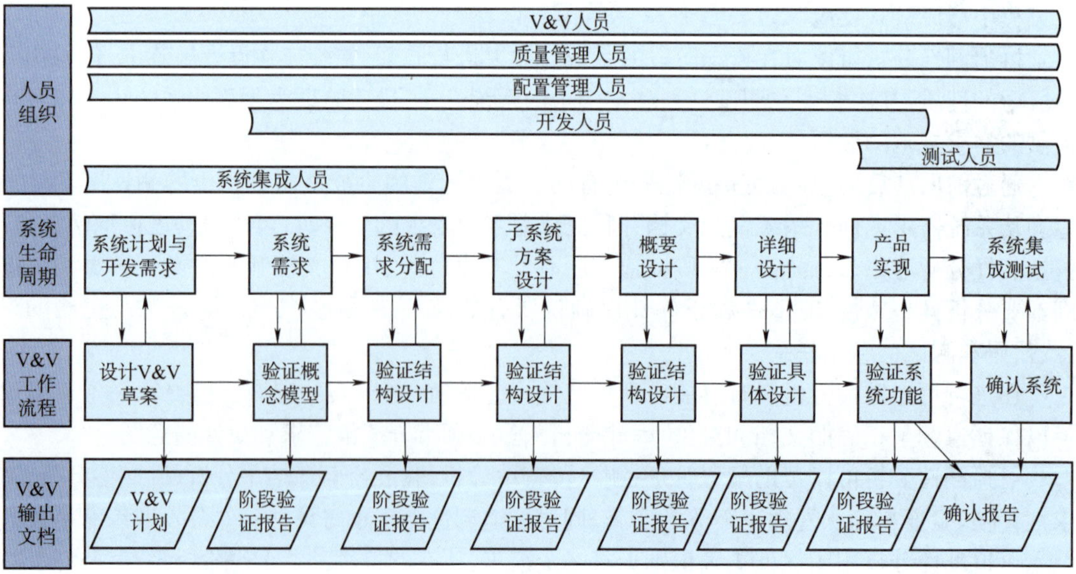

图 5-23　典型列控产品验证和确认活动

三、安全需求的追溯

在完成系统测试活动之后，需要对于系统需求进行追踪确认，这也是安全验证和确认活动的重要环节。表 5-11 给出了系统需求追踪矩阵的示例。

表 5-11 系统需求追踪矩阵

ID	需求简写	CBTC 系统需求	是否需求	需求类型	安全性相关	验证方式	确认证据
438	计算列车安全位置	概述：本功能是指 ZC 子系统接收到列车汇报的非安全位置信息后，ZC 子系统需要结合系统参数来计算得到列车的安全位置信息， 该功能是 ZC 子系统在进行列车移动授权时所必需的。 输入/输出 输入：列车非安全位置，系统参数 输出：列车安全位置 处理：ZC 子系统根据列车汇报的非安全位置，需要考虑如下系统参数来推断列车新的位置： a) 位置汇报的生存周期 b) 列车的最大速度 c) 列车的加速度 d) 退行距离 e) 线路情况（如坡度等信息）	是	功能	相关	分析	系统需求分析报告

表 5-12 给出了安全需求验证的示例。

表 5-12 安全需求验证表

序号	ATP 系统安全需求	来源	完成情况 C-已完成 O-未完成	需求验证		测试验证	
				需求文件	编号	测试报告	编号
SRS-001	ZC 在计算列车安全位置时考虑测速定位误差	HL-127 [1]	C	ZC 子系统需求规格书	3.1-计算安全位置	安全位置计算分析报告	3-需求验证分析
SRS-002	列车的追踪间隔中已考虑了前车可能发生的退行	HL-142 [2]	C	ZC 子系统需求规格书	3.1-计算安全位置	安全位置计算分析报告	3-需求验证分析

第七节 准备安全例证

从欧洲铁路安全管理的实践来说，铁路运营单位需要向政府交通监管部门提交线路开通申请，这个申请包括危险源管理日志和系统各个供货商提供的安全例证作为支撑，如图 5-24 所示，所以在项目前期就要求运营单位把危险源分配给设备供应商。

根据最新版 EN 50126-2 标准[10]要求，安全例证可以分为三种类型，即通用产品、通用应用和特定应用，如图 5-25 所示。

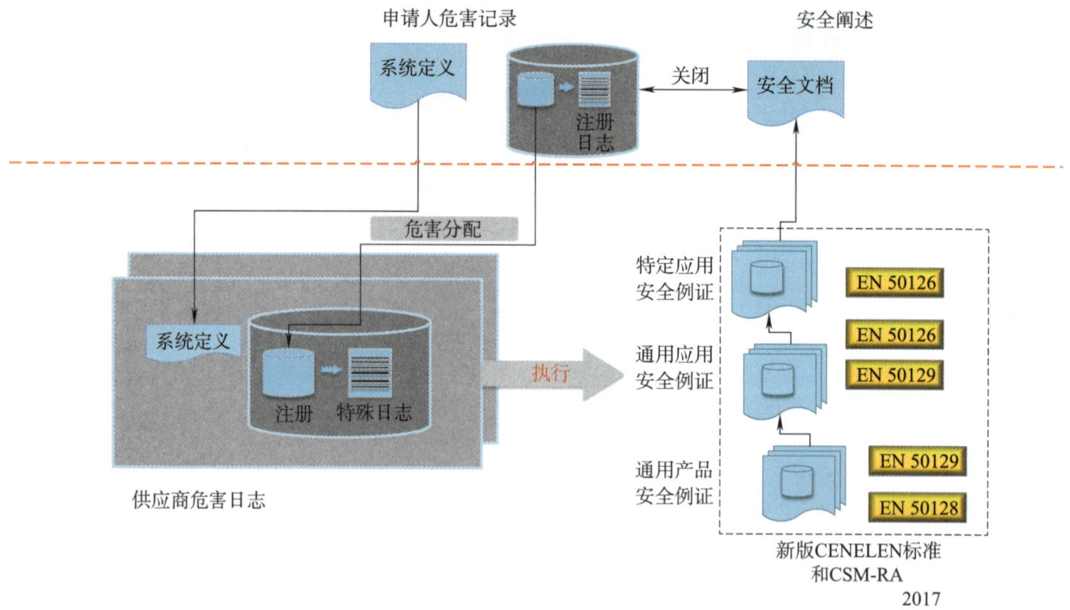

图 5-24　安全例证和危险源分析的关系

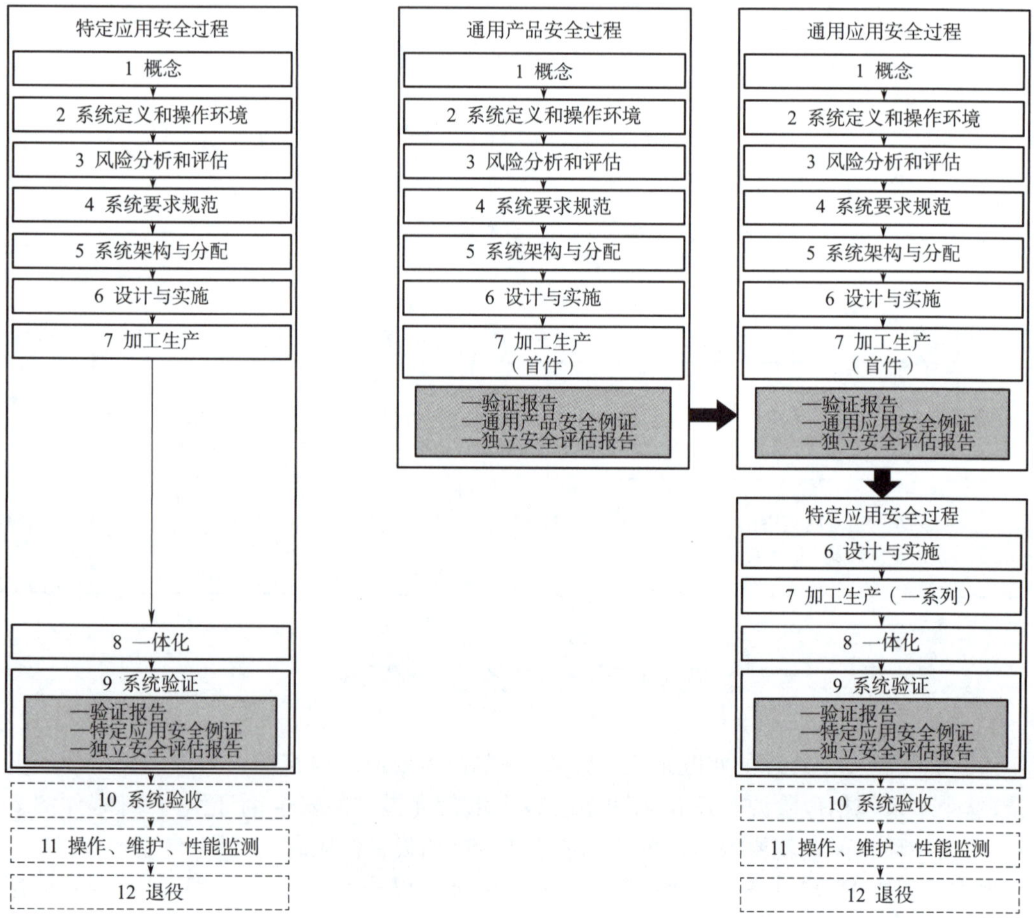

图 5-25　三种类型的安全例证

通用产品指的是能够在不同类型的应用场景下使用的产品；通用应用指的是系统在同一类型的应用场景下使用，系统的设计需要依赖于这个应用场景；特定应用指的是系统为一个具体的应用进行设计。表 5-13 列举出了列车运行控制系统中的这三种类型的产品或应用。

表 5-13　列车运行控制系统中产品或是应用示例

类　　型	列车运行控制系统举例
通用产品	安全计算机，计轴器，通用式机车信号
通用应用	装配有标准站数据的计算机联锁系统，CBTC 系统
特定应用	北京南站计算机联锁系统，亦庄 CBTC 系统

根据列车运行控制产品的实际情况，安全例证推荐的结构如图 5-26 所示。

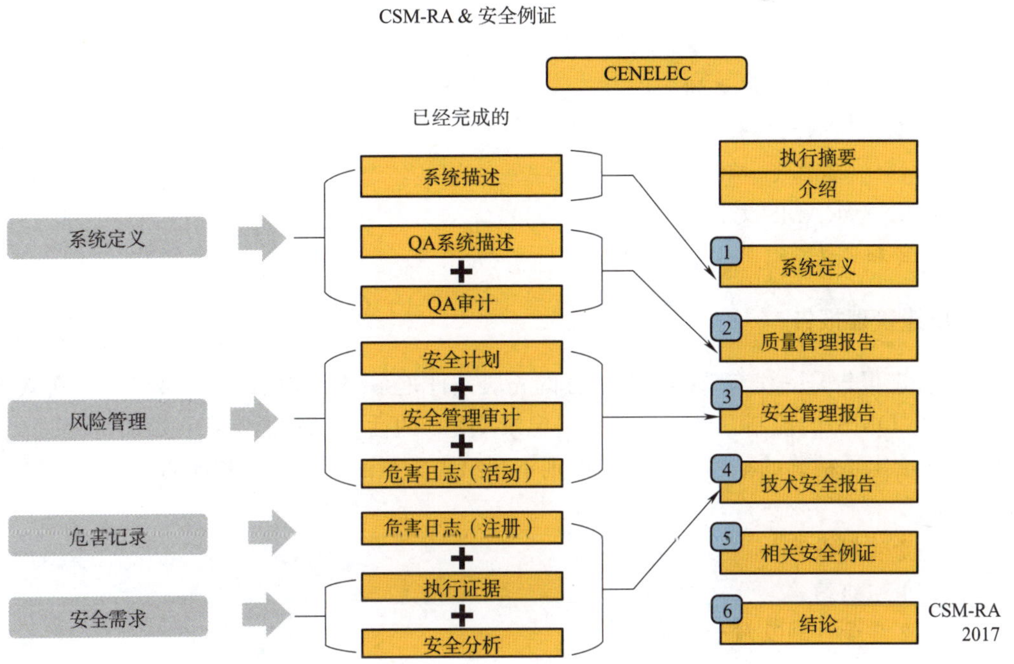

图 5-26　安全例证证据搜集

一、系统定义

摘要：总结安全例证中的关键信息。它应该包含以下 4 点。

（1）关于变更信息的简要描述，包括变更目的、功能和位置。

（2）关于安全计划和发展进程的保证的摘要。

（3）关于安全审核与评估的保证的摘要。

（4）关于测试与使用体验的摘要。

根据获得的证据和未解决的风险的安全状况的摘要。

简介：这一部分应介绍安全例证的目的、用途、应用范围和组织结构。

系统的定义：这一部分应当提供关于改变的总结以准备理解安全问题的提出。它应当包括或涉及目的、功能、结构、设计、实施和评审支持条款的处理文件，包括：

(1)系统描述包括系统的实际安放位置。

(2)系统边界和接口定义,包括承载的其他系统、服务与设备。

(3)组成的子系统认证,如果适当则要提供子系统安全例证。

安全例证所申请的系统结构必须可明确识别。这一部分需要论证系统可以有效管理及变更控制,符合安全计划中任意一条标准。

1.1 介绍
1.2××产品描述
  1.2.1 物理结构概述
  1.2.2××产品结构
  1.2.3××子系统分解结构
1.3 应用与参考文档
  1.3.1 标准
  1.3.2××项目管理文档
  1.3.3××设计文档
  1.3.4××验证 & 确认文档
  1.3.5××RAMS 文档
1.4 缩写和定义

二、质量管理报告

质量管理报告是一份有效的安全例证的先决条件是系统工作质量可以或曾经被有效地质量管理系统(QMS)的控制。这一部分必须记录 QMS 的活动以及证明它在项目中是适当的。如果 QMS 给出了精确的描述和证明的话则不用给出大量的细节记录和证明文件。

2.1 简介
2.2 质量管理报告
  2.2.1 组织结构
  2.2.2 质量计划及质量程序
  2.2.3 质量管理流程
  2.2.4 设计管理
  2.2.5 分包商/供应商管理
  2.2.6 生产控制
  2.2.7 操作和维护
  2.2.8 安装及调试开通
  2.2.9 文档管理
  2.2.10 配置管理
  2.2.11 质量综述

三、安全管理报告

引言:描述和总结并提到安全计划中所描述的行为按照计划执行并且证明这些改善的行为是适当且充分的。危险源的记录日志是最原始的证据来源来证明危险源已经被控制住了。

安全角色与责任必须提供证据表明项目中的关键安全人员完成了安全计划中所给出的任务。并且证明关键的安全人员具有相应的工作经验和能力。

安全生命周期:必须证明在项目以及项目的安全生命周期中，特别是当他们与安全计划中的定义有显著的不同时。

安全分析:必须介绍关于项目的安全分析过程中详细的讨论。它必须保证所有可预知的危险源都已识别出来,无法接受的危险源都已经被排除,而其他的危险源都控制在可接受的程度上。这一部分必须说明安全分析考虑到了系统全部活动范围以及正常与不正常的操作情况。系统与组件故障、程序故障、人为失误和环境条件都应该考虑进去。这一部分必须评审所有发生过的有关事件。陈述它们产生的原因,潜在的以及实际的影响,以及为防止所有曾经在运行经验中发生过的事件再次发生的要求行为,运行经验可能是在操作服务中产生折中安全策略的经验。这一评审必须涉及危险源日志。这一部分同时应当准备一个基于运营经验所获得的数据和危险源日志的可靠性数据的评审。这些数据应当运用在定量安全分析及证明上。这一部分必须论述一种方法来证明风险被控制在可以接受的程度并且这一方法遵循良好做法。这一部分必须记录任意一个安全政策中与分析相关的元素。这里面包括经过同意的安全对象和范围,以允许承包人和供应商对它们进行例如铁路环境方面的变更使得系统或设备能够运行。

安全需求:这一部分可能重申系统或设备的安全需求或者通过查阅安全需求规格书总结系统需求。应该包括一个关于需求中安全含义的讨论,指示出每个需求是怎样对整个项目产生影响的。任何假设都必须按照规定并且可以证明其正确性。

安全标准:这一部分应当能给安全计划所提出的程序和标准提供证据并且证明任何不一致的地方。

安全审核与评估:执行安全审核与评估过程的证据是安全例证中的重要部分。在审核与评估中的发现一般会在独立的文档中陈述。这一部分应当呈现的有:审核和评估时机的描述和证明;证明审核员与评估员有能力独立完成其工作;对于所有有关发现事宜所采取的行为正当的声明。

供应商管理:这一部分应该提出执行的合同方和供应商的工作应该满足的在要求的等级下的安全标准并且按照供应商的安全计划中规定执行。

安全控制:这一部分应当给出在安全计划中提出的安全控制认证已投入应用的证明。

结构管理:这一部分应当证明使用的结构管理系统及系统运行正确。所有在结构管理下的安全相关的项目的证明都应该提供。

项目安全培训:这一部分必须表明从事与安全活动相关的人员都通过按规定执行的培训计划进行了充分地培训。

3.1 简介

3.2 安全周期

3.3 安全组织

3.4 安全计划

3.5××产品危害记录管理

  3.5.1 简介

  3.5.2 危害记录管理

3.5.3 危害记录状态

3.6 安全需求说明

3.6.1 简介

3.6.2 标准和相关安全需求

3.6.3 安全需求一致性

3.6.3.1××子系统 SIL 分配的原则

3.7××产品设计

3.7.1 简介

3.7.2××子系统层次的设计活动

3.8 安全审核

3.9 安全验证与确认

3.9.1 验证 & 测试和确认安排

3.9.2 验证 & 确认策略

3.9.3××子系统设计相关的验证 & 测试活动

3.10 安全证明

3.11 操作和维护

3.12 拆除和处理

四、技术安全报告

技术安全报告应该说明确保设计的安全性的技术原理，包括(或涉及)所有支持文件(例如，设计原理及其计算，测试规格与结果以及安全分析)。如果文件中已包括准确的证明文件则其他大量细节文件和支持文件可以不包括进去。建议技术安全报告采用以下结构：

引　言

正确功能操作担保、故障影响和外部影响操作：这三个部分应当描述及讨论项目中相应阶段所做出的活动以证明它们满足安全要求。这三个部分应该总结并提及在安全计划中描述的活动并提供或者提出证据证明活动已经实施并且这些证明的活动对于要求的完善都市充分合适的。危险源日志应当作为证据的原始来源。这些部分应当给出将风险控制在可接受范围内的方法。

安全相关应用条件：这一部分应当说明(或涉及)在系统应用时必须观察的规则、条件与约束。其中包括相关子系统或子设备的安全例证中的应用条件。

安全质量测试：安全质量测试受到操作条件引导，它可称为“现场试验”或“列车引导运行”。这些测试的目的是使系统更好地达到其安全要求。这些测试并不能独立充分地证明系统的安全性但是可以通过给出实际中能够达到分析预测的结果作为巩固前面部分分析的证据。它们将有代表性地检验分析中的预测与实际效果。这些测试要求系统在得到最终安全审批之前投入使用，因此必须有适当的预防与监测措施以保证系统在测试期间的安全性，包括必要的预防措施来应对在监测时产生的风险。在测试开始之前必须要有一份临时的安全审批。安全质量测试不能作为在安全例证完成之前无限制使用系统的手段。这一部分应当记录在投入使用时的时间、采用的方法；什么预防措施是合适的；运行时有无乘客以及各阶段已获得何种安全审批。同时应附带测试的详细描述和测试结果。

其他显著安全问题：所有在安全要求文件中没有提到的显著安全问题应该在这一部分讨论，只要他们影响到操作安全。

4.1 简介

4.2 系统定义

4.2.1 综述

4.2.2 系统设计原则

4.2.2.1 系统结构

4.2.2.2 系统配置

4.2.2.3 车载结构

4.2.2.4 整体方案特征

4.2.3××子系统功能

4.3 功能正确实现的保证

4.3.1 安全设计原则

4.3.1.1 功能安全原则

4.3.1.2 技术安全原则

4.3.2 系统功能的实现

4.3.2.1 系统需求设计实现

4.3.3 安全功能的实现

4.3.4 硬件功能正确实现的保证

4.3.5 软件功能正确实现的保证

4.4 故障影响

4.4.1 确定单个故障对系统的影响

4.4.2 组件之间的独立性

4.4.3 单个故障的检测

4.4.4 故障检测后的措施

4.4.5 多重故障的影响

4.4.6 针对系统故障的措施

4.5 外界干扰下的运行

4.5.1 气候条件

4.5.2 机械振动条件

4.5.3 海拔高度

4.5.4 电磁条件

4.5.5 非法网络侵入

4.6 安全相关应用条件

4.6.1 系统配置

4.6.1.1 配置管理工具

4.6.1.2 配置管理委员会(CCB)

4.6.1.3 配置数据库

4.6.2 变更控制

4.6.3 运营安全监控

4.6.3.1 不合格品的处置

4.6.3.2 使用和维修管理

4.6.4 系统升级

4.7 安全合格性测试

4.7.1 测试规程

4.7.2 测试过程

4.7.2.1 单元测试阶段

4.7.2.2 集成测试阶段

4.7.2.3 子系统集成测试阶段

4.7.2.4 子系统测试阶段

4.7.2.5 系统集成测试阶段

4.7.2.6 系统测试阶段

4.7.3 数据准备及测试

4.7.3.1 数据准备

4.7.3.2 数据测试

4.7.4 问题处理与跟踪流程

4.7.5 测试结论

五、相关安全论据

这一部分应当包括这一安全例证所依赖的其他安全例证，以及证实在这一安全例证中实现或转自其他的相关安全例证中的假设、限制或约束。

5.1 介绍

5.2 相关安全论据参考

5.3××通用产品安全论据

5.4 安全相关应用条件

六、结　　论

这一部分应当根据系统的安全要求对系统的可接受性作一个总结。这一声明包括：

(1)安全例证所做的假设的列表，尤其是关于安全要求做的假设；

(2)系统仍然存在的风险的声明；

(3)关于系统的不足的声明；

(4)关于所有未解决的危险源和其他显著问题的鉴定；

(5)为保证安全的操作限制及程序影响；

(6)为长远工作实现所做的建议或说明。

结论部分应当包括使用时的假设、限制与约束。

第八节　配 置 管 理

配置管理是一种应用于产品整个生命周期的管理规程，用于提供对性能、功能和物理特性的可视性和更改控制。配置管理确保了一个产品的配置是已知的，并且反应在产品信息中，产品的任何更改都是有益的且不会产生不良后果，同时这种更改是在管理范围内的。

配置管理通过确保正确的产品配置来减少技术风险，区分产品版本，保证了产品和产品信息之间的异质性，同时避免利益相关方的不满意和抱怨。

当应用于复杂技术元件的设计，制造/组装，系统/子系统测试，集成，运行和维护时，配置管理代表着企业结构的“骨干”。它灌输纪律，并保证产品属性和文件的一致性。配置管理使得技术工作中的所有利益相关方在产品生命周期中的任何时间都可以使用相同的数据用于开发活动和决策制定。

配置管理应用于保证文档与批准的工程的一致性，并保证产品符合批准的设计的功能和物理需求。

(1)输入

对此过程的要求的输入有：

①配置管理计划；

②需要控制的工作产品；

③提出的基线更改。

(2)过程活动

配置管理包括 5 个主要工作任务，如图 5-27 所示。

①配置计划和管理；

②配置标识；

③配置变更管理；

④配置状态陈述(CSA)；

⑤配置验证。

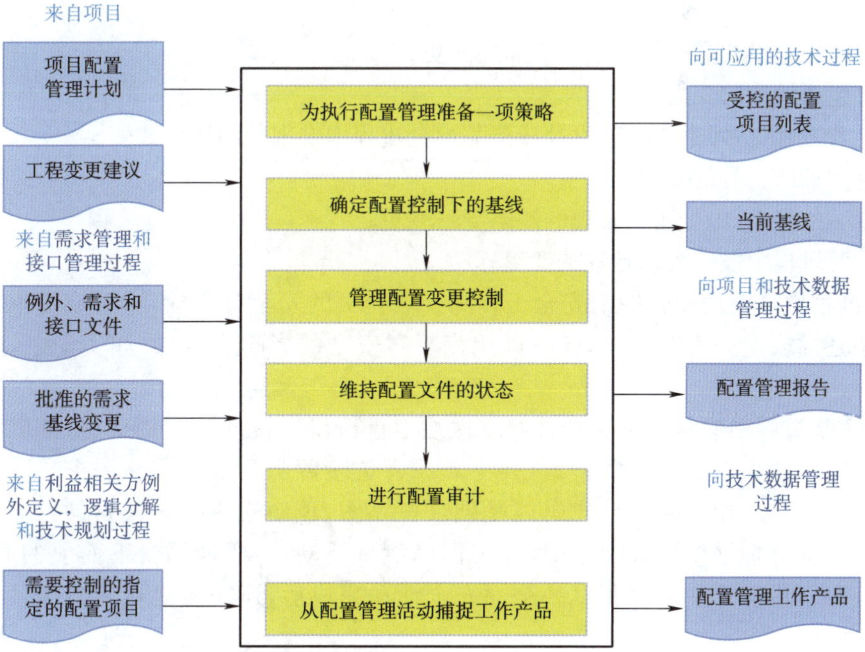

图 5-27　配置管理工作流程

配置变更管理是一个管理批准的设计和执行批准的变更的过程。配置变更管理通过对建议的变更的系统级的建议、论证和评估以及后续的对批准的变更的合并以及执行的验证实现的。在一个给定的程序中执行配置变更管理要求独对程序的目标和需求有特别的理解。

由于列控系统需要适应不同线路、不同场景下的运营，通常在产品研发结束进行工程项目应用时产生大量的变更，这些变更有些是因为适应工程的特殊需要，有的是由于工程需求在项目执行时发生了变化，有些是由于系统缺陷造成的。适当的维护是保持铁路安全的基础，但维护错误也能导致事故。很明显，正如设计一样维护铁路也需要一个系统的方法去管理安全设备。而且，在设计和维护之间没有清晰的界限，一些活动可以放在任一个标题之下。所以两种方法应该以一套共同的原则为基础。这些变更体现除了列控系统继承性研发的特点，同时给系统安全带来了隐患。变更管理的目的是在项目的进展过程中，控制已发布的基线及配置项的变更过程，保存变更申请单，维护基线/配置项的完整性、一致性和可追溯性。为执行变更控制，必须建立有效的配置管理和变更流程，它对管好项目至关重要。

所谓的配置管理，包括以下方面：

(1)唯一地确定每个项目的每个版本；

(2)记录每个项目每个版本的历史和状态；

(3)记录每个部件的每个组件；

(4)记录每个项目之间的联系；

(5)详细说明对每个项目实际的建设性的改变。

变更控制的目的不是控制变更的发生，而是对变更进行管理，确保变更有序进行。变更控制流程主要包括四个关键控制点：授权、审核、评估、确认。在变更过程中要跟踪和验证，确保变更被正确执行。变更的类型通常包括：

(1)由用户提出的需求和问题等方面的变更；

(2)分包商导致的变更；

(3)开发过程中，评审、审查、审计或产品追溯过程中发现的问题导致变更；

(4)自制辅助工具的变更；

(5)测试过程中，由于测试发现的缺陷导致变更；

(6)运营过程中发生故障导致的变更。

变更过程中需要由项目中的安全工程师开展变更的安全分析活动，对变更申请进行分析，明确描述对安全是否有影响，同时确定变更对安全的影响程度，并如实记录，如图 5-28 所示。

变更实施过程中应从需求文档开始逐次往下进行研发设计类文档变更，期间要开展危险源分析活动，辨识新增加的危险源，并更新原有危险源和响应的安全需求。明确变更内容之后，才能够修改相应的软件代码或是硬件电路图，重新集成代码或是硬件制版。变更实施完成后，需要根据变更影响范围，开展回归测试活动，需要遵循自下而上的原则，首先开展单元测试，最后开展系统测试。全部安全活动完成后，还需要更新危险源日志状态和安全需求状态。

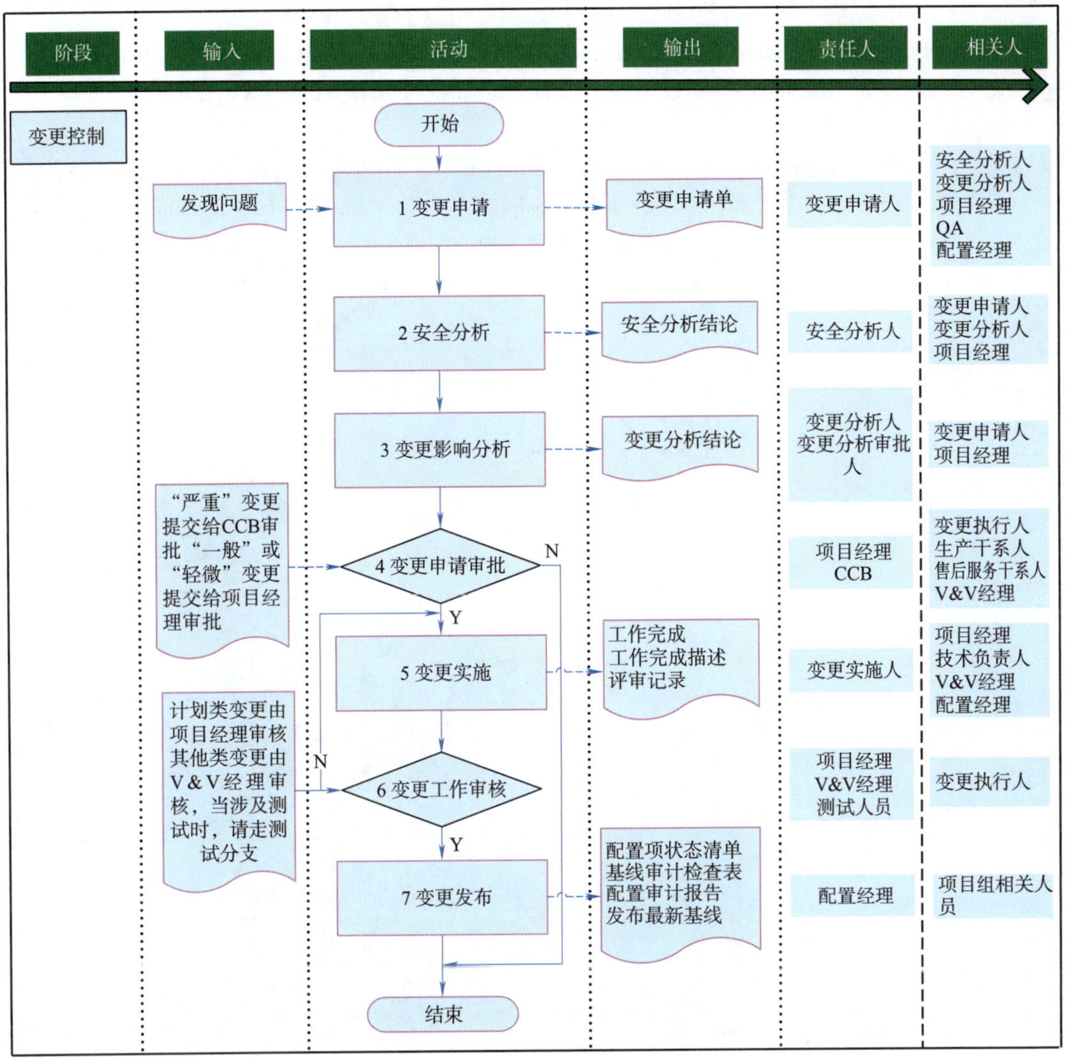

图 5-28　变更流程

参考文献

[1] IEC 62278. Railway applications-Specification and demonstration of reliability, availability, maintainability and safety (RAMS)[S], International Electrotechnical Commission, 2002.

[2] IEC 62425 : Railway applications-Communication, signalling and processing systems-Safety related electronic systems for signalling, 2007.

[3] 燕飞. 轨道交通 SIL4 级产品危险源辨识方法 [J]. 城市轨道交通研究. 2013 (05).

[4] IEC 61508-5:2010, Functional safety of electrical/electronic/ programmable electronic safety related systems. Examples of methods for the determination of safety integrity levels[S], International Electrotechnical Commission, 2010.

[5] IEC 62279. Railway applications-Communication, signalling and processing systems-Software for railway control and protection systems[S], International Electrotechnical Commission, 2015.

[6] Chris Raistrick. Model Driven Architecture with Executable UML[C]. Cambridge University Press, ISBN

0-521-53771-1.

[7] IEEE Std 1012-IEEE Standard for System and Software Verification and Validation[S], IEEE, 2012.

[8] ANSI/IEEE 1059-IEEE Guide for Software Verification and Validation Plans[S], IEEE, 1993.

[9] Nasa System Safety Handbook, 2007.

[10] EN 50126-2 Railway applications-Specification and demonstration of reliability, availability, maintainability and safety (RAMS), Part 2: Systems Approach to Safety [S], European Standard Committee, 2017.

[11] 燕飞、唐涛、闫宏伟. 安全完善度等级 SIL 的概念与划分原则研究[J]. 北京交通大学学报,2017(5):79-84.

第六章　列控系统的独立第三方安全测试

安全测试是通过测试手段验证和确认系统的安全性。独立第三方安全测试是支撑安全评估的一个重要环节,为安全评估提供所需的客观证据。列控系统的安全测试,定位于验证和确认系统和子系统的安全相关的功能和性能,能够保证测试工作的客观性,消除系统开发中的共模错误。通过引入独立第三方安全测试,更能真实地获取高质量的客观证据,保证列控系统安全评估的有效性。

本章从安全验证与确认与安全测试的关系入手,重点分析安全测试的基本思想和内涵,以第三方的角度,确定了"列控系统"的故障注入点。提出了一套基于故障注入的列控系统安全测试框架,并围绕列控系统进行分层的 PHA、SSHA、IHA 和 FMEA 分析,获得列控系统的故障模式,并在此基础上进行安全测试案例、安全测试序列和危险场景的识别。

利用第二节的列控系统安全测试方法和第三节列控系统安全测试平台构建技术,以典型的 CTCS-3 级列控系统为背景,重点围绕车载设备进行了安全测试实例研究。通过 CTCS-3 级列控系统车载设备的功能分析、故障注入点分析、故障模式分析,得到 CTCS-3 级列控系统第三方故障类型。并在此基础上,利用第三方安全测试平台进行了安全测试。

综上所述,独立第三方安全测试是支撑安全评估的一个重要环节,为安全评估提供所需的客观证据。通过引入独立第三方安全测试,更能真实地获取高质量的客观证据,保证列控系统安全评估的有效性。

第一节　独立第三方安全测试

一、安全验证与确认

安全是关于系统可能对人员、设备和环境伤害的一种特性。安全不是一种关于系统和规格的关系,而是系统和环境的关系。ISO 9126-4 对软件安全的定义是:"软件产品对人员、商业、软件、财产或者在特定使用环境下达到可接受风险水平的能力"[1]。

如图 6-1 所示是正确性、可靠性、安全性三方面的质量观点。

可靠性和正确性是指定义在系统规定的需求规格说明偏差的基础上,讨论系统的实现行为与需求规格的符合程度[2]。然而,安全性则从另一个方面来讲,不能与可靠性和正确性联系到一起,并不是讨论对和错的问题。安全性验证讨论的是危险,这种危险使得系统以某种方式反应,产生一种危险情况或事件。因此,一个系统是安全,不代表正确;相反,正确也不代表安全。

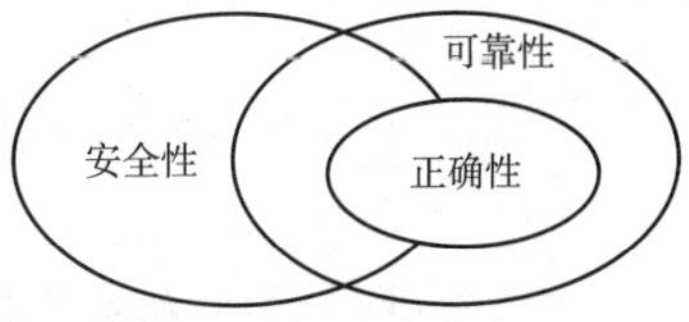

图 6-1　安全性、可靠性和正确性之间的关系

在 ISO 9000 中，“验证”的严格定义是：验证是通过检查和提供客观证据，表明规定要求已经满足的认可。Validation 译为确认，在 ISO 9000 中，“确认”的严格定义是：确认是通过检查和提供客观证据，表明一些针对某一特定预期用途的要求已经满足的认可[3]。从定义上可以看出“验证”关注是否满足规定，即需求规格说明书，“确认”关注的是是否满足预期用途，即用户的真正需求。验证针对的是需求说明书，检验软件是不是根据需求来设计实现的，而确认针对的是用户，检验软件能否满足用户的需求。

安全苛求系统的验证确认 V 模型如图 6-2 所示。

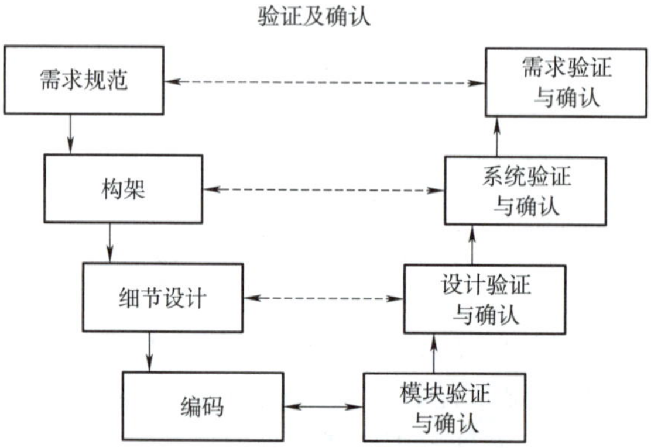

图 6-2　安全苛求系统的验证和确认 V 模型

对于安全苛求系统来说，如果系统的验证和确认仅由开发商完成，则可能造成如下问题。

1. 无法确定客户的需求是否真正被满足。

由于客户对软件的开发、软件质量控制技术不甚了解，仅依靠开发商提供出质量保障，可能会出现危险不完全、安全需求不完整、安全论证不完整及支持安全论证的证据不当等问题。这样很难保障客户的需求，尤其是安全相关需求得到满足。

2. 无法消除由共因故障致因导致的系统的安全性问题。

由于用户和开发商有共同的知识背景，会受到开发商对于系统原理的理解、对系统的实现方式及运行方式的信息的影响。对系统相同理解以及相同信息会影响(由用户或开发商完成的)测试，使一些缺陷无法被测试案例集覆盖，从而导致系统的安全性无法得到保证。

因此，需要一个从经济上以及技术上独立于用户和开发商的测试机构，利用与开发商不同的对系统实现方式的理解和视角，利用不同的关于系统运行方式的信息进行验证与确认，从而真正确定系统的安全性是否得到满足。该过程称为独立的验证与确认(Independent V&V, IV&V)，并被越来越多的安全苛求领域所采用。在 IV&V 过程中，客户会聘用一个独立的机构来分析产品及软件的开发过程。该分析过程与产品的开发过程同时进行。IV&V 过程如下：

IV&V 是由非系统开发商或用户的第三方组织独立的复查、验证及确认系统开发各阶段的过程。IV&V 机构应对软件是否通过给出结论。

在实践中，IV&V 机构的独立性可通过三个维度衡量：组织、经济和技术。组织的独立性是指 IV&V 的负责对象与软件的开发商无关，由此可确保 IV&V 机构可以自主的选择合适的时机和方式对产品加以分析。经济的独立是关于 IV&V 机构的预算。技术的独立是指可通过引入与开发无关的评估人员，从而获得不受开发商影响的对于产品和需求的理解。技术的独立可引申为使用与开发商不同的工具和方法分析系统。IV&V 机构的独立性的必要性体现在需要防止安全评估工作受到来自工程、商业以及组织等方面的影响和压力，从而保持安全评估结果的客观和公正。在 IV&V 过程中，IV&V 机构、开发商和客户的关系如图 6-3 所示。

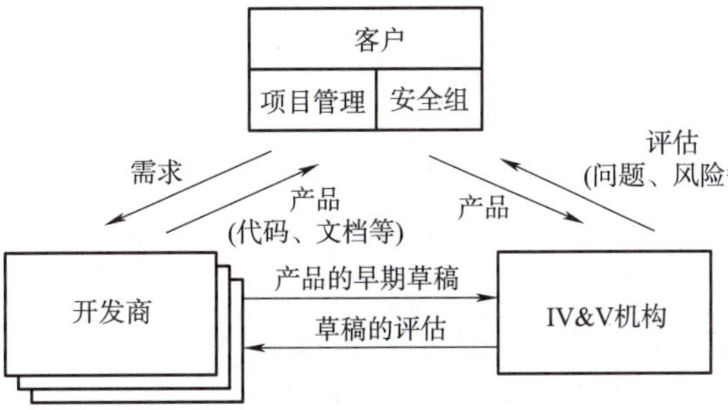

图 6-3　IV&V 之间的关系

测试是验证和确认系统功能正确性的重要方法。例如，软件的设计、编码实现都是依据软件的需求规格说明书。对于软件测试来说，单元测试、集成测试、系统测试的目的是验证软件是否符合软件的需求规格说明，都可归于验证过程。然而需求规格说明书并不能代表用户的真正需求，而且依据需求的设计也往往同需求会有些偏差，所以得出的软件产品在经过了系统测试以后还需要进行确认测试。测试软件产品是否就是用户想要的产品。

二、独立第三方安全测试的内涵

安全测试是安全苛求系统整个生命周期中验证和确认的一种手段，其作用是验证一个或者多个实施的防御机制是否能阻止危险事件的发生。安全测试主要包括可能发生的危险事件在内的案例进行测试。危险事件包含一个庞大的集合，一般是不可穷尽的。这就需要通过广泛地采集危险事件的信息，归纳专家的意见，挑选最有效的测试案例，并通过精心的测试脚本设计，实现最低的测试支出达到最佳的测试效果。安全的对立面是风险和故障，在安全苛求系统的设计开发之前应当明确系统边界，对系统进行危险和风险分析，找出系统可能的所有安全隐患和危险模式，确定系统当前的安全度和目标安全度之间的差距，这样才能在系统设计开发时采取相应的对策以降低故障率，使得最终的系统满足用户对于安全性的要求。

在现今的测试行业，通过与传统的测试方法(如逻辑覆盖、等价类、边界值等方法)进行结合，形成完善的测试策略。安全测试与功能测试的区别为：

(1)目标不同：功能测试以发现错误为目标，安全测试以发现安全隐患为目标。

(2)测试内容不同：功能测试以系统所具有的功能为测试内容。安全测试的内容不但包括系统的功能，还有系统的机制、外部环境、应用与数据自身安全风险与安全属性等。

(3)问题发现模式不同：功能测试以违反功能定义为判断问题依据。安全测试以违反安全功能约束为判断问题的依据。

安全测试旨在揭示系统在正常或者故障情况下，系统阻止危险事件发生的能力，及时发现系统潜在的不安全行为，并保证系统的危险全部被消除或者控制在可接受的等级上[1]。安全测试通过发现系统功能或性能的漏洞，提供系统安全性证据。这些漏洞可能由某些未被安全需求明确强调安全相关行为产生。

通常，即使拥有十分充分的需求，系统依然需要额外的由风险分析中的细节激发的测试证据。这类问题在子系统之间的交互行为中尤为明显。简而言之，不能依赖于安全需求的规格书穷尽描述工程师对于支持系统安全性所需的测试证据。对于安全测试，测试人员不能指望获得需要验证的需求清单。反之，他们应该将自己具备的系统实际行为的知识与风险分析所获得的结果相结合，从而暴露可能的风险致因。

有别于开发人员或用户进行的测试，第三方测试的目的是为了保证测试工作的客观性。从国外的经验来看，测试逐渐由专业的第三方承担。第三方测试工程主要包括需求分析审查、设计审查、代码审查、单元测试、功能测试、性能测试、可恢复性测试、资源消耗测试、并发测试、健壮性测试、安全测试、安装配置测试、可移植性测试、文档测试以及最终的验收测试等十余项。

当测试过程由理解风险及相关安全因素驱动时，第三方安全测试有助于实现：

(1)确认危险，并分析考虑硬件及人因时的风险致因；

(2)减少危险；

(3)为最终产品所存在的安全风险提供文档，从而进一步减少危险。

作为典型的第三方测试活动，安全测试可由第三方在实验室进行，能够保证测试工作的客观性，避免由于共模错误带来的安全问题。其主要体现在以下三个方面：

第三方测试以合同的形式制约了测试方，使得它与开发方存在某种“对立”的关系，所以它不会刻意维护开发方的利益，保证了测试工作在一开始就具有客观性。引入第三方测试后，由于测试方相对的客观位置，由客户、开发方、测试方三方组成的三角关系也便于处理以往用户、开发方双方纠缠不清的矛盾，使得许多问题能得到比较客观的处理。

第三方测试不同于开发方的自测试。由开发人员承担的测试存在很多弊病，除去自身利益驱使带来的问题外，还有许多不客观的毛病，主要表现在思维的定势上。由于他熟悉设计和编程等，往往习惯于按一定的“程式”考虑问题，以至思路比较局限，难于发现“程式”外存在的问题。因为第三方测试的目的就是为尽量多地发现系统的安全隐患。

第三方测试不同于用户的自测试。用户是系统应用需求的提出者，对于系统应该完成的功能是非常清楚的，是进行功能验证的最佳人选。然而，由于系统由软件和硬件组成，客观情况是，针对系统的软件测试，大部分的用户都不是计算机的专业人士，很难对系统的内部实现过程进行深入地分析。对系统的全面测试，功能测试仅仅是一个方面，还要包括并发能力、性能等多种技术测试。这些测试对技术有很高的要求，必须由计算机的专业人员才能完成。

从国外的经验来看，一般来说，编码和单元测试一般由开发方自己进行，而第三方测试定位在系统测试和集成测试最为有效。但是，为了得到高质量的客观证据，第三方安全测试需要贯穿于系统的整个生命周期，第三方也要适当介入开发方的测试活动，比如系统内部的软件功能、硬件随机测试，以及软硬件接口测试，能够更好地保证测试的有效性、准确性和可信性。

第三方安全测试并不仅仅是为了要找出错误，测试方还需要对错误进行归类和总结，并深入分析安全隐患产生的原因和错误的分布特征，及时完善安全需求。另一方面，安全测试评价是安全测试的一个阶段性的结论，用所生成的测试评估报告，来确定测试是否达到完全和成功的标准。在安全评估阶段向用户提供强有力的支持，包括通过测试报告，验证测试结果是否符合测试计划中制定的测试标准，从而支撑系统的安全评估。特别在以下两个方面对测试的过程进行评测：

(1)安全测试评价：对测试过程中发现的问题进行分析，定性或给出安全测试中未通过的测试原因，形成评价结论。

(2)安全测试报告：确定测试是否达到完全和成功的标准，在此阶段将判定测试是否已达到完全并可接受，生成测试结果报告。

第二节　基于故障注入的列控系统安全测试方法

在测试技术日益成熟的今天，一种将安全分析应用于主流发展领域的有效方法是将安全分析任务扩展到故障注入的安全测试。本节内容主要分为三部分：列控系统第三方安全测试的可测性分析、列控系统的第三方安全分析框架以及基于危险驱动的列控系统第三方安全测试方法。

一、基于故障注入的列控系统第三方安全测试框架

典型的安全测试方法分为：基于故障的安全测试方法、基于变异的安全测试方法和基于危险的安全测试方法，其中，前两种安全测试方法偏向于硬件或者软件的安全测试。与基于需求的测试相比，在开发安全苛求、软件密集系统的时候必须采取一个独立的、危险驱动的测试手段来减少安全风险。一个独立的、危险驱动的测试工作将为系统提供更完整的关于安全性方面的测试证据。基于危险的安全测试步骤包括以下 4 个方面，如图 6-4 所示。

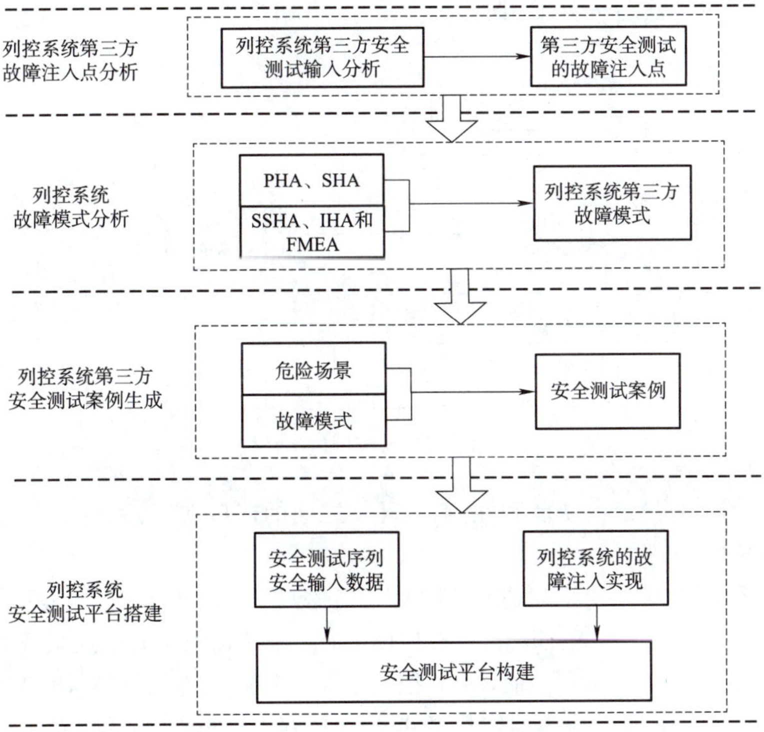

图 6-4　列控系统第三方安全测试框架

故障注入设计与实现：

1. 列控系统第三方安全测试的故障注入点分析

列控系统的第三方安全测试，首先需要进行故障注入点分析，以第三方角度明确列控系统

的安全测试输入条件，并在此基础上分析故障注入点。

2. 列控系统的故障模式分析

以第三方角色，进行列控系统的第三方安全分析，其过程包括第三方的初步危险源安全分析 PHA、系统危险源安全分析 SHA、子系统危险源安全分析 SSHA、接口危险源安全分析 IHA 和故障模式影响分析 FMEA 等。其结果包括第三方获得的故障注入点的故障模式。

3. 列控系统第三方安全测试案例生成

结合第三方安全分析的故障模式，利用故障树技术 FTA，获得危险事件，并在此基础上生成安全测试案例。

4. 列控系统第三方安全测试平台构建

围绕安全测试案例、安全测试序列和危险场景，结合故障注入技术，构建列控系统安全测试平台，并进行列控系统的独立第三方安全测试。

二、列控系统第三方安全测试的故障注入点分析

针对列控系统进行第三方安全测试，首先需要以第三方角度对列控系统进行可测性分析。一般系统设计过程通常是“分解和分步解决策略”，系统分成子系统，子系统分成组件等。列控系统的第三方安全测试也是基于对系统的分解基础上进行展开。从第三方的角度，将系统分解成三个层次，整个列控系统的第三方安全测试方法分成个层次：列控系统层、列控子系统层和列控组件层，其分层结构如图 6-5 所示。

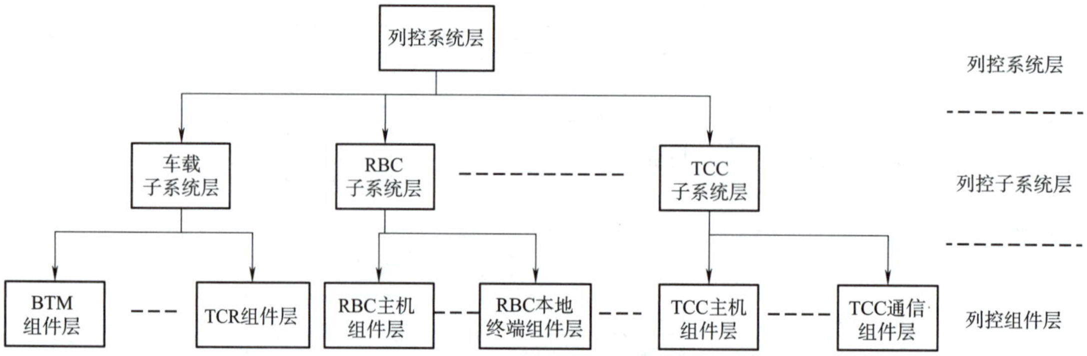

图 6-5　列控系统的层次结构

1. 列控系统层：系统级的功能和性能、与环境之间的接口功能，系统的功能需求规格书、相关的接口规格书等；

2. 列控子系统层：子系统级的功能和性能，子系统之间的接口设计，子系统的详细设计文档；主要包括车载子系统、无线闭塞子系统、列控中心子系统以及临时限速服务器子系统等。

3. 组件层：组件级的功能和性能，组件之间的接口设计，组件的详细设计文档；例如，车载子系统包括安全计算机组件、应答器传输组件、轨道电路传输组件、测速测距组件、无线传输组件以及人机交互组件等。

列控系统的系统层标准规格书包括：总体技术方案、功能需求规格书、系统需求规格书、系统接口规格书；列控系统的子系统层标准规格书包括：子系统暂行设计规格书、子系统的接口规格书；列控系统的组件层包括：典型组件的设计规格书和组件的接口规格书。

从第三方的角度，列控系统的安全测试定位于组件层。例如，以车载子系统为例，其故障注入点主要包括安全计算机组件、应答器传输组件、轨道电路传输组件、测速测距组件、无线传输组件以及人机交互组件等。

三、列控系统的第三方故障模式分析

列控系统的第三方故障分析主要通过第三方的安全分析获得，其原理框架如图 6-6 所示。在列控系统的不同层次上，从第三方的角度进行安全分析，得到列控系统第三方安全测试的危险源，然后再进行安全测试和安全测试平台的设计。

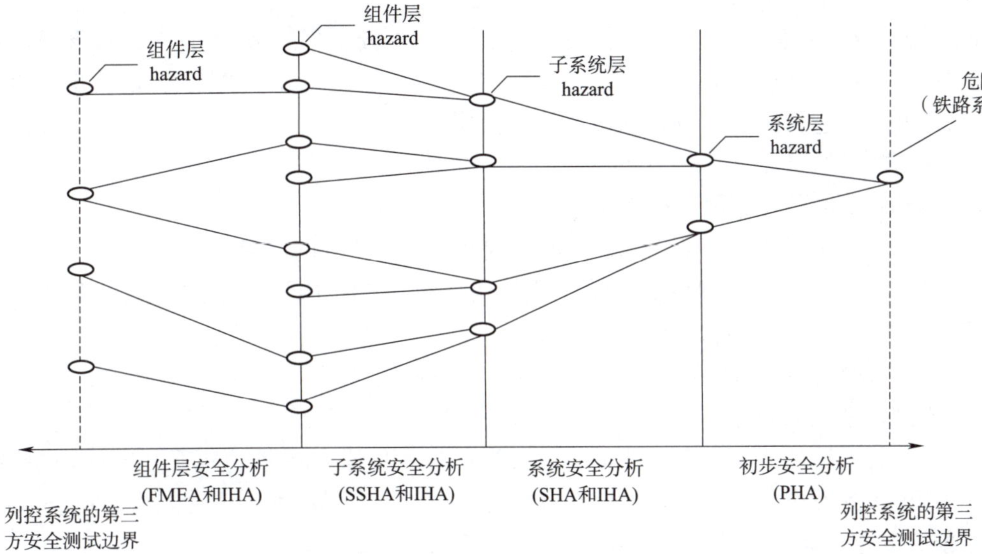

图 6-6　列控系统的第三方安全分析框架

列控系统的第三方 PHA 分析：

列控系统第三方初步危险源分析（PHA）的主要任务是在铁路安全产品开发完成之后，由第三方进行识别、分析潜在的危险源。针对工程项目，初步危险源根据铁路信号原理、相关设备开发应用的经验和近年来的铁路事故统计，形成列控系统的主要危害因素，结合工程的实际情况，进行初步危险源分析，并形成初步危险源分析报告。

列控系统的第三方初步危险源分析主要是用来识别列控系统固有的主要危险源，其主要根据列控系统的应用原则和以往的运营经验，将列控系统必须控制的主要危险源识别出来。

在 PHA 分析阶段，分析将列控系统作为一个黑盒来看待，它的边界基于列控系统的设备接口，以识别其危险源。涉及子系统层面的原因将作为子系统的核心危险源进行进一步分析。首先技术经理定义系统边界、功能、接口及系统的工作环境等研究范围，确保分析过程没有偏离于与目标不相关的领域。然后根据铁路信号原理、类似列车运行控制系统的经验和近十多年来的铁路事故的事故统计，分析列控系统的主要危害因素。根据列控系统的危害因素进行初步的危险源分析。

列控系统必须控制的主要危害因素是根据信号的主要功能、使用环境、列控系统相关技术规格书（如 IEEE 1474.1—2008）提出的主要危险源和以往的经验，并基于如下信号环境中所

使用的环境及其功能的假设，列出列控系统的主要危害因素，这些危害因素将是列控系统在设计过程中重点预防和控制的对象。

例如，列控系统的第三方 PHA 分析实例见表 6-1。

表 6-1 列控系统的 PHA 分析实例

编　号	危险源描述
危险源 1	列车运行速度超过规定的安全运行速度
危险源 2	列车运行距离超过规定的安全运行距离

1. 列控系统的第三方 SHA 分析

列控系统的第三方系统危险源分析（SHA）是在 PHA 分析之后进行，针对列控系统功能进行安全分析，参考以往项目的安全经验，组织识别系统级所有可预见的危险源，找出其潜在的原因、后果及对其进行风险分析，然后确定适当的措施。

SHA 分析的目的是：

（1）识别和定义必须控制的列控系统危险源；

（2）确定列控系统级的主要危险源发生的原因及其可能造成的后果；

列控系统的系统危险源分析利用已有的设计信息和已知的 PHA 危险源信息来识别和分析列控系统需求中的安全相关功能。

列控系统需求阶段危险源分析可以通过如下流程进行：

（1）列出列控系统的功能；

（2）对于列控系统功能是否产生严重的后果首先进行识别，如果该功能不参与列车的防护控制，该功能的失效不影响列车的防护控制，也不会引起行车事故，那么该功能为非安全功能，否则该功能为安全功能；

（3）针对列控系统的安全功能，识别失效模式，并对于每一个失效模式，通过系统性的研究识别出原因；

（4）识别安全需求。考虑系统需求，通过分析分辨出相关的安全需求，列入列控系统的第三方危险源日志中。

结合列控系统的 FRS 和 PHA 分析结果，列控系统的 SHA 分析实例见表 6-2。

表 6-2 列控系统的 SHA 分析实例

编　号	危险源描述
危险源 1. 1a	列控系统未能提供向司机提供安全驾驶列车必要信息的功能
危险源 1. 2a	列控系统未能提供监控列车及调车运行的功能
危险源 1. 3a	列控系统未能提供轨道占用检查的功能

2. 列控系统的第三方 SSHA 分析

列控系统的第三方子系统危险源分析（SSHA）是在 SHA 分析之后进行，针对子系统功能进行安全分析，识别子系统级所有可预见的危险源，找出其潜在的原因、后果及对其进行风险分析，然后确定适当的措施。

SSHA 分析的目的是：

（1）识别和定义必须控制的列控系统子系统危险源；

(2)确定列控系统子系统级的主要危险源发生的原因及其可能造成的后果。

列控系统的子系统危险源分析利用已有的设计信息和已知的系统危险源信息来识别和分析子系统需求中的安全相关功能。

子系统需求阶段危险源分析可以通过如下流程进行：

(1)列出列控系统相关子系统功能。

(2)对于列控系统的子系统功能是否产生严重的后果首先进行识别。如果该功能不参与列车的防护控制，该功能的失效不影响列车的防护控制，也不会引起行车事故，那么该功能为非安全功能，否则该功能为安全功能。

(3)针对列控系统子系统的安全功能，识别失效模式，并对于每一个失效模式，通过系统性的研究识别出原因。

(4)识别安全需求。考虑系统需求，通过分析分辨出相关的安全需求，列入列控系统子系统的第三方危险源日志中。

结合列控车载子系统的 FRS 和 SHA 分析结果，列控系统车载子系统的 SSHA 分析实例见表 6-3。

表 6-3　列控车载子系统的 SSHA 分析实例

编　　号	危险源描述
危险源 1.1.1a	列控车载子系统未能提供实时计算目标距离连续速度控制模式曲线并依曲线对列车超速进行自动防护的功能
危险源 1.1.2a	列控车载子系统未能提供停车防护功能
危险源 1.1.3a	列控车载子系统未能提供溜逸防护功能
危险源 1.1.4a	列控车载子系统未能提供退行防护功能

3. 列控系统的第三方 IHA 分析

除了列控系统的 PHA、SHA 以及 SSHA 分析，列控系统还需要进行第三方接口危险源分析(IHA)。该分析用于识别列控系统内外部接口的危险源，是通过各子系统的内外接口的功能和传递的信息去判断会产生的故障模式，以及对列控系统整体系统安全运营可用性的潜在影响进行危险源识别。IHA 识别可能出现危险条件的原因及影响，这些危险条件可能是由于独立的、依赖性的和同时发生的失效导致的。

列控系统第三方接口危险源的目的为：识别和记录系统外部、子系统之间的危险源、确定危险源的原因和后果、对接口危险源进行风险评估、提出接口危险源减轻措施、对具有减轻措施的危险源进行剩余风险评估。

列控系统第三方接口危险源分析范围包括列控系统与外部系统、列控系统子系统之间的接口以及列控系统子系统内部组件之间的接口。接口危险源分析基于已定义的各子系统之间的接口，将各相关子系统的功能当作一个黑盒，通过接口之间相互传输的接口信息，运营专业经验及以往的运营经验，以将各子系统之间相互信息的传输而可能产生的危险源系统地识别出来，并分析其产生的原因，主要参考之前项目的危险源日志。

列控系统的接口危险源分析实例见表 6-4。

表 6-4 列控系统的 IHA 分析实例

编　号	危险源描述
危险源 1.1b	列控系统未能向列车提供正确的制动功能
危险源 1.2b	列控车载子系统未能向 RBC 子系统提供正确的完整性信息功能
危险源 1.3b	列控系统车载子系统 TCR 未能向 VC 提供正确的轨道电路信息功能

4. 列控系统的 FMEA

根据列控系统第三方 PHA、SHA、SSHA 和 IHA 安全分析结果，结合具体典型列控设备的结构特征，利用 FMEA 技术进一步分析系统组件层故障的故障模式。通过分析子系统的单一元件失效或机能失效的影响，列出被测设备的故障模式和类型，并识别其局部的影响。

故障模式影响分析，即 FMEA，其任务是列出产品任务剖面中各种故障模式、故障原因，并对每种故障模式可能造成的后果进行分析，划分相应的严酷度类别，提出拟采取的预防性措施。为此，需要熟悉产品的工作原理、任务剖面、环境条件、各项功能及设计要求；对同类产品或相似产品的故障情况有所了解；激励产品的可靠性模型。FMEA 的基本方法有硬件法和功能法两种：

硬件法的特点是直接对各级产品的故障模式及影响列表进行分析，其优点是具体、严密。当产品的结构关系以及设计资料明确，所属零部件的设计已初步完成时，一般采用硬件法。

功能法的特点是将产品的各项功能作为输出一一列出，然后对每一功能的故障模式及影响进行分析。其优点是当产品的结构关系尚未明确时，就可开展 FMEA。但不足是有可能遗漏某些故障模式。

在进行 FMEA 分析时依据以下步骤进行：

(1)确定分析对象。无论是硬件法还是功能法，均可自上而下、也可自下而上，还可从任一层次向上或向下进行。因此在进行 FMEA 时，必须首先明确分析对象，即必须确定产品的分析级别：系统级、子系统级还是组件级。

(2)确定任务剖面。有的产品任务剖面不止一个，必须根据任务剖面的定义加以划分。在不同的任务剖面中，由于环境条件不同、产品状态不同、经历的事件不同，故障模式影响也不相同，因此在进行 FMEA 时，必须明确指出分析工作是在什么任务剖面中进行的。

(3)建立系统的可靠性模型。系统可靠性模型反映了系统所属各单元间在完成任务的过程中，相互依赖的逻辑关系，并用数学表达式表达了各单元与系统间的可靠性函数关系。因而在进行 FMEA 是必不可少的。

(4)FMEA 表格为了方便分析人员开展工作。在表中提供了一种典型的 FMEA 表格。在实际操作中可根据需要进行增减，见表 6-5。

表 6-5 FMEA 表

危险源标识号	车载安全功能	故障原因	运行模式	失效影响
危险源 1.1 b	向列车输出制动命令	—TIU 故障 —车载主机故障 —传输失败	所有模式 (除 IS、SL 以外)	列车超过安全速度/距离

5. 列控系统的 FTA

故障树分析(FTA)是一个自上而下的方法，采用故障树分析方法能够从列控系统整体上分析功能的故障导致顶层失效的原因，将 FMEA 的故障模式形成顶层安全功能失效的最小割集，为安全测试案例的生成提供前提和基础。

故障树分析(FTA)是致因分析中常用的技术,它是一种逻辑推导方法,其图形描述由事件符号(基本事件、中间事件、未展开事件、条件事件)和逻辑连接符号(与门、或门、异或门、优先与门、禁止门)组成。该方法将某个确定的不希望发生事件(通常是危险事件或事故)作为“顶事件”,根据分析者的经验寻找引发该事件的直接原因,并使用逻辑连接符号表述原因事件的组合关系,与顶事件关联。而后,再分析每一个直接原因事件的产生原因,直到推导出“基本事件”。FTA 的目的就是推演出所有可能引发顶事件的基本事件组合,并可以根据基本事件的发生概率数据计算出顶事件的发生概率。典型的列控系统故障树分析如图 6-7 所示。

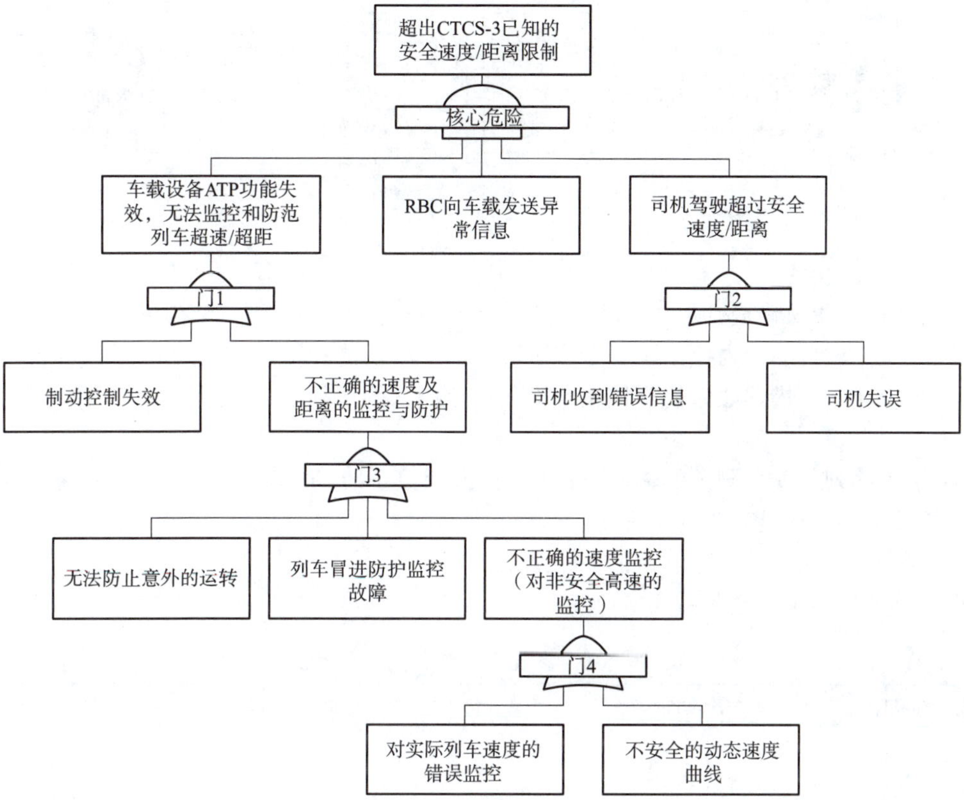

图 6-7　系统故障树分析

四、列控系统的第三方安全测试案例生成

安全测试案例由危险事件产生,结合列控系统的第三方安全分析结果,以故障模式和类型为基础,利用 FTA 等技术,首先分析系统的危险事件,并在此基础上生成安全测试案例。

1. 基于 FTA 的列控系统危险事件分析

安全测试主要关注在一定危险事件下,为达到或保持受控设备的安全状态,其相关安全功能是否实现。因此,识别列控系统的危险事件是安全测试的核心和关键。利用相关软件和算法自动获得列控系统功能故障树的最小割集,并搜索最小割集和底事件所对应的故障树历史路径,以及故障树中层与层之间的关系,得到底层 FMEA 的危险事件的最小割集。

2. 列控系统安全测试案例生成

结合 FTA 危险事件的最小割集,设计安全测试案例。安全测试包括软件、硬件、其环

境——真实还是模拟,还有操作及操作程序。安全测试包含三种类型的测试案例:

(1)正常操作。

(2)任何系统的维护活动,如软件更新,计划启动和停止以及硬件更新。

(3)非正常系统情况,如电气干扰,网络问题和操作员错误。

将故障树分析所得到的危险事件的最小割集与列控系统的安全功能相对应,然后通过设计安全测试案例集,来达到覆盖相关的列控系统安全功能的目的,如图 6-8 所示。

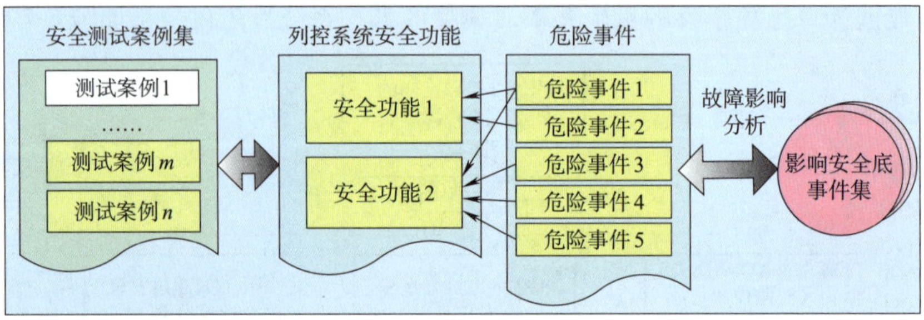

图 6-8 安全测试案例生成

根据 IEEE-829 标准进行测试计划参见[4]。列控系统的安全测试案例结构包含以下 4 个部分:

(1)安全测试目的。列控系统安全测试覆盖的安全功能和覆盖的危险源。

(2)系统状态。描述如何使列控系统进入安全测试的正确状态,并且可能包括设置状态变量,技术参数等。

(3)输入序列。安全测试的输入事件序列(由列控系统的故障树产生),其可能包含与软件、硬件、环境和操作员有关的事件。

(4)安全测试结果。安全测试的期望结果。

典型的列控系统安全测试案例,见表 6-6。

表 6-6 列控系统安全测试案例举例说明

危险源标识号	安全功能	系统状态	输入的危险事件	安全测试的期望结果
危险源 1. 1. 2a	停车防护功能	CTCS-3 级和 FS 模式,列车停稳	列车方向手柄置于牵引位置或 ODO 与 VC 断开连接	车载设备实施紧急制动防护功能

五、列控车载安全测试序列和危险场景识别

单独的安全测试案例无法直接测试,需要将这些测试案例按照一定的标准连接才能执行测试,这便是安全测试序列。安全测试序列是由若干安全测试案例串联起来,形成的一个危险场景。危险场景是一个描述性的用例实例,用于描述列控系统危险事件按特定顺序排列的动作。

在安全测试中,不可能对每一个安全测试案例进行单独的测试。系统必须处于一个初始的场景。一个危险场景包含多个安全功能,因此一个危险场景需要通过多个安全测试案例进行测试。要实现一个完整的危险场景,必须将相关的安全测试案例有序地串联起来,形成一个安全测试序列,通过执行安全测试序列,完成安全测试案例的执行。因此,它们之间的关系如图 6-9 所示。

由于列控系统的危险场景变量往往很多,若一次将所有的危险场景变量的所有可能的组合完全描述出来,十分繁杂,不可行。故可根据危险场景变量的覆盖度分为全局变量和局部变

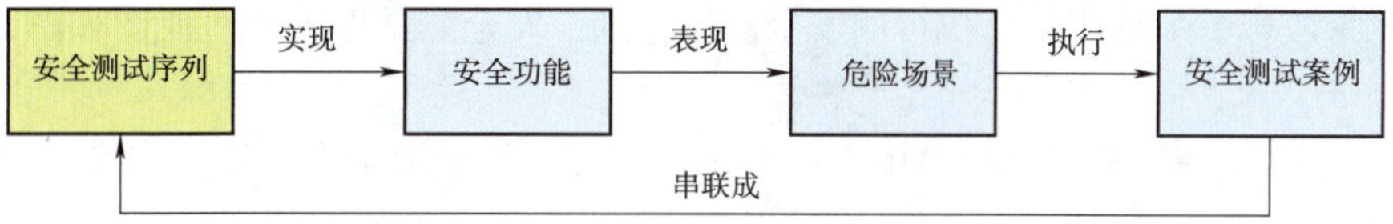

图 6-9 安全功能、安全测试案例、危险场景和安全测试序列关系

量。全局变量就是覆盖的功能范围较大，特征比较明显的大危险场景；局部变量则是在到达某个全局变量下的更具体危险场景。

根据全局变量产生全局的安全测试序列框架，然后，再以每个安全测试序列框架为研究对象，针对全局状态转换中的每个状态及状态转移，根据局部变量转换产生安全测试子序列，最后由安全

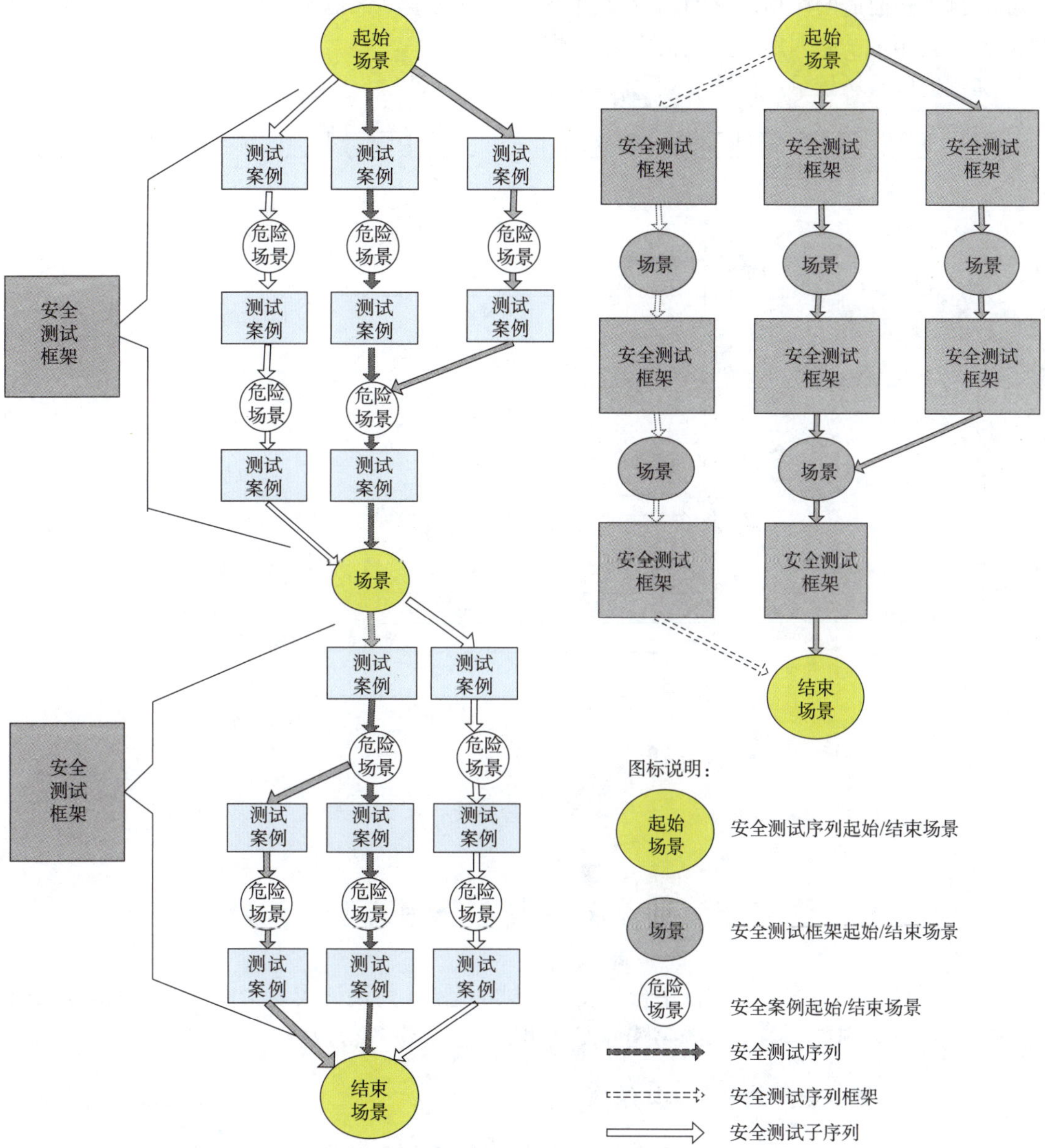

图 6-10 安全测试序列组成

测试子序列形成若干个具体的可执行的安全测试序列。安全测试序列的组成图如图 6-10 所示。其中：

（1）安全测试序列：是具体的可用于最后执行的有序安全测试案例集。构成安全测试序列最基本的单位是安全测试案例。

（2）安全测试序列框架：有全局状态构成的转换，在列控系统中，由列控系统所处的危险场景构成转换，称为危险场景转换序列。

（3）安全测试框架：安全测试框架是指一个不变的危险场景，或者一个危险场景到另一个危险场景的转变。

（4）安全测试子序列：安全测试子序列是在安全测试框架内的由本安全测试框架内的安全测试案例串联而成的序列。它的起始/结束场景是除安全测试框架的模式之外更加详细的小场景。安全测试子序列用于直接构成安全测试序列。

典型的危险场景示例如图 6-11 所示。

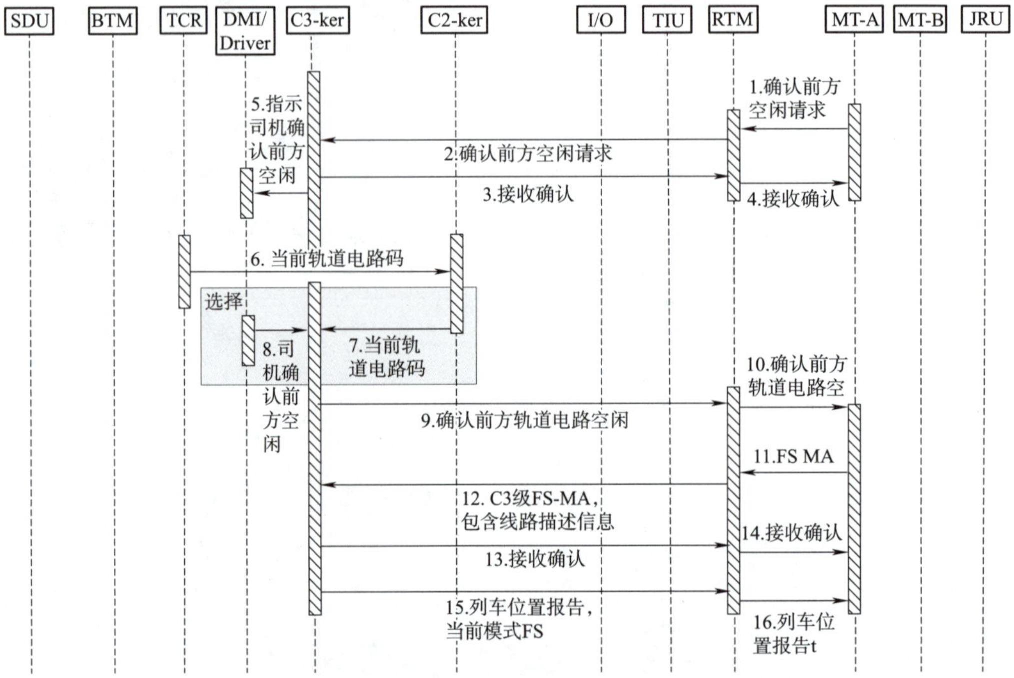

图 6-11　危险场景示例

第三节　独立第三方安全测试平台构建

列控系统的第三方安全测试平台是安全测试的基础，其设计实现主要通过故障注入技术完成。本部分以列控车载子系统第三方安全测试平台为例进行说明。

一、列控车载安全测试平台总体结构

围绕列控系统的安全测试序列和危险场景，列控系统车载设备的安全测试平台框架如图

6-12 所示。

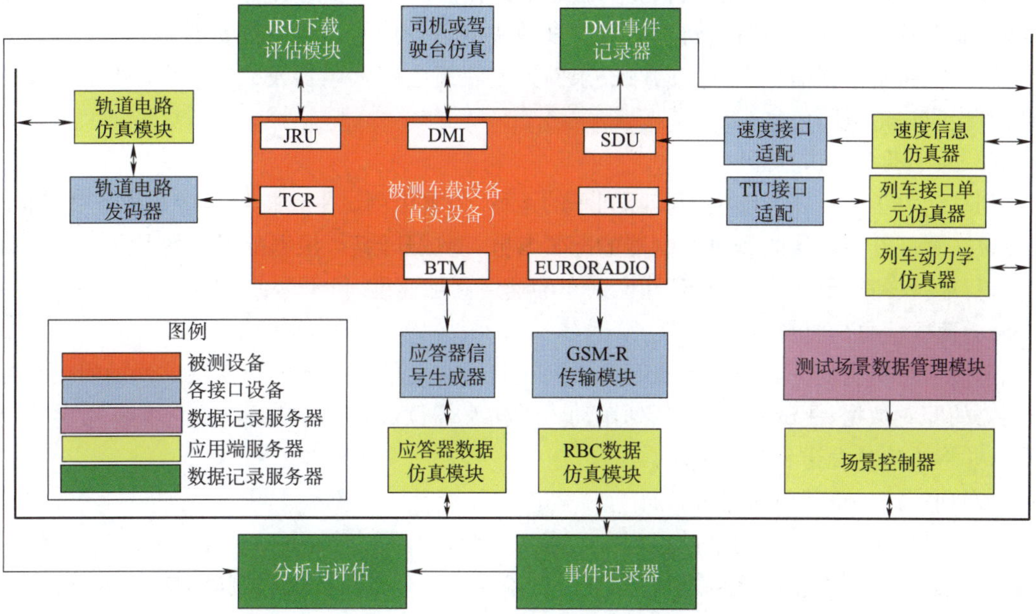

图 6-12 列控系统车载设备的安全测试平台框架

各部分模块基本功能如下：

1. 测试场景数据管理模块

该模块负责在测试序列开始执行前，对测试执行所需的测试场景数据进行管理，包括测试序列生成、线路数据管理和测试数据准备等。

2. 在线执行模块

在线执行模块包括场景控制器、RBC 数据仿真模块、应答器数据仿真模块、轨道电路数据仿真模块、列车动力学仿真模块、速度信息仿真器、列车接口单元仿真器。负责按照测试序列的要求为列车各可见接口提供相应的数据。

(1)场景控制器

场景控制器是在线测试的主控模块，负责从测试场景数据管理模块读入本次测试所需的全部数据，并对其他在线执行模块进行数据配置，控制测试的开始和结束以及监控整个测试过程。

(2)RBC 数据仿真模块

RBC 数据仿真模块用于向被测设备提供无线消息。该模块在测试开始前根据既定流程与车载设备建立安全链接，并接受场景控制器的初始配置；测试开始后，实时判断列车位置和接收消息等信息，根据条件向车载设备发送配置信息中的无线消息。

(3)应答器数据仿真模块

应答器数据仿真模块为被测设备提供应答器报文。该模块在测试开始前接收场景控制器的初始配置；测试开始后，实时判断列车位置和速度等信息，当条件满足时根据配置数据控制发码器向车载设备发送应答器报文。

(4)轨道电路仿真模块

轨道电路仿真模块为被测设备提供轨道电路信息。该模块的功能为:信息接收功能、信息处理功能以及信息发送功能。轨道电路仿真模块从场景控制器接收配置数据,将该信息中包含的轨道电路码依据信息中规定的触发条件控制轨道电路发码器发码,从而使被测车载设备能实时接收轨道电路信息。

(5)列车动力学仿真器

列车动力学仿真器能够模拟实际列车的运行,为整个测试平台提供速度和加速度等信息。该模块在测试开始前接收场景控制器的配置参数,测试开始后,根据配置参数及从列车接口单元(TIU)接收到的干预信息,实时计算列车的速度和加速度,供平台使用。

(6)速度信息仿真器

速度信息仿真器为其他模块实时提供列车走行距离信息。该模块在测试开始前接收场景控制器的配置数据;测试开始后,从列车动力学仿真器读取速度信息后,实时计算列车的走行距离,并将该信息发送到其他模块。

(7)列车接口单元仿真器

列车接口单元仿真器用来模拟列车状态。该模块有两个作用:一方面,在测试过程中,列车接口单元仿真器根据测试场景数据的要求,检测当前列车位置或已测试时间,当条件满足时向车载设备输出列车状态(如激活驾驶台、操作手柄等),从而为车载设备运行制造条件;另一方面,该模块实施检测车载设备输出,并转发给列车动力学仿真模块,以影响列车速度变化(如输出制动、切断牵引等),从而真实模拟列车动态行为。

3. 接口模块

接口模块用于连接测试平台和被测设备。接口模块包括:GSM-R传输通道、应答器信号生成器、轨道电路发码器、TIU接口适配器、速度接口适配器,如图6-13所示。由于测试不应要求被测设备增加额外接口和功能,因此所有的接口适配均采用标准接口,与真实接口完全相同。另外,为保证测试过程的正常执行,还应包括司机驾驶部分,由司机在DMI界面上操作来完成。DMI属于被测设备的一部分。

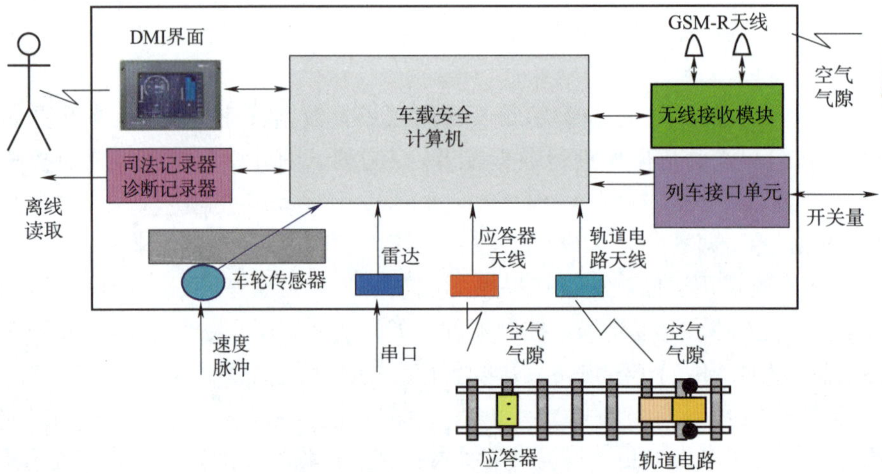

图6-13　安全测试平台和被测车载设备接口

4. 数据记录和分析模块

数据记录和分析模块用于记录测试过程中产生的所有测试数据，供离线分析用。数据记录和分析模块包括：事件记录器、JRU下载评估模块、DMI事件记录器。以上模块完整记录全部数据，然后提供给分析与评估模块，该模块负责使用对应规则进行自动判断，并辅助人员完成对测试结果的分析和判定。

二、安全测试平台的故障注入类型

对于安全测试时的故障设计分为三大类：针对车载内部功能的故障、针对接口的故障和实际问题故障。下面分别对这三类故障进行分析。从系统灰盒测试的角度，设计能够检测车载内部功能的故障，其方法只有根据可能出现问题的功能设计车载设备的外围环境，即地面设备产生故障，检测车载设备针对该故障的反应，由此判断车载设备的相关功能是否存在问题。故障模型主要包括故障模型编号、故障位置、故障类型、故障描述，见表6-7。

故障位置：故障的具体位置。包括故障设备，如轨道电路、应答器、道岔、信号机这些接口设备。

故障类型：不同接口设备的故障分类有所不同，主要关注硬件故障、软件故障和通信故障（包括延迟等故障）。

故障描述：故障的具体描述形式，并举例说明故障现象。

表6-7 故障注入类型

故障模型编号	故障注入位置	故障模式	故障注入点
CTCS-FM-001	安全计算机VC	软件故障	车载设备采用的牵引/制动模型错误
CTCS-FM-002	安全计算机VC	软件故障	车载设备错误的计算了EOA
CTCS-FM-003	安全计算机VC	设计故障	车载设备使用错误的置信区间
CTCS-FM-004	BTM接口模块	硬件故障	应答器接口波形失常
CTCS-FM-005	BTM接口模块	硬件故障	串音干扰
CTCS-FM-006	BTM接口模块	通信故障	BTM接口模块重复发送应答器报文信息
CTCS-FM-007	BTM接口模块	通信故障	BTM接口模块删除了发送应答器报文信息
CTCS-FM-008	BTM接口模块	通信故障	BTM接口模块发送了错误数据的应答器报文信息
CTCS-FM-008	BTM接口模块	通信故障	BTM接口模块延迟发送了应答器报文信息
CTCS-FM-009	BTM接口模块	通信故障	BTM接口模块发送了非应答器报文信息
CTCS-FM-010	RTM接口模块	硬件故障	接口干扰
CTCS-FM-011	RTM接口模块	通信故障	RTM接口模块重复发送RBC消息报文
CTCS-FM-012	RTM接口模块	通信故障	RTM接口模块删除了发送RBC消息报文
CTCS-FM-013	RTM接口模块	通信故障	RTM接口模块发送了错误数据的RBC消息报文
CTCS-FM-014	RTM接口模块	通信故障	RTM接口模块延迟发送了RBC消息报文
CTCS-FM-015	RTM接口模块	通信故障	RTM接口模块发送了非RBC消息报文
CTCS-FM-016	RTM接口模块	通信故障	RTM接口模块发送了错误顺序的RBC消息报文
CTCS-FM-017	TCR接口模块	硬件故障	接口干扰
CTCS-FM-018	TCR接口模块	通信故障	TCR接口模块重复发送轨道电路码序信息

续上表

故障模型编号	故障注入位置	故障模式	故障注入点
CTCS-FM-019	TCR 接口模块	通信故障	TCR 接口模块删除了发送轨道电路码序信息
CTCS-FM-020	TCR 接口模块	通信故障	TCR 接口模块发送了错误数据的发送轨道电路码序信息
CTCS-FM-021	TCR 接口模块	通信故障	TCR 接口模块延迟发送了轨道电路码序信息
CTCS-FM-022	TCR 接口模块	通信故障	TCR 接口模块发送了非轨道电路码序信息
CTCS-FM-023	TIU 接口模块	硬件故障	在需要执行正确命令的情况下未能执行命令，如制动、制动缓解和过分相命令未执行或执行错误
CTCS-FM-024	TIU 接口模块	硬件故障	在不需要执行命令的情况下执行了命令，如执行了不该执行的制动、制动缓解和过分相命令
CTCS-FM-025	TIU 接口模块	硬件故障	在需要执行正确命令的情况下未能按时正确执行命令，如制动、制动缓解和过分相命令延迟执行
CTCS-FM-026	TIU 接口模块	硬件故障	在需要执行正确命令的情况下未能执行正确的命令
CTCS-FM-027	ODO 接口模块	软件故障	ODO 接口模块发送了错误的测速信息
CTCS-FM-028	ODO 接口模块	软件故障	ODO 接口模块发送了错误的测距信息
CTCS-FM-029	ODO 接口模块	软件故障	ODO 接口模块发送了错误的方向信息

三、列控系统故障注入的实现

围绕列控车载设备的第三方安全测试平台，展开列控车载设备的第三方安全测试。其测试过程的基础是故障注入技术，如图 6-14 所示。

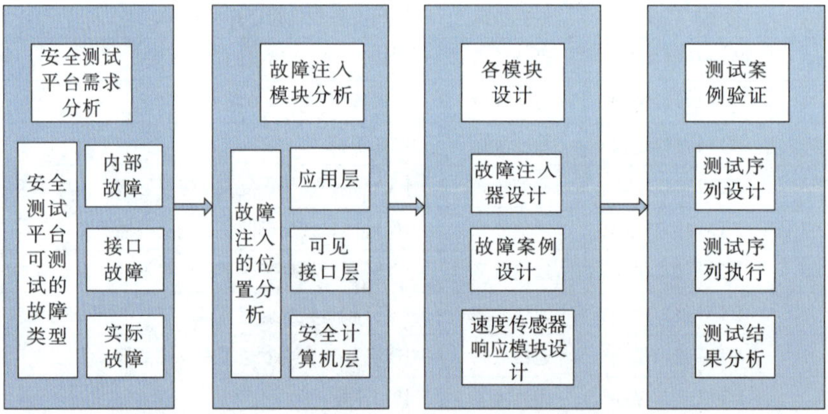

图 6-14　车载设备安全测试平台设计方案

整个平台故障注入的流程如图 6-15 所示。

其中测试控制器作为主控单元，控制整个故障注入流程，如启动工作负载控制器、启动监控器等；故障注入器负责从故障模型库中提取故障模型，并将故障注入到测试过程中；监控器负责整个测试过程的监控，并收集测试数据以便进行后续的测试分析。

根据之前所确定的基于故障注入的测试方法，以及故障类型分析，对于所搭建的安全测试平台，针对故障注入这一模块应具备以下功能：测试控制功能、测试数据及故障模式存储功能、故障注入功能、测试执行支撑环境、信息记录及监控功能。

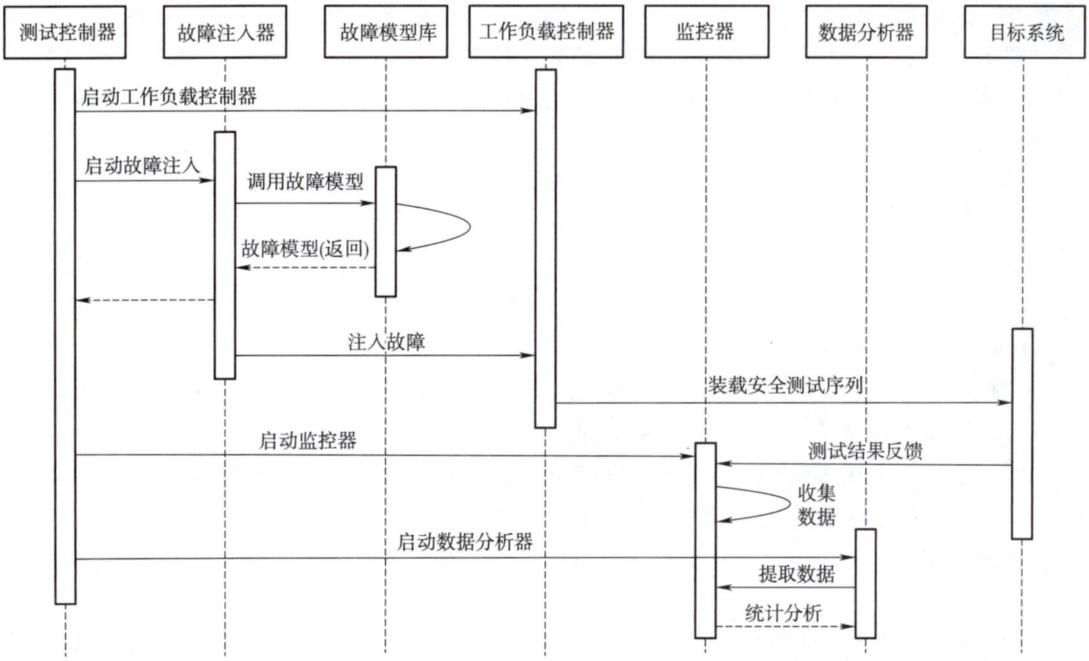

图 6-15　平台故障注入流程

测试控制如下：

对于基于故障注入的安全测试平台，测试控制功能包含两部分：测试序列执行控制功能和故障注入触发功能，即能够触发、监控和终止一次测试序列的执行，使被测设备正常运转起来，能够识别需注入的故障，并且触发和控制故障注入功能的正确执行。

根据以上分析，故障注入的功能在测试的哪一阶段实现是一个测试实现方式的关键问题。测试分为离线配置和在线执行阶段，故障注入也应能够选择在这两个阶段进行。

1. 离线阶段故障注入

离线阶段是指故障生成和发送至测试支撑环境均在离线配置阶段完成，当测试开始后，由测试支撑环境按照之前的配置完成故障的注入。离线方式的好处在于测试执行简单，主要工作在离线阶段已完成，不会影响在线执行的效果，但缺点是灵活性不够。

2. 在线阶段故障注入

在线阶段是指当测试开始之后，再进行故障生成和发送，测试支撑环境按照正常的序列执行，可由人员对故障注入的时机进行控制。在线方式的优缺点与离线方式时互补的，灵活性强，可真实模拟故障的产生，但容易影响在线执行的效果，对于测试平台结构、反应度要求较高。

根据安全测试内容分析，安全测试平台应兼具两种故障注入方式，对于一些事先分析得到的故障类型，可提前编制测试序列并离线进行配置；而对于持续出现的一些实际故障，或与随机性相关的故障，应采用在线注入的方式。在测试平台改造过程中，可首先实现离线方式的故障注入，再进行在线故障注入的实现。

第四节　CTCS-3 级列控系统的第三方安全测试实例

我国铁路部门结合 ETCS 系统规格书和我国列控的特殊性，制定颁布了《CTCS-3 级列控系统功能需求规格书(FRS)(V1.0)》以及《CTCS-3级列控系统需求规格书(SRS)(V1.0)》。其中SRS是在FRS的基础上所编纂的对于系统所需要功能的详细规格书描述。在常规的CTCS-3级列控系统的测试中,所使用的核心依托便是《CTCS-3级列控系统需求规格书(SRS)(V1.0)》。

一、CTCS-3级列控系统的功能和结构

CTCS-3级列车控制系统是我国参考ETCS(欧洲列车控制系统),结合我国特有国情构建的一种列车控制系统技术体系。其核心是基于无线通信平台进行列车控制信息的传输,通过轨道电路以检查列车占用。

CTCS-3级列控系统运用于时速300 km以上高速铁路的列车控制系统,其基于无线通信平台进行控制信息的车地互通,通过轨道电路进行列车占用检查。CTCS-3级列控系统对于列车的控制采用固定闭塞的方式,其速度控制为目标距离方式,轨道电路功能削减,仅用于检查列车的占用状态与完整性。其总体描述为:CTCS-3级是在已有的信号系统上增加车地通信闭环;运行许可(MA)是由RBC发送给车载设备的;其速度监督为连续速度监督。

CTCS-3级列车控制系统是用于时速为300～350 km高速铁路的重要技术,是我国铁路技术系统国产化的重要组成部分。无论京沪高铁还是京九、宁杭高铁,CTCS-3级列控系统在我国高速铁路系统构建的过程中都体现出了无法替代的重要作用。其通过GSM-R无线通信技术实现车地信息的双向传输,通过无线闭塞中心进行信息处理给予列车形成许可,总体结构如图6-16所示,可以划分为地面设备和车载设备两部分。其中车载设备主要由车载安全计算机(VC,Vital Computer)、应答器传输模块(BTM,Balise Transmission Module)、测速测距单元(SDU,Speed and Distance processing Unit)、列车接口单元(TIU,Train Interface Unit)组成。地面设备主要由无线闭塞中心(RBC,Radio Blocking Center)及应答器系统组成。

二、列控车载设备的第三方安全测试应用

(一)CTCS-3级列控车载设备的结构和功能

车载安全计算机(VC,Vital Computer)是列控车载设备的控制核心,负责从其他模块及相关地面设备获取信息,根据列车参数、线路参数、行车许可、临时限速信息生成动态速度监控曲线,将列车运行速度与动态速度监控曲线相比较,必要时输出相应制动,确保列车安全运行。

典型的列控车载设备由车载安全计算机、GSM-R无线通信单元、轨道电路信息读取器、应答器传输模块、列车接口单元、记录单元、人机界面、测速测距单元等构成,其中车载安全计算机、轨道电路信息读取器、应答器传输模块、人机界面、测速测距单元采用冗余结构。硬件结构如图6-16所示。

车载设备具备的主要功能有速度监控、测速定位、列车驾驶模式管理、显示功能以及与各接口的信息传输功能。

1. 测速定位功能

车载设备通过安装在车轮上的速度传感器和安装在车体的雷达能够实时测试列车的运行速度。测速单元把速度传感器和雷达的输入进行测量和逻辑运算,得到列车的实际速度,并把列车运行速度送至主机模块。

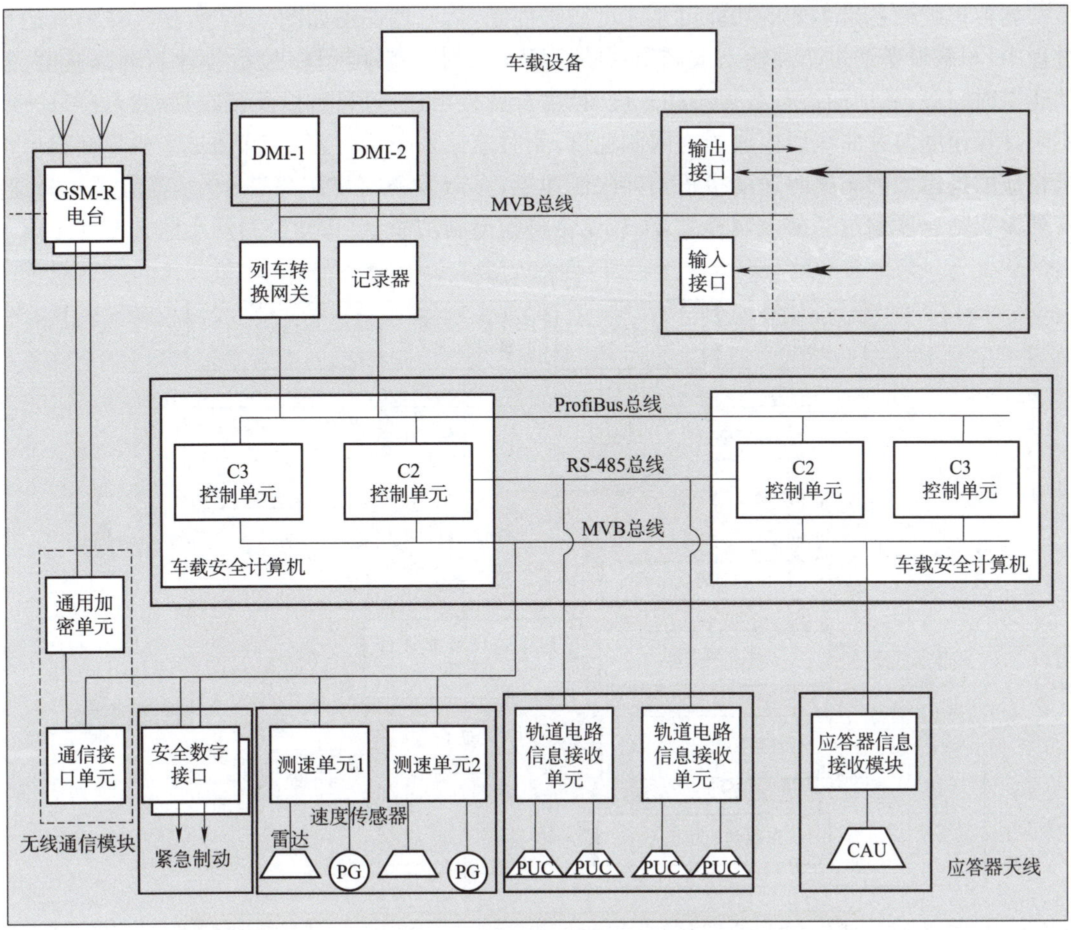

图 6-16　列控车载设备的结构组成

车载设备具有确定列车位置的功能，该功能依据地面应答器收到的信息并以此为基准点，通过测速单元等设备测量列车运行距离来获得列车位置。计算列车位置时要考虑测速设备的误差。

2. 速度监控功能

速度监控是列车运行防护的主要功能，包括监控曲线的计算、制动命令的实施以及显示。

车载设备根据从地面接收到的行车许可、线路参数、列车参数等信息实时计算列车速度—距离模式曲线，产生保证列车安全运行的允许速度曲线、报警曲线、常用制动及紧急制动等监控曲线，实时监控列车运行速度。当列车运行速度超过报警速度曲线时，向司机报警；当列车运行速度超过常用制动速度曲线时，实施常用制动，直到实际速度低于缓解速度；如果常用制动失效或列车速度超过紧急制动速度值，车载设备实施紧急制动，使列车停车。

3. 其他安全防护功能

除了对速度的监督外，车载设备还能够防止列车不期望的运行，包括列车溜逸防护、退行防护等功能。

4. 显示功能

车载设备需要为司机提供显示和操作的人机交互界面，为司机提供驾驶过程的参考信息。

列控车载设备最主要的功能就是速度防护控制,其原理框图如图 6-17 所示。在列车运行过程中,车载设备通过车载输入或调用存储信息获取列车制动特性,包括各种制动减速度、制动建立时间等,从地面设备获得线路长度、坡度及各种限速值信息,以及接收到运行许可命令,实时计算速度监控曲线以生成当前限制速度,实时监控列车运行速度,并通过人机界面给出司机相应的指示。列车实际速度接近当前限制速度,车载设备将发出报警指示,提醒司机降速,若列车实际速度超过当前限制速度,车载设备将输出制动命令,自动控制列车监督或停车。

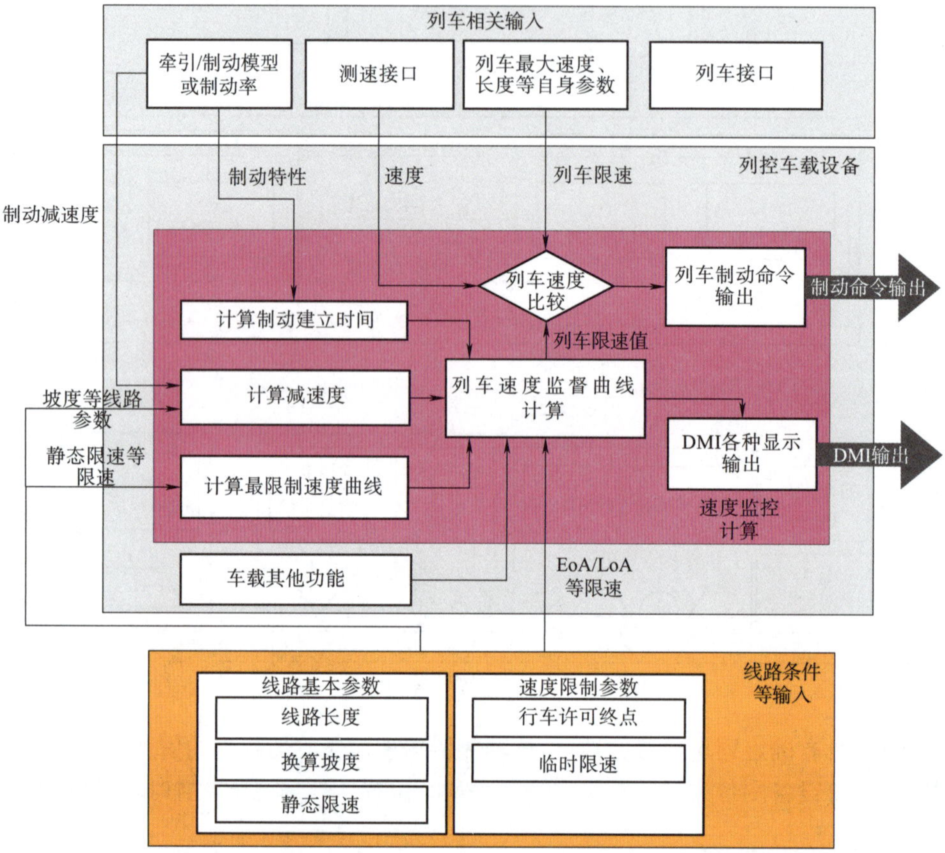

图 6-17 列控车载设备原理框图

(二)CTCS-3 级列控车载设备的故障注入点分析

从第三方的角度,CTCS-3 级列控车载设备的故障注入点主要包括 VC 组件、BTM 组件、TCR 组件、ODO 组件、RTM 组件以及 DMI 组件等。

对车载设备故障注入的位置可以根据不同的接口层次进行划分。在不同的接口上,可注入的故障内容、形式均不同,因此可形成三种方案。根据车载设备的结构特点,进行接口层次划分。从最外层依次向里可将车载设备划分为:应用层,可见接口层,安全计算机层。

1. 应用层故障注入

目标系统为整个车载设备。由仿真支撑环境采用脚本数据模拟故障产生,主要模拟应用层传输数据错误引起故障,可注入的故障内容有:应用数据时序错误、延时、丢失等相关故障;外部环境软件逻辑错误,如地面设备 RBC 软件错误等。

应用层故障注入的优点是:结构简单,实现故障注入容易,自动化程度高。缺点是:可测试故障有限,无法实现硬件故障注入。

2. 可见接口层故障注入

目标系统为整个车载设备。由仿真支撑环境接口部分模拟故障的产生,主要模拟可见接口层产生的硬件、软件等故障,可注入的故障内容有:模拟可见接口的硬件故障,如列车接口不给反馈信号等;模拟不可避免的接口异常现象,如车轮空转打滑或波形收到干扰等;基于硬件注入故障,如接口断线等(可能需要人为操作)。

可见接口层故障注入的优点是:可测试故障覆盖范围较多,可模拟软件/硬件故障。缺点是:特定接口干扰故障注入难度大(应答器、轨道电路)。

3. 安全计算机故障注入

目标系统为车载设备核心安全计算机。测试平台直接与安全计算机接口,不仅模拟外部数据或接口所造成的故障,也模拟车载设备内部子系统硬件、软件产生的故障。可注入的故障:模拟正常情况下无法出现的应用层数据故障(如发送对象错误);模拟安全计算机接口层的硬件错误,如延迟,断链等;模拟其他车载子系统逻辑错误,如子系统不报错等。

安全计算机故障注入的优点是:可测试范围最广,可模拟正常情况下难以出现的软件、硬件故障。缺点是:接口开放难度大;开发工作量大。

(三)车载设备第三方安全测试的假设条件

列车运行的相关假设涉及安全分析的边界和内容。车载设备运行的相关假设内容,如下:

假设 1:系统的运行在没有人蓄意破坏的环境中;

假设 2:车载设备向列车发送的制动信息是持续的;

假设 3:应答器确定列车的绝对位置;

假设 4:无线闭塞中心给出安全运行距离及临时限速;

假设 5:轨道电路信息对 CTCS-3 级下的车载设备不起作用;

假设 6:C3-kernel 与 C2-kernel 只有在等级转换时才需要进行信息交换;

假设 7:C3-kernel 的功能模块与 C2-kernel 功能模块实现功能的基本原理是相同的;

假设 8:车载设备向司机发出的信息默认可以收到;

假设 9:列车车体没有最大设计错误;

假设 10:轨道有最大设计速度。

(四)车载设备的故障模式和类型分析

结合《CTCS-3 级列控系统车载设备技术规格书》和典型列控车载设备结构特征,进行车载设备的失效模式和影响分析,得到导致车载设备的故障模式,以及失效影响。

其中与安全相关的功能需求见表 6-8。

表 6-8　安全相关的功能需求

安全功能需求	可能导致危险的故障	顶层安全需求
保证列车测速测距接口功能	测得的速度偏低等	列车追尾相撞/超速脱轨
保证列车测速测距接口功能	列车位置、运行方向定位不准确	列车追尾相撞/超速脱轨
保证列车超速防护系统功能	曲线计算错误,没有考虑车尾保持等	列车追尾相撞/超速脱轨
保证列车超速防护系统功能	EBI、SBI 曲线计算错误	列车追尾相撞/超速脱轨
保证列车超速防护系统功能	列车超速后,没有输出制动	列车追尾相撞/超速脱轨
保证人机交互功能	列车数据等关键信息输入不正确	列车追尾相撞/超速脱轨

针对这六类功能可能产生的故障进行分析，分析这些故障可能导致的危险，为建立故障模型打下基础，见表6-9、表6-10表6-11和表6-12。

表6-9 车载设备与列车接口(TIU)故障类型

车载安全功能	故障—安全	故障原因	运行模式	失效影响	安全功能需求
向列车输出制动命令	无输出：不能在需要时，正确的输出制动信号	—TIU故障 —车载主机故障 —传输失败	所有模式 (除IS、SL以外)	列车超过安全速度/距离	保证车载设备与列车之间的接口功能
	时间性：制动命令施加的时间不正确	—TIU故障 —车载主机故障 —传输失败	所有模式 (除IS、SL以外)	列车超过安全速度/距离	保证车载设备与列车之间的接口功能
	错误：制动命令实施不正确	—TIU故障 —车载主机故障 —传输失败	所有模式 (除IS、SL以外)	列车超过安全速度/距离	保证车载设备与列车之间的接口功能

表6-10 测速测距安全功能故障类型

车载安全功能	故障模式	故障原因	运行模式	失效影响	安全功能需求
计算列车速度与位置信息，并满足一定的测速测距标准	测速不准确，低估列车实际速度	—ODO故障 —应答器信息没有被使用	所有模式 (除IS、SL以外)	影响了司机的监控和显示信息，移动的距离也会被低估	保证车载设备测速测距接口功能
	实际物理速度方向错误	—ODO故障 —应答器信息没有被使用	所有模式 (除IS、SL以外)	不正确的列车定位导致给定的MA方向将不能起到保护作用	保证车载设备测速测距接口功能
	距离测量错误	—ODO故障 —应答器信息没有被使用	所有模式 (除IS、SL以外)	列车超过安全距离	保证车载设备测速测距接口功能

表6-11 车载系统安全功能故障类型

车载安全功能	故障模式	故障原因	运行模式	失效影响	安全功能需求
计算列车速度监控曲线等	牵引、制动模型错误，从而导致计算出的速度监控曲线不正确	—数据错误 —软件故障，代码不正确	完全模式，目视模式	列车超过安全速度/距离	保证车载设备超速防护功能
	错误的行车许可	—收到的信息不完整，导致行车许可不准确	完全模式，目视模式	列车超过安全速度/距离	保证车载设备超速防护功能
	没有考虑临时限速信息	—同一时刻存储的临时限速有限，所以会漏掉某些临时限速	完全模式	列车超过安全速度/距离	保证车载设备超速防护功能

表 6-12　人机交互安全功能故障类型

车载安全功能	故障模式	故障原因	运行模式	失效影响	安全功能需求
将司机输入的信息传递给安全主机	前方轨道空闲错误回应	—司机的确认信息没有得到回应	目视模式，冒后模式	列车超过安全速度/距离	保证车载设备人机交功能
	与安全主机通信错误	—串口故障 —等级转换过程中，没有向位于后台的主机传递信息	所有模式（除 IS、SL 以外）	列车超过安全速度/距离	保证车载设备人机交功能
	显示错误，速度、距离或模式的错误显示	—DMI 软件故障	所有模式（除 IS、SL 以外）	列车超过安全速度/距离	保证车载设备人机交功能

（五）车载设备的危险事件分析

根据 FMEA 得到的故障模式，利用故障树分析方法获得车载设备的危险事件，其中，测速测距的故障树如图 6-18 所示。

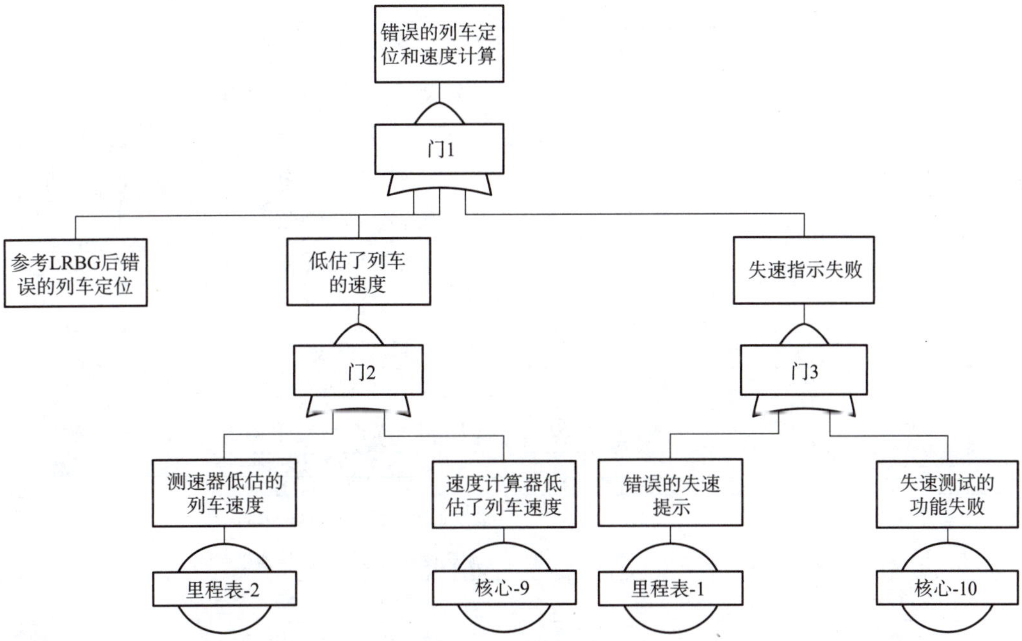

图 6-18　测速测距的故障树

经过对故障树的初步分析，共得到 20 个最小割集，各最小割集及其重要度见表 6-13。由分析结果得知，一阶最小割集有两个，分别为{EVC14}与{EVC15}，且对顶事件故障的发生具有较高的重要度，因此 EVC14—速度传感器故障与 EVC15—测速装置故障应在系统实现时尽力避免其发生。

表 6-13　车载故障树危险事件

基本事件	描　述
EVC1	司机操作失误
EVC2	DMI 无显示

续上表

基本事件	描　述
EVC3	超过安全速度或距离时未触发紧急制动
EVC4	列车未停稳时缓解紧急制动
EVC5	错误的停车指示
EVC6	停车监测功能故障
EVC7	应答器链接一致性检验错误
EVC8	应答器信息一致性检验错误
EVC9	方向控制器位置信息错误
EVC10	后退距离监控故障
EVC11	退行防护失败
EVC12	牵引或制动模型错误
EVC13	停车监控功能故障
EVC14	速度传感器故障
EVC15	测速装置故障
EVC16	司机输入数据错误(越行 EoA 等)
EVC17	司机输入数据显示错误
EVC18	接收错误的行车许可
EVC19	行车许可信息处理错误
EVC20	无线通信序列检验错误
EVC21	无线通信传输信息验证错误
EVC22	无线通信连接监控错误
EVC23	无线通信信息交互失败
EVC24	无线通信至车载设备信息传输错误
EVC25	连接 RBC 失败
EVC26	车载设备接收错误的应答器组信息
EVC27	车载设备未检测到应答器组
EVC28	司机输入错误数据
EVC29	DMI 信息确认错误
EVC30	工程数据处理错误
EVC31	信息确认失败
EVC32	车载设备发送错误的列车信息至地面设备
EVC33	错误的线路信息
EVC34	RBC 接收错误的车载信息
EVC35	等级转换信息确认错误(DMI 故障)
EVC36	缩短 MA 错误
EVC37	无法缩短 MA
EVC38	无法执行紧急停车命令

续上表

基本事件	描　　述
EVC39	系统开口速度值设定错误
EVC40	错误的行车信号导致的临时限速
EVC41	错误的坡度信息
EVC42	错误的 LRBG
EVC43	错误的置信区间
EVC44	FS 模式下冒进防护失败
EVC45	OS 模式下冒进防护失败
EVC46	未从应答器组接收到“当处于调车模式时停车”信息
EVC47	接收该信息后无法启动冒进防护
EVC48	无法下达紧急停车命令
EVC49	当前 EOA 数据错误
EVC50	数据一致性检验错误
EVC51	错误的运行速度、允许速度、目标速度和目标距离等信息
EVC52	错误的行车等级、模式等其他信息
EVC53	错误的工程数据
EVC54	MA 失效监控错误
EVC55	MA 数据错误
EVC56	其他错误的数据信息
EVC57	系统提供错误数据(如当前工作等级)
EVC58	司机输入错误的列车数据
EVC59	司机输入错误的附加数据
EVC60	紧急停车信息确认错误

(六)安全功能测试案例生成

对故障—安全检查点的所有底事件进行故障模式影响分析，并且根据上述方法进行规格书的追踪。经过分析，上述四个底事件有三个底事件需要新增案例，根据功能特征的生成原则，可以将这三个底事件分为两个功能特征：测速传感器的测速功能和车载设备速度计算功能，分别编制对应的案例集，见表 6-14。

表 6-14　安全测试案例集

<table>
<tr><th>危险事件</th><th>描述</th><th>安全功能</th><th>系统状态</th><th>对应案例</th></tr>
<tr><td>里程表-1</td><td>静态检测不正确</td><td>停车状态指示</td><td></td><td rowspan="2">案例 1：如果一路测速传感器检测到零速，另一路测速传感器检测到非零速，车载设备应判断处于非停车状态；
案例 2：如果两路测速传感器检测到零速，另一路测速传感器(雷达)检测到非零速，车载设备应判断处于非停车状态；
案例 3：所有速度传感器检测的速度均低于列车实际速度(发生打滑)</td></tr>
<tr><td>里程表-2</td><td>检测速度低于列车实际速度</td><td>走行距离测量，列车关于 LRBG 的定位，位置报告，MA 监控等功能</td><td></td></tr>
</table>

续上表

危险事件	描述	安全功能	系统状态	对应案例
核心-9	速度计算低估了列车速度	速度/位置检测功能	所有(除了NP,系统故障,隔离模式)	测试列车的测速精度
核心-10	静止检测功能失败	静止检测和制动干预	所有(除了NP,系统故障)	FT-41.1

相关的安全测试案例见表6-15。

表6-15　安全测试案例-速度传感器故障

基本信息			
		内容	编号
被测设备		车载设备	
对应风险/故障	描述	车载设备测速测距功能故障	案例001
	导致后果	超速导致无法停车,脱轨,撞车等	
测试案例描述		当车载设备收到两个相邻的应答器组之间空转、打滑的信息,能够正确处理测速测距信息	
适用模式和等级		CTCS-3级:OS/CO/FS	
测试目标		检查	
测试方法			
方法	检查DMI:是否有速度跳变,是否越过EoA终点检查 JRU:测距精度是否满足2%		

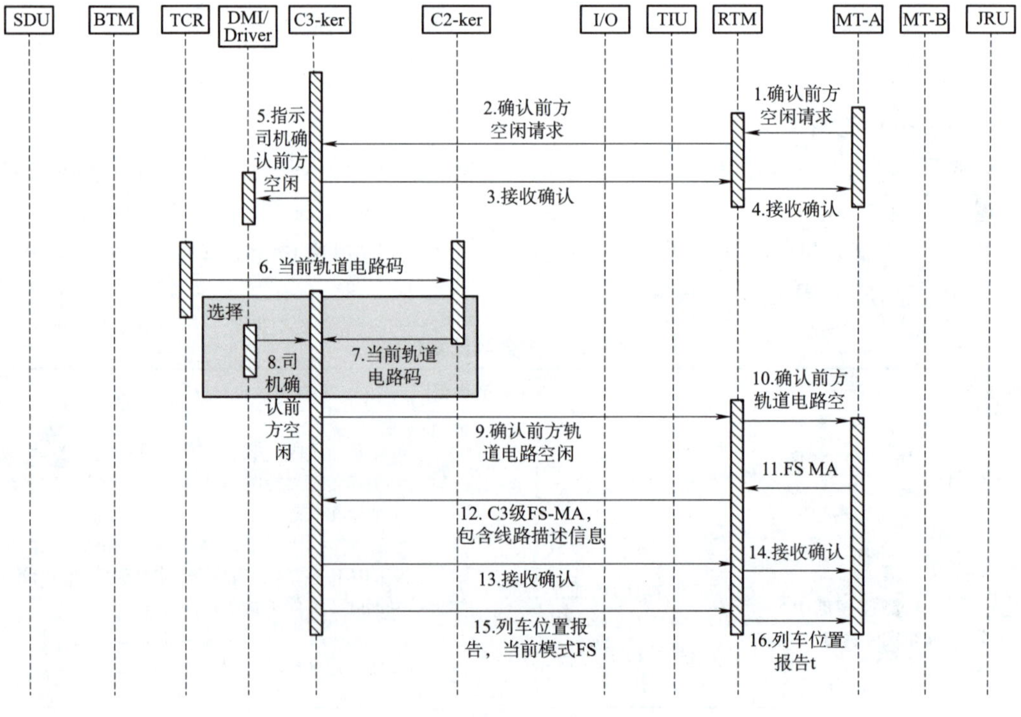

图6-19　典型列控车载设备的危险场景

（七）安全测试序列和危险场景识别

利用相关的测试问题报告，通过搜集现场的实验数据（例如型式接口实验中，在涂洒减磨液区域内，列车实施紧急制动或常用制动情况下的测速信息），结合相关的理论和方法，设计了ODO测速测距故障的危险场景。

本节利用第二节的列控系统安全测试方法和第三节列控系统安全测试平台构建技术，以典型的CTCS-3级列控系统为背景，重点围绕车载设备进行了安全测试实例研究。通过CTCS-3级列控系统车载设备的功能分析、故障注入点分析、故障模式分析，得到CTCS-3级列控系统第三方故障类型。利用故障树分析技术，得到了安全测试案例，并在此基础上，利用第三方安全测试平台进行了安全测试。

参考文献

[1] Information Technology-Software Product Quality Part 4: Quality in use metrics ISO/IEC JTC 1/SC 7 N2208. September 29,1999.

[2] Eickelmann N, Software Measurement Framework to Assess the Value of Process Improvement. EuroSPI'99. Pori, Finland October 26/27,1999.

[3] Redmill F Redmill et al. System Safety: HAZOP and Software HAZOP, John Wiley & Sons, Chichester, UK, 199. ISBN 0-471-98280-6.

[4] ANSI/IEEE Std 829-1983. IEEE Standard for Software Test Documentation[S].

第七章　列控系统安全评估项目实施

本章介绍如何实施列控系统的安全评估项目。从列控系统安全评估的不同范畴出发，引出列控系统安全评估项目的类型。根据项目管理的过程要素，介绍了安全评估项目在启动、计划、执行控制，以及关闭过程中所涵盖的主要内容，包括项目所需的评估人员与团队的资质要求，所采用的评价方法，开展安全评估活动，安全交付物，以及评估结论的形成。

第一节　列控系统安全评估项目概述

一、列控系统安全评估项目

列控系统的安全评估项目是指受被评估方(一般是列控系统使用方或设计方)的委托，评估方(一般是指具备资质的独立第三方评估机构)对列控系统或工程是否满足所需的安全需求和目标所进行的一系列的评价活动。安全评估项目是一种可重复的、迭代性的活动，可以部署在系统的全生命周期任何阶段。原理上，安全评估项目的实施不一定要覆盖系统全生命周期的起点或者终点，只要被评估方可以界定了被评估对象的安全责任范畴(Remit)，就可以针对性地建立并实施安全评估项目。

作为安全关键系统，列控系统需要采用特定的安全活动来生成相应的系统安全需求，并采取针对性的设计方案确保系统满足安全需求。通过第三章的介绍，系统安全需求可以划分为功能安全需求、技术安全需求和现场安全需求。在 IEC 62425[1]中，将技术安全需求和现场安全需求称为安全相关应用条件，包括：

(1)系统配置与施工安装条件；

(2)系统运营、维护和安全监控条件。

从安全相关应用条件的范畴出发，列控系统的应用类型可以划分为通用产品、通用应用和特殊应用 3 个层次，如图 7-1 所示。

(1)通用产品(Generic Product)：指在列控系统中可以重复使用的产品类型，其特点是安全流程终止于设计与实现阶段，安全相关应用条件都是建立在应用无关的基础上。

(2)通用应用(Generic Application)：指适用于某一类型应用环境的系统，其特点是安全流程终止于首套系统制造阶段，安全相关应用条件是建立在应用类型相关的基础上。

(3)特定应用(Specific Application)：指仅适用于某一特定应用环境的系统，其特点是安全流程包括系统安装阶段，安全相关应用条件仅适用于某一种系统配置与安全环境。

以 CTCS 列控系统为例，系统中所包含的车载设备、地面设备均属于通用产品；而确定了应用层次的列控系统(例如：CTCS-3 级)就相应确定了系统组成与配置结构，此时就属于通用应用；当为某条高速铁路线部署特定的 CTCS-3 级列控系统，就要基于特定线路实际情况定制相应的安全相关应用条件，此时就称为特定应用。

国际铁路安全标准 IEC 62425[1]规定，任何一种铁路信号应用类型都需要提交安全例证，同时针对任何一种安全例证类型，都要形成相应的独立安全评估报告一并作为安全接收条件。因此，被评估方会根据被评估列控系统的预计应用层次来确定安全责任的范畴，也就相应确定了安全评估项目的范畴。

因此，根据安全评估项目的范畴，可以把列控系统所涉及的安全评估项目划分为了两大类：以列控系统研发单位发起委托的，以评估系统功能安全需求是否满足为诉求，以获得权威机构产品认证和许可为目标的安全评估项目，称为产品安全评估项目；以轨道交通建设和施工单位发起委托的，以评估系统安全功能与安全相关应用条件是否满足，以工程开通，风险可控为目标的安全评估项目，称之为工程安全评估项目。

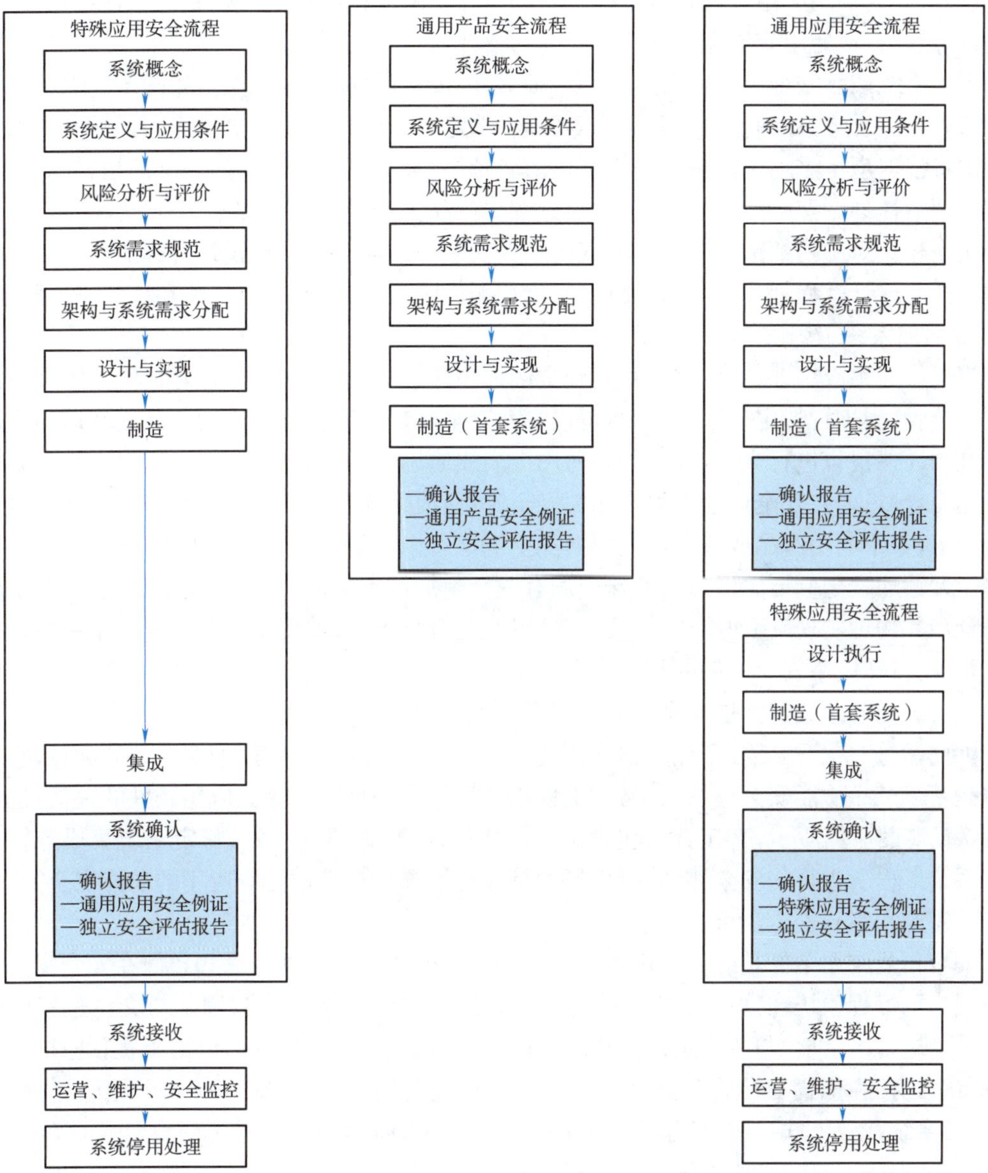

图 7-1 列控系统的安全开发流程与安全评估范畴

二、列控系统安全评估项目的类型

1. 列控系统产品安全评估项目

产品安全评估项目主要是围绕功能安全需求展开的，其安全接收的证据除了需要展示系统设计满足系统需求规范、风险评估结果和安全需求规范之外，还需要展示：

(1)从系统安全性角度考量的产品安装、交付、运营维护、运营数据获取与监控计划，但这个计划是通用的，可以在后续的特定应用中进行具体定制；

(2)在首批系统原型设计中需要定义明确的、经过验证的制造流程；

(3)与产品整体测试相关的型式实验(例如环境压力和 RAMS 相关故障注入测试)结果；

(4)需要为通用应用或特殊应用准备一套设计实施流程(包括步骤和工具)，以备应用数据准备好，能够直接使用该流程生成特定数据的设计与验证类证据。

列控系统产品安全评估项目一般是以研发单位作为委托方实施的，如图 7-2 所示。研发单位首先要综合考虑时间、资金和资质等因素，选定合适的独立评估机构作为评估方。独立评估机构将根据项目需求选派独立安全评估团队，针对被评估方所制定的安全计划，针对性地制定安全评估计划，经双方沟通后确定评估方案。产品安全评估一般结合系统设计的生命周期关键阶段建立对应的评估/审核活动，从而确保安全评估活动与系统设计过程的同步。一般将这样的产品设计过程划分为需求、设计、实现和测试阶段，具体安全评估活动详解见后面章节。

2. 列控系统工程安全评估项目

当进行通用应用评估时，可以对其安全例证中所包含通用产品安全例证和评估报告的进行交叉接收；当进行特定应用评估时，可以对其安全例证中所包含的通用产品或者通用应用安全例证和评估报告进行交叉接收，如果通用产品或通用应用已获得安全许可，那么针对某一特殊应用而言，只要在安全评估中给出相关安全许可，而无须重复之前的产品安全评估流程。这种情况下，一个通用产品或者通用应用的安全例证可以等效为一个特殊应用中的面向上层产品安全评估的安全例证。但是对特殊应用有一个附加约束条件：在此类安全案例中，系统的应用设计和其物理实现(例如生产、安装、测试以及运行与维护)需要单独的工程安全评估。也就是说，要在特殊应用安全案例的技术安全报告中体现出安全相关应用条件在上层的安全例证中得以实现或已结合到上层安全例证的安全相关应用条件中。

因此，列控系统的工程安全评估项目是一种面向工程的特殊应用的安全评估项目，它可以看作是基于产品功能安全评估结果，对工程化过程是否满足安全相关应用条件的评估；也可以如图 7-1 中最左侧所示，直接针对包含了定制化设计、数据驱动开发、特定系统集成等特点的信号系统工程所进行的安全评估项目，目的是评价系统是否满足特殊应用的功能安全需求、技术安全需求和运营安全需求。

安全相关应用条件是确保实现系统功能安全性的约束性条件。这些条件在安全案例中主要体现为可编程系统在特定系统应用下的配置环境，系统制造、安装、测试与交付过程中的安全预防措施，设备维护与故障定位方法，系统运行说明，安全预警措施，电磁干扰预防措施等内容，测试、维护和配置工具的安全性证明。具体内容包括：

(1)系统配置方式：如果子系统或组件的设计足够通用，那么应该通过文档说明配置的设置方式；如果子系统或者组件需要通过特定的流程或者工具才能被配置到特定的应用环境，那么一定要在安全应用条件中明确这些信息，这些信息包括：流程化的方法，工具版本信息，配置

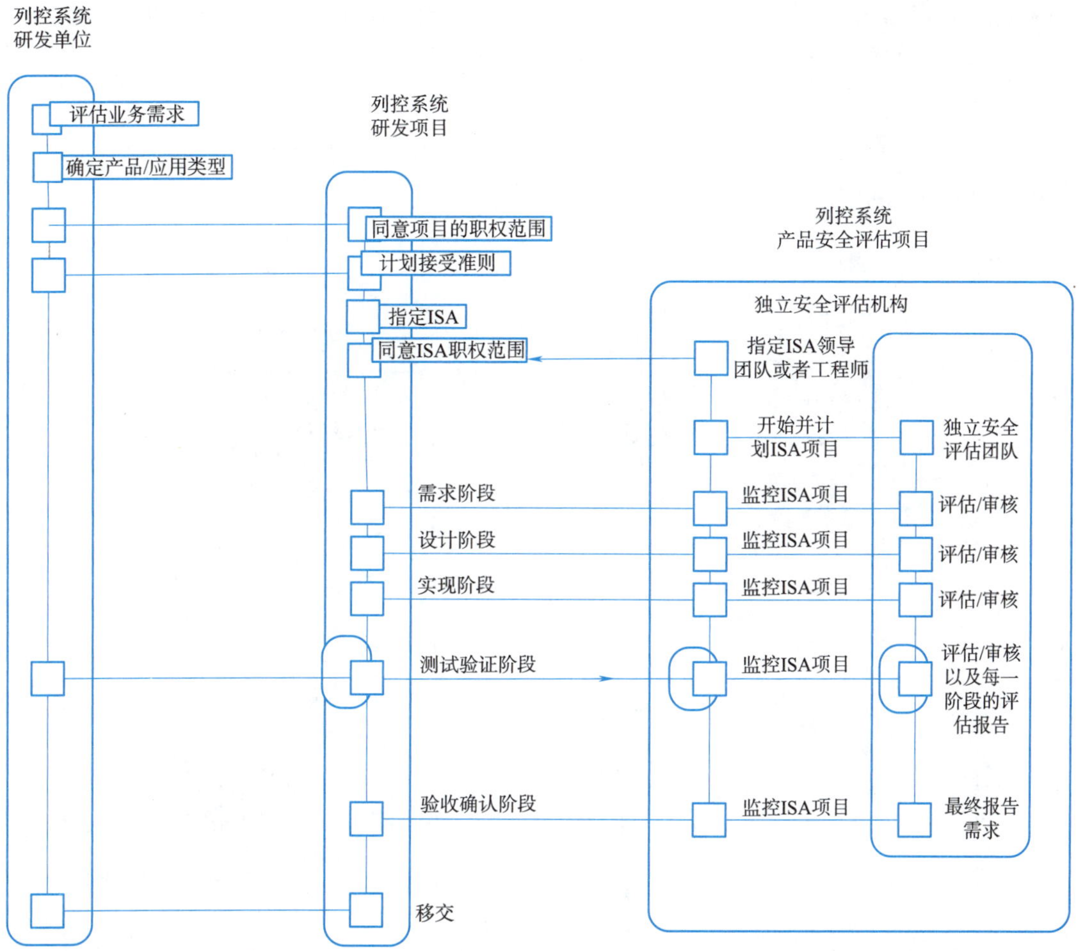

图 7-2　列控系统产品安全评估项目流程

系统硬件信息，配置系统的软件需求，软件维护与仿真方法。

(2)系统设计方案：这部分需要详细描述子系统和组件是如何设计到特定系统中去。包含：系统设计的版本控制方式，应用实现的控制方式，接口设置，系统初始化设置，维护控制设置，制造与生产线测试，系统测试路径，系统安装与交付方式等。

(3)运营、维护和安全监控：要在系统为运用维护计划中体现出系统运营与维护中的技术安全防护措施。同时，要将通用产品或者通用应用系统设计中所假设的条件，同时也是作为产品安全评估中所保留的应用前提条件，作为安全监控的主要信息，并建立性能预测的分析方法和工具，作为判断应用条件变化程度的主要依据。另外，也需要明确与系统相关的事故和应急事件调查处理机制，形成运营状况反馈闭环。

列控系统的工程评估项目一般是列控系统的施工单位作为委托方而发起的，如图 7-3 所示。在工程安全评估中所强调的是列控系统应用于轨道交通运行系统之中的工程安全需求。由于列控系统本身的产品特征更接近于特定应用，因此列控系统本身就必须处于特定线路数据、特定运行场景、特定运营需求之下，这些都属于工程评估的范围。与产品安全评估的最大不同之处在于，工程评估项目所强调的是定制化设计和安装调试确保单套设备是否满足具体应用场景的“定制化”需求。因此，对列控系统的特殊应用逐步可以与其他系统进行联调联试并最终实现试运营的这一过程采取了阶段性评估手段。

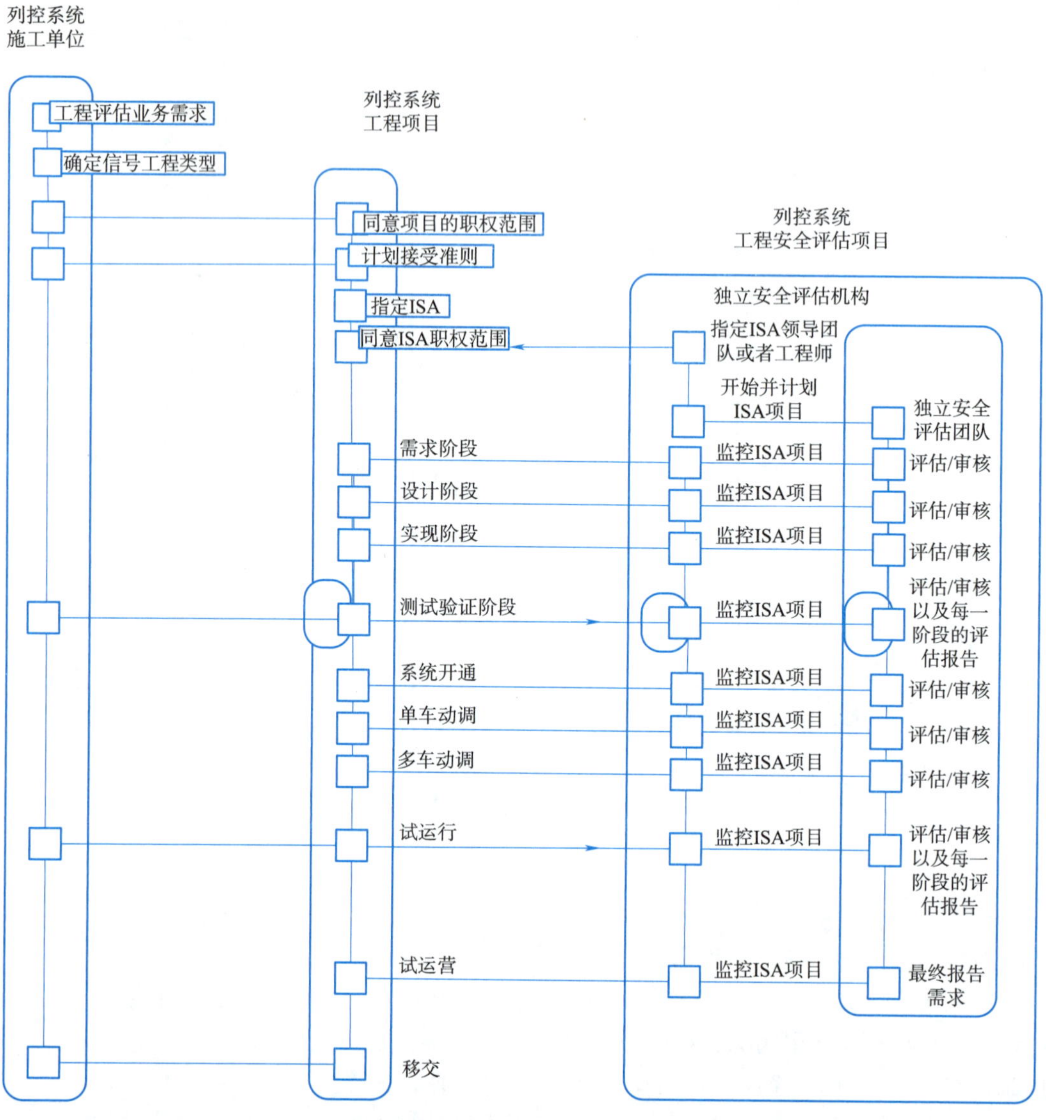

图 7-3　列控系统工程安全评估项目流程

三、列控系统安全评估的项目管理

项目管理是为了在规定的时间内完成特定任务，满足特定的成功准则而实施的启动、计划、执行、控制和关闭的实践活动。列控系统安全评估项目的实施过程也可以参照项目管理的基本实践活动划分为以下几部分主要工作：

1. 评估项目启动：启动一个安全评估项目的主要目的是协调安全相关方(Stakeholders)对于评估项目的期望，告知安全利益相关方评估项目的范围和目标，并商讨各利益相关方如何在项目的相关阶段参与到项目之中并有助于实现项目的期望。在项目启动阶段的主要工作包括:定义评估范围,识别安全利益相关方并落实初步项目资源。

(1)安全利益相关方,并依据安全利益相关方建立起评估项目团队。一般包括如下角色:

①被评估方:需要通过独立安全评估方式所所承担系统设计实现过程建立安全信心的单位,既可以是研发单位,也可是工程单位。

②独立评估方:能够结合技术能力、稽查能力和领域经验对系统是否足够满足安全需求给出判断的个人或团队。

③配置管理方:具有最终安全接收权限,并对系统所包含风险负有责任的机构。

(2)项目配备资源和管理:

①被评估方的资质条件:对于申请评估的对象具备研发、设计能力和相关技术开发能力。应配备足够的软件和系统集成相关专业技术开发人员,还应配备足够的硬件设计、研发和工艺设计能力的人员。

②评估方(受委托方)的资质与能力:体现了评估方能够提供项目所需的人力资源与技术条件,能够承担项目实施所需的责任与义务,能够保障项目顺利执行所需的管理能力,包括安全评估机构的资质,安全评估人员的资质,不同级别安全评估的能力要求,如对系统安全工程的知识,对被评估对象所属领域的专业知识等。

③被评估对象和范围:包括被评估对象基本情况,系统组成,配置环境,应用场景需求,以及项目评估类型。明确项目对象的来源,对象的类型,从而确定了安全评估的需求来源与工作范畴。并根据被评估对象的特点,确定评估活动的技术方法,以及评估结论的形式。

④评估依据:安全评估的依据一般是以安全标准体系为核心,安全评估活动可以理解为一种根据依据对实际对象的一种判断,换言之,是将广泛接受的经验知识来理解未知对象安全特征过程。因此,安全评估的实施是一定是要有据可依的,否则将无法保证的评估过程和评估结果的公信力。而安全评估的所依据的标准规范的来源,一方面受到实现系统所采用技术领域的限定,另一方面也受到地域行政法规的限制。

(3)确定项目目标:安全评估项目需要明确安全评估需要完成那些工作,产出那些交付物,都到何种评估目的,已经达到项目目标的识别标志。对于以上这些项目目标都应当具体、可度量、准确、实际,并有时限性。

(4)分析项目风险:安全评估项目作为一个保障系统设计项目顺利实现的辅助性项目,其项目成败不仅仅体现为安全评估结论的可信性程度,甚至还会牵连系统设计项目本身的正常执行。安全评估虽然本身就包含对系统设计风险的控制能力,但是其本身风险控制也应该纳入到安全评估项目实施的考量范围内。评价安全评估项目本身的风险,就要先考虑安全评估的对于系统安全的增值性体现在哪里。一般这种增值性体现为短期效益和长期效益。短期效益是针对系统产品本身的,通过安全评估项目获知系统安全性水平,从而获得市场认可是安全评估最直接的价值体现;而长期效益则体现在系统设计研发单位上,通过安全评估推动建立企业的安全管理能力,增长风险管控经验,从而为后续研发工作提供“磨刀不误砍柴工”的软实力储备,这是安全评估潜在的价值所在。无论短期效益还是长期效益,如何评价这种效益是一个莫衷一是的话题。通过第一章的论述,列控系统的技术变革决定了对其采取安全性确认的手段。而安全评估这一机制,也是伴随着现代列控系统的复杂性变革而逐步建立起来的。从实现列控系统的手段出发,可以理解为实现过程的犯错方式正在从物理设备特征转移为人为性错误。从系统需求制定到设计实现，再到测试验证，都是通过人来执行。而人会犯的错误模式也随着所采用的技术手段而不断演变，如果安全评估的能够达到降低这类错误的目的，那么安全评估就是增值，反之，安全评估就是贬值的行为。虽然，随着被评估方需求变化，安全评估的短期效益和长期效益会此消彼长，但是安全评估的最终目的不会改变。为了保证安全评估最终目的尽可能高效的实现，就需要考虑安全评估项目自身的风险问题。安全评估项目需要关注的风险，包括项目实施过程的风险和实施效果的风险，体现在：

①安全评估项目的执行进度风险：安全评估作为一个系统安全设计的辅助性流程，一般是跟随设计流程进度而执行的，但是当实际工程中需要依赖安全评估项目推动设计流程实施，就会造成仓促制造证据的后果，特别是在流程中的阶段性证据产生较大的偏差后，会对最终证据产生不可挽回的影响。

②全生命周期的阶段划分：为了提高基于流程的实施效率，通常采用对流程的阶段划分进行简化的策略。尽管在安全评估计划中，阶段的划分是一个协调的过程，但是为了考虑成本而简化掉了某些证据生成链条上的关键环节，会导致评估和审核人员无法观察到，从而导致评估方对证据整体的安全印象。

2. 评估项目计划：计划应包含项目的全部范围、定义和、里程碑进度计划、工作分解结构，即为了实现项目目标而制定的一系列评估活动方案。项目计划应该通过安全利益相关方多轮的反馈中不断进行规划。如项目生命周期中发生重大变更，可能引发重新建立一个或者多个计划的过程。这种项目管理计划的持续精细化叫作“渐进明细”，表明项目计划和评估活动是迭代或者持续开展的活动。项目计划的“渐进明细”内容包括：

(1)评估的范围：包括被评估的列控系统的系统组成，接入轨道交通系统的边界范围，装备线路情况，以及设备使用方式。

(2)适用的标准：列控系统安全评估所依据的技术标准从专业门类上可以划分为功能安全、电子电工设备、供电、防火、电磁兼容、可靠性可用性和可维护性(RAM)，电气绝缘等，需要结合具体的评估范围不断纳入相关的标准作为评估依据。

(3)安全评估组织架构：安全评估团队是评估方实施评估的项目的人力载体，团队的角色应该依据项目的分工来设定。如图 7-4 所示，一般安全评估团队中的角色划分为：

①项目总监(Project Director)：是安全保证活动的领导人，对独立安全评估的负有完全责任。一般项目主管应负责复审安全评估项目的文件文档，例如：安全评估报告，提交授权机构的最终文档等。

②项目经理(Project Manager)：负责管理独立安全评估的日常实施，管理进度安排和成本投入，关注评估项目与相关项目(如研发、集成等)的进度配合。项目经理是安全评估团队与用户的主要接口。

③首席评估员(Lead Assessor)：保证安全评估的技术工作正确实施，独立安全评估的整体结论是否公正合理，并有助于被评估系统的实现，可以理解为按照不同评估业务划分的项目经理。首席评估员需要签署所有正式提交文件。

④评估员(Assessors)：负责执行评估活动，形成评估意见。

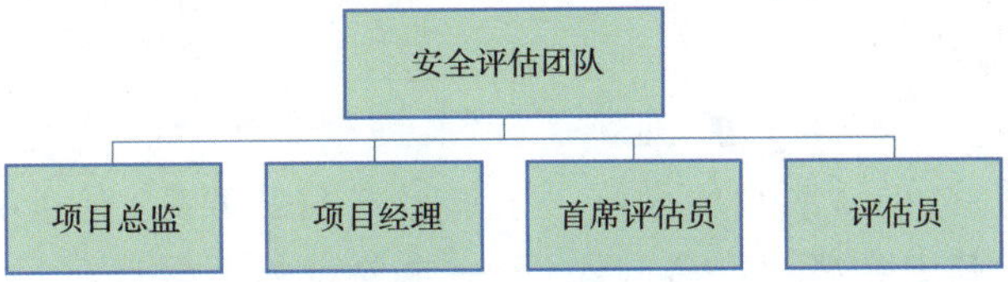

图 7-4　安全评估团队的组织结构

(4)计划开展的安全评估活动:列控系统的安全评估项目所包含的活动主要类型有安全审核、安全审计、现场见证测试、参加安全会议。这些评估活动需要结合被评估对象特定生命周期阶段,并根据评估项目进展的情况,进行相应的安排,评估方根据该项目安全计划起草安全评估计划,确定评估活动和评估项目的里程碑。

(5)评估交付物:体现为评估活动的产出物,例如:安全通知、测试报告/验证报告的审核报告、审计报告、现场见证测试报告,以及最后的安全评估证书/报告。

(6) 评估阶段证书,并列明各个阶段相应需完成的安全评估工作。随着该项目进展和评估过程的深入,评估方将评估过程中发现的和值得关注的问题及时反馈给委托方,以便委托方对其进行纠正或澄清。评估方将记录其所收集的所有评估证据,并在成功完成评估后,针对评估内容发布最终评估报告和证书。

3. 评估项目执行及控制:为按照项目计划来协调资源,管理项目相关方,以及整合项目活动。结合项目的预算、资源和时间用于控制项目执行的过程。如发现项目按照既定时间间隔、在特定事件发生时或在异常情况出现时,识别和纠正与项目管理计划的偏差。这样的控制行为涉及:

(1)与安全利益相关方的沟通:特别是项目里程碑阶段进行沟通。安全利益相关方关注的问题包括:安全评估团队的结构,沟通方式、质量控制。项目风险控制应该包括:

①维护 ISA 管理范围。应该时常评审 ISA 管理范围以确保这些事项依然适合项目的当前状况,否则独立安全评估措施不可能获得预期效果。如果项目的更改影响到 ISA 的工作,那么审议事项应该依据更改做出更新,更新的审议事项应该得到安全授权部门的同意。

②传达项目计划。为使 ISA 执行的措施能够及时地更改而不导致项目的延迟或者风险。项目经理应该让 ISA 了解项目的流程和计划。对于 ISA 来说重要的是了解关键的项目措施和会议,以便有机会作为观察者了解决策的制定。

③协调文档。项目经理应该根据相关的标准和项目计划向 ISA 提供所有必要的项目文档,并且保证独立安全评估文档(报告和观察值)合理的分布在项目中。这样可帮助 ISA 判断系统文档,提供有价值的反馈。

④管理独立安全评估人员。项目经理应该经常与 ISA 开会以评审 ISA 的安全评估过程是否符合计划、相关的风险,处理可能产生的事情。项目经理应该从 ISA 处获得现状报告以便在进行与 ISA 的会议时能够及时了解没有满足 ISA 管理范围的风险。

⑤与 ISA 保持联络。项目经理和工程师应该花费足够的时间在 ISA 上以辅助评估措施和参与 ISA 审核。

⑥处理ISA的观察结果,项目经理应该对ISA的观察结果做出反应以保证项目完全的支持而没有延误。

(2)项目控制:如果一个项目远远偏离了控制,就很难在不牺牲项目范围、预算、进度或质量的情况下实现项目目标,明智的做法是增加报告期的频率,直到项目按进度进行。控制项目进度计划变更其中会涉及许多问题,第一个要点是要保证项目进度计划是现实的,不能制定一些不切实际的进度计划。第二个要点是要有纪律和领导来强调遵守并达到进度计划的重要性。项目控制三个过程是:寻找项目实施偏差,分析偏差原因和趋势,采取纠偏行动。

(3)需求变更管理:如被评估方因技术实现方式、运营方式或者组织管理层面的变更导致评估目标和评估范围的变化,需要建立特殊的变更管理流程,包括:

①评价变更影响范围:需要确定需求变更所影响的证据文档范围,判断是否影响系统安全性以及影响程度;

②在评估计划中建立对受到影响的证据重新进行评估的任务流程;

③按照计划实施变更部分评估活动;

④在最终评估报告中需体现变更影响分析。

4. 评估项目关闭:旨在核实为完成项目目标所执行的所有评估活动均已完成,并形成证实评估结论,对于评估结论的形式可以包含三种类型:

(1)安全例证的论证评价:在评估安全例证或其他支持性文档中的安全论据时,评估方将进行如下检查:

①评估方对所有与系统相关的风险是否都已得到识别并按安全风险接受原则降低进行评估,并为指定应用的系统的安全性阐明其观点。

②对于用于所陈述目的的系统及设备的适合性和可接收性,评估方应给出专业的建议。

③评估方应对安全论据可信性进行评估,并确认或否决项目的安全声明。如果可行,评估方应采取不同的方法验证项目声称的论据。

④评估方应简明地突出关键和敏感的论据,并就这些论点的有效性给出专业意见。尤其是评估方应报告所有可能影响安全的关键问题。

(2)证据观察项:建立和被评估证据的有关的观察项。根据观察项的重要性,对观察项定义为为多类,例如:

①1类:重要问题被完全遗漏,需要立即解决的问题(作为备选方案,可以采取专门的控制措施,在短期内控制风险),必须关闭。

②2类:重要问题尚未充分处理,需要在短期内提出解决方案,必须关闭。

③3类:一般问题,无直接安全隐患的问题,如语法、拼写等轻微错误以及轻微的技术错误,为使文档清晰明了,则需要记录这些错误,并予以纠正,不需要立刻解决,但在后续更新中必须关闭。

(3)总结/评估结论。评估结论应该结合评估过程,证据观察项的处理情况进行总结,并对照评估目标对被评估对象是否满足既定的安全目标给予明确的结论。

(4)安全验收。通常为接受安全例证或者拥有技术文档的报告。当安全例证的内容通过安全授权机构的审核批准后,开发单位将获得相关审核批准证书,并在证书中阐述系统的应用条件和投入运营后的使用说明。

(5)安全授权。投入使用之前需要获得产品的授权许可以及维护方案的授权。当对所应用的列控系统做出更改时,需要通过安全授权部门的授权,从而证明所做更改符合安全计划和安全需求。

第二节　评估人员与团队资质要求

一、独立安全人员的能力要求

安全评估人员需要在安全性上提供权威性和专家性的意见,因此需要合适的资质认证,不仅包括技术上的水平,还包括管理和社会上的技能,如安全稽查计划、会议控制、协调能力和在公司中采用非对抗方式保护自身职位的能力。如图 7-5 所示,通常安全评估人员要求有以下三类能力[3]:

(1)技术能力。安全性与技术知识支撑安全稽查活动。稽查经验,是指保障与将系统安全相关的专家的专业意见贯彻下去的能力。通常技术能力分为两类:一类是特定系统应用和技术中的安全稽查能力。如能够理解法律与安全法规知识,明白安全管理的原则与概念,了解安全分析技术,评估执行分析所需要的资源等。另一类是能够理解系统所应用的条件和背景,包括安全工程技术,安全实践经验和相关的系统应用领域的经验知识以及其他相关的系统工程原则,如人因工程等。

(2)稽查能力。与技术能力相比,稽查能力涉及实施某一项稽查工作所需的活动,包括确定安全稽查的目标和管理,收集并分析证据来支撑专家意见,调查可能的证据,开展针对相关标准的流程,对系统整体安全性做出评价和在输出文档中发现问题。

(3)执行能力。安全评估人员的角色是紧张严肃的,特别是当处于复审的项目出现问题或者在时间和资金短缺时,安全评估人员需要进行有效引导并积极推动项目实施进程。相应的能力要求包括交际能力,与公司各层的沟通能力,报告与陈述的能力和正直无私的个性等。

安全评估人员根据能力水平可以划分为以下三级:

(1) 受监督的从业者。具备充足的专业知识,了解组织结构和相关部门的协作实践经验,可以在从业者和专家的指导下完成任务。

(2)从业者。具备充足的专业知识与良好的实践经验,能够独立完成任务并根据工作进展不断提高专业水平。

(3)专家。具备充足的专业知识并能通晓其机理,熟悉先前的经验总结并能与最新技术、架构和标准保持同步,能够以创新的方式完成工作。

而对于安全评估人员从业人员资质的评估可以通过以下三种方式完成:

(1)自我评估。安全评估人员通过提供证据说明自身能力,需要在项目的实施过程中根据案例进行评估。

(2)组织内评估。安全评估人员组织内部通过相关标准或项目实施方案进行评估,邀请任何与实施方案相关的第三方参与评审。

(3)第三方评审。通过设计实施方案的第三方进行独立评审,但是目前这样的第三方很稀少。

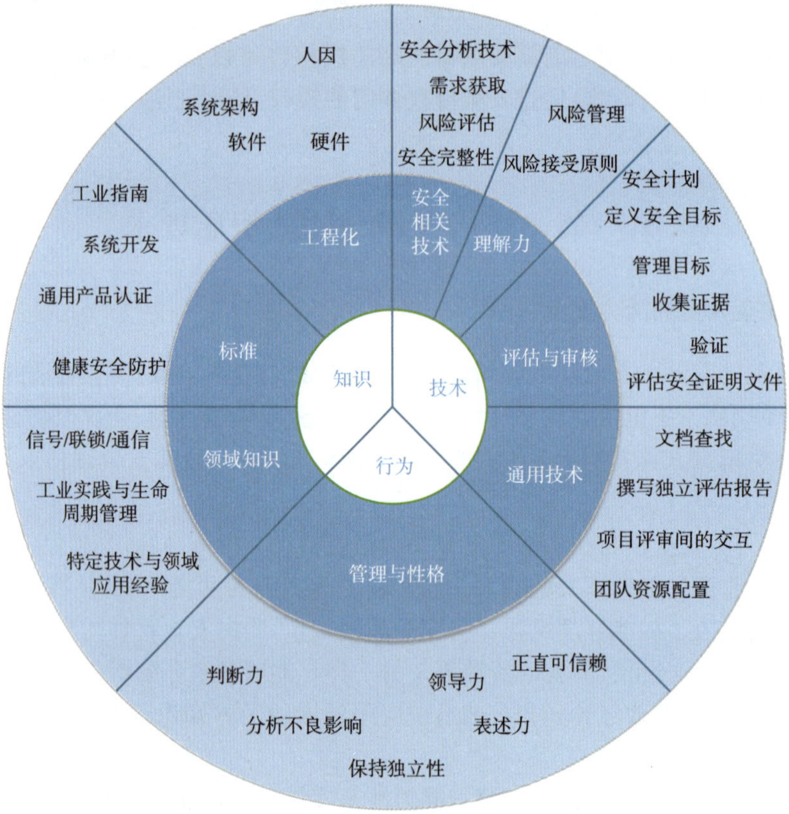

图 7-5　独立安全评估人员资质需求

如果对安全评估人员的正式资质评审存在局限，可以在组织内部对项目的完成情况进行评估，通过自我评估的方式引入 ISA 并完善资质评审机制。

二、安全评估的知识准备

安全评估人员应该熟悉以下内容：

(1)风险源日志；

(2)安全计划；

(3)安全需求说明；

(4)所有前期安全评估或者安全审核的结论和建议；

(5)自上一次安全评估以来的改进情况；

(6)下一步工作的详细信息。

这些需要从项目经理和项目前期的资料文档中获得。

安全评估人员应该准备一份评估计划。计划应该简短并包括以下内容：

(1)陈述评估的条件；

(2)还应该考虑到授权的修改；

(3)项目或者其他项目的依据条件的识别，如项目人员和项目文档；

(4)评估人员和评估团队的识别，包括资格认证、经验和独立程度；

(5)受访者的确定;

(6)管理安排报告结论、评审、签署和分发安全评估报告;

(7)评估时限,包括安全评估报告的预期完成时间。

评估活动应该包括:

(1)个别会谈;

(2)项目文件检查;

(3)对项目实践、项目行动和状况的观察检测;

(4)对于特别重要的部分或者评估员认为有问题的部分,为了保证其准确性,再次进行部分安全分析;

(5)评估员需要的证明。

实施安全评估最主要的目的是确保有足够的信息来支持对风险可接受度的判断。下面的指导对于评估的计划有所帮助,但还是应该亲自运用专业的判断和经验来将指导合理地应用到实践中。评估应该检查项目发展和应用的过程,检查具有安全意识的项目人员所做出的设计决定,并证明风险被控制在与安全条件相符合的可接受的等级。

安全评估人员应该总结出一份评估检查表,用以指导调查,记录结论和证据。利用相关的参考文件来制订检查表来满足审核的要求。评估员应该记录下所有发现的客观错误以及其是否与检查表中的项目相关。注意这对于安全评估人员来说是有帮助的——当然,检查表不能够由项目成员来完成。评估不应该仅仅关注文件还应该关注文件背后的过程和组织。评估员应该找到不符合安全要求的漏洞,然后给出建议。评估应该重点注意危险源日志,它记录了从安全需求到项目中支持项目的文件的来龙去脉。评估应该检查是否有实施的安全行为的文件证据。这些文件证据支持了评估检查表中问题的答案。

如果运营的数据可以利用,那么评估员可以通过分析这些数据来找到以下的证据:

(1)危险源事先没有被识别;

(2)风险被错误分类;

(3)安全条件没有被满足;

(4)操作形式发生了改变。

安全评估人员也许会要求重复地进行测试,而项目经理应该对这些在评估人员的监督下的测试做出三安排。如果前期实施的安全评估对于设计的更改或者新的知识依然有效,那么评估人员就不用再做重复的分析,而是应该重点分析新的和改变的部分。如果评估人员发现了项目安全管理中的漏洞,那么评估人员应该评审项目安全管理文件来确定最有可能的漏洞源。评估人员应该考虑是否怀疑项目安全管理的其他方面,同时评估建议应该包括在受到影响的部分的恢复方法,这和指明漏洞一样重要。

可能情况下,通过访谈得到的信息应该通过从其他渠道得到的相同信息来加以证实。结论应该尽快通报给项目经理和项目团队,而不应该等到安全审核/评估制定好并且分发下去的时候汇报。

这要通过三个简单的形式表现出来:

第一部分:结论;

第二部分:项目反响;

第三部分:评估人员/审核人员对项目反响的评价。

三、安全评估团队的资质

在选择合适的ISA组织时，项目应该考虑以下三个主要方面：ISA的资质、ISA的独立性以及ISA的技术评估。

考虑ISA的能力，即考虑ISA是否有能力胜任项目的安全评估工作。项目应该评审和验证特定项目中的ISA能力鉴定和能力管理安排。项目/客户应该确保ISA的鉴定可以为安全授权部门接受。评审应该了解各个ISA能力上的缺陷，比如，ISA可能在要求的设计领域有专业的意见但是缺少铁路操作上的能力。ISA能力上的缺陷是不允许的。ISA应该证明在聘用期间将如何提供和管理所有要求的能力。根据项目的特性和需要变化，项目中会要求ISA采用不同的技术，其中包括：工程安全管理原则、质量保证程序、系统硬件和软件组件的设计、应用设计、规则知识，即整体铁路操作、设计、更新和维护，正常、故障和紧急工作原则和在这些工作模式之间的转化原则，不同的铁路标准，熟悉旧系统的"祖父的权利"。项目应该避免过度依赖于任何一个独立的ISA工程师，因为这会引入额外的项目风险。因此，项目应该确保ISA提供不同的员工而不是使用首选的人员工作，或者ISA应该以小组的方式进行安全评估工作。

独立性即是要证明ISA是否提供了可论证的独立性。项目执行者应该验证所有关于独立性的ISA声明，并确保ISA组织并没有参与项目的设计，否则认为是利益的冲突。如果不能确保这一点，ISA组织应该可以通过管理涉及设计的成员以保证充分的独立性。

最后还要考虑独立的安全评估员是否提出了可靠的评估策略。项目执行者应该要评审ISA建议的技术评估方法，在某些情况下，ISA可以提供做出最终判断所用技术的证明。ISA所采用的方法应该根据已知的安全风险集中解决问题。ISA评估策略应该提出：

(1)工作计划。

(2)将要收集的证据以及收集证据的机制。

(3)对于ISA评估的项目风险的理解以及管理风险的方式。

在客户和项目执行者选择ISA时首先需要明确ISA的管理范围，此时需要考虑在安全评估中的安全验收准则、ISA的角色以及指定机构的角色三个因素。首先项目进行安全评估时客户和项目执行者应该建立基本的准则，通过这些准则在进行ISA之前判断风险是否可接受。最重要的是，判断是否是基于风险的方法(如ALARP)或者基于符合标准的方法。明确这两个方面可以使ISA的目标更明确。在完成ISA的任命后，项目执行者应该要求ISA对其提出的安全验收准则(除了由安全授权部门批准的准则)进行解释说明，以保证准则的适用性和有效性。在安全评估中ISA不能像顾问一样进行安全设计。ISA可以通过计划评估措施对帮助项目的开发，这些评估措施应有助于项目进行安全风险管理及评估措施计划。另外，对于项目中的指定机构的角色，项目执行者需要确定是否需要指定机构。如果需要，那么提交指定机构的管理范围，并记录ISA及指定机构的管理范围。在不需要重复执行的情况下，指定机构的管理范围应该保证得到最佳的效果、充足的时间和资源以帮助各个部门之间的互动(项目、ISA和指定机构)。独立安全评估的输出应该以达到ISA管理范围、安全授权部门要求和指定机构要求为目标。

ISA和指定机构的角色看似相似，但其实有细微的差别。ISA用于评审提交材料，并且对提出的安全论据的完整性和稳健性进行观察。指定机构用于评估互用性的重要要求是否已经满足TSI规定的准则以及国家技术规则。由于互用性的范围比安全性宽(如可靠性、可维护性、环境保护和健康等），指定机构的角色不同于ISA。另外不论评价条款是否合乎标准，指定机构不要求提供对一致性的观察。在一些情况下，指定机构和ISA是相同的组织，然而在其他情况下它们代表了不同的组织。

为提供综合的审议事项，项目执行者应该使用结构化的检查表。对于检查表中的每一项，项目执行者都应该要求预期的ISA证明对于项目中的每一个事项的理解都符合要求。其中最重要的而又经常被忽视的提交审议的信息主要有：

项目背景。如果项目是工作中较大程序的一部分，那么应该要提供整个程序的项目背景，并且在项目之前和项目之后都要进行详细的分级。背景应该包括审批程序和技术范围。项目的组织结构也应该提供并且详细描述其角色和责任

ISA支持。ISA可以在不同的途径上支持项目开发。例如，在安全计划ISA可以帮助完成安全计划中详细规定的流程。另外，ISA可以支持适合系统开发的安全计划。项目应该明确其要求的ISA的帮助类型。要求的ISA帮助类型将决定ISA评估的性质和严苛程度，如果没有明确这两者，ISA提交审议的事项可能对安全审批来说不充分或者过多且不符合实际。客户和项目执行者应该注意移交ISA的审议事项以提出对建议的更改的正面材料。

第三节 安全评估项目的执行方式

安全评估项目的执行就是基于被评估方所提供的安全证据相关材料，通过特定的评估活动，采取适当的技术手段，在安全证据材料中逐步建立被评估对象能够满足安全需求的信心。安全评估项目所执行的评估活动，取决于安全证据材料的生成方式。而针对不同的证据类型采取何种技术手段获知证据的可信性程度，则取决于证据的表现形式。本节介绍通过安全证据确定评估活动和技术手段的方法论。

一、基于安全性论证的评估策略

第四章已经介绍了列控系统的安全证据类型可以包括过程类与结果类证据。而安全例证作为列控系统安全证据的核心，不仅是因为安全例证中索引梳理了所有相关的安全证据信息，更重要的是安全例证所包含的安全性论证中阐述了安全证据与安全目标和安全需求之间的内在逻辑关系。这些逻辑关系正是安全评估方能够从烦冗的安全证据文件中快速正确地理解被评估方生成证据的思路，从而建立起安全信心的初步架构。

由此可见，对于安全例证的评估，应该体现为对安全论据和安全证据的两种评估：

1. 对安全论据的评估，可以理解为获知安全目标的可信性，评估的重点包括：

（1）安全论据展开策略的依据：一般对于某种被评估对象的论据策略是相对成熟稳定的，可以是源自广泛接受的技术标准、行业或企业标准，或者是被评估方自己的最佳实践经验，一般而言，这种依据越是广泛认可，可信性越高，但是如果被评估方在被评估对象所处领域有着良好的安全声誉，同样也是论据可信的一种重要佐证。

（2）安全子目标的覆盖程度：依据策略展开的子目标，体现了被评估方的安全关注点。评估方可以结合安全评估的要点，如：产品功能安全、风险管理、流程符合性，人员资质等主要方面评价安全子目标与要点的覆盖程度，同时还需要考量子目标划分的独立性，避免冗繁的重复性论证工作。

(3)安全论据的开发过程:考察安全案例以及安全论据是否伴随着系统开发周期实现了增量式开发,而且安全目标是否伴随安全性保证工作进行更新。

(4)安全子目标的权重划分:尽管在安全论据中不会体现出被评估方对安全关注点的侧重,但是评估方可以根据被评估方在某个安全关注点的投入成本,成熟程度,提升空间,方法与工具配置程度,团队资质与能力水平等因素,从评估方的视角建立起安全子目标的可信性权重。

2. 安全证据的评价:主要体现为纳入到安全性论证中的证据单体的质量评价,这种评价可以依据第四章所介绍的证据属性,建立其对应的检查表以及评分项,见表 7-1。原则上,特定的安全证据,应该建立与之对应的评价准则,而这些准则大多来自以技术标准或最佳实践经验,其生成方法将在后面进行介绍。

表 7-1　安全证据属性与评价准则

证据属性	评价目标	评价准则
合法性	证据功能	证据所支持的安全性断言
	证据可采	标准规范符合性
客观性	证据内容	文档的创新程度
		文档的正确性
		符合性/有效性/充分性/释疑性
		文档的可读性
	证据形式	证据文档格式是否完善
		文档版本管理是否合理
关联性	证明能力	证据与安全性断言背景的符合性
		证据事件
		证据时效性
	证据关系	与输入输出文档的符合性
		证据支撑性质

依据表 7-1 所示的证据单体的质量评价准则,可以把任何一种的安全证据检查表的评价项与质量准则建立对应,见表 7-2,这样可以通过建立统一的安全证据评价机制,实现各种安全证据审核结果可以在同一个水平上进行相互比较。

表 7-2　系统安全保证计划的证据评价准则对应关系

评价目标	评价准则	评价项
证据功能	证据所支持的安全性断言	系统开发都通过一个完整的流程得到安全保证
证据可采	标准规范符合性	EN 50129
证据内容	文档的原创性程度	原创/部分原创/无原创
	文档的正确性	安全计划应该明确一个安全管理系统
		安全计划中包含系统定义和系统边界
		安全计划应该包括安全活动的范围
		安全计划应该包括在生命周期中执行任务主体的担任角色、责任、能力和关系的细节

续上表

评价目标	评价准则	评价项
证据内容	文档的正确性	安全计划应该包括实现安全的政策和策略
		安全计划应该包含系统生命周期和系统任务的描述，用来作为生命周期中执行的依据
		安全计划应该包括用于保证任务中人员的独立性和系统风险相符合的过程
		安全计划应该包括风险可容忍度准则的实现过程
		安全计划应该包括建立和持续审查安全需求的充分性的过程
		安全计划应该包括系统设计过程
		安全计划应该包括验证和确认的过程
		安全计划应该包括用于实现系统需求和实施一致性的安全评估过程
		安全计划应该包括安全见证，用于实现安全计划中管理过程一致性
		安全计划应该包括生命周期中衍生出的所有安全相关细节，包括文档，硬件，软件
		安全计划应该包括准备系统安全案例的过程
		安全计划应该包括系统安全认证的过程
		安全计划应该包括系统修订的安全认证
		安全计划应该包括用于实现分析操作和维护性能的过程，用于保证实际安全和需求一致
		安全计划应该包括安全相关文档的维护过程，包括危险源日志
		安全计划应该包括接口和其他相关程序和计划
		安全计划应该包括分包商管理安排
		安全计划应该包括周期的安全见证，安全评估和安全审查的需求贯穿整个生命周期，适应于所考虑相关系统的安全，包括人员独立性
	文档的可读性	文档结构、文字描述，前后一致性
证据形式	证据文档格式是否完善	版本号，修改记录
		术语定义是否完整
	文档版本管理是否合理	由谁负责文档版本审核，安全组织中谁负责接受审核，审核在哪个研发阶段进行
		对于 SIL1～4，活动和单元的检查表必须生成并且有效
		对于 SIL1～2，见证任务是被推荐，对于 SIL3～4，见证任务被强烈推荐
		对于 SIL1～2，准备阶段的文档检查是被强烈推荐的，仅针对铁路/安全机构和行业已经通过的文档；对于 SIL3～4，所有准备文档都应该被检查
		对于 SIL1～4，对修订后的安全计划进行审核是强烈推荐的
		对于 SIL1～4，在安全声明周期的每个阶段都强烈推荐对安全计划进行审查
证明能力	证据与安全性断言背景的符合性	安全计划应该包括计划中的约束和假设
	证据事件	创建/变更/废除/派生
	证据时效性	安全计划应该在声明周期开始时被制定
证据关系	与输入输出文档的符合性	安全计划应该包括在安全评估中实现系统和子系统安全分析的一致性
	证据支撑性质	支持/挑战，削弱/扩大

然而，如果只是把安全论据的可信性和安全证据的质量线性叠加作为安全目标的可信性评价依据，只能表示出安全性论证在纸面上的可信性，因为安全证据的生成机制会对安全性论证所采用的安全证据产生一种类似于“场效应”影响。如图 7-6 所示的是系统危险分析流程，

从初步危险分析 PHA，到系统危险分析 SHA，到接口危险分析 IHA，再到操作维护危险分析 OSHA，各阶段的安全分析结果都将汇入下一个阶段的危险分析活动中。

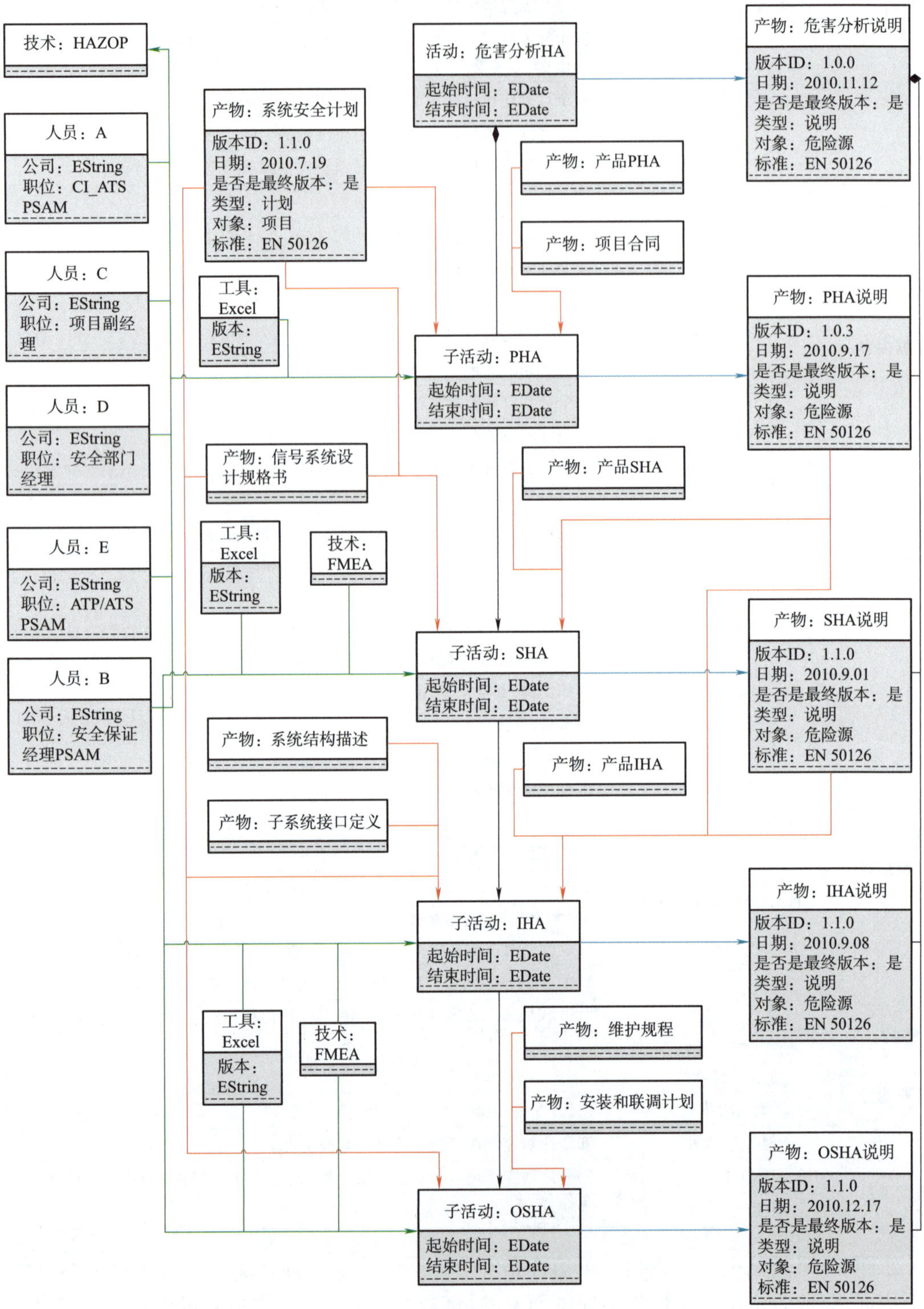

图 7-6　系统危险分析流程

因此，安全性论证所采用的安全证据尽管都是不同的安全活动产出物，但是安全活动之间是通过这些安全证据关联起来的，也就是说，某些安全证据既是前一个安全活动的输出，又作为后一个安全活动的输入。这就无形中将“相互独立”的证据关联起来，构成了证据链条，如图7-7所示。如果任何一个安全活动的偏差导致了输出文档的缺陷，这样的缺陷就会通过链条向后传播，直到最终的安全输出上，而越靠后的安全证据收到的影响程度就会层层叠加。

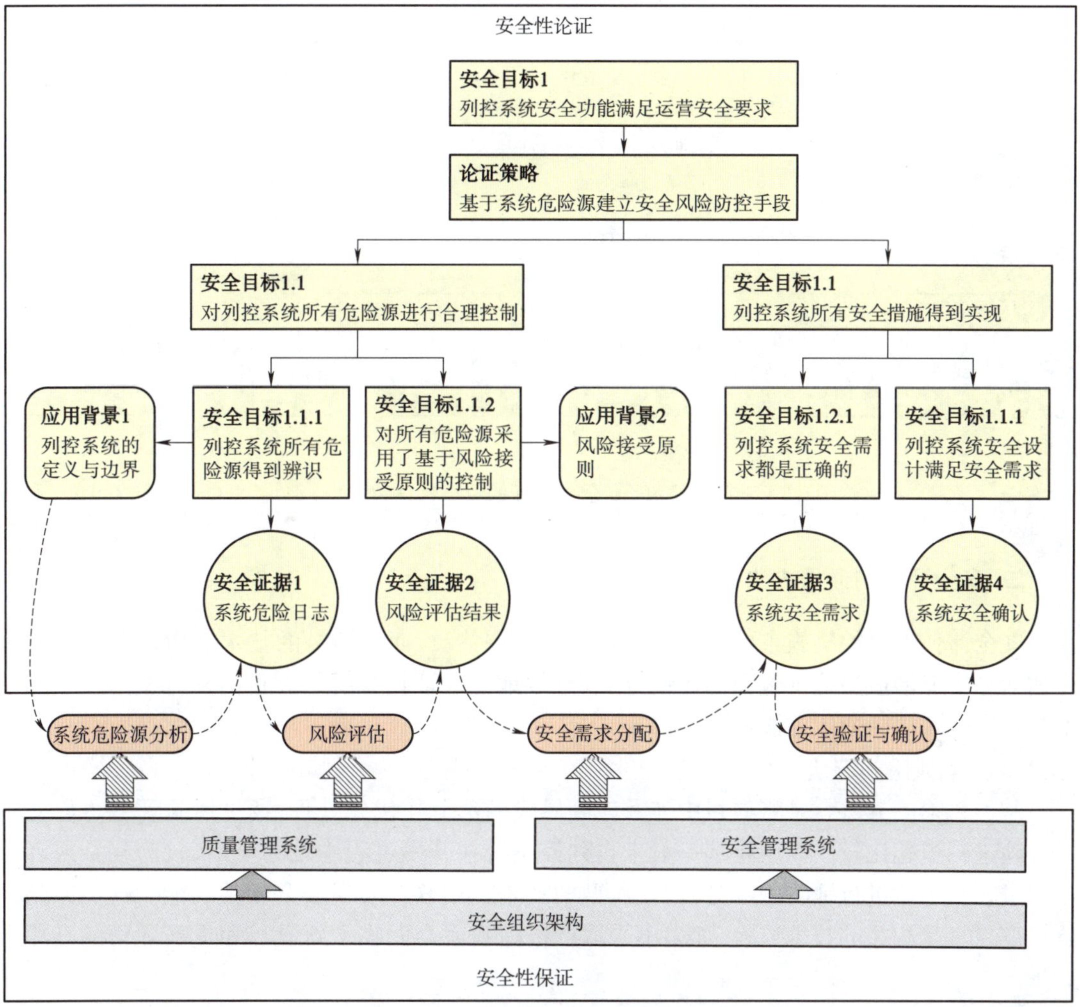

图7-7 危险分析活动中的证据链条

另一方面，安全活动都需要通过体系化方法实施，在IEC 62425中引入了质量管理系统与安全管理系统，通过安全组织的实施来尽可能减小人因对安全活动的影响。然而，如果体系化方法存在偏差，就会对所有指导的安全活动产生共因模式的影响。这两种影响因素会对安全性论证产生动态可信性的影响，也就是随着系统安全性保证的深入，会对最终安全目标的可信性产生递增或者递减的效果。

因此，为了保证安全评估活动能够尽可能全面的获知安全信心的影响因素，需要建立针对性的活动敏锐地观察到上述的影响模式。为此，在安全评估项目中应建立证据材料的确认机制和体系流程的验证机制，这就形成了安全评估项目的两类主要活动：安全审核和安全审计。通过安全评估活动驱动“流程—证据—评估”方式的项目实施，评估方通过关注被评估方依据既定的安全性论证策略，依照证据链条的生成流程，逐步完成证据制造的整个过程，对证据制造流程和所生成证据的质量形成评价意见，就实现了对整体安全目标可信性的评价，如图 7-8 所示。

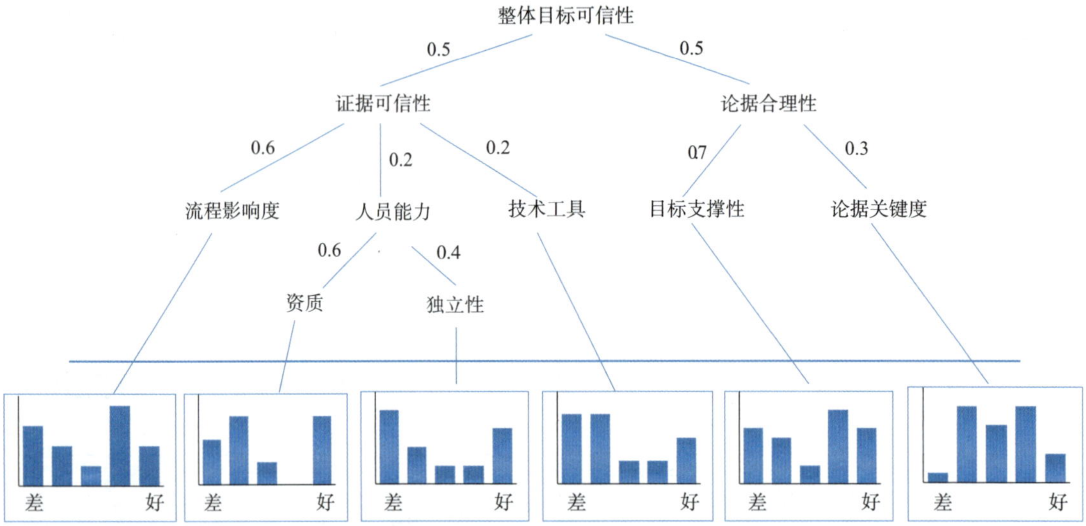

图 7-8　安全性论证的可信性评价

二、安全评估的通用方法

安全评估项目的实施主要是要依靠独立安全评估员，而评估员的技术能力体现为在安全评估活动中能够适当地实施安全评估方法，有效地完成证据分析与评价活动。文献[4]中列出了 4 种安全评估的通用方法：

1. 基于风险的方法

基于风险的方法就是将项目中涉及较高风险的部分作优先处理，通过风险评估可以对项目风险进行量化比较。高风险项一般来自列控系统在开发过程中较为灵活、较为复杂或者无法通过技术手段进行证明的部分，比较典型的就是使用软件实现安全相关功能。这关系到与软件变更直接相关的技术风险，如果不采取严格措施就会面临重新设计和重新评估的高成本后果。

2. 抽样方法

抽样的目标是为了让独立评估员获知特定领域的一种信心等级，特别是评价所有相关证据是不切实际的，或者需要更多的独立安全评估资源。当通过工程化的流程能够产生大量的证据材料时，例如 FMEA 或者软件设计文档，就会需要到抽样原则。例如独立评估员会抽样审核某一个子系统是如何在 FMEA 中进行分析，或者某一类故障模式是如何在系统中被评价的。抽样原则的目的和原理需要提前定义好，以达到通过抽样能够反映出系统的重大问题的目的。

3. 垂直切片方法

目的在于追溯危险源在整个生命周期的减轻措施。独立安全评估员需要评价一个特定危险所衍生出的安全需求和设计需求，设计规范的实现，以及对应的验证与确认证据。这个追溯过程就会给评估员建立起针对某一个特定危险是如何通过全生命周期进行控制的安全性论据。通过垂直切片分析，独立评估员会对绝大部分评估活动产生独特视角，那就是把关注点放在哪个特定生命周期阶段上。评估员可以选择垂直切片原则评价对危险控制的关注点，或者评价系统流程的整体有效性。

4. 多样性方法

目标在于通过采取与被评估方所执行的方式不一样方法来生成证据，以获得对安全例证所述证据的信心。这并不一定意味着完整重复分析流程，而是执行到获得充分的信心为止。例如，独立评估员可以针对系统某一个功能场景执行独立的危险分析报告，并把分析结果与项目的证据对比。鉴于危险辨识流程的重要性，这样的多样性分析对于独立评估员审核项目危险分析报告提供更多的信心。

安全评估员可以依据被评估的证据形式，结合项目进度、技术工具条件，被评估方相关人员的能力水平，灵活采用以上通用方法，以达到完成评估任务，提高工作效率的目的。同时，为保证评估方法的实施的有效性，执行这些通用方法需要遵循以下工程原则：

(1)主动性原则

独立安全评估员在应该主动地推动安全评估项目实施，而不是被动地等待。这样的原则有助于安全评估所交付的文档中所隐藏的问题能够较早提出来，从而及时纠正；通过主动牵头采取“面对面”的评估活动了解列控系统的开发流程，有助于与评估员针对不同应用场景选择合适的分析手段；主动建立可追溯的、文档化的详细审核方案，而不是仅仅基于一套笼统的文档交付物审核；向被评估方提供充分的待解决问题项指导，从而避免双方的错误假设或者误解；确保独立评估流程与研发周期保持同步，而不是集中在最后验证确认阶段的“流程性盖章”行为。

(2)提升观察力原则

独立评估方应该在评估项目中建立起灵活高效的沟通方式，从而保证对被评估方所观察到任何事项，包括：隐含问题、固有的风险以及可能的解决方案，能够及时被记录下来并随时可以采取回溯方式确定观察项的状态，而不是按照项目里程碑的方式等到下一个重要节点或者下一个观察汇总机制，这样可以避免重要的观察项错过了及时解决的时机。独立评估方应该对观察项建立系统性的记录方案，并对观察项按照重要程度进行排序，并向被评估方举例说明独立评估方会采取哪些基于风险的措施来处理观察项。

(3)全生命周期原则

列控系统的技术特征发展使得系统的风险控制措施需要部署到全生命周期的各个环节，同时，基于流程的管理措施也导致了行为偏差会随着生命周期阶段的阶段而逐步累加，最终导致量变到质变的过程。因此，独立安全评估活动一定要关注到某一个证据在全生命周期中的阶段性影响以及最终影响程度。特别是在特定的生命周期阶段，安全证据收到特殊的影响，独立安全评估员一定要评价这一特殊影响在后续阶段的演变过程。

(4)独立性原则

独立的目标一方面是尽可能减少其他利益相关方对安全观点公正性的影响；另一方面，独立原则可以尽可能降低共因的影响，例如安全分析所采取的系统假设遵循系统设计提供的假设条件。独立评估员应该通过评估计划界定独立性的需求，以保证独立安全评估的实施质量。

(5)实施深度原则

安全证据的重要性程度和获取证据的成本之间需要有个折中原则。如图 7-9 所示,可以在安全评估中使用多种技术收集所需的证据,但同样需要考虑随着实施安全评估技术的深度增加,例如投入的时间与人力,被评估方需要配套提供的资源,评估技术对项目工期的影响等风险因素。独立评估人员应该结合项目经验,合理地判断技术所使用的深度,从而最大程度降低安全评估的风险成本。

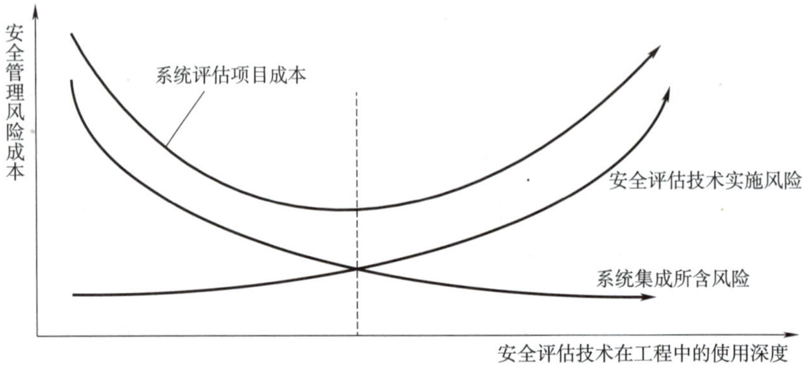

图 7-9　安全评估实施深度与风险成本关系

三、基于检查表的符合性评价

对于列控系统安全评估项目来说,任何安全评估活动所需要接触的证据形式,无外乎文件、实物和人员三类。而对这三类证据形式做出证据评价的方式可以是:

(1)对于文件,采用对照标准或规范的方式形成不符合项;

(2)对于实物,采用现场见证的方式形成观察项;

(3)对于人员,采用面试或者会议的方式形成主观印象。

这三种评价方式的基本原理是相似的,就是对照相关参考信息对证据材料形成符合性判断。在评估活动中所涉及的相关参考信息就是以检查表(Checklist)的形式出现的,这种评估方法被称为基于检查表的符合性评价。由于检查表这种方法所体现的含义在于不同的证据材料与不同的评价标准之间的符合性检查,因此,检查表的生成方法成为了这种评估方法的关键。

生成检查表的依据一般是技术标准或者行业规范,也可以是行业的最佳实践。而检查表的内容基本上就是对这些依据中的陈述内容的一种反映。因此,标准规范的行文方式决定了检查表的形式。如今,标准规范的发展体现出了两种趋势:

(1)从基于技术向基于流程发展:由于现代技术实现方案需要更严密的逻辑关系,更深入的计算能力,更紧凑的集成方式,更复杂的交互行为,使得对技术本身的分析与评价方式不能仅限于技术指标的度量,而是需要结合技术实现过程的里程碑信息分析技术方案的实施效果;

(2)从基于规则向基于目标发展:由于现代技术快速发展,标准规范对于新技术的接纳逐渐落后于技术本身的更新换代。因此标准不能按照原来的封闭式的有限规则来约束技术的推广,而是采用开放式的技术目标,实现了与广泛技术方案的兼容并蓄。

因此,为了能让检查表方法能够适应不同类型标准规范,可以结合以上两种发展趋势,设计出一种检查表的元模型(Metamodel),如图 7-10 所示。

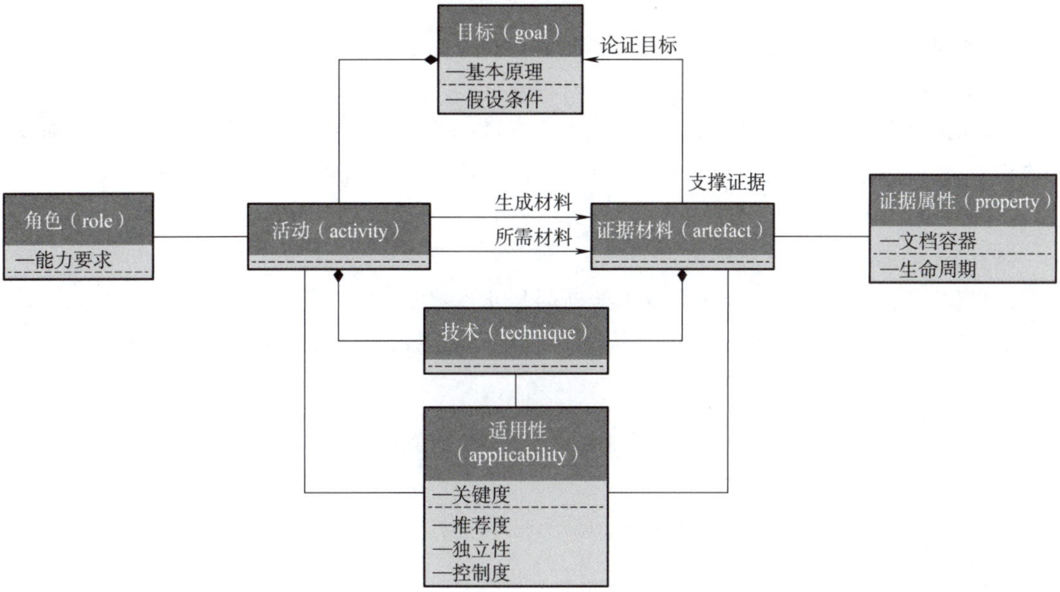

图 7-10 标准符合性检查表的元模型

由于检查表一般是用于证据材料的符合性评价,因此检查表的元模型是以证据材料为核心。对于任何证据材料,都可以建立其所支撑的安全目标,也就是说,任何证据材料被制造出来的意义就在于支撑特定的安全目标,这是对于该证据材料是否可以纳入特定的安全性论证成为安全证据的主要判断依据。如果证据材料所支持的安全目标与安全论据中的安全目标不一致,那么证据材料可信性就不能完全支撑目标,有时候会起到适得其反的作用。证据材料既可以作为某个活动的输入条件,也可以作为某个活动的输出结果。而对于安全活动,需要明确执行安全活动的人员角色及其能力要求,这是判断证据材料的质量的关键。证据材料的属性体现为能够反映证据材料内容的文档容器名称,以及证据材料有效的生命周期阶段。活动的执行和证据材料的生成都可以通过特定的技术方式实现,而对于所采用的技术要体现出适用性,即:技术的推荐度等级(如 SIL),实施的独立性,以及实施过程的控制程度(如数据安全敏感程度)等。

为了验证元模型的适用性,以下以 EN 50126 标准中关于"系统/子系统或者硬件验证"需求片段为例:

"系统/子系统或者硬件的验证是基于证据,检查并判断特定开发阶段的输出项(流程、文档以及系统/子系统或者硬件设备)已经依照本标准规定,完整地,正确地,一致地遵循了适用于该阶段的计划,并满足了相应的需求。检查活动由验证员负责管理。

验证员负责撰写系统验证计划,内容包括:

1. 系统验证计划应描述确保验证执行的需要进行活动以及所需的特殊设计或者其他验证需求;

2. 系统验证计划应描述确保阶段活动输入的正确性和一致性的活动,这包括了本标准所定义的测试,集成和文档审核;

3. 在生命周期各阶段验证员应确保该阶段的系统，子系统，硬件或者流程需求都得到满足，包括：

(1)依据指定的验证目标检查文档类证据，系统集成过程和测试的充分性（完整性，一致性，正确性，相关性和可追溯性）；

(2)识别并记录验证过程中的异常问题，按照风险等级、影响或者后果程度，或者其他合适权重方式对异常进行分类，并与系统变更评价决策方进行沟通，详见验证员角色条款；

(3)管理验证流程（文档审核，集成和测试），确保验证活动实施的独立性；

(4)设计并维护验证活动记录；

(5)撰写各阶段验证报告，说明验证活动的输出结果。”

结合图7-9所示的参考模型，可以从该标准片段中提取出“系统验证计划”的检查表信息，见表7-3。

表7-3 系统验证计划检查表结构

检 查 项		检查依据
目标	基本原理	检查并判断特定开发阶段的输出项已经完整地、正确地、一致地遵循了该阶段的计划，并满足了相应的需求
	假设条件	已生成的验证活动证据材料（流程、文档以及系统/子系统或者硬件设备）
活动		文档审核，集成和测试见证
角色		验证员
证据材料		系统验证计划
证据属性	生命周期	全生命周期各阶段
	证据文档容器	《系统验证计划》《系统验证报告》
技术		(1)文档类证据，系统集成过程和测试的充分性（完整性、一致性、正确性、相关性和可追溯性）； (2)识别并记录验证过程中的异常问题，按照风险等级、影响或者后果程度，或者其他合适权重方式对异常进行分类，并与系统变更评价决策方进行沟通； (3)设计并维护验证活动记录
适用性		验证活动实施的独立性

第四节 安全评估项目活动

一、审核与审计评估活动

安全评估项目所包含的主体活动就是实施审核与审计活动，这两种活动也是获取安全评估证据，建立安全信心的主要手段。

安全审核(Safety Review)：是基于被评估方所提供的证据材料（一般是系统开发安全活动的产出物），评价安全活动是否将相关的安全风险降低到所需的水平，并对证据材料所声明的安全性论证结论做出可信性判断。安全审核可以理解为对安全活动产出物的一种确认(Validation)工作，也就是说，判断安全活动产出物是否兑现了其所承诺的目标。

安全审核的目的是发现系统中的相关风险并判断其是否已降低至可接受的水平，包括安全设计的使用、审核技术和由富有经验的专家进行的实际评估。实施安全审核最主要的目的是确保有足够的信息来支持对风险可接受度的判断，检查具有安全意识的项目参与人员所做出的安全设计决策，并证明风险被控制在可接受的级别或程度。如果经过审核的风险不可接受，应该在采取调整措施后对系统进行再次审核。

安全审核可以通过个别会谈、项目文件检查以及对项目实践、项目行动和状况的观察检测进行，对于特别重要的部分或者评估员认为有问题的部分，为了保障评估准确性需再次进行部分安全分析。重点注意危险源日志并检查是否存在实施的安全行为的文件证据，在评估过程中通过实际开发的数据了解危险识别、风险分类、安全条件和操作形式的变化等，从而得到安全评估的结论。安全审核活动的类型，取决于证据材料的形式。一般可以划分为：

1. 文档审核

从项目建设初期开始，独立安全评估方就对项目计划、安全计划、质量计划、配置管理计划和测试计划，以及系统需求说明书等的文件进行审核，并以书面的形式提出相关的改进意见。在系统设计、实现和室内测试阶段，独立安全评估方对所有的安全活动输出文件进行全面地审核，也抽取一定数量的设计文件进行审核，并以书面的形式提出相关的改进意见。在集成商和各分包商完成相关子系统的开发工作后，独立安全评估方对各子系统的集成测试和系统测试的测试规格书、测试计划和测试报告进行全面的审核，并提出书面的改进意见。所有由独立安全评估方提出的改进意见需经独立安全评估方审核合格后方可关闭。

2. 现场审核

独立安全评估方根据 EN 50128、EN 50129 等标准的要求从系统保证、安全保证、软件保证和质量管理等方面，在系统需求、系统设计和实现、系统测试等主要阶段对系统集成商和核心技术供货商进行现场审核，并提出书面的审核报告。系统集成商和核心技术供货商需要对独立安全评估方提出的审核意见进行回复，并提供相关的证据后经独立安全评估审核合格后方可关闭其意见。

3. 测试见证(Witness)

此外，独立安全评估方也在试验室仿真测试和现场测试过程中进行见证测试，并设计适当的测试用例进行测试，特别是针对安全需求的测试用例，以确保能够满足相关的安全要求。

4. 技术会议

对于审核过程中存在的问题，业主、独立安全评估人员、系统集成商与核心技术供货商一同定期召开安全会议，对安全审核和评估过程中存在的问题及时进行沟通及跟进解决。

5. 阶段安全确认

为确保列控系统在测试调试和投入运营后的安全，独立安全评估方对单车动车调试、多车动车调试、试运行、载客运营等阶段进行了特别地监控。对这些阶段，系统集成方和核心技术供货方提供相关的设计文件、测试报告和安全例证后，独立安全评估方通过安全审核，然后提供安全评估报告并发布阶段安全证书后，方可开展这些阶段的测试调试和系统投入运营等的工作。

安全审计(Safety Audit)：基于被评估方所提供的证据材料(一般是体系或者流程管理类证据)，评价其是否符合指定的标准或者规范。安全审计可以看作是对安全活动执行过程的一种验证(Verification)，也就是说，判断是否按照既定的方案正确地实施了安全活动。

安全审计的目的是检查所实施的项目安全管理是否适当，是否与安全计划相一致，正在实施的项目是否符合安全计划所表述的需求。在进行审计时需要考虑综合考虑下一步的设计计划以及上一次的审计建议，并通过个别会谈、项目文件检查以及对工程实践、项目行动和状况的观察见证等方式进行审计。安全审计还应具备追踪能力以检查所实施的项目是否源于安全计划。在做出以上工作的总结并记录所有观察项之后,形成系统的安全审计报告。报告中应包括对项目与安全计划一致性程度的判断、对安全计划是否合适的判断和对如何遵循计划或者改进计划提出的建议。

安全审计活动的类型,取决被审计的对象,可以包括:

(1)质量管理审计:该部分审计工作是确保被评估对象的全生命周期活动的质量都通过一个有效的质量管理体系加以保证。

(2)安全管理审计:该部分审计工作包括该项目安全计划的实施及以下设计流程:危险识别及分析;确定适用的标准,并分析与这些标准的符合性;维护危害日志;编制安全论据。这些审计可以确保该项目应用安全工程,使得能够交付风险降至足够低的系统。

(3)验证和确认审计:该部分审计工作是确保系统的验证与确认活动都遵循了所制定的验证与确认计划。

(4)基线配置:该部分审核工作涵盖设计生产过程中的配置控制和变更管理流程。确保列控系统的版本信息所确定的确实是使用的设备项,确保有定义明确的基线,并在此基础上构建系统的安全例证。

(5)设计和制造:审计应涵盖需求、规范、设计、制造和测试流程。内容包括:确保设计和制造过程之间具有有效可追溯性;确保在设计制造中需要的风险分析、验证和确认活动都已正确实施。

(6)配置管理:该部分审核工作包括生命周期内的变更管理、变更影响分析以及变更可追溯性;保证开发的(设备)项是与需求一致的产品,准确地反映安全工程流程的结果。

(7)测试流程:该部分审核工作涵盖调试阶段产品调试流程,保证(设备)项已按构建列控系统的要求,正确地调试。

安全评估项目中的活动一般是基于生命周期阶段展开的,并与被评估对象的生命周期阶段紧密相关。项目新阶段开始时,独立安全评估团队会依据被评估对象生命周期活动中已完成的工作,以确定新阶段中哪个目标需要进一步开展工作,哪个目标通过前一段工作有了结果。安全评估项目的实施阶段是由委托方和评估方相互沟通的基础上通过安全评估计划明确下来的,见表 7-4,安全评估项目通常包括概念与可行性,需求定义,设计与实现,安装与交付,运营与维护等阶段,在各阶段独立安全评估团队和独立安全评估机构需执行的活动。

表 7-4　安全评估项目的阶段划分与评估活动

角色/生命周期阶段	概念与可行性阶段	需求定义阶段	设计与实现阶段	安装与交付阶段	运营与维护阶段
独立安全评估机构	提供能力资质,独立性和商业机密性证明,反馈委托方的评估需求	监督评估团队资质,独立性和商业机密性	监督评估团队资质,独立性和商业机密性	监督评估团队资质,独立性和商业机密性	监督安全评估结果移交的完整性
独立安全评估团队	制定安全评估计划,确定评估人员以及资质配置,制订评估任务与实施时间表	使用基于风险的评估方法,实施审核和审计活动,形成观察项	使用基于风险的评估方法,实施审核和审计活动,形成观察项	使用基于风险的评估方法,实施审核和审计活动,形成观察项,评估测试试验结果	形成最终独立安全评估报告,完成安全评估结果移交

如果将安全审核与安全审计工作按照安全评估项目的生命周期进行划分，见表 7-5，各阶段所实施的审核与审计活动，以及对应的安全评估通用方法。

表 7-5　安全评估项目各阶段审核与审计活动

生命周期阶段	被评估方安全活动	审核活动	审计活动	评估方法
系统需求阶段	(1)制定安全计划 (2)系统危险源分析 (3)形成安全需求	(1)安全计划 (2)验证与确认计划(特别是安全需求的确认计划) (3)系统需求 (4)安全需求 (5)见证危险管理	(1)需求管理计划 (2)需求管理工具	(1)基于 ALARP 风险评估方法 (2)抽样方法
系统设计阶段	(1)风险评估 (2)安全需求分配	(1)系统危险分析与风险评 (2)安全设计方案 (3)工程实施安全影响分析	设计与验证流程	(1)基于 ALARP 风险评估方法 (2)抽样方法 (3)多样性方法
系统实现阶段	软硬件实现	(1)实现结果(如：硬件制造，软件编码，单元测试和验证) (2)分析与实现工具 (3)失效模式与影响及重要性分析 (4)安全例证(技术安全报告)	(1)设计实施流程 (2)配置管理流程	(1)基于 ALARP 风险评估方法 (2)抽样方法 (3)多样性方法 (4)垂直切片方法
系统测试阶段	(1)室内测试 (2)现场测试	(1)室内测试见证 (2)现场测试见证 (3)安全需求追踪	验证与确认流程	(1)基于 ALARP 风险评估方法 (2)抽样方法 (3)垂直切片方法
系统交付阶段	(1)系统集成与安装 (2)验收测试	(1)系统集成与安装见证 (2)验收测试见证 (3)系统后备安排 (4)现场调试见证 (5)系统交付文档	(1)安装流程 (2)验收流程	(1)基于 ALARP 风险评估方法 (2)抽样方法 (3)多样性方法 (4)垂直切片方法

此外，独立安全评估机构可能会展开额外分析，以支持风险可以接收的意见。这些工作包括以下内容，而且可能会发生在项目生命周期的任一阶段：

(1)重新对某部分进行安全分析，以检查其正确度。

(2)差异分析技术，独立安全评估机构可能会采用和项目团队不同的分析技术，并可能针对系统特定安全范围使用。

(3)可追溯分析独立安全评估机构检查从安全需求到设计和测试文件支持安全设计工作。

(4)完整性审查用于检查安全需求是否完整、确认安全需求的证据是否足够。

(5)测试计划审查，确保获取的目标证据满足安全需求。

(6)见证制造、安装或测试工作，可能包括独立安全评估必须的补充测试。

(7)出席(作为观察员)项目会议，包括设计评审、变更控制、危害识别和分析。

(8)召开项目团队安全通知审查会议,讨论安全通知中提出的问题。

二、安全评估项目的交付物

独立安全评估项目在关闭时,需要将评估活动的产出物交付给被评估方以及其他安全利益相关方,这些交付物既记录了安全评估活动执行的过程,也反映了评估方对于被评估方所提供的关于被评估对象的各类相关证据的接受程度,更重要的是基于上述信息所形成的最终安全性结论。独立安全评估方需要提交的主要交付物包括了:

1. 评估计划(Assessment Plan):作为评估项目交付物的主要依据,其本身也是一种评估交付物。由于其他交付物都将评估计划作为重要的参考,评估计划的内容应该体现出对项目评估交付物的统领作用,在内容上要包含:

(1)独立安全评估活动的范围;

(2)独立安全评估的项目目标;

(3)独立安全评估团队的成员、职责以及资质证明;

(4)独立安全评估活动列表,输出文档以及执行计划;

(5)独立评估活动的正式交付物;

(6)标明执行特殊评估活动的人员名单及其资质证明;

(7)评估项目安全文档的依据,包括参考标准或者检查表;

(8)在评估活动执行过程中需遵循的相关流程。

2. 安全通知(Safety Notice):记录了安全评估项目实施过程中所有独立安全评估方所记载并处置的观察项。

3. 文档审核报告:基于检查单(Checklist)的形式,基于生命周期特定阶段,面向特定的安全文档,检查文档的形式与内容。文档审核工作包含了文件检查单的评估结论(Assessment Note),其中描述了该文档对检查单不符合项的关闭情况。

4. 安全审计报告。至少应包含:质量审计、安全管理审计和验证和确认审计,并基于现场的审计情况,提出不符合项。审计的方式及可以采用体系文档审核,也可以采用人员面试(Interview)的方式,而结论的方式可以采用依据检查单的抽样检查,并形成评估结论。

5. 现场测试见证报告。第三方安全评估须在每一次发布证书前,针对即将授权的内容,进行现场测试见证。第三方安全评估应在安全评估工作计划中列明现场见证测试在各个阶段的次数和计划的测试见证时间。现场测试见证可以基于会议室、实验室和现场的形式,采用抽样方式,检查是否符合测试报告的流程和结果,形成测试见证记录表,作为形成不符合项的依据,最后形成测试见证发现项。

6. 技术会议纪要。内容包括被评估方无法理解的评估要求,需要进一步澄清的问题,或者意见相悖,双方可以分别组织专家客户技术答疑,形成对问题解决方案的双方一致的理解,形成会议纪要,保障安全评估项目的顺利实施。

7. 安全评估报告(Assessment Report):报告中需要体现出:

(1)评估范围:这一部分应该重申最初评估计划中内容,并明确指出任何与评估计划不一致的部分。

(2)评估执行情况:给出整个独立安全活动的执行细节信息,包括被采访的对象、被审核的对象等具体信息。同样也需要说明独立评估方都有谁承担了哪些评估活动，并再次重申承担评估任务的人员和团队资质；

(3)评估发现：需要根据评估计划中所制定的方式详细列出发现项信息；

(4)评估建议：这一部分需要陈述为了进一步保证被评估对象在应用过程中的安全性，还需要开展的相关措施；

(5)评估结论：需要对被评估对象作出以下四种形式之一的结论：

①评估方认为被评估对象满足安全需求；

②评估方认为被评估对象在评估建议的相关措施能够实施的前提下，满足安全需求，且不需要进一步的评估；

③评估方不确定被评估对象是否满足安全需求；

④评估方认为被评估对象不满足安全需求。

对于后三种结论，评估方应说明给出结论的依据，并提供改进措施建议。评估方应该明确量化说明被评估对象的安全保障活动与安全需求之间的差异点。而对于后两种结论，一般需要评估方针对所提出的改进措施追加评估活动。

安全评估的结论形式可以划分为以下几种：

(1)证据支持性。证据支持性主要是为了评价项目中用于支撑某一安全目标的安全证据是否符合标准中对实现该安全目标的要求。证据支持符合性主要用于评价安全论证的结构以及相关的安全证据材料、活动是否满足安全标准中的要求。在基于安全证据链追踪模型评价某一安全目标的证据支持符合性时，需要以安全目标为基础，追踪到所有与该安全目标相关的安全证据，通过判断追踪到的安全证据是否能够覆盖安全标准中的追踪到的安全证据，并以安全证据的覆盖率作为证据支持符合性的评价指标。基于该安全目标的安全证据覆盖率则可作为证据支持符合性的评价指标，从安全论证的角度，评价根据需要符合的安全标准，多大程度上实现了安全目标。

(2)标准符合性。

(3)安全文档状态。

(4)现场见证结论。

当评估结论用于支持安全授权的条件时，以下三种情况就应该被用到。

①等级1：若问题亟待解决，则推荐首先将改进付诸实施(另一种方案，在短期内通过实施特殊方法来控制风险)。

②等级2：如果问题要求在短期内被解决，则改进可以在过渡时期付诸实施(可能采取一种相对保守的方法)。

③等级3：如果问题在下一周期评审时明显的需要编入安全事例中，那么就不需要单独采取任何措施。

(5)评估意见状态。

一般评估意见的表达方式是对评估结果进行分类。列控系统最终能获得独立安全评估证书的前提条件是在评估结果中不存在A类和B类以及Q类的评估意见，见表7-6。

表 7-6　安全评估意见分级表

等级	描述
严重的	依据标准,在设计中或开发过程中发现安全相关的不符合项,它可能引起设计或过程的变更。客户将被立即告知这一不符合项,在所有发现的A类不符合项关闭之前,将不会发布最终的独立安全评估报告
重大的	依据标准,在文件中发现的安全相关的不符合项,不符合项可能对设计和过程没有影响。这将导致对受检查文件更新修改。在所有发现的B类不符合项关闭之前,将不会发布最终的独立安全评估报告
轻微的	依据标准,在文件中发现的与不符合,该不符合项将不会导致文件、设计和过程的更新修改,不需要更新修改文件
形式上的	依据标准,文件中发现形式上的不符合,该不符合将不会导致文件、设计和过程更新修改,不需要更新修改文件
不适用	该项目在此处下不适用
适用	该项目已正确采用或执行
疑问	需要对该处作出解释

另外,从评估项目执行与控制的角度,所有正式的评估交付物在发布之前,都应该在评估方内部进行审核。审核内容应该涵盖以下方面:

①从交付物技术内容以及得出评估结论的依据是否饱满,来判断交付物的技术充分性;

②与相关流程或者模板的符合程度、排印错误以及行文文笔;

③对于项目整体讯息以及交付规则的了解程度。

为了能到达上述评价水平,通常需要按照以下人员配置进行审核:

①一名评估员同行和首席评估员;

②首席评估员和项目主管;

③项目经理和首席评估员;

④或者其他情况下某明有能力承担以上审核目标的人员。

选择审核人员需要考虑到所有交付物的发布都需要通过首席评估员授权许可,同时审核员也需要在交付物上签字,例如:评估报告和安全通知。当发布一份包含众多评估人员合作完成的交付物时,需要在项目文档中体现出所有参与其中的评估人员对此交付物已经达成了共识,特别是关于观察项是否正确表述。

参考文献

[1] Safety Rail Standard Board. Engineering Safety Management (The Yellow Book)[S]. UK: Safety Rail Standard Board, 2007.

[2] Safety Rail Standard Board. Application Note 4 Independent Safety Assessment[S]. UK: Safety Rail Standard Board, 2003.

[3] The Institution of Engineering and Technology. Code of Practice for Independent Safety Assessors (ISAs)[M]. UK: The Institution of Engineering and Technology, 2009.

[4] The Institution of Electrical Engineers. Safety, Competence and Commitment: Competency Guidelines for Safety—Related System Practitioners[M]. UK: The Institution of Electrical Engineers, 1999.

[5] 美国项目管理协会. 项目管理知识体系指南(PMBOK 指南)(第 6 版)[M]. 北京:电子工业出版社,2018.

[6] IEE/BCS. Safety, Competency and commitment, competency guidelines for Safety related systems practitioners[M]. UK: The Institution of Engineering and Technology, 1999.

[7] IEC 61508. Functional safety of electrical/electronic/programmable electronic safety—related systems[S]. International Electrotechnical Commission (IEC), 2010.

第八章　列控系统安全评估案例分析

本章以自主研发的基于通信的列车运行控制 CBTC 系统和北京轨道交通亦庄线示范工程例，介绍了列车运行控制系统产品和工程的安全评估过程。

第一节　自主研发的 CBTC 系统概述

基于通信的列车运行控制（Communication Based Train Control，简称 CBTC）系统集先进的控制技术、计算机技术、网络技术和通信技术为一体，具有系统化、网络化、信息化、智能化的特点。随着系统功能的强大，结构组成越来越复杂，与线路、运输组织、车辆等专业的关系越来越密切。为了实现复杂的系统功能，需要对系统的组成结构进行合理划分，本章对 CBTC 系统的组成结构及各个组成部分进行详细介绍。

CBTC 系统是一个复杂的分布式控制系统，主要由控制中心设备、车站设备、轨旁设备、车载设备及网络通信设备五大部分组成，整个系统的组成结构如图 8-1 所示[1]。

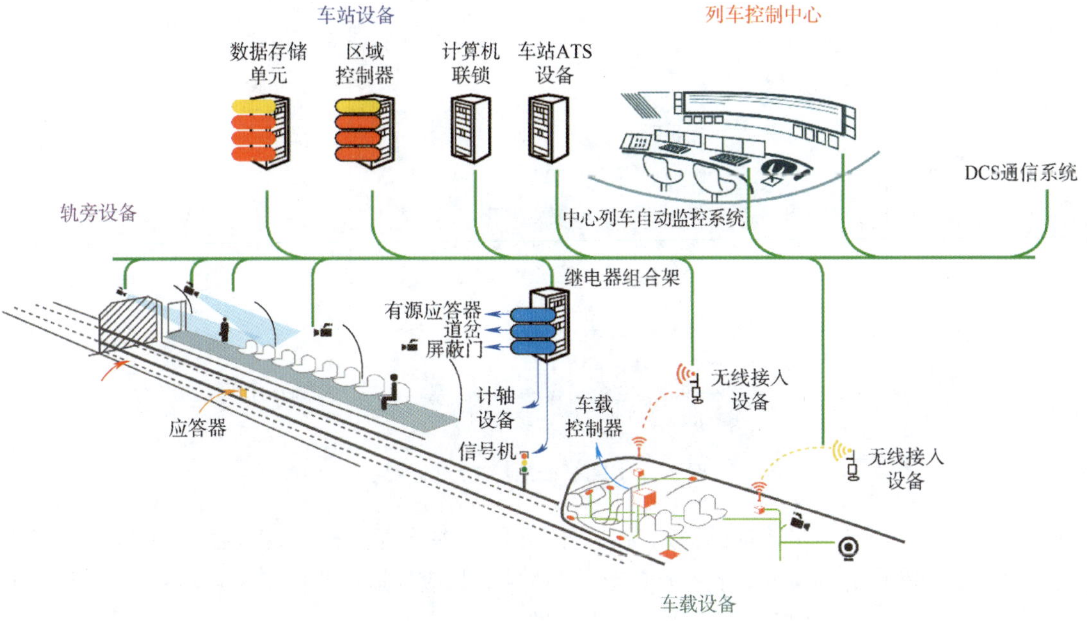

图 8-1　CBTC 系统组成结构

控制中心设备主要是 ATS 系统设备，负责列车整体运行控制及调整工作。

车站设备主要包括区域控制器设备、数据存储单元设备、计算机联锁设备及车站 ATS 设备，负责联锁逻辑处理、临时限速管理、移动授权计算、车站级运行控制等工作。

轨旁设备主要包括应答器设备、计轴设备等，负责列车位置矫正、后备级别下的移动授权授予、轨道空闲/占用状态监测等工作。

车载设备主要包括车载 ATP 设备、车载 ATO 设备、MMI 设备等，负责列车运行中的安全防护、列车自动驾驶以及系统与司机间的人机交互等工作。

网络通信设备由有线网络设备与车—地无线通信网络设备组成，负责 CBTC 系统各部分设备间的网络连接，其中，中心设备、车站设备及轨旁设备通过有线骨干网进行连接，而上述三部分设备与车载设备间的通信通过沿线布置的车—地无线通信网络设备实现。

通过这五大部分设备的协同工作，组成了完整的 CBTC 信号系统。

在 CBTC 产品应用于工程项目之前，必须首先获得产品认证证书，如有产品在不同工程项目中有变更，针对变更项应该进行补充认证，如图 8-2 所示，LCF-300 型产品 1.0 版本的产品应用于北京轨道交通亦庄线和昌平线工程时，1.0 版本的产品首先应当进行安全认证，然后针对工程级别的定制化功能和变更开展工程安全认证；相应的 3.0 版本的 LCF-300 产品应用于北京轨道交通 14 号线之前，首先应当完成 3.0 版本的产品安全认证，然后再进行工程安全评估。

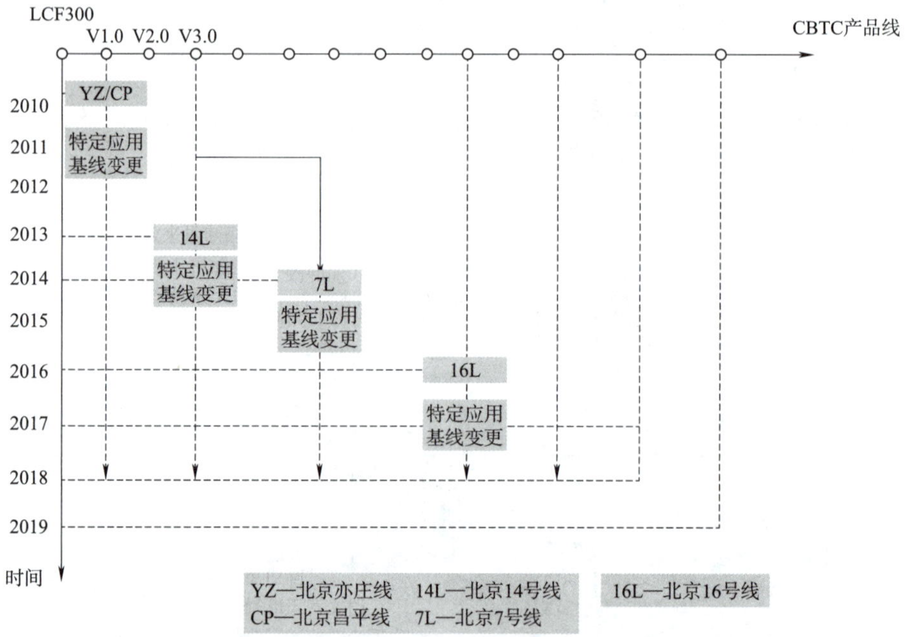

图 8-2 CBTC 产品和工程的关系

对特殊应用与已经过认证的通用产品之间开展了差异性分析，以识别由于特殊应用条件是否引入新的潜在的危险源。若有产生新的危险源，则应采取适当的措施，以将其风险消除或控制在可接受的水平，并将其纳到危害日志中进行管理。

由于列控系统和产品的自身特点，在信号工程项目实施的安全生命周期过程中，会集成若干成熟的产品，并且结合具体工程项目的设计和运营要求加以应用，以城市轨道交通基于通信的列车运行控制系统为例来描述工程项目活动与产品研发活动关系，如图 8-3 所示。

在 CBTC 系统自主创新的过程中，研发团队结合北京轨道交通亦庄线示范工程，不断完

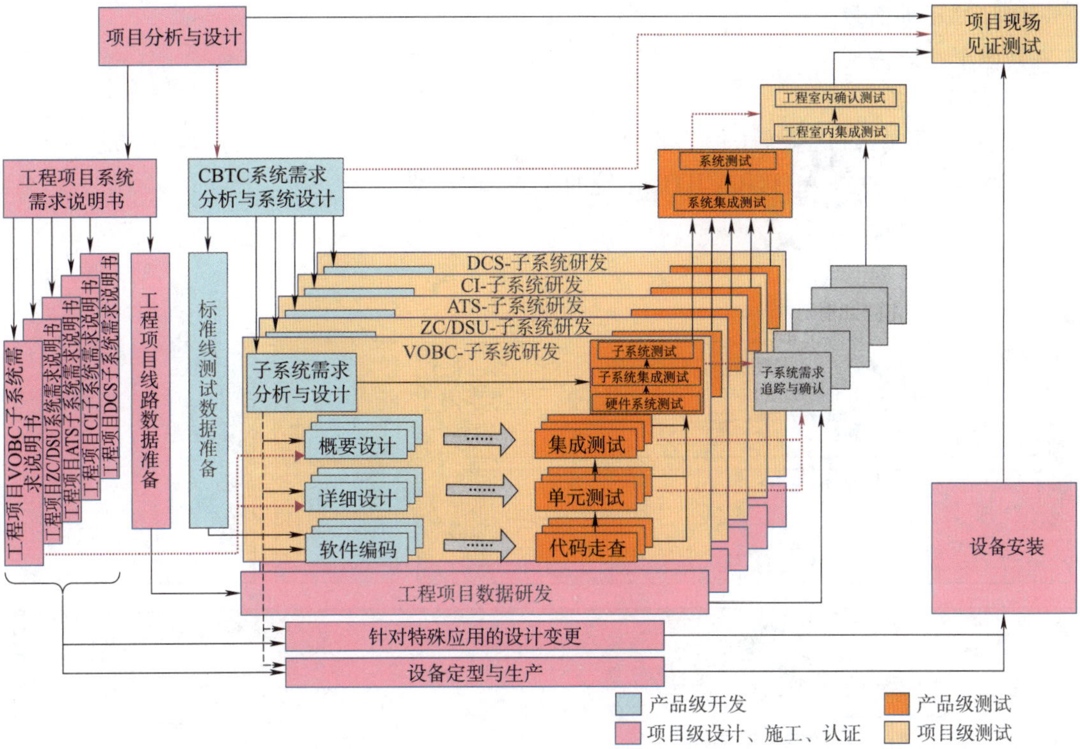

图 8-3　列控产品工程项目活动与产品研发活动关系

善 LCF-300 型 CBTC 产品，高规格、高质量地完成了 CBTC 全功能开通试运营的任务，开创了国产列车运行控制系统一次性全功能开通的先河。

一、地面设备组成

LCF-300 型 CBTC 系统中地面设备包括：ATS 系统、计算机联锁 CI 系统、点式 ATP 地面系统、CBTC 地面系统、线路 AP 设备、应答器设备等，如图 8-4 所示。

(1)中央设备

ATS 中央设备。

(2)区域控制设备(设备集中站)

DSU 数据存储单元(全线一个，放置在其中一个设备集中站)；

DCS 数据传输系统；

区域控制器；

基于点式 ATP 的地面设备(有源应答器管理点式 ATP，CBTC 系统工作时，应答器进行列车位置的校正)；

计算机联锁 CI 设备；

车站 ATS 设备；

车站 DCS 设备；

车站设备；

车站 ATS 设备；

车站 DCS 设备；

PSD 联动地面装置；

其他车站设备。

(3)轨旁设备

计轴(在点式 ATP 系统工作下的列车检测设备)；

应答器设备(点式 ATP 和 CBTC 系统的设备)；

无线基站设备；

波导管设备；

其他相关信号设备。

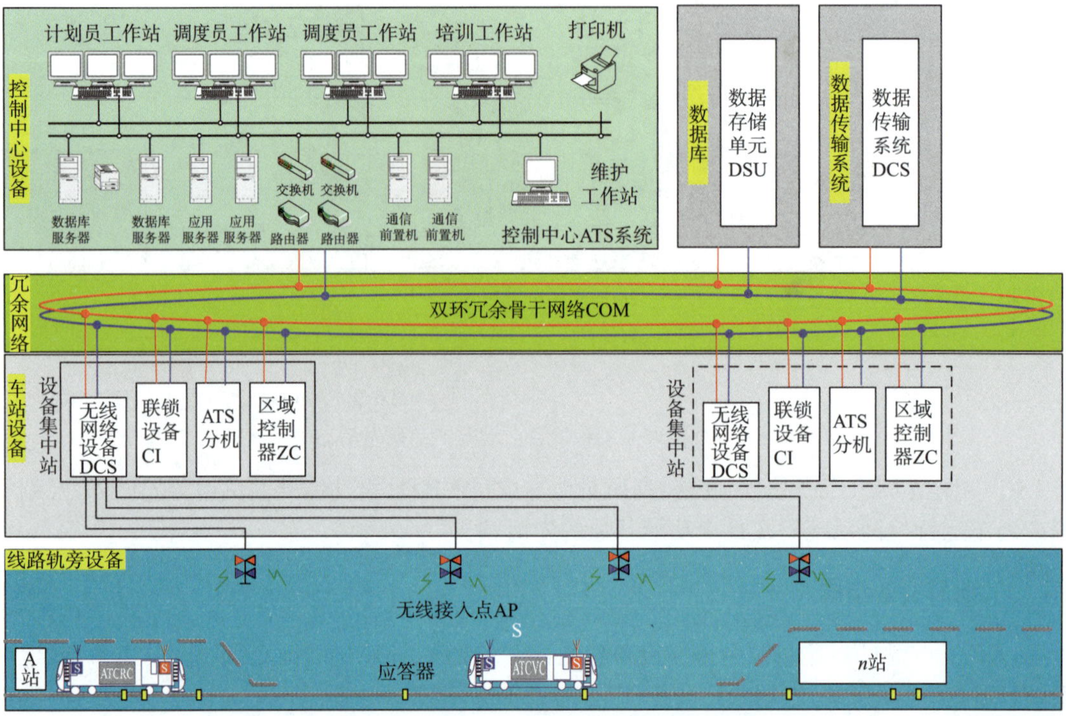

图 8-4 CBTC 系统地面设备的基本构成

区域控制器(Zone Controller，简称 ZC)是基于通信的 CBTC 系统 ATP 子系统核心控制设备，是车—地信息处理的枢纽，作为 SIL4 级安全产品，区域控制器采用“二乘二取二”冗余结构的安全计算机平台。区域控制器的主要工作职责是根据 CBTC 列车所汇报的位置信息以及联锁所排列的进路和轨道占用/空闲信息，为其控制范围内的 CBTC 列车计算生成移动授权(MA)，确保在其控制区域内 CBTC 列车的安全运行。

区域控制器设备主要由主机处理单元、通信控制器、容错安全管理单元(Fault Tolerant and Safety Management，简称 FTSM)、维护机等部分组成，如图 8-5 所示。

二、车载设备组成

基于通信的 CBTC 系统的车载设备一般称为 VOBC(Vehicle on-board Controller)或 CC (Carbone Controller)，车头、车尾各一套，头尾两端通过通信线缆相连，用以实现头尾两端设备之间的通信以及车地无线通信的双路冗余。车载 ATP 子系统为 SIL4 级系统设备，采用单端“三取二”的安全冗余技术或双端各一套“二取二”，双端共同构成“二乘二取二”的安全冗余技术，确保车载子系统的安全性、可靠性及可用性。车载子系统的典型组成如图 8-6 所示。

车载子系统的组成主要包括：

(1)ATP 安全冗余单元：车头、车尾各安装一套 ATP 车载设备，车载 ATP 采用冗余安全计算机结构，设备转换时间不影响列车正常运行或司机正常驾驶，且不会导致车辆控制端的改变；

(2)雷达传感器：车头、车尾分别安装一个雷达传感器，与速度传感器完成冗余的列车速度和走行测算与验证；

(3)速度传感器：车头、车尾在不同车轴安装独立的速度传感器，与雷达传感器完成冗余的速度和走行距离测算与验证；

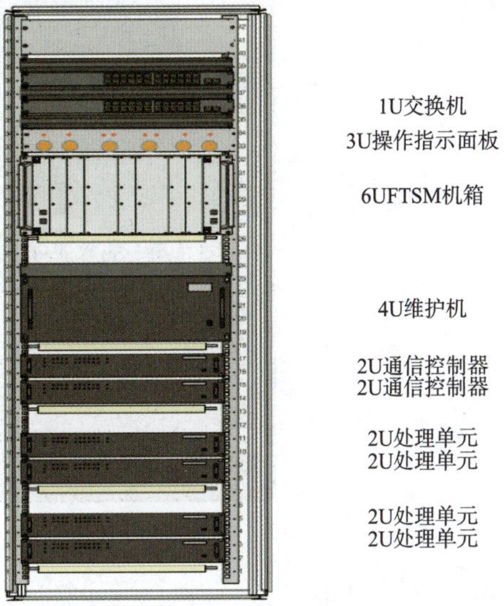

图 8-5　区域控制器组成

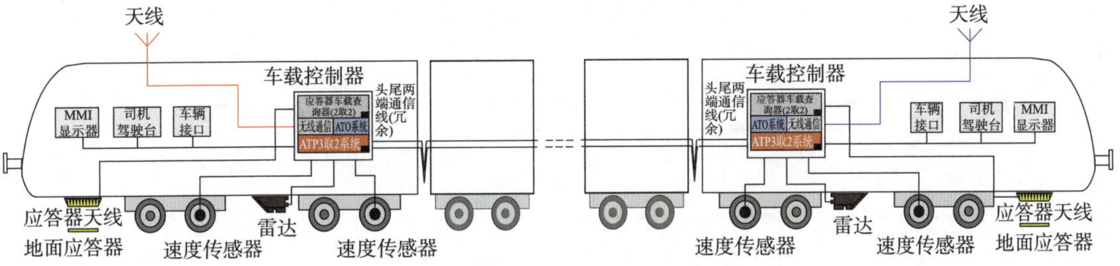

图 8-6　车载子系统设备典型组成

(4)BTM 应答器主机单元：车头、车尾各设置一个，与应答器接收天线一起，实现对应答器报文解析和列车位置矫正等；

(5)应答器接收天线：车头、车尾各设置一个，接收地面应答器发送的报文；

(6)车载无线单元：车头、车尾各安装一套车载无线单元，双端互为冗余；

(7)车载无线天线：车头、车尾各设置一套车载无线天线，接收/发送来自沿线无线信号；

(8)MMI 单元：车头、车尾各配备一套 MMI 单元设备，向司机提供驾驶信息的显示与操作控制；

(9)两端车载设备贯通线：车头、车尾设置贯通线，用于两端车载设备信息的交互。

车载设备的三个主要组成部分为列车自动防护(ATP)、列车自动驾驶(ATO)及人机界面(MMI)。

MMI 设备用于辅助司机进行列车的安全驾驶，它通过显示屏给司机提供清晰、直观的驾驶信息，通过触摸屏操作辅助司机完成一系列信息录入和设备日检功能。

人机界面提供丰富的设备运行状态、级别，列车运行速度、目标距离、牵引制动状态，当前控制级别及驾驶模式，控制信息等显示，司机可通过人机界面对系统的运行状态进行观察或调整。

典型的人机界面如图 8-7 所示。

三、车地通信设备组成

作为一个分布式控制系统，CBTC 系统的各个设备间需要通过可靠的骨干通信网络进行

图 8-7　典型的人机界面

相互通信，车载设备与地面设备间也需要通过车—地无线通信网络实现双向大容量无线通信。

网络通信系统在结构设计上具备完全冗余的特性。冗余概念应用在 DCS 子系统设计的所有层次上，包括交换机、光纤链路和空中的无线链路。整个网络通信系统的典型结构如图 8-8 所示。

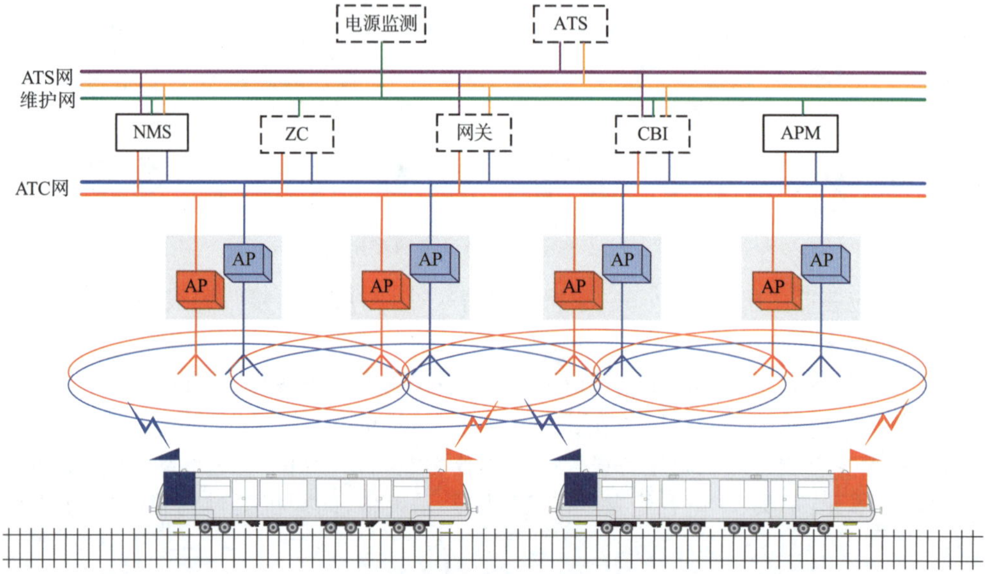

图 8-8　网络通信系统结构

第二节　LCF-300 型 CBTC 产品安全评估

典型 CBTC 产品由 4 个主要的子系统组成，包括 ATP/ATO、DCS、CI 和 ATS。线路的运营管理主要依赖于覆盖整条线路的骨干传输网络，该网络支持各子系统之间的双向信息传输。通过 2.4 GHz 开放频段传播的无线链路为信号轨旁和车载设备之间提供双向安全信息传输通道，无线链路传送连续的 CBTC 信息。沿着全线轨旁分布的无线接入点（AP）和波导管（高架线路部分）、无线自由波天线（隧道线路部分）保证无线网络对整条线路的覆盖。轨旁 ATP/ATO 设备

(区域控制器 ZC)、AP 管理单元和 CI 等设备为分布式设备，位于各个设备集中站，其数量根据设备集中站的分布来确定。列车利用铺设于轨道上的应答器来实现定位，正线区域和试车线装配计轴器，车辆段/停车场内通过相敏轨道电路来实现轨道占用检测。所有主要的子系统的配置和信号传输都是冗余的，单个设备和通道的故障都不影响系统的正常工作和系统间的信息传输[1]。

安全性的目标是由高安全性的列车自动防护、计算机联锁和列车定位检测等设备来保证的。这些子系统之间的通信使用编码技术，符合“故障—安全”原则。CBTC 系统中涉及安全的设备的安全性完善度等级(SIL)均达到 4 级或由相关国家权威部门出具等级相当的认证报告，证明其符合或兼容安全完善度等级 SIL4 级的要求，具体要求见表 8-1。

表 8-1　子系统安全完整性水平

子　系　统	安全完整性水平
列车超速防护系统(ATP)	4 级
计算机联锁系统(CI)	4 级
列车定位检测系统	4 级
列车自动监督系统(ATS)	2 级

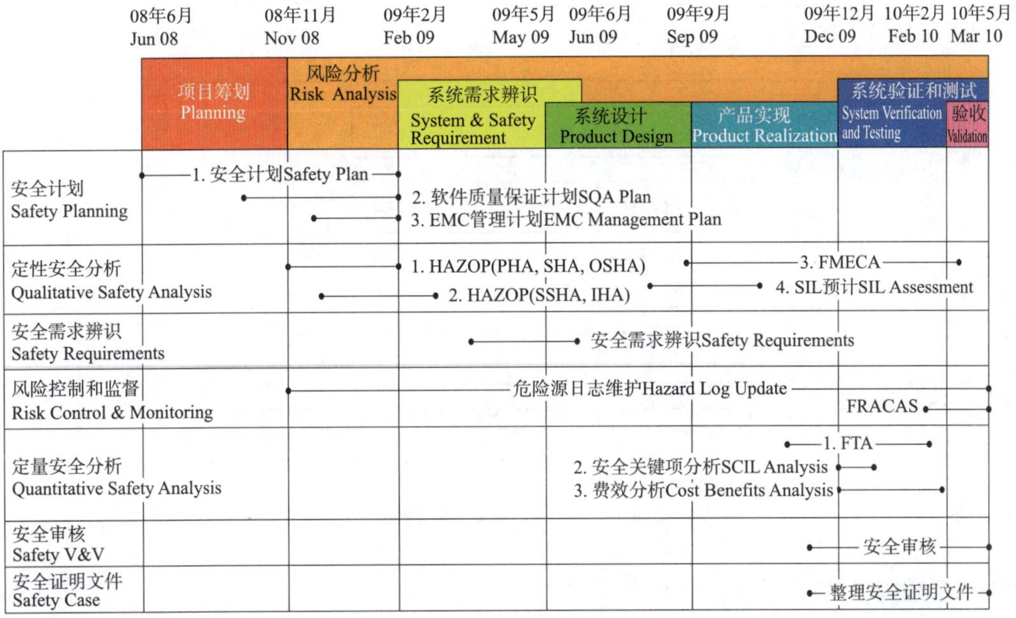

图 8-9　LCF-300 型 CBTC 产品安全认证过程

从 2008 年 5 月开始，由英国劳氏公司对于 LCF-300 型 ATP/ATO 产品进行“一般产品”安全评估，到 2010 年 4 月为止，经过了劳氏公司 4 次现场审核，2010 年 5 月底劳氏英国总部批准颁发一般产品安全证书，证书上写明 LCF-300 列车控制系统研发过程满足 EN 50128、EN 50129 要求，主要安全功能满足 SIL4 要求[2]。认证过程如图 8-9 所示。

项目执行过程中的安全管理工作内容符合欧洲铁路安全标准要求，通过一系列安全管理活动，将整个项目生命周期内各阶段的系统性错误的发生率降低到最小，为安全管理工作提供基础，最终确保产品的质量和安全。工程项目的安全管理工作是基于一套完整的、系统化、流程化的管理体系实现的，主要涉及以下方面：

(1)人是所有项目活动的主体,因此人员能力的评估是保证项目活动质量的核心要素之一。

(2)所有项目成员按流程要求执行项目活动,从而减少人为错误的发生,将整个项目生命周期内各阶段的系统性错误的发生率降低到最小。

(3)测试工程师和检验工程师对产品进行详细和完备的测试和检验,从而确保产品的符合性。

(4)项目质量经理组织对项目生命周期全过程进行质量监督,确保项目生命周期全的过程符合性和体系符合性。

项目人员均为达到一定能力资质、符合项目角色要求。管理人员的资质、经验、知识和能力情况等信息,确保每一位参与项目的人员都能胜任其工作。在基于教育水平、工作经验和进一步培训的基础上,全部人员能够胜任他们的工作,否则要接受相应的培训,确保充分满足项目要求。

项目安全质量保证团队符合以下资质。

(1)质量保证人员均参加 QMS 内审员培训,并通过内审员资格认证,其中软件质量保证人员参加了 EN 50128 标准培训并取得培训证书。

(2)安全保证人员均参加安全标准培训,并取得培训证书。

在 CENELEC 标准中,针对 SIL1/2 和 SIL3/4 分别给出不同的人员独立性要求,如图 8-10 所示,它们的主要差别是在 SIL3/4 产品研发过程中,验证团队需要从测试团队中独立出来,另外必须设立独立于项目经理的确认团队。

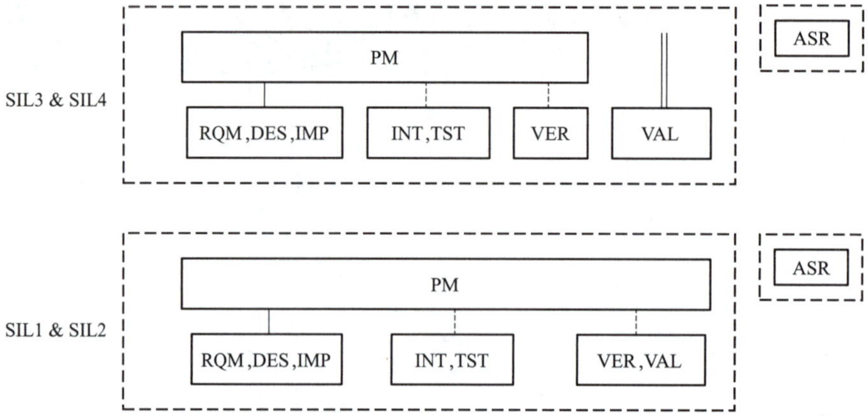

图 8-10 人员独立性要求

一、系统需求阶段

(一)评估安全计划

安全计划在项目初期产生,包括使用的安全分析技术、生命周期安全活动的总体计划和获取安全需求的安全分析活动的总体描述。安全计划将在每个阶段开始时根据需要(如系统需求、公司组织结构或者项目计划等有变化)进行更新,以此可以确认所有安全活动在执行前有良好的计划。

安全计划是一个分阶段逐步完善的文件。在本阶段,安全计划是一个初步的安全计划,用于描述得出安全要求的安全分析活动。随着工程的进展,安全计划用于描述满足那些安全要求活动。安全计划的文档结构建议如下:

1. 引言;

2. 背景和要求;

3. 安全管理活动；

4. 安全控制；

5. 安全文档；

6. 安全工程；

7. 外部事项的确认。

安全计划最先考虑的就是研制开发安全相关产品的组织或是机构的安全方针，主要需要明确全员参与、安全责任分担，确保客户、员工和承包商的安全，并提供风险在可接受水平内的产品。

安全计划需要重点考虑并且进行详细阐述的领域包括安全管理范围、系统边界、内外部接口、主要功能、安全原则、风险矩阵、团队人员资质、安全限制条件、安全生命周期阶段安排、危险源分析方法、安全审核与评估、系统运营升级和维护、分包商和供货商管理、安全文档签署与提交。

表 8-2　安全计划评估检查表示例

标准	参考	要　求
EN 50129	5.3.4	目前的安全计划是什么
EN 50129	5.3.2	这个项目的安全生命周期处于什么阶段
EN 50129	5.3.2 5	请出示当前阶段已经出具的文档(例如，初步危害分析，风险分析，安全需求等)
EN 50129	5.3.5 3.4.9	是否有危险日志？危险日志是如何管理的？危险关闭的关闭流程是什么
EN 50129	5.3.2	系统要求规范是否已经完成
EN 50129	5.3.6 3.4	每个系统/子系统/设备的特定安全要求，包括安全功能和安全完整性，应在安全要求规范中进行识别和记录，并通过以下方式实现： —危险识别和分析 —风险评估和分类 —安全完整性等级的分配 这些文件是否出具
EN 50129	5.3.5 2.4	检查已为 VOBC 和 SCL，ZC 和 DSU，EMC，DCS 和安全平台设计确定的若干危险和安全要求。 —立法安全要求 —类似信号系统的安全要求 —EMC
EN 50129	5.2 & 5.3.3 3.11	安全管理过程应在适当的安全组织的控制下，由分配到特定岗位的合格人员来实施。评估和记录人员能力，包括： · 专业知识 · 资质 · 相关经验 · 相应的培训 · 按照公认标准进行 员工的能力是什么 是否有培训计划，是否根据培训计划进行了相应的培训
EN 50129	5.3.8 5	到目前为止进行了哪些安全评审
EN 50129	5.3.9 7	安全计划中应包括或参考审核全生命周期每个阶段活动的计划，这些活动应按计划实施并完整记录。 具体的 V&V 活动是什么

(二)评估系统需求

1. 系统功能需求和运营场景

表 8-3 是典型的 CBTC 产品功能需求。

表 8-3　CBTC 产品功能需求

系统功能需求
F1:保证行车安全
F1.1　计算列车安全位置
F1.2　更新轨道占用信息
F1.3　计算移动授权
F1.3.1　CBTC 级别下计算移动授权
F1.3.2　ITC 级别下计算移动授权
F1.4　生成强制命令
F1.5　列车自主测速定位
F1.6　监控列车速度
F1.7　监控列车模式曲线
F1.8　退行防护
F1.9　红灯误出发防护
F1.10　列车注册
F1.11　列车注销
F1.12　管理临时限速
F1.12.1　CBTC 级别下管理临时限速
F1.12.2　ITC 级别下管理临时限速
F1.13　数据库版本比较
F2:保护和辅助乘客
F2.1　管理列车车门
F2.2　管理站台安全门
F2.2.1　CBTC 级别下管理站台安全门
F2.2.2　ITC 级别下管理站台安全门
F2.3　检查站台内安全停靠站情况
F2.4　授权驶离站台
F2.4.1　CBTC 级别下授权驶离站台
F2.4.2　ITC 级别下授权驶离站台
F2.5　管理站台紧急停车按钮
F3:辅助列车运行
F3.1　列车准备

续上表

系统功能需求
F3.2　确定驾驶模式
F3.3　向司机显示详细驾驶信息
F3.4　子系统之间通信状态监测
F4:辅助驾驶
F4.1　管理跳停
F4.2　管理扣车
F4.3　管理列车折返
F4.3.1　CBTC 级别下管理列车折返
F4.3.2　ITC 级别下管理列车折返
F4.4　根据安全限制条件确定速度曲线
F4.5　根据运行限制条件确定速度曲线
F4.6　计算牵引和制动命令
F5:提供技术支持
F5.1　时钟同步
F5.2　提供维护数据
F5.3　与其他系统接口
F5.4　系统故障报警

运营场景是对 CBTC 系统运营中系统工作方式的简要描述。主要体现 CBTC 系统的整体功能与原理，着重体现 CBTC 系统的正常流程，以及流程过程中的顺序关系，不要求形成详细的流程图设计，突出说明该过程中涉及的对象在做什么，而不需要知道它是如何实现的。每个运营场景中都会完成相应的系统功能。

CBTC 系统的主要运营场景包括以下部分：

(1)列车上电与启动。

(2)列车定位。

(3)列车注册。

(4)出车辆段或停车场：点式 ITCK 的处理；CBTC 的处理。

(5)移动授权处理：CBTC 的 MA 处理；ITCK 的 MA 处理。

(6)列车运行：RM 模式；ATP 模式；ATO 模式；BYPASS 模式；模式转换。

(7)列车进出站。

(8)列车注销：切换注销；退出 CBTC 注销；折返注销。

(9)ZC 切换。

(10)列车折返：ITCK 的折返；CBTC 的折返。

(11)进车辆段或停车场。

(12)车载故障(DMI、测速测距、主机、无线、BTM 等故障的处理)。

系统级状态如图 8-11 所示。

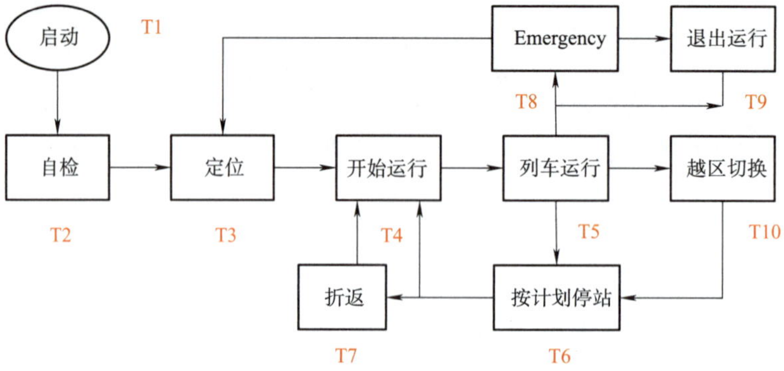

图 8-11　系统级状态

确定每个场景图所属的系统状态，见表 8-4。

表 8-4　场景图起始状态表

符　　号	内　　容	释　　义
T1	启动	初始状态
T2	自检	S1
T3	定位	S2
T4	开始运行	S3，S4，S10
T5	列车运行	S10，S12，S13，S18，S22～S29
T6	计划停车	S7，S8
T7	折返	S16，S10，S30，S31，S32
T8	紧急情况	—
T9	退出运行	S14，S17
T10	越区切换	S6，S15

2. 性能需求

(1) 运营时间

运营时间为 04:30 至次日 00:30，信号系统设备须按 24 h 不间断运行设计，须满足特殊情况下 24 h 不间断运营的要求。

(2)运营间隔

(3)最高旅行速度

列车运行最高速度为×× m/h。

(4)平均旅行速度

平均旅行速度不低于×× km/h。

(5)安全防护距离

折返线及临时存车线的 ATP 安全防护距离的长度应小于或等于 40 m(不含车挡)。

(6)列车在站台停车精度的指标要求

在保证列车舒适度的要求，即列车纵向冲击率：≤0.75 m/s^3 的前提下，列车在车站站台的停车精度为±0.3 m时，应保证列车停在该停车精度范围内的概率为99.99%。停车精度为±0.5 m时，应保证列车停车在该停车精度范围内的概率为99.999 8%。

(7)列车自动控制系统的主要响应性能指标

信息采集的表示周期，即设备状态变化至ATS控制中心的显示时间应小于或等于1 s。

控制命令的反应时间，即命令发出至被控系统开始执行的时间应小于或等于1 s。

监视器画面调用的响应时间不大于1 s，键盘响应时间应小于或等于1 s。

列车占用与空闲检测的应变响应时间应小于或等于1 s；

车载信号设备自接收地面信息至完成处理的时间应小于或等于1 s；

当车载信号设备识别到系统故障时，应立即发出紧急制动命令，且延时应小于或等于1 s。

车地通信的更新率应小于或等于1 s。

车地间采用基于通信技术的传输方式，其主要控制指标包括但不限于：

单次报文有效传输时间小于500 ms；

误码率小于10^{-6}；

移动切换：系统应做到无缝切换，单套车载移动终端通信时切换时间应小于或等于100 ms；

应实现在最高列车运行速度不小于110 km/h条件下的无缝切换。

3. 安全性需求

(1)信号系统中涉及安全的设备的安全完整性等级应达到4级或由相关国家权威部门出具等级相当的认证报告以证明其符合或兼容安全完善度等级SIL4级的要求，具体要求见表8-5。

表8-5　子系统SIL等级要求表

子　系　统	安全完善性等级(SIL)
列车超速防护系统(ATP)	4级
计算机联锁系统(CI)	4级
列车检测装置	4级
列车自动监督系统(ATS)	2级
列车自动驾驶系统(ATO)	2级
数据通信系统(DCS)	0级

(2)整个信号系统安全设备导向危险侧的概率指标$\leqslant 10^{-9}$/h(h为行车小时)。

4. 电磁兼容需求

(1)信号系统设备应能在电磁环境中安全、稳定、可靠地工作。

(2)信号系统设备应包括屏蔽、滤波或者其他器材和技术以抑制自我产生的电磁干扰。电磁辐射应不超过可以接受的向外辐射电平。任何子系统的运行都不应受其他系统产生的电磁辐射的影响，即根据经验所知的城市电磁环境、轨道交通环境的影响。

(3)信号系统设备的电磁抗干扰度应满足GB/T 17626、GB/T 24338的要求。

(4)电磁发射指标应满足IEC 6100-3-2、3、GB 9254、GB/T 24338的要求。

(5)信号系统设备应满足以下相关的通用铁路电磁兼容要求(见表8-6)。

表 8-6　通用铁路电磁兼容要求

标准编号	标准名称
GB 50157	地铁设计规范
EN 50121-2	铁路应用一电磁兼容第二部分:铁路系统对外界的辐射
EN 50121-4	信号及通信设备的辐射及抗扰标准

(6)信号系统设备应能防护雷电冲击和浪涌冲击。

(7)地面线、高架线的室外信号设备、与外线连接的室内信号设备必须具有雷电防护措施;信号设备的防雷装置可不对直接雷击设备实施防护。

(8)应在电源、计算机、数据通信线路、输入输出接口、机架结构及地线设置等方面采取电磁兼容和防雷设计,包括元器件的选用和印刷电路板的设计制作。

(9)正常情况下,防雷装置应不影响被防护设备的工作,在受到雷电干扰时,信号设备不应产生危险输出和错误输出,不能影响行车安全。

(10)所有室外设备应具有防雨、防鼠、防太阳辐射、防雷保护措施。

(三)评估危险源辨识工作

在系统需求阶段,进行危险源分析:

识别和定义必须控制的系统危险源;

确定系统级的主要危险源的主要原因及其可能造成的后果;

对相关危险源的风险等级进行一个初步的评估。

根据分析的主要系统级危险源及初步风险评估的结果,将有关安全要求纳入到系统的安全需求中,确保在设计阶段就已较为全面地考虑了工程的安全要求,以使系统的风险控制在低至合理可接受的水平。

系统危险源分析是在详细设计资料不可用的情况下开始进行的,在系统需求说明书建立完成后便开始进行。系统危险源分析利用已有的设计信息和已知的危险源信息来识别和评估系统需求中的安全相关功能。

执行此系统级危险源分析是通过如下流程进行的:

(1)列出系统功能。

(2)对于系统中的功能首先进行识别,如果该功能不参与列车的运行控制,该功能的失效,不影响列车的运行控制的话,那么该功能为非安全功能,否则该功能为安全功能。

(3)针对安全功能,识别失效模式,通过分析每一个功能的输出进行失效识别。

(4)对于每一个失效模式,通过进行系统性的研究识别出原因。

(5)识别安全需求。在此阶段,将考虑系统需求,通过分析分辨出相关的安全需求,列入系统危险源日志中。

首先需要明确系统的运行原理,采用运营场景描述轨道交通运营中的工作流程,主要体现系统的整体功能与原理,以及流程过程中的顺序关系。其次,使用相关的引导词(Guide Words)和系统正常运作偏差/偏离时可能产生的后果作为探索其中的隐藏危险源。最后,分析危险源发生的原因和带来的后果。

采用运营场景图描述系统的工作方式和原理,主要体现系统的整体功能与原理,着重体现系统的正常流程,以及流程过程中的顺序关系,不要求形成详细的流程图设计,突出说明该过程中涉及的对象在做什么，而不需要知道他是如何实现的。危险源管理员应参与安全工作组对其负责的危险源的风险降低或控制措施进行的审查。例如，安全工作组认为所提出的风险降低或控制措施不足够，危险源管理员应重新考虑该危险源的风险降低或控制措施。

安全工作组将按以下原则对危险源的风险降低或控制措施进行审查。

(1)被评估为 A 或 B 风险等级的所有危险源事项，必须通过“设计”方法，将风险降低至 C 或 D 等级。只在没有可行的设计办法下，才可考虑运营、维修程序或为运营及维修员工提供训练等方法来解决。

(2)安全工作组应不接受剩余风险被评为 A 等级的危险源。设计人员可要求安全工作组批准特许剩余风险为 B 的危险源；在此种情况下，必须连同有关理由向安全工作组提出申请，并由安全工作组审核认可。

(3)C 等级的危险源一般可以忍受，若合乎成本效益且有可行的措施，危险源管理员仍须寻求机会将该类危险源降低 D 等级。安全工作组可以选择接受风险等级为 C 的危险源事项，但若安全工作组对任何有特殊考虑的 C 等级的危险源，可要求设计人员提出证据，显示此危险源的风险已符合 ALARP 原则。

(4)风险等级为 D 的危险源，其风险均在可接受范围内。在正常情况下，不需要采取额外的风险降低或控制措施。

如安全工作组对危险源审查满意，应批准其剩余风险为 B/C/D 等级的危险源。如危险源管理员想改变已经安全工作组批准的危险源，应通知危险源日志管理员准备修改危险源日志，并按照危险源资料的审批程序进行审批。收到安全工作组的结论后，危险源日志管理员应将其登记到相关的资料(如会议纪要或危险源日志)中。

(四)评估危险源管理

基于已建立的危险源日志，以及相关法律法规、标准中规定的安全要求及产品的安全限制条件等，开展相关项目的安全需求分析建立项目的安全需求。

在系统/子系统的需求分析过程中，设计人员应根据安全需求说明书中所规定的项目的安全需求进行安全设计，并在系统/子系统的需求文档中予以清楚描述。为确保项目能够满足所规定的安全需求，通过设计实现的部分，测试人员应采用测试的方法来展现系统、子系统的相应功能/性能的安全需求。若有不能测试的安全需求，则应通过分析或评审的方法予以验证。表 8-7 给出了安全需求验证矩阵表。安全需求的确认结果应提交给相关人员予以评审。若发现产品的功能/性能有不能满足所规定的安全需求之处，则应指派合适的人员进行进一步跟进，直至满足相关的安全需求或采取了适当的防护措施。见表 8-8。

表 8-7　安全需求验证矩阵表

序号	参考符号	系统安全要求	来源	完成情况 C-已完成 O-未完成	需求验证		测试验证	
					需求文件	编号	测试报告	编号
XX-SRS-001	SRS-122	ZC 在计算列车安全位置时考虑测速定位误差	××-HL-127 [1]	C	××子系统需求说明书	3.1-计算安全位置	安全位置计算分析报告	3-需求验证分析

表 8-8　系统需求及危险源管理检查表示例

标准	参考	要　求
EN 50129	5.3.6	是否有完整的系统要求规范
EN 50129	5.3.6	系统要求规范是如何衍生的
EN 50129	表 E.2	如何识别并管理安全要求规范？ 危险日志是否有交叉引用
EN 50129	5.3.6	如何确保所有这些要求都部署到系统设计中？ 使用了何种工具
EN 50129	表 E.2	跟踪样本危险日志安全要求规范和系统设计 跟踪危险的关闭
EN 50129	5.3.6	将系统安全要求规范分配到子系统要求(实施)中
EN 50129	5.3.7	如何在设计工作中强制执行安全要求？例如:硬件和软件
EN 50129	5.3.6	子系统安全要求的系统要求是什么？ 1. 区域控制器； 2. 车载控制器
EN 50129	5.3.6	处理如下故障情况的安全要求是什么？ 1. CBTC 下的非通信列车(车-地通信故障)； 2. 列车错过应答器； 3. 系统重启，例如区域控制器； 这些是否在某个规范或设计文件中有陈述

二、系统设计阶段

(一)评估 SIL 等级确定

表 8-9 针对每一项系统功能明确了 SIL 等级。

表 8-9　系统功能 SIL 等级

功　能	可能的后果	SIL 等级
F1:保证行车安全	撞车、脱线	4
F1.1　计算列车安全位置		4
F1.2　更新轨道占用信息		4
F1.3　计算移动授权		4
F1.3.1　CBTC 级别下计算移动授权		4
F1.3.2　ITC 级别下计算移动授权		4
F1.4　生成强制命令		4
F1.5　列车自主测速定位		4
F1.6　监控列车速度		4
F1.7　监控列车模式曲线		4
F1.8　退行防护		4
F1.9　红灯误出发防护		4
F1.10　列车注册		4

续上表

功　能	可能的后果	SIL 等级
F1.11　列车注销		4
F1.12　管理临时限速		4
F1.12.1　CBTC 级别下管理临时限速		4
F1.12.2　ITC 级别下管理临时限速		
F1.13　数据库版本比较		4
F2:保护和辅助乘客	乘客被车门挤压摔出车门	2
F2.1　管理列车车门		2
F2.2　管理站台安全门		2
F2.2.1　CBTC 级别下管理站台安全门		2
F2.2.2　ITC 级别下管理站台安全门		2
F2.3　检查站台内安全停靠站情况		2
F2.4　授权驶离站台		2
F2.4.1　CBTC 级别下授权驶离站台		2
F2.4.2　ITC 级别下授权驶离站台		2
F2.5　管理站台紧急停车按钮		2
F3:辅助列车运行	间接造成撞车、脱线列车紧急制动	2
F3.1　列车准备		0
F3.2　确定驾驶模式		2
F3.3　向司机显示详细驾驶信息		0
F3.4　子系统之间通信状态监测		2
F4:辅助驾驶	间接造成撞车、脱线列车紧急制动	2
F4.1　管理跳停		2
F4.2　管理扣车		2
F4.3　管理列车折返		2
F4.3.1　CBTC 级别下管理列车折返		2
F4.3.2　ITC 级别下管理列车折返		2
F4.4　根据安全限制条件确定速度曲线		2
F4.5　根据运行限制条件确定速度曲线		2
F4.6　计算牵引和制动命令		2
F5:提供技术支持	间接造成撞车、脱线列车紧急制动	2
F5.1　时钟同步		2
F5.2　提供维护数据		0
F5.3　与其他系统接口		2
F5.4　系统故障报警		2

确定功能与子系统的对应关系，找出每个子系统中功能的最高 SIL 等级，将此 SIL 等级作为子系统的 SIL 等级。子系统 2 包含安全相关功能 F2、F4，F2 为 SIL2，F4 为 SIL4，因此子

系统 2 的 SIL 等级应当与 F4 的 SIL 等级相同为 SIL4，见表 8-10。

表 8-10　子系统 SIL 分配

功能	SIL 等级	子系统 1	子系统 2	……	子系统 n
F1	1	√			√
F2	2		√		
F3	2				√
F4	4		√		
最高 SIL	—	1	4		2

三、产品实现阶段

评估产品安全功能设计和实现，应注意以下方面：

第一个故障（单一故障）可能是危险故障，它可能以单独的形式或与第二个故障组合的形式出现，应在足够短的时间内被检测到并强制进入安全状态（例如：拒绝）以实现规定的量化安全目标。应通过采用失效模式和影响分析方法（FMEA）和随机失效完整性的定量评估方法来加以证明。

检测出第一个故障后，系统/子系统/设备应进入或保持在一个安全状态。这个安全状态通常（但非必要）是受更多限制的。达到安全状态的时间应足够短以使检测和拒绝的总时间满足规定的安全指标。

检测出第一个故障并进入安全状态后，后续故障应不能使系统退出安全状态。仅在受控方式下并作为纠错过程的一部分，才能退出限制性的安全状态。

在第一个故障出现后允许的修复时间内，如果故障进一步发生，系统/子系统/设备应保持在安全状态。为实现规定的安全性指标允许的修复时间应足够短。

检测出第一个故障后，系统应进入或维持一种安全的状态，此状态应在某一较短的时间内实现，以使"检测＋否决"的时间能够达到规定的安全目标。

在第一个故障发生后容许延迟恢复的时间内，此系统应维持在某一安全状态。容许延迟恢复时间应足够短，以能实现安全目标。

例如，ZC 安全平台软件程序的发送机制是采用基于时间触发器的方法。为满足不同的应用程序，安全计算机平台软件的控制周期是适当的；软件流的检查点基于疏耦合，以降低共模干扰和缩短安全反应时间。安全平台的固有安全特征确保一旦发生错误，将关断其控制通道。

对于 ATP 子系统中的单点故障，当车—地之间的通信失去超过一定时间后，车载 ATP 就对列车实施紧急制动，以迫使列车停车。

应及时检测可能直接造成危险或与继发故障组合后造成危险的多重故障（例如两重或三重故障），并且强制达到一个安全状态，这一时间应足够短以满足规定的安全指标。交控科技已对 ATP 子系统采用故障树分析的方法以论证多重故障的影响。

应进行共因失效分析（CCF）以确保多重故障只在多个随机单一故障组合情况下发生，而不是一个共因故障的结果。交控科技已对 ATP 系统进行了 FMECA 分析，以保证多重故障的发生仅仅可能是单个随机故障的组合，而不是作为共模故障的结果。

四、测试验证阶段

针对安全要求或功能，在 CBTC 产品的室内仿真测试和室外确认测试中应进行安全验证和确认，以证明系统/设备的设计符合所需的安全功能要求。CBTC 产品的测试验证阶段分为室内测试和现场测试两个主要阶段。

(一)室内测试

1. 子系统测试

将集成软硬件和线线路数据，主要测试子系统功能、性能等，这种测试基于黑盒测试方法，直接或间接给出测试结果。

2. 系统集成测试

通过对应的集成验证每个子系统，主要是每个子系统集成后子系统间的交互和功能，这种测试是基于黑盒测试方法，直接或间接给出测试结果。系统集成测试主要针对各子系统之间的接口进行测试，以验证接口功能。

为确保各子系统之间的通信协议正常运作，开展如下系统之间的集成测试，主要包括：CI 和 LEU 集成测试、CI 和 VOBC 的集成测试、CI 和 ZC 之间的集成测试以及 ATS-CI 集成测试。

点对点的测试工作，主要为 CI 和 LEU 点对点测试、CI 和 VOBC 点对点测试、CI 和 ZC 之间以及 ATS-CI 点对点测试等。

(二)现场测试

1. 单体调试：对于信号机、转辙机、计轴、轨道电路、CI 进行单体调试，为现场一致性测试奠定基础。

2. 现场一致性测试：为确保发送到现场的各子系统之间的接口功能正常运作，在完成室内的点对点测试后，有关的版本将发布到现场对其进行一致性测试，主要为 CI 和应答器系统一致性测试、CI 和信号机、转辙机、计轴和轨道电路一致性测试。

3. 现场数据测试：进行现场数据测试，针对现场测试过程中出现的数据问题，对数据复核、修改及重新发布。

4. 现场功能测试：开展单车动车调试、多车动车调试和跑图调试等测试验证工作。表 8-11 为列车定位测试案例。

表 8-11　列车定位测试案例

测试案例编码	TEST-2.1
检查目的	通过此项测试，检查列车连续经过两个应答器是否可以定位
检查内容	检查列车连续经过两个应答器的定位功能
检查方法	在正线重启 ATP，连续经过两个应答器确定列车位置(在非道岔区段)，车载 MMI 上显示列车已定位；如果列车在经过第二个应答器时，车头或者车尾处于道岔区段，经过两个应答器之后，列车不能定位
总体结果 / 签名	通过 □未通过 □
初始状态	· 车辆运行状态正常 · 列车控制等级为联锁级下的 RM 模式 · 车载设备已安装电子地图 · 车载日志工作正常 · 车载 MMI 显示正常

续上表

测试案例编码	TEST-2.1
操作	先将列车的 ATP 重启，自检完成后显示 RM 模式，将预选级别选为 ITC-CM 模式，驾驶列车按进路连续经过两个应答器
预期结果	经过第二个应答器时，如果列车不在道岔区段，则 MMI 上显示列车定位； 经过第二个应答器时，如果列车的车头或者车尾在道岔区段，则列车不能定位，MMI 上仍然显示列车没有位置 通过 □　未通过□

（三）安全需求追踪

表 8-12 给出了系统需求追踪矩阵的示例。

表 8-12　系统需求追踪矩阵

ID	需求简写	CBTC 系统需求	是否需求	需求类型	安全性相关	验证方式	确认证据
438	计算列车安全位置	概述 本功能是指 ZC 子系统接收到列车汇报的非安全位置信息后，ZC 子系统需要结合系统参数来计算得到列车的安全位置信息，该功能是 ZC 子系统在进行列车移动授权时所必需的。 输入/输出 输入：列车非安全位置，系统参数 输出：列车安全位置 处理 ZC 子系统根据列车汇报的非安全位置，需要考虑如下系统参数来推断列车新的位置： a) 位置汇报的生存周期 b) 列车的最大速度 c) 列车的加速度 d) 退行距离 e) 线路情况（如坡度等信息） f) 测距误差 安全 本功能与安全相关	是	功能	相关	分析	系统需求分析报告
464	CBTC 级别下计算移动授权	概述 本功能是指 ZC 子系统在 CBTC 级别下，为每列通信列车计算移动授权。 输入/输出 输入：列车安全位置、障碍物信息 输出：列车 MA 信息 处理 在 VOBC 与 ZC 周期性通信中，ZC 系统应周期性向列车提供移动授权，移动授权是指列车在任何情况下都不能越过的目标点。 ZC 子系统计算移动授权时应考虑非通信列车以及故障列车。 通信列车的移动授权应具有时效性。 安全 本功能与安全相关	是	功能	相关	测试	系统测试报告

表 8-13 给出了安全需求验证的示例。

表 8-13　安全需求验证表

序号	ATP 系统安全需求	来源	完成情况 C—已完成 O—未完成	需求验证		测试验证	
				需求文件	编号	测试报告	编号
SRS-001	ZC 在计算列车安全位置时考虑测速定位误差	HL-127 [1]	C	ZC 子系统需求说明书	3.1-计算安全位置	安全位置计算分析报告	3-需求验证分析
SRS-002	列车的追踪间隔中已考虑了前车可能发生的退行	HL-142 [2]	C	ZC 子系统需求说明书	3.1-计算安全位置	安全位置计算分析报告	3-需求验证分析

五、验收确认阶段

根据评估计划，评估人员进入室内仿真测试环境进行见证测试；测试案例由项目组的现场测试成员执行；评估人员需要全程参与测试过程，并如实记录测试环境的版本信息、测试过程、测试结果和发现的差错，认真填写测试记录并签字确认。测试结束后，项目经理或业主代表负责整理测试过程中发现的问题，并跟踪问题处理的进展情况。见证组综合考虑问题的严重程度和处理方式、相关的证据等因素，确定是否需要再次进行见证。见证测试项列表见表8-14。

表 8-14　见证测试项列表

序号	测 试 项
1	检查列车连续经过两个应答器是否可以定位
2	检查车载模式转换功能
3	检查列车的移动授权点与信号机显示的一致性
4	检查在一条进路办理后，列车能否正常运行
5	检测信号机开放时机是否影响列车正常运行，即不因办理时机滞后，使列车降速或停车；也不因触发过早，影响线路的通过能力
6	检查接近区段设计的合理性
7	检查车载 ATP/ATO 产品处于降级级别下，当列车进入停车股道时，防护区段开始进入倒计时解锁，检查解锁的时间是否合理
8	检测全线具有停车作业处，停车窗设置和相关控制是否满足技术要求
9	检查列车能否判别进入所设定的站台区域
10	检查填充应答器能否准确复视信号机状态
11	检查安全制动距离，检查防护距离长度与设计指标的一致性
12	检查扣车功能
13	检查列车门控及安全门联动功能
14	检查车载 ATP/ATO 产品模式建立和转换功能
15	检查在一条进路办理后，列车能否正常运行
16	检测信号机开放时机是否影响列车正常运行
17	检查列车处于 CBTC 级别下，当列车停稳后，联锁接收到 ZC 发送的列车停稳信息，防护区段立即解锁，检查解锁的时间是否合理

续上表

序号	测试项
18	检查检测全线具有停车作业处,停车窗设置和相关控制是否满足技术要求
19	检查检查列车能否判别进入所设定的站台区域
20	检查列车速度监督功能是否正确有效
21	检查连续进路下的双非通信车是否可以追踪
22	连续进路下的双 CBTC 车追踪
23	检查连续进路下的 CBTC 车与非 CBTC 车的追踪
24	检查系统在 CBTC 级别下,两列追踪的 CBTC 车,先后跨越地面 ATP/ATO 边界,两车的运行状态正常
25	检查系统性故障的安全防护功能测试
26	检查列车通过能力

第三节　北京轨道交通亦庄线 CBTC 示范工程安全评估

2010 年 12 月 30 日,北京地铁亦庄线成功投入载客试运营,标志着我国成为为数不多的掌握基于通信的列车控制系统核心技术并有实际工程应用的国家。另外,在亦庄线信号系统工程中,建设方首次直接引入了第三方独立安全评估。独立安全评估在国外地铁工程建设中已非常成熟,但在我国内地的铁路和地铁建设工程中还是新兴事物。

北京地铁亦庄线途经丰台、朝阳、大兴、通州四个辖区和亦庄开发区,正线全长 23.23 km,其中地下线长约 8.59 km,高架线路约 13.95 km。全线共设车站 14 座,其中地下车站 6 座,高架车站 8 座。

北京市轨道交通亦庄线是北京市政府采用国家"首台套"政策实施的第一条国产 ATC 系统的示范工程。我方作为系统集成商负责整个信号系统的集成,其中包括系统设计、国产 ATS 和 CI 设备供货、项目管理、安全管理、接口管理、供货范围内的调试与综合调试组织管理等。CBTC 系统是以北京交通大学自主开发的 ATP/ATO 系统作为核心技术进行深度集成,同时采用了卡斯柯信号有限公司的计算机联锁(CBI)、列车自动监控(ATS)和维护支持(MSS)系统。核心技术供应商主要负责 ATP/ATO 设备、DCS 的车地无线系统设备的供货,以及系统接口的技术,同时负责系统的综合调试技术牵头等。

亦庄线信号系统是一套基于无线通信的移动闭塞系统。该系统可以实现全线列车有人自动驾驶,其采用的移动闭塞原则,使其在系统的可靠性、安全性、可用性、可维护性、行车间隔、停车精度以及可扩展性等方面都能达到或超过招标文件所要求的性能。系统具备点式 ATP 防护模式下的运营功能,从而缩短整个系统的开通时间。在连续式车—地通信设备或连续式 ATP/ATO 设备故障以及其他原因导致连续式 ATP/ATO 功能丧失时,该模式可作为 CBTC 正常运营的后备模式,从而提高系统可用性。

亦庄示范工程所采用的国产核心 ATP 产品已通过了劳氏公司的产品安全证书;所采用的国产计算机联锁(CI)系统已在北京地铁 2 号线、5 号线和机场快轨等系统中成功运用;所采用的国产列车自动监控(ATS)系统也已成熟运用于北京地铁 1 号线、2 号线、5 号线、13 号线、机场快轨和八通线等系统，以上系统曾成功服务于 2008 年北京奥运会，获得了北京地铁运营公司、北京市交通委员会及世界各地国际友人的高度评价。

北京地铁建设管理公司(后面简称北京地铁)邀请英国劳氏工业技术服务(上海)有限公司(后面简称劳氏工业技术)为北京地铁亦庄线信号系统提供系统保障和第三方独立安全评估服务。

一、示范工程 CBTC 系统

位于小营运营控制中心和备用控制中心的中央 ATS 负责管理整条线路的运营。除了安装在正线各个设备集中站的值班员本地控制设备之外，在车辆段/停车场的派班室和控制室、终端折返站、轮乘室和项目部还各设置一个终端。安装在全线各设备集中站的 6 套区域控制器 ZC 负责管理正线的所有列车的运行，在亦庄车辆段的试车线上单独设置 1 套区域控制器 ZC 负责管理试车线上的列车作业。位于设备集中站的 6 套计算机联锁设备负责控制正线的所有线路操作。

系统采用通信系统提供的通信骨干网，沿线设置 AP，以确保各子系统间的通信和车—地间不间断的双向安全通信；同时在各设备集中站和试车线设置 AP 管理单元(APM)，对所管辖区段内的 AP 进行管理。

正线设置一套数据存储单元 DSU，设于亦庄火车站站内，用于管理整个系统的数据库。另外，在试车线单独设置一套 DSU，以实现试车线的数据库管理。

系统结构配置如图 8-12、图 8-13 所示。

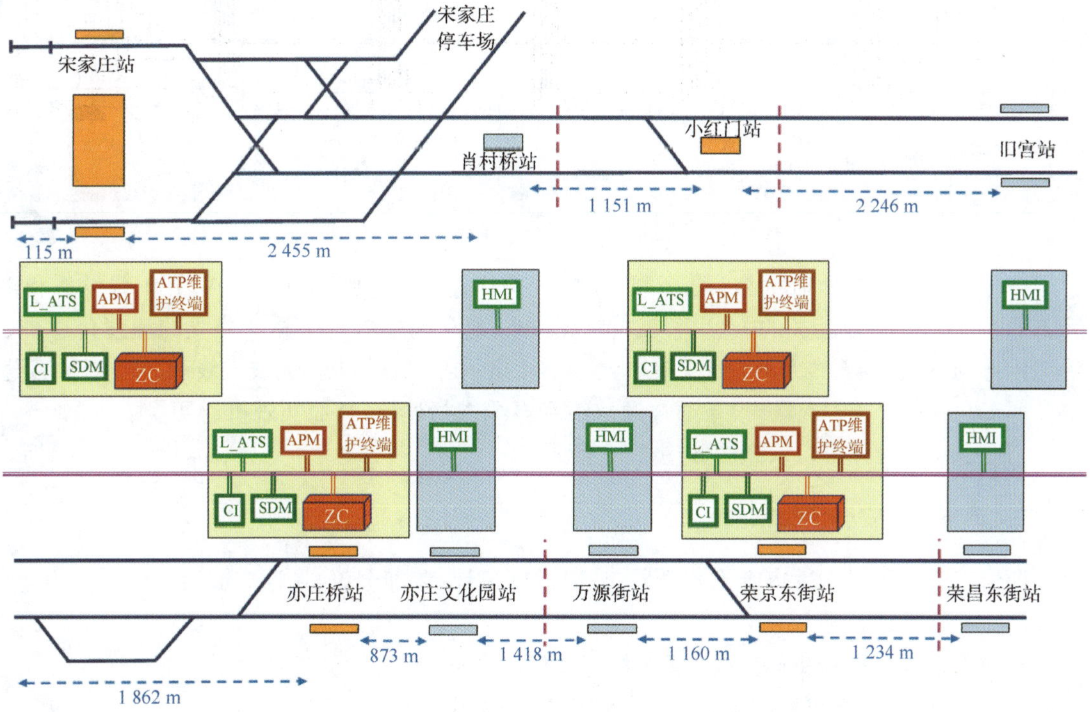

图 8-12　CBTC 系统结构配置(一)

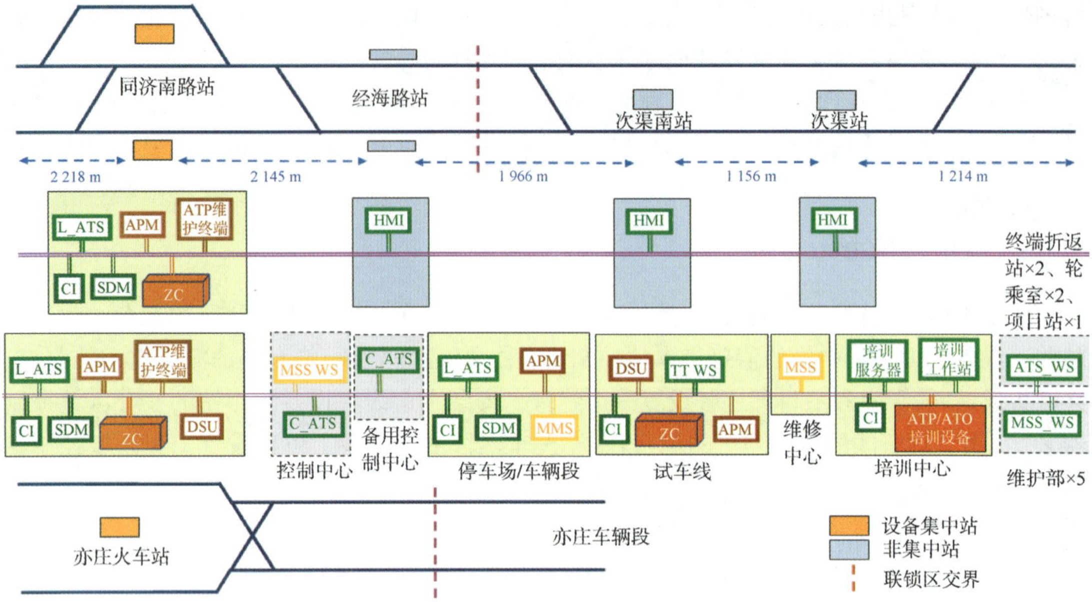

图 8-13　CBTC 系统结构配置(二)

列车的车载结构如图 8-14 所示。

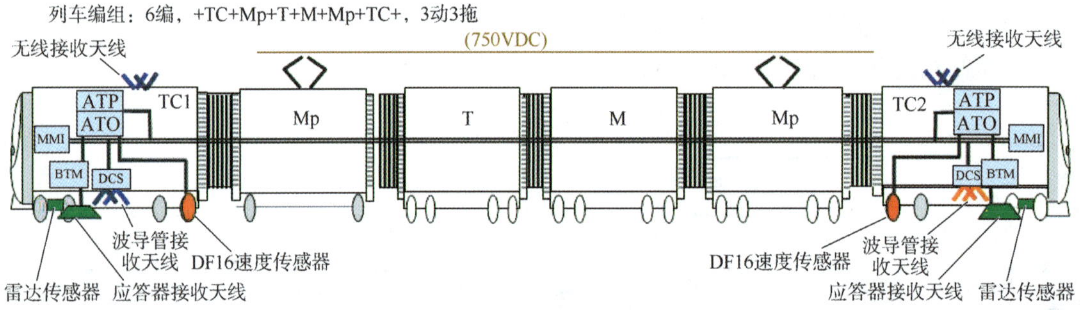

图 8-14　列车车载结构

在每列车的两端分别设置 1 套车载控制器 VOBC(包括 1 套“2003”的 ATP 车载设备和 1 套 ATO 车载设备)及相关的 I/O 模块。除此之外,列车两端配备了相互独立的速度传感器、雷达传感器、应答器天线及 BTM 主机单元、MMI 显示屏、车载 DCS 无线天线和处理单元等设备。列车两端的 ATP/ATO 设备通过通信线和电缆进行连接,从而实现折返切换。

CBTC 系统内外接口示意图如图 8-15 所示。

二、示范工程安全评估方法

评估工作通常以文件审查形式开展,辅以进度审计、参加会议、见证关键活动等。

(一)安全评估内容

1. 文档评估:采用以下活动完成对相应文件的评估

(1)独立安全评估机构将检查—审查范围是否恰当。

(2)任何时候,独立安全评估机构都可能要求补充支持评估必须的文档。

(3)独立安全评估机构将与项目团队密切合作,以确保在文档审查时确定和提出的安全问

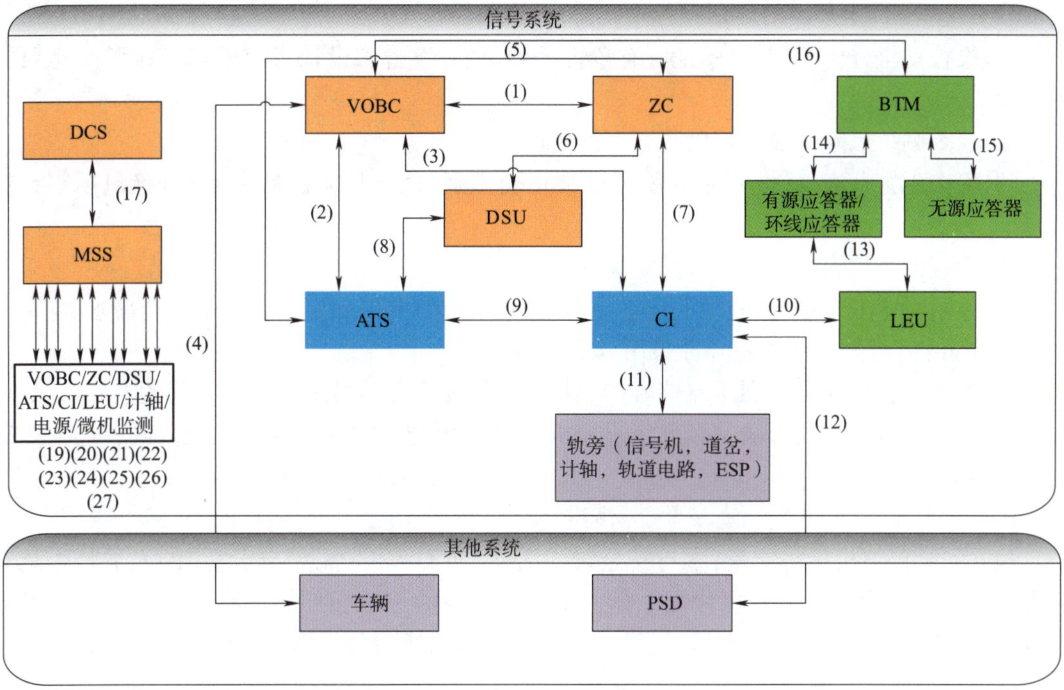

图 8-15 CBTC 系统内外接口示意图

题能立即与项目沟通。

(4)独立安全评估机构编制安全评估报告,并出席集成商和地铁公司组织的安全评估报告提交会。

2. 安全证明文件证据:采用以下活动完成对相应文件的评估

(1)检查系统相关的所有风险是否都已确定? 按照确定好的风险接受原则,风险是否已经降低到所允许的范围?

(2)就系统以及与有关设备所规定用途的适用性和可接受性提出专业建议。

(3)适当的时候,独立安全评估机构将采取不同的方法验证项目得到的论据。

(4)检查系统是否已清晰简明地提出了关键和敏感论据,并就这些论点是否有效给出专业建议。

(5)检查收集的信息的充分性,是否可支持风险可接受的结论。

3. 互认接受论证

独立安全评估机构(ISA)将检查核心项目的定义是否完备和互认接受基于的应用;并且检查特殊应用与项目批准的应用匹配。

ISA 将检查是否有足够的证据证明项目在它指定的应用中满足项目的性能。

ISA 将检查所有项目组规定、监督以及验证的、设备在环境使用的假设条件。

4. 符合性:采用以下活动完成对符合性的评估

(1)检查项目是否已识别确定所有适用于工程应用的相关标准。

(2)检查是否已识别出所有与工程项目标准、法定需求或其他相关标准不一致的所谓不符合项。

5. 安全分析:在产品的评估过程中实施以下活动

(1)检查安全分析活动,以验证所有危害已被识别,设备和设计可容忍风险都已降至可接受程度。

(2)检查剩余风险等级是否已降至可接受的程度。

(3)检查危害日志,确保所有的危害已被正确识别,危害日志已被有效管理(包括审计活动)。

(4)检查恰当的安全需求是否已定义并满足。

(5)根据特定安全准则,监控并评估项目及其交付文档,以确定是否满足安全需求。

6. 差异性:对于产品的差异性采用以下评估工作

(1)检查是否已充分识别所有核心产品特定应用环境与项目应用环境之间的差异。

(2)检查设备差异的影响是否已经过分析,适当的变更是否已确认并执行,或者已采用适当的减缓措施。

7. 人员能力

独立安全评估机构将检查:参与安全设计活动(如 HAZOPS、差异分析)的人员是否具有能力胜任相关设计工作和流程分配工作。工作能力检验标准按照国际良好惯例。并用经验(如通过主要工程人员的简历(CV)证明)、培训记录和面谈的分析结果与标准进行对比。

(二)安全评估过程

独立第三方安全评估机构的工作是基于全生命周期,项目进度紧密相关,项目新阶段开始时,独立安全评估机构评估已完成的工作,以确定新阶段中哪个目标需要进一步开展工作,哪个目标通过前一段工作有了结果,如图 8-16 所示。

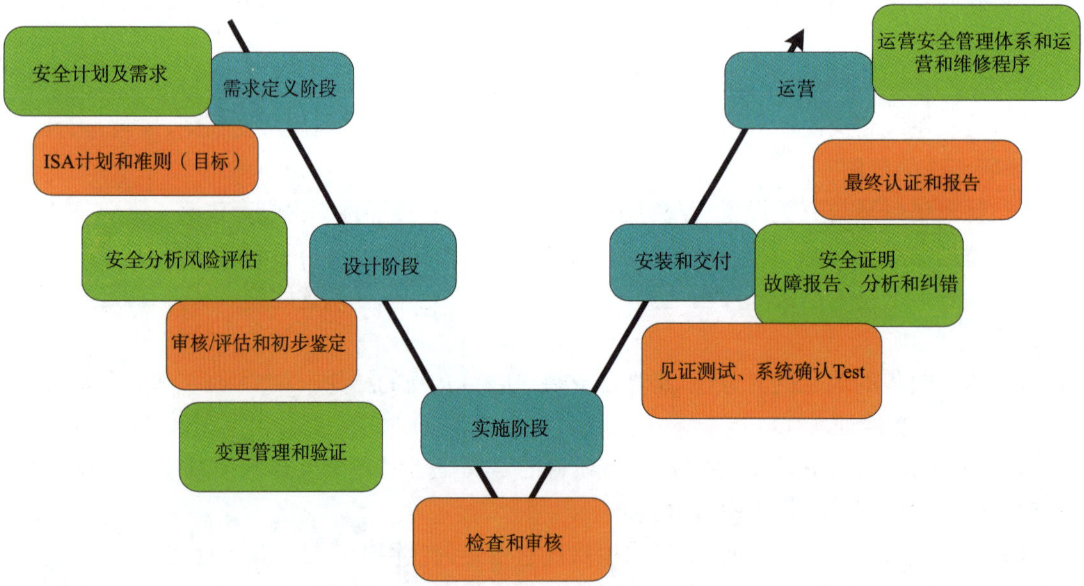

图 8-16　列车运行控制系统独立安全认证[3]

1. 需求定义阶段—目的是建立一套完整的严格的安全需求(包括功能和非功能两个方面)

(1)评估危害识别(如有必要,检查 HAZOP)、危害分析、风险评估和安全需求。

(2)对需求进行独立审查(包括接口需求),以确保其完整(检查表可以作为本工作的辅助工具)。审查还可能包括项目审计-对照需求管理计划,以及需求管理工具。

(3)评估安全计划。

(4)评估确认和验收计划,尤其是所有安全需求的验收标准。

2. 设计阶段—目的是确定设计充分满足所有安全需求

(1)评估设计的安全需求分配。

(2)评估进行中的危害分析(如系统危害分析(SHA))及风险评估,特别检查用 ALARP 方法进行的分析。

(3)设计评估。

(4)根据计划对设计和有关验证流程的进行审计。

(5)评估特定的安全分析,如既有运营与工程实施间的安全影响分析。

3. 实施与制造—目的是建立一个可靠的、能重复生产产品或系统的、充分实现设计的制造流程

(1)对实施(结果)进行评估,如:硬件制造,软件编码,单元测试和验证,以确保与设计的一致。同时对实施流程进行审计。

(2)审计配置管理流程(可能在生命周期的初期开展审计)。

(3)评估正在进行的危害分析(如失效模式和影响及重要性分析(FMECA))和风险评估,特别是将剩余风险降低到可接受等级的实施活动。

(4)评估项目使用的所有安全相关工具。

(5)审计验证测试(如工厂验收测试(FAT)),尤其是安全需求,包括测试见证(可能采取抽样形式)。

(6)评估在安全证明文件中作为证据的安全论据,包括与安全需求的一致性。

(7)审计抽样应以选择的方式进行,而不是由项目团队指定或选取某一典型。

4. 安装和交付—目的是确定已安装的系统的确满足了安全需求

(1)评估系统是否安装正确,特点是(抽样)检查;

(2)审计安装流程,评估安装记录。

(3)审计验收测试(如现场验收测试(SAT)),评估测试者的独立性和资质。

(4)评估系统有适当的后备安排。

(5)评估相关文档是否已经交付,接收单位的人员具有相应资质,并已经过适当培训。

(6)评估现场安装及调试工作的安全措施是否足够和适当。

(7)评估相关计划。

本阶段独立第三方安全评估机构编制了一份关于安全管理体系成果的报告,以及颁发一个“适合运营”的证书。这代表独立第三方安全评估机构同意系统进入载客服务阶段。

此外,独立安全评估机构可能会展开额外分析,以支持风险可以接收的意见。这些工作包括以下内容而且可能会发生在生命周期的任一阶段:

①重新对某部分进行安全分析,以检查其正确度;

②差异分析技术,独立安全评估机构可能会采用和项目团队不同的分析技术,并可能针对系统特定安全范围使用。

③纵向切片分析,通过对系统的复杂或关键部分的纵向分析,检查特定安全需求是否已被恰当地设计,实施,验证,测试和确认。

④可追溯分析独立安全评估机构检查从安全需求到设计和测试文件支持安全设计工作。

⑤完整性审查用于检查安全需求是否完整、确认安全需求的证据是否足够。

⑥测试计划审查,确保获取的目标证据满足安全需求。

⑦见证制造、安装或测试工作,可能包括独立安全评估必需的补充测试。

⑧出席(作为观察员)项目会议,包括设计评审、变更控制、危害识别和分析。

⑨召开项目团队安全通知审查会议,讨论安全通知中提出的问题。

5. 运营

获得独立第三方安全认证证书的信号工程项目即可投入载客试运营。

独立安全评估团队记录了对项目计划中确定的需向系统集成商和地铁公司提交的主要计划及提交文档的评估。并将记录独立安全评估机构对文档的可接受性提出的相关专业建议。

安全评估报告的格式如下:

(1)评估概要:概述所做的评估、得出的结论和/或建议;

(2)介绍:介绍项目背景、目的以及报告范围;

(3)工作范围:介绍报告内包含的评估目标和范围;

(4)评估细节:描述评估活动;

(5)发现:描述评估结果,包括建议;

(6)结论:从 ISA 专业角度对审查(设备)项的安全提出陈述,包括对安全通知中未关闭的观察项的简短综述。

独立安全评估的方法、工作内容以及应用工具将覆盖工程的整个生命周期。

为了保证关于系统安全方面结论的正确性,在亦庄示范工程安全评估项目中,劳氏铁路特建立了一个基于目标的技术方法,通过评估方法的目标来定义评估方法,而且每个目标将分解到为达成这一目标所需的每一步工作上。该流程是递归的,直到子目标可以通过简单的保证实现目标的策略来描述为止。遵守基于风险的理念,将工作重点放在最高风险的领域。通过合并,可以保证方法的全面性、完整性以及可预测性。

这些子目标中的一些将适用于开发生命周期的所有阶段,而其他将只适用于开发生命周期中相关的一个或几个(不是所有)阶段。图 8-17 所示为基于目标方法的总结。

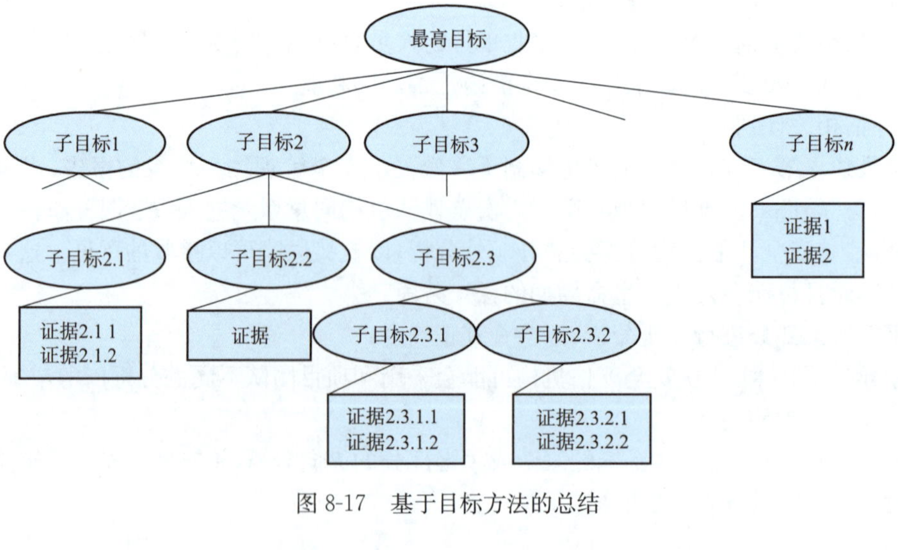

图 8-17　基于目标方法的总结

值得注意的是，独立安全评估是对系统及其设备的安全性提出的安全论据和论证进行评估。提供有效证据是信号系统集成商和产品供应商的职责，独立安全评估工作的过程将促进整体安全案例的编制，但是独立安全评估本身并不负责编制安全案例。

最高层目标为：开展评估是为关于系统安全的结论提供足够的信心。

为了实现这个目标，独立安全评估需要建立各种条件，通过它们实现最高的目标。这些条件就是第一层的子目标。下面列出了一些例子，当然这些举例并不是全部的。一旦开始工作并且完全理解了整个信号系统的具体组成，这些举例也就完成了。

对于变化所提出的基于进度的计划是合适的并且是被遵循的；

对于整个系统范围的安全问题采取足够的重视；

对于组成系统的各个组件(例如道岔、信号机、计算机联锁设备、ATO 设备、ATP 设备、轨道电路设备、计轴设备等)的安全性采取足够的重视；

对于数据准备过程(应用设计)的安全性采取足够的重视。

每一个子目标是可以进一步分解的，一直到可以得出一个简单、准确的事实结论(通常存在相关的证据支持这个事实结论)。图 8-17 表明了这种一直分解到基本证据的概念。

这些目标、子目标等以及相关证据将作为早期的活动开始实施。这些信息对于项目是可以得到的。这个方法的优点就是项目在早期就可以完全理解需要产生何种证据，从而独立安全评估方很早就可以对亦庄线信号系统的安全性得出正面的结论。

对于所计划的每个阶段、每项评估或审查活动，将遵循图 8-18 的工作流程来执行。

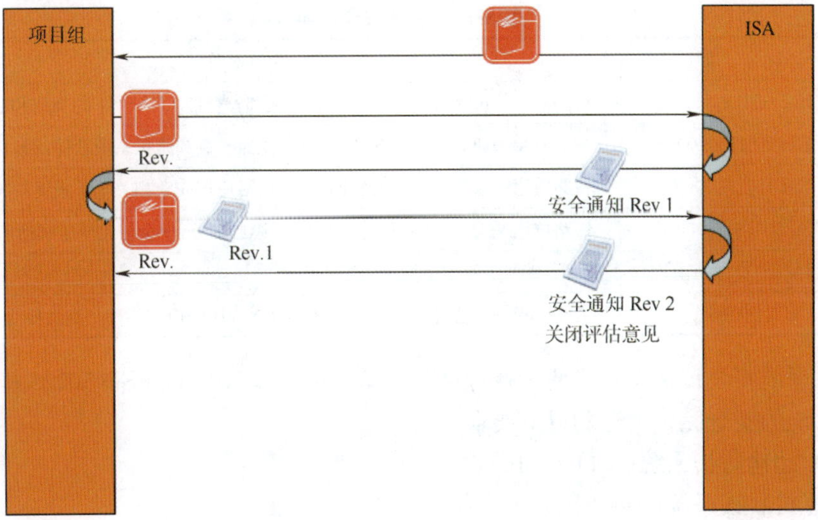

图 8-18　独立安全评估文件审核流程

独立安全评估团队应定期(每季度)向地铁公司和设备集成商提供项目状态报告，报告的独立安全评估活动与进度相符合。状态报告内容会包括：

(1)简介和概述；

(2)进度报告及随后工作计划；

(3)变更评估包括对项目计划和进度所有潜在变更的影响的分析；

(4)独立安全评估计划的变更将描述所有由风险评估和更改评估活动引起的计划变更；

(5)安全通知状态。

安全通知文件是独立安全评估中非常重要的文件,采用此工具可在 ISA 和工程将建立双向对话通道:工程团队发送独立安全评估需求的文档,独立安全评估团队根据评估的文档记录自身的观点,工程团队根据安全通知提供证据或更新文档,独立安全评估团队确认接受(或其他方法)工程团队的反映。如果存在 1 类项,则表明评估团队有重大疑问或是存在某项工作严重不符合标准要求的情况,这将影响安全评估证书的签发;相应的如果存在一般不符合项或是需要被评估方关注的内容,通常以 2 类项方式体现;最后,如果存在轻微不符合项,则以 3 类项方式体现。2 类和 3 类不符合项不会影响安全评估证书的签发。

安全通知文件将包括以下内容:

(1)评估的文档名称、时间、内容;

(2)发现的问题及其总结;

(3)问题的分类;

(4)当前问题的状态;

(5)评估人员:包括评估人—领导指定的评估人员,负责交付高质量的评估成果。复核人—对评估成果进行检查,保障评估质量。批准人—签发所有安全通知。

三、示范工程安全评估的策划

示范工程中独立安全评估应用表 8-15 的标准和指南开展安全评估工作。

表 8-15 主要安全标准

序号	标　准	中文名称
1	IEC 62278:1999	铁路应用—可靠性、可用性、可维护性和安全性 (RAMS) 的规范和证明:1999
2	EN 50128:2011	铁路应用—通信、信号和处理系统—铁路控制和防护系统软件:2011
3	EN 50129:2003	铁路应用—通信、信号和处理系统—信号应用安全相关电子系统:2003
4	EN 50159-2:2001	铁路应用—通信、信号和处理系统— 第二部分:安全相关开放式通信系统:2001
5	黄皮书(参考指南)	英国《铁路工程安全管理》,第 4 版
6	TR 50506-1	铁路应用—通信、信号和处理系统。EN 50129 应用指南。互认接受:2007

示范工程的安全评估需求主要包括:按照 EN 50126、EN 50128 和 EN 50129 标准要求,评估一下子系统的安全完善度达到以下要求:

(1)列车超速防护系统(ATP),SIL4;

(2)计算机联锁系统(CI),SIL4;

(3)列车检测装置(Train detection device),SIL4;

(4)列车自动监督系统(ATS),SIL2;

(5)列车自动运行系统(ATO) ,SIL2。

独立第三方机构为项目进展的每一关键阶段都准备安全评估报告,最终的安全评估报告将在试运行前准备。在整个项目生命周期,独立第三方机构将准备下列文档。根据工程进展情况和整体要求,工程存在分段、甩站开通和可能的分多段开通情况的特点,表 8-16 中带有色彩的阶段是有若干次重复的过程,以满足工程节点的要求。

表 8-16 独立安全评估交付文档表

项目阶段	文 档
项目启动	独立安全评估计划，相关信息需求文件
车辆段/停车场(含试车线)启用前	安全通知，审计报告，见证报告，进度报告，安全评估证书和安全评估报告
全线联锁设备启用前	安全通知，审计报告，见证报告，进度报告，安全评估证书和安全评估报告
多车调试运行前	安全通知，审计报告，见证报告，进度报告，安全评估证书和安全评估报告
空载试运行	安全通知，审计报告，见证报告，进度报告，空载试运行阶段安全证书和安全评估报告。允许按照实际运营条件，进行 3 个月的不载客空车运行测试，主要目的是进行各子系统之间的磨合，并检验系统的稳定性
载客试运营	安全通知，审计报告，见证报告，进度报告，载客试运营阶段安全证书和安全评估报告。允许载客商业运营，允许系统工作在降级模式
载客运营	安全评估证书和安全评估报告

评估方需要进行评估的文档：

1. 第一层次文档

以下需要向独立安全评估机构提交的第一层次文档，评估结果将记录在安全评估报告中：

(1)系统保证计划；

(2)设计安全证明文件；

(3)试运行安全证明文件；

(4)试运营安全证明文件。

第一层次文件需要作为安全证明文件的一部分提交，独立安全评估机构将对其进行评估但不出具单独的报告：项目计划(应包括质量计划、配置管理计划等)；应用技术规格书。

2. 第二层次文档

以下第二层次文件需要作为安全证明文件的一部分进行评估，评估结果可能导致生成安全通知，但不出具单独的安全评估报告(注意：其他第二层次文档可能作为安全证明文件的参考，但这些文档不需要详细的评估)：

(1)系统需求规格书；

(2)安全需求规范；

(3)系统危害分析报告；

(4)接口危害分析报告；

(5)运营和支持危害分析报告；

(6)可靠性分析报告；

(7)可维护性分析报告；

(8)危害日志；

(9)软件质量保障计划；

(10)软件测试规范及测试结果；

(11)测试计划、测试案例及测试结果；

(12)集成验证和确认计划及结果；

(13)安装计划;

(14)测试和验收计划;

(15)设备计划;

(16)内部安全审核报告;

(17)数据处理过程分析报告;

(18)新的接口分析报告。

3. 第三层次文档

以下第三层次文档需要作为安全证明文件的一部分进行评估,但不出具单独的安全评估报告(注意:其他第三层次文档可能作为安全证明文件的参考,但这些文档不需要详细的评估):

(1)HAZOP 报告;

(2)PHA 初步危害分析;

(3)SHA 系统危害分析;

(4)IHA 接口危害分析;

(5)OSHA 运营分析;

(6)风险评估报告;

(7)软件编码标准;

(8)FMECA 故障模式影响重要性分析;

(9)培训、维修和运营手册。

由于供应商安全管理体系的不同,可能安全保障文件名称的不同,但评估工作应遵从标准的要求。

独立安全评估机构将发布安全评估报告,报告记录评估工作的结果。评估报告记录了独立安全评估机构就相关流程可接受性提出的专业意见。记录报告中提出的观察项,并用安全通知进行跟踪。见表 8-17。

表 8-17 评估项目

评估内容	形式	地　点	评估开展的阶段	所需时间	集成商及相关方的配合条件
设计评估	会谈	设计单位所在地	设计阶段	2 天	与相关方协调评估时间、地点等
对集成商的质量、安全管理评估	会谈	集成商可提供证据的所在地	设计阶段	2 天	准备相关证据、资料,协调评估时间、地点等
系统安全需求来源、管理、分配、确认的评估	会谈	可提供证据的所在地	设计阶段或联锁开通阶段	2 天	准备相关证据、资料,协调评估时间、地点等
对集成商和主要供货商的软件、数据准备流程评估	会谈	可提供证据的所在地	设计阶段或联锁开通阶段	2~4 天	准备相关证据、资料,协调评估时间、地点等
系统验证、确认评估	会谈	可提供证据的所在地	单车或多车调试阶段	1~2 天/次	准备相关证据、资料,协调评估时间、地点等
对集成商和主要供货商的 FRACAS 评估	会谈	可提供证据的所在地	首次试运营后	1 天	准备相关证据、资料,协调评估时间、地点等

独立安全评估工作的相关时间节点将满足表 8-18 的要求。

表 8-18　独立安全评估项目交付时间表

安全评估工作	时　　间
初步独立安全审查计划、独立安全评估计划	工程启动后 10 日内
独立安全审查计划、独立安全评估计划	招标人给出反馈意见后 5 日内
安全审查、评估报告	根据安全审查、评估计划
季度报告	根据安全审查、评估计划
车辆段/停车场(含试车线)可以使用的安全授权书和工程安全报告,或负责任的安全评估报告	车辆段/停车场(含试车线)具备使用条件前 15 日
单车动车调试安全授权书和工程安全报告,或负责任的安全评估报告	单车动车调试前 15 日
多车动车调试安全授权书和工程安全报告,或负责任的安全评估报告	多车动车调试前 15 日
空载试运行安全授权书和工程安全报告,或负责任的安全评估报告	空载试运行前 15 日
点式系统载客安全授权书和工程安全报告,或负责任的安全评估报告	载客试运营前 15 日
CBTC 系统开通安全授权书和工程安全报告,或负责任的安全评估报告	CBTC 系统开通前 15 日
最终安全评估报告,或负责任的最终安全评估报告	载客试运营结束前 15 日

项目进度计划见表 8-19。

表 8-19　项目进度计划

生命周期	工程阶段	需评审的文档	独立安全评估活动	目　　的
启动	合同签订	—	制定独立安全评估计划(独立安全审计计划) 确认需遵循的标准 确认初始假设和前提条件 确认既有已批准证明文件的适用性确认既有支撑文档证据的适用性 确认批准流程 交叉认可概况	制定具体评估计划
概念和可行性分析	设计联络	初步安全计划 初步危害识别 风险登记册管理流程 工程计划 质量计划 配置管理计划	评估相关文档 评估安全设计的可行性 阶段总结报告	了解项目、评估文档、审计设计
系统需求定义	系统设计	完整的安全计划 完整的危害识别(危害登记册) 安全需求定义(包括接口) 验证和确认计划	评估相关文档 阶段总结报告	评估安全文档、评估危害识别流程、评估安全需求定义

续上表

生命周期	工程阶段	需评审的文档	独立安全评估活动	目　　的
设计	施工设计	安全需求分配 风险分析过程(包括 SHA、SSHA、IHA、HL 等) 设计文档 设计安全证明文件	评估相关文档 抽样评估设计文件 执行安全审查 阶段总结报告	评估安全文档、安全需求分配等
实施	产品制造	工厂测试计划 数据准备计划及流程测试案例 验证计划及实施记录 持续的风险分析和更新的危害登记册 安全论证文档	评估相关文档见证系统保障活动审查配置管理流程审查和见证确认测试 提交阶段总结报告	评估安全文档、监控危害状态
安装和交付	设备安装和系统调试	现场测试计划、测试案例、安装报告、测试报告 数据/失效报告、分析和更正系统流程和记录 变更控制 维修和运营文档 培训计划和能力需求	评估相关文档 审查和见证安装活动 审查和见证接受测试 阶段总结包括	评估安全文档、测试报告
交付	实现联锁开通	现场测试计划、测试案例、测试报告 数据/失效报告、分析和更正系统流程和记录 变更控制 维修和运营文档 培训计划和能力需求	评估相关文档 审查和见证安装活动 审查和见证接受测试 阶段总结包括 阶段安全评估报告 安全授权	颁发允许动车调试证书
交付	动车调试	现场测试计划、测试案例、测试报告 数据/失效报告、分析和更正系统流程和记录 变更控制 维修和运营文档 培训计划和能力需求	评估相关文档 审查和见证安装活动 审查和见证接受测试 阶段总结包括 阶段安全评估报告 安全授权	颁发允许动车调试证书
交付	系统空载试运行	试运行安全证明文件 变更控制 维修和运营文档 培训计划和能力需求	审查和见证安装活动 审查和见证接受测试 阶段安全总结报告 安全授权	颁发允许试运行证书
交付	样板段点式或 CBTC 系统开通运营	试运营安全证明文件 系统安全应用条件	评估相关文档 审查和见证确认测试 安全评估报告 试运营安全证书	颁发样板段(点式或 CBTC)允许试运营证书
交付	工程现场集成测试/验收测试——点式	现场测试计划、测试案例、测试报告 数据/失效报告、分析和更正系统流程和记录 变更控制 维修和运营文档 培训计划和能力需求	评估相关文档 审查和见证安装活动 审查和见证接受测试 阶段总结包括 阶段安全评估报告 安全授权	颁发允许动车调试证书(点式)

续上表

生命周期	工程阶段	需评审的文档	独立安全评估活动	目　　的
交付	工程现场集成测试/验收测试——CBTC	现场测试计划、测试案例、测试报告 数据/失效报告、分析和更正系统流程和记录 变更控制 维修和运营文档 培训计划和能力需求	评估相关文档 审查和见证安装活动 审查和见证接受测试 阶段总结包括 阶段安全评估报告 安全授权	颁发允许动车调试证书(CBTC)
交付	全线试运行	试运行安全证明文件 变更控制 维修和运营文档 培训计划和能力需求	审查和见证安装活动 审查和见证接受测试 阶段安全总结报告 安全授权	颁发允许全线试运行证书

四、示范工程安全评估的实施

亦庄线示范工程选择了英国著名的劳氏公司开展独立第三方安全认证活动，英国劳氏公司享有盛誉，拥有超过250年的历史，是世界上历史最悠久的第三方认证公司之一，负责亦庄线安全评估的 Paul Cheeseman、Peter Sheppard、Peter Ramsay、Ali Hessami 等专家拥有大量的项目经验，参与制定了欧洲 CENELEC 铁路安全标准和英国黄页等指南和技术报告。

亦庄线信号工程评估采用基于风险的评估方法，意味着评估方不对信号工程做百分之百的检查，而是对高风险的地方进行重点评估。该评估方法在不影响安全性的前提下大大节省了工程投资。具体的评估工作分为文档评估、安全审计、现场见证测试、抽查测试记录/报告等四大类。为了更好地与安全保障团队沟通，本项目采用了安全评估集中办公的工作方式，大大提高了评估方与项目实施团队、安全保障团队的沟通，可及时了解工程建设的进展情况以及建设过程中出现的问题。在独立安全评估的计划和准备阶段，评估方首先根据以往评估类似地铁信号系统的经验编制一个独立安全评估工作计划。评估方向项目团队申请相应的信号设计资料，如信号系统架构图、信号系统技术规格书等，评估方收到这些资料后对其进行分析，确定本项目可能出现的高风险点(也就是评估目标)，合适的评估员，评估工作计划，并把这些内容更新到独立安全评估工作计划中[4]。

在实施评估工作阶段，评估员按照计划开展评估工作和审计工作。审计的次数可根据项目过程出现的问题而增加。评估员在评估过程中如发现严重的安全问题，或者在审计过程中发现不符合项，项目组应及时改进。根据需要，评估方可出具阶段性的评估报告和证书。亦庄线信号工程项目的阶段性评估报告和证书有：单车动车调试，多车动车调试，试运行，试运营[5]。

(一)安全评估方组织和人员管理

项目经理：项目经理计划并确定独立安全评估工作的流程，确保采用正确的独立评估策略并且充分考虑客户的需求、文化限制和列车运行控制系统应用的环境。

系统/子系统团队：为每个主要产品任命独立安全评估人员，主要产品包括 CI、ATP、ATS、ATO、车辆段/小的产品和数据准备。这些产品的独立安全评估人员负责每个产品或流程的评估。产品安全评估人员负责编写产品的安全评估报告、发布和更新有关安全通知。某

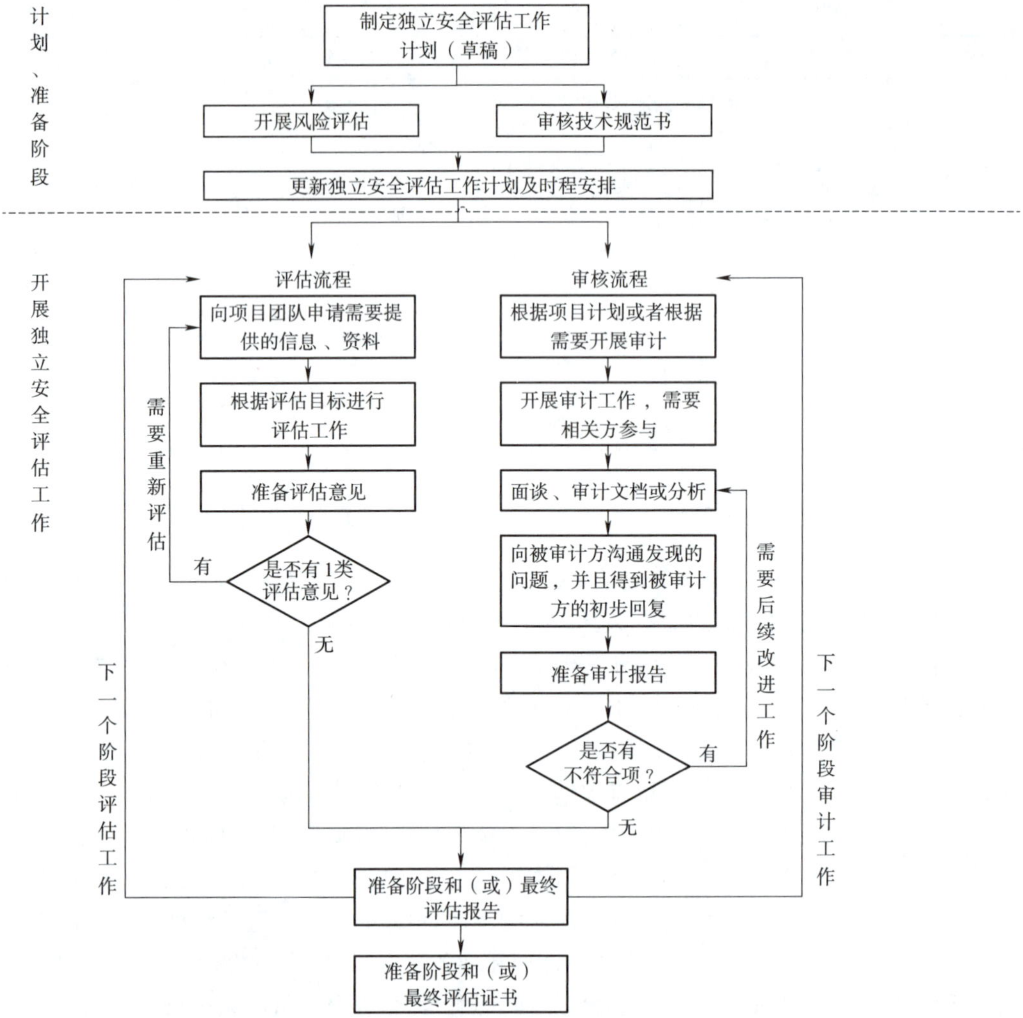

图 8-19　评估过程

一特定领域的技术专家将协助产品独立安全评估人员完成评估工作。

首席审核员：负责评估员和审核员已完成工作的评估，确保系统层面的问题已经经过恰当的考虑。

（二）对于项目危险源的评估

危险源分析根据亦庄线信号系统设计、建设的进展状态，共开展了初步危险源分析、信号系统危险源分析、接口危险源分析、子系统危险源分析及操作与支持危险源分析等危险源识别工作。其中子系统危险源分析由各子系统供货商的安全保障团队负责完成，并由集成商的安全保障团队从信号系统层面进行管理[6]。

(1)初步危险源分析(PHA)：在亦庄线信号工程的初期开展，此时信号系统的设计尚未完成。通过初步危险源分析，可以确定亦庄线信号系统在生命周期中可能产生的人员伤亡事件。

(2)信号系统危险源分析(SHA)：在亦庄线信号工程的初期且在初步危险源分析完成之后开展，此时信号系统层的设计已经完成，但信号子系统的设计还未完成。通过信号系统危险源分析，可以确定信号系统层的危险源，以及这些危险源与初步危险源分析所得到的危险源的对应关系。

(3)接口危险源分析(IHA):在亦庄线信号工程的中期开展。通过分析,可以确定信号系统内部以及信号系统与其他系统(如车辆)接口相关的危险源。

(4)子系统危险源分析(SSHA):在亦庄线信号工程的中期开展,可确定各子系统内部的危险源。

(5)操作与支持危险源分析(OSHA):在工程的中后期开展,可确定与运营操作人员、维护人员相关的危险源。

通过开展危险源分析,项目组识别出了与亦庄线信号系统工程相关的危险源,并确定了管理这些危险源的措施(也称为安全需求)。项目组通过危险源集中管理工具—危险源日志,对项目中的所有危险源(包括通过危险源分析得到的与亦庄线信号工程相关的危险源、来自信号子系统产品的安全需求或安全应用条件,以及在安装、调试中发现的危险源)进行管理。在亦庄线工程整个过程中,项目组持续对危险源日志进行维护、更新,确保危险源日志得到及时更新。

(三)评估交付物

在亦庄线信号工程评估过程中,主要有下列四大类交付物:安全通知(记录评估方的评估意见)、安全审计报告、安全授权书(包括证书、支持信函)以及独立安全评估工作报告。

评估方对安全文档的评估是安全评估过程中一项重要的评估活动,亦庄线信号工程编制的与安全评估相关的文档有:安全计划、验证和确认计划、特殊安全分析、初步危险源分析、系统危险源分析、接口危险源分析、操作和支持危险源分析、危险源记录、安全案例(子系统、系统)。评估方评估了这些文档,并且对每个文档都出具了安全通知。

评估方在亦庄线信号工程项目中做了如下安全审计:受业主的委托对设计院进行第二方的质量外审、软件审计、验证和确认活动的审计、安全管理审计、关键信号设备的专项审计。每次审计活动,评估方都向相关各方提交审计报告,记录审计的内容、过程以及审计发现的问题。

为了满足亦庄线工程建设的需要,评估方根据工程建设的特点,在评估过程中发布阶段性安全授权,本项目中发布了停车场和车辆段投入使用、单车调试、多车调试、试运行、试运营等的安全证书及评估报告。从安全管理的角度来说,这种只有取得阶段性安全证书才能按计划开展下一阶段工作的做法,大大加强了建设方对工程的安全管理,也促进了参建单位对施工质量的关注,确保每个工期的关键节点都能成功实现,从而保证了亦庄线按计划、保质开通运营。这种以安全管理为主线管理整个信号工程建设的进度和质量的方法是建设方第一次在亦庄线尝试,从最终亦庄线信号工程交付的情况来看,该管理方法收到了很好的成效。这种方法也被推广到其他北京地铁新建线路工程项目。

亦庄示范工程独立安全评估项目交付了以下安全评估工作文档:

(1)安全审查计划(Safety Audit Plans);

(2)安全评估计划(Safety Assessment Plans);

(3)安全审查报告(Safety Audit Reports);

(4)安全评估报告(Safety Assessment Reports);

(5)季度报告;

(6)车辆段/停车场可以使用的安全授权书/负责任的安全评估报告;

(7)试车线可以使用的安全授权书/负责任的安全评估报告;

(8)单车动车调试安全授权书/负责任的安全评估报告;

(9)多车动车调试安全授权书/负责任的安全评估报告；

(10)空载试运行安全授权书/负责任的安全评估报告(针对不同的分段工程)；

(11)点式系统载客试运营安全授权书/负责任的安全评估报告(如果有，针对不同的分段工程)；

(12)CBTC系统开通安全授权书/负责任的安全评估报告(针对不同的分段工程)；

(13)最终安全评估报告(Safety Assessment Final Report)。

信号系统供货商应在交付运营前，提供系统安装手册、操作手册、维修手册、培训手册和安全须知。在系统进行升级和维护前，信号系统供货商应完成变更审核、室内测试和现场确认，并更新相应的安全报告，交付安全评估机构和运营单位审核。在无故障的常规运行条件下能证明系统/子系统/设备按规定的操作和安全需求正确运行，在系统/子系统/设备需求说明书里规定的运行功能需求都通过设计来实现，采用系统需求追踪矩阵来说明系统功能已得到满足，采用系统安全需求追踪矩阵来说明系统安全功能已得到满足。

信号系统在本系统的联调试验完成、获得系统供货商提供的允许投入空载试运行的安全授权后，系统设备须在实际环境下进行3个月的空载试运行。在系统空载试运行后期，系统需进行144 h连续系统试验，对信号系统性能和功能按照工程开通初期列车运行最小间隔进行连续检验、考核。在144 h连续系统试验期间，信号系统必须达到空载试运行所规定的各种信号系统性能指标。如果144 h连续系统试验未能通过，需要进行必要的整改后重新进行144 h连续系统试验。进行144 h连续系统运行测试，以证明信号系统可以达到以下试运行合格的指标要求。

试运行测试旨在把所有合同设备、系统及材料放在实际运营环境中作为一个不可分割的系统进行检测通过试运行，动态检测、调试系统设备，以满足信号系统功能规格书规定的功能、性能、操作方式等方面要求。在系统设备投入试运营前，配合独立第三方安全评估机构向业主提交项目的初步安全评估报告和安全认证证书，并明确告诉业主该信号系统设备是否能够安全地投入载客的试运营。只有在初步安全评估报告和安全认证证书中明确该信号系统设备可投入载客试运营时，方可投入试运营。

试运营结束并通过验收后，配合独立第三方安全评估机构向业主提交本项目的正式安全评估文件，并明确告诉业主该系统设备是否能投入商业运营。只有在正式安全评估文件中明确该信号系统设备可投入商业运营时，业主方可投入正式商业运营。

五、示范工程安全评估的结论

亦庄线共发放9次安全认证证书，见表8-20。

表8-20　亦庄线安全认证证书列表

序号	时　间	证书名称
1	2010.6.2	北京地铁亦庄线试车线信号系统单车调试确认函
2	2010.6.30	北京地铁亦庄线(正线样板段)信号系统单车动车调试确认函
3	2010.8.20	北京地铁亦庄线(亦庄火车站集中区—亦庄桥集中区)信号系统单车动车调试确认函
4	2010.8.25	北京地铁亦庄线(台湖车辆段)信号系统确认函
5	2010.8.30	北京地铁亦庄线(小红门集中区、宋家庄集中区)信号系统单车动车调试确认函

续上表

序号	时　间	证书名称
6	2010.9.19	北京地铁亦庄线信号系统多车动车调试确认函
7	2010.10.20	北京地铁亦庄线信号系统试运行确认函
8	2010.11.19	北京地铁亦庄线信号系统试运行动车调试确认函
9	2010.12.20	北京地铁亦庄线信号工程试运营独立安全评估证书

每次证书签发时会支出目前存在的问题，通常以 2 类项或 3 类项安全通知的形式进行描述，要求示范工程信号系统集成商和相关供货商在一定时间内完成整改。

随着信息技术和计算机技术的发展，列车运行控制系统越来越智能，这意味着很少需要调度人员的介入，信号系统就能自动工作。因此，信号系统的安全性越来越依靠这些技术，这也使得从事故中吸取教训的安全管理方式很难取得效果。评估方在整个亦庄线信号工程建设过程中持续地开展安全评估工作，对于评估过程中发现的问题，评估方会在第一时间与参建单位及业主以清晰、客观的形式进行沟通，直至该问题用各方认可的方案解决为止。这使得参建单位和业主对所交付的信号系统的安全性有足够的了解，在决定将亦庄线信号系统投入载客运营时有足够的信心。由于安全评估在亦庄线信号工程的早期就开始介入，因此避免了信号工程的重大返工。

第四节　自主化列控系统安全评估的作用

自主创新的 CBTC 系统使我国紧跟国际上最新的列车运行控制系统技术发展潮流，与国际同步开展相关核心技术攻关与技术装备研制，掌握了 CBTC 系统的地车双向信息传输、列车精确定位、自动安全防护、自动驾驶等核心技术，并完全按照 CENELEC 国际安全标准与规范，开发出我国城市轨道交通系统工程化的 CBTC 系统. 已达到国际先进水平。自主创新 CBTC 系统的成功应用，打破了国外对我国地铁信号核心技术的长期垄断，为国家带来了巨大的经济与社会效益，使国外所引进的同类系统价格降低了 20%，而自主化的 CBTC 系统则直接降低投资 10%以上。随着核心技术工程化与产业链的形成，自主的 CBTC 系统已经成为全生命周期成本最优的系统。为我国未来城市轨道交通的建设与运营提供坚实的技术支撑，并提升我国轨道交通列车运行控制系统的影响力与核心竞争力。在 CBTC 系统自主创新和实践中，引入国际第三方安全认证公司全程参与审核和评估，走出了一条产学研自主研发的创新之路。

经过艰苦的努力，国内首套完全自主创新且产品已获得 SIL4 级独立第三方安全认证证书的 CBTC 系统目前已在北京亦庄线示范工程中得到了应用。本书作者就安全认证证书内容验证以下几点：从风险的角度衡量和评价一个产品或系统的安全性；在系统整个生命周期内的每一个阶段，利用国际上先进且切实可行的标准和科学的方法，进行安全保证和质量管理工作；聘请独立第三方评估团队，对每个过程进行安全审核及评估工作，是保证具有自主知识产权的 CBTC 系统安全、可靠地投入到城市轨道交通中应用的关键。

亦庄示范工程到今天已经开通了将近 8 年时间，自主 CBTC 产品也已经应用到全国 10 多个城市，超过 20 条地铁线路中去。2017 年底，在 LCF-300 型 CBTC 产品线的基础上自主研发的 LCF-400 型全自动运行列车运行控制系统已经成功应用到北京轨道交通燕房线，取得了自主创新的又一重大成功！

参考文献

[1] 郜春海. 基于通信的列车运行控制(CBTC)系统[M]. 北京：中国铁道出版社，2018.
[2] 燕飞，郜春海，唐涛. 国产 CBTC 系统安全认证模式探索[J]. 北京交通大学学报，2011(5)：50-56.
[3] 郜春海，燕飞，唐涛. 轨道交通信号系统安全评估方法研究[J]. 中国安全科学学报 2005，(10)：74-79.
[4] 牛英明，黄友能，智国盛，张扬. 北京地铁亦庄线 CBTC 示范工程的实施[J]. 都市快轨交通，2011(4)：9-11.
[5] 孙华平，张艳兵. 北京地铁亦庄线信号系统工程独立安全评估[J]. 城市轨道交通研究，2013(1)：1-5.
[6] 燕飞，郜春海，唐涛. 轨道交通信号工程安全管理与认证模式[J]. 都市快轨交通，2011(4)：12-16.

附录 1　缩　略　语

缩略词	英文全称	中文解释
ALARP	As Low As Reasonably Practicable	合理可行的低水平
ALARP	As Low As Reasonably Practicable	最低合理可行
ATP	Automatic Train Protection	列车自动防护
ATS	Automatic Train Supervision	列车自动监控
BTM	Balise Transmission Module	应答器传输模块
CBTC	Commutation Based Train Control	基于通信的列车控制
CENELEC	European committee for electrical standardization	欧洲电工标准化委员会
CI	Computer Interlocking	计算机联锁
CTCS-3	Chinese Train Control System Level 3	中国列车运行控制系统三级
DMI	Driver Machine Interface	人机交互界面
EBI	Emergency Brake Intervention	紧急制动介入曲线
EMC	Electromagnetic Compatibility	电磁兼容
EMI	Electromagnetic Interference	电磁干扰
EOA	End Of Authority	移动授权终点
ETA	Event Tree Analysis	事件树分析
ETCS	European Train Control System	欧洲列车运行控制系统
EVC	European Vital Computer	欧洲安全计算机
FAO	Full-Automatic Operation	全自动运行
FMECA	Failure Mode，Effect and Criticality Analysis	故障模式、影响及危害性分析
FRS	Function Requirement Specification	系统功能需求规范
FS	Full Supervision	完全监控
FTA	Fault Tree Analysis	故障树分析
GA	General Application	通用应用
GP	General Product	通用产品
GSM-R	Global System for Mobile Communications-Railway	铁路全球移动通信系统
IEC	International Electrotechnical Commission	国际电工委员会
IHA	Interface Hazard Analysis	接口危险源分析

续上表

缩略词	英文全称	中文解释
IS	Isolation	隔离
ISA	Independent Safety Assessor	独立安全评估员
ISA	Independent Safety Assess	独立安全评估
IV&V	Independent Verification & Validation	独立验证和确认
JRU	Juridical Record Unit	司法记录单元
LEU	Lineside Electric Unit	轨旁电子单元
MA	Movement Authority	移动授权
MA	Moving authority	运行许可
ODO	Odometer	速度传感器
PHA	Preliminary Hazard Analysis	初步危险源分析
PSD	Platform Screen Door	站台屏蔽门
RSSB	Rail Safety and Standards Board	英国铁路安全标准委员会
SA	Specific Application	特殊应用
SBI	Service Brake Intervention	常用制动介入曲线
SC	Safety Case	安全例证
SDU	Speed and Distance processing Unit	测速测距单元
SHA	System Hazard Analysis	系统危险源分析
SL	Sleeping	休眠
SN	Safety Notice	安全通知
SRS	System Requirement Specification	系统需求规范
SSHA	Subsystem Hazard Analysis	子系统危险源分析
TCC	Train Control Center	列控中心
TCR	Track Circuit Receiver	轨道电路接收器
THR	Tolerable Hazard Rate	可容忍危险率
TIU	Train Interface Unit	列车接口单元
TMS	Transportation Management System	运输管理系统
VC	Vital Computer	安全计算机
VOBC	Vehicle On-board Controller	车载控制器
ZC	Zone Controller	区域控制器
	Safety argumentation	安全性论证

续上表

缩略词	英文全称	中文解释
	Safety argument	安全论据
	Safety evidence	安全证据
	Safety evidence chain	安全证据链
	Evidence artefact	证据材料
	Safety stakeholder	安全利益相关方
	Safety assessment	安全评估
	Certification	认证
	Accreditation	认可
	Approval	许可
	Verification	验证
	Validation	确认
	Safety audit	安全审核
	Document inspection	文档检查
	Test witnessing	测试见证
	Safety delivery	安全交付物

附录 2　中英文术语对照

摘自 EN 50129

1 accident 事故

An unintended event or series of events that results in death, injury, loss of a system or service, or environmental damage.

导致死亡或伤害、系统或服务的损失或者环境损害的非人为事件或一系列事件。

2 assessment 评估

The process of analysis to determine whether the design authority and the valuator have achieved a product that meets the specified requirements and to form a judgment as to whether the product is fit for its intended purpose.

评估是一个分析的过程，其目的是确认设计权威机构以及评估者是否已经使产品达到了其设计要求，并且得到这个产品是否适合其设计目的的判断。

3 authorizations 授权

The formal permission to use a product within specified application constraints.

对于在指定应用环境下使用一个产品的正式许可。

4 availability 可用性

The ability of a product to be in a state to perform a required function under given conditions at a given instant of time or over a given time interval assuming that the required external resources are provided.

假设在需要的外部资源都被满足的情况下，在给定的时间点或者时间间隔下一个产品在一种状态下能够执行设计要求的功能。

5 causal analysis 原因分析

Analysis of the reasons how and why a particular hazard may come into existence.

分析一个特定的危害为什么以及怎么样发生。

6 cross-acceptance 交叉认证

The status achieved by a product that has been accepted by one authority to the relevant European Standards and is acceptable to other authorities without the necessity for further assessment.

一个产品已经获得了相关 EN 标准的一个权威机构的认证，它不需要进一步评估就可以被其他权威机构认证。

7 error 错误

A deviation from the intended design which could result in unintended system behavior or failure.

一种设计目标上的偏离，其结果可能导致不正常的系统行为或系统失效。

8 fail-safe 故障—安全

A concept which is incorporated into the design of a product such that, in the event of a failure, it enters or remains in a safe state.

一个包含于设计中的部件，在其失效的时候，它能够进入或保持一种安全的状态。

9 failure 失效

A deviation from the specified performance of a system. A failure is the consequence of an fault or error in the system.

系统对于设计行为的偏离，失效是系统发生故障或错误的结果。

10 fault 故障

An abnormal condition that could lead to an error in a system. A fault can be random or systematic.

是一种不正常的情况，可能导致系统错误。故障可能是随机的，也可能是系统的。

11 hazard 危害

A condition that could lead to an accident.

可能导致事故的条件。

12 hazard analysis 危害分析

The process of identifying hazards and analyzing their causes, and the derivation of requirements to limit the likelihood and consequence of hazards to a tolerable level.

识别危害并分析其原因的过程，以及限制危害发生的可能性、后果到一个可以容忍等级的要求。

13 hazard log 危害日志

The document in which all safety management activities, hazards identified, decisions made and solutions adopted, are recorded or referenced.

记录所有安全管理行为，危害识别，做出的决定以及采用的解决方案的一份文件。

14 maintainability 可维护性

The probability that a given active maintenance action, for an item under given conditions of use can be carried out within a stated time interval when the maintenance is performed under stated conditions and using stated procedures and resources.

是针对一个项目实施给定维护行为的概率。这种维护行为是在给定的条件下、给定的时间间隔内使用给定的手段和资源定期进行的。

15 redundancy 冗余

The provision of one or more additional measures, usually identical, to provide fault tolerance.

提供一个或多个附加措施，通常这些措施是相同的，用于提供系统故障容错能力。

16 reliability 可靠性

The ability of an item to perform a required function under given conditions for a given period of time.

一个项目在给定条件下给定时间内能够完成所要求功能的能力。

17 risk 风险

The combination of the frequency, or probability, and the consequence of a specified hazardous event.

是频率或概率的结合,其结果导致特定的危害事件。

18 safety 安全

Freedom from unacceptable levels of risk of harm.

在不可接受等级的风险范围之内。

19 safety acceptance 安全接受

The safety status given to a product by the final user.

最终用户对产品给出的安全认可。

20 safety approval 安全认同

The safety status given to a product by the requisite authority when the product has fulfilled a set of pre-determined conditions.

当产品已经满足一系列先前要求的条件时,提出要求的权威机构对此产品给出的安全认可。

21 safety case 安全事例

The documented demonstration that the product complies with the specified safety requirements.

这份文件用于说明相关产品满足规定的安全要求。

22 safety integrity 安全完善度

The ability of a safety-related system to achieve its required safety functions under all the stated conditions within a stated operational environment and within a stated period of time.

一个安全相关系统在所有指定的条件、操作环境以及时间内达到其指定要求的安全功能的能力。

23 safety integrity level 安全完善度等级

a number which indicates the requires degree of confidence that a system will meet its specified safety functions with respect to systematic failures.

这是一个数字,其目的是指明一个系统从系统失效角度考虑能够完成其指定的安全功能的可信程度。

24 safety life-cycle 安全生存周期

The additional series of activities carried out in conjunction with the system life-cycle for safety-related systems.

附加一系列行为,目的是使系统生存周期与安全相关系统相互联系。

25 safety management 安全管理

The management structure which ensures that the safety process is properly implemented.

保证安全程序被正确实施的管理机构。

26 safety plan 安全计划

The implementation details of how the safety requirements of the project will be achieved.

工程的安全要求如何被达到的操作细节。

27 signaling system 信号系统

Particular kind of system used on a railway to control and protect the operation of trains.

在铁路控制和列车防护操作中应用的一系列特定系统。

28 sub-system 子系统

A portion of a system which fulfils a specialized function.

是整个系统的一部分,能够完成指定的功能。

29 system 系统

A set of sub-systems which interact according to a design.

一系列子系统的集合,按照设计使其相互作用。

30 systematic fault 系统故障

An inherent fault in the specification, design, construction, installation, operation or maintenance of a system, sub-system or equipment.

系统或子系统本身固有的在规范、设计、建造、安装、操作或维护上的故障。

31 system life-cycle 系统生存周期

The series of activities occurring during a period of time that starts when a system is conceived and ends at decommissioning when the system is no longer available for use.

从提出系统构想到系统退役(系统不再适合应用)之间这段时间间隔内发生的一系列行为。

32 validation 确认

The activity applied in order to demonstrate, by test and analysis, that the product meets in all respects its specified requirements.

通过分析和测试手段说明产品在各个方面都符合指定要求的行为。

33 verification 查证

The activity of determination, by analysis and test, at each phase of the life-cycle, that the requirements of the phase meet the output of the previous phase and that the output of the phase fulfils its requirements.

是一个判断的过程,通过分析和测试手段确定在生存周期的每一个阶段,针对这个阶段的要求符合前一阶段的输出,并且这个阶段的输出应满足对其本身的要求。

摘自 EN 50126

1 audit 审核

A systematic and independent examination to determine whether the procedures specific to the requirement of a product comply with the planned arrangements, are implemented effectively and are suitable to achieve the specified objectives.

是一种系统性并独立的检查过程,用来决定程序是不是如计划的安排一样,满足产品特定的要求,这个检查过程必须有效执行,而且要与达到特定环境的目标相匹配。

2 failure rate 失效率

the limit, if this exists, of the ratio of the conditional probability that the instant of time, T, of a failure of a product falls within a given time interval(t, t+ˆt) and the length of this interval, ˆt, when ˆt tends towards zero, given that the item is in an up state at the start of the time interval.

一个假设存在的界限,它是时刻 T 的条件概率比率的界限,表示的是在给定时间间隔和间隔长度下,产品进入失效,其间隔时间趋近于 0,在时间间隔的起始点,给定了条目的状态是上升的。

3 RAMS

an acronym meaning a combination of Reliability, Availability, Maintainability and Safety.

单词的缩写。意思是可靠性,可用性,可维护性和安全的综合。

4 reliability 可靠性

the probability that an item can perform a required function Under given conditions for a given time interval (t1,t2). (IEC60050(191))

一种描述一个实体在给定条件下,给定时间间隔(t1,t2)下可能完成其所要求的功能的概率。(IEC60050(191))

5 risk 风险

the probable rate of occurrence of a hazard causing harm and the degree of severity of the harm.

造成伤害的危害发生的可能比率,以及伤害严重的程度

6 tolerable risk 可容忍的风险

the maximum level of risk of a product that is acceptable to the Railway Authority.

一个产品能被铁路权威机构接受的最大级别的风险。

摘自 EN 50128

1 commercial off-the-shelf (COTS) software 商业成品软件

Software defined by market—driven need, commercially available and whose fitness for purpose has been demonstrated by a broad spectrum of commercial users.

由市场需求、商业适用性和获得广泛商业用户证明具备可用性的厂商定义的软件。

2 fault avoidance 故障避免

The use of design techniques which aim to avoid the introduction of faults during the design and construction of the system.

设计技术的使用,以避免在系统的设计和构造的过程中产生故障。

3 fault tolerance 故障容忍

The built-in capability of a system to provide continued correct provision of service as specified, in the presence of a limited number of hardware or software faults.

系统固有的一种能力,它在系统出现有限数量的硬件或者软件故障的时候通过不断地提供特定的服务来纠正这些故障。

4 safety-related software 相关安全软件

Software which carries responsibility for safety.

负责执行安全任务的软件。

5 software 软件

Intellectual creation comprising the programs, procedures, rules and any associated documentation pertaining to the operation of a system. Note: Software is independent of the media used for transport.

智力产物,包含程序、流程、规则以及任何与操作本系统相关的文档。注意:软件与承载媒质无关。

6 software life-cycle 软件生存周期

The activities occurring during a period of time that starts when software is conceived and ends when the software is no longer available for use. The software lifecycle typically includes arequirements phase, development phase, test phase, integration phase, installation phase and a maintenance phase.

从提出软件构想到软件不再使用的这段时间。典型的软件生存期包括要求确定期,开发期,测试期,集成期,安装期以及维护期。

7 software maintenance 软件维护

Action, or set of actions, carried out on software after its acceptance by the final user. The aim is to improve, increase and/or correct its functionality.

在最终用户使用软件之后,对软件所做的行为或行为集。其目标是改进、提高或校对其功能。

8 software safety integrity level 软件安全完善度等级

A classification number which determines the techniques and measures that have to be applied in order to reduce residual software faults to an appropriate level.

分类数目,其确定减少残余软件故障的技术和措施以使其安全等级提高到一定的等级。

摘自 IEC 61508

1 harm 伤害

Physical injury or damage to the health of people either or indirectly as a result of damage to property to the environment.

对于人身的伤害或是对于财产和环境造成的损失。

2 functional safety 功能安全

Part of the overall safety relating to the system which depends on the correct functioning of the E/E/PE safety-related systems, other technology safety-related systems and external risk reduction facilities.

功能安全是整个系统安全的一部分,它依赖于 E/E/PE 安全相关系统正确完成功能和其他降低风险的措施和技术。

附录 3　标准对照

EN 标准	IEC 标准	采标情况
EN 61508	IEC 61508:2000	GB/T 20438—2006
EN 50126-1999	IEC 62278:2002	GB/T 21562—2008
EN 50159-1:2001	IEC 62280-1:2002	GB/T 24339.1—2009
EN 50159-2:2001	IEC 62280-2:2002	GB/T 24339.2—2009
EN 50128-2001	IEC 62279:2002	GB/T 28808—2012
EN 50129-2003	IEC 62425:2003	GB/T 28809—2012